普通高等教育"十一五"国家级规划教材

"十二五"江苏省高等学校重点教材(2015-1-150)

新世纪电气自动化系列规划教材

电气控制与可编程序控制器应用技术

（第 3 版）

主　编　郁汉琪
副主编　钱厚亮

东南大学出版社
SOUTHEAST UNIVERSITY PRESS

·南京·

内 容 提 要

本书为普通高等教育"十二五"江苏省重点教材。

全书共分 6 章,包括电器电气、PLC 和实践三大部分。其中电器电气包括常用低压电器,典型电气控制电路两部分;PLC 部分包括 PLC 概述,FX 系列 PLC 编程基础,FX 系列 PLC 特殊功能模块;实践部分包括实验与实训。本书结合电气与自动化领域中所常用的电器对 PLC 新产品、新技术作了重点介绍,并通过第 6 章的项目化的实验与实训,以达到掌握基本的电气控制、PLC 指令编程、I/O 输入输出、A/D(D/A)模拟量、高速脉冲计数定位、人机界面,以及网络通信的实际应用等。

本书可作为普通高等学校自动化、电气工程及其自动化、机器人工程、智能制造工程等相关专业的教材,也可作为高职院校与成人函授教材,同时还可作为相关专业工程技术人员的参考用书。

图书在版编目(CIP)数据

电气控制与可编程序控制器应用技术/郁汉琪主编.
—3 版.—南京:东南大学出版社,2019.11(2021.3 重印)

新世纪电气自动化系列规划教材

ISBN 978 - 7 - 5641 - 8576 - 3

Ⅰ.①电⋯　Ⅱ.①郁⋯　Ⅲ.①电气控制-高等学校-教材②可编程序控制器-高等学校-教材　Ⅳ.①TM921.5②TP332.3

中国版本图书馆 CIP 数据核字(2019)第 222845 号

电气控制与可编程序控制器应用技术(第 3 版)
Dianqi Kongzhi Yu Kebianchengxu Kongzhiqi Yingyong Jishu (Di - san Ban)

主　编	郁汉琪
出版发行	东南大学出版社
出 版 人	江建中
责任编辑	朱　珉
社　址	南京市四牌楼 2 号　(邮编:210096)
经　销	全国各地新华书店
印　刷	常州市武进第三印刷有限公司
开　本	787mm×1092mm　1/16
印　张	24.25
字　数	621 千字
版　次	2019 年 11 月第 3 版
印　次	2021 年 3 月第 2 次印刷
书　号	ISBN 978-7-5641-8576-3
定　价	76.00 元

(本社图书若有印装质量问题,请直接与营销部联系。电话(传真):025 - 83791830)

前　言

　　《电气控制与可编程序控制器应用技术》第 3 版,是江苏省省级重点规划教材,是在国家级规划教材《电气控制与可编程序控制器应用技术》第 2 版的基础上,结合作者长期进行"电气控制与 PLC"课程教学、电气控制新技术的发展和项目化教学改革实践经验而再次进行修订的。

　　全书共分 6 章,第 1 章为常用低压电器,包括概述、常用低压电器的基本知识、控制电器、开关及主令电器、保护电器;第 2 章为典型电气控制电路,包括电气控制电路绘制原则及标准、电气控制电路的基本环节、三相交流异步电动机控制电路、步进电动机控制电路、交流伺服电动机及伺服驱动器控制电路、电气控制电路的保护环节;第 3 章为 PLC 概述,包括 PLC 的产生及定义、PLC 的特点及分类、PLC 的应用及发展、PLC 的组成及工作原理、三菱电机 PLC 简介、三菱电机 FX 系列 PLC 系统构成;第 4 章为 FX 系列 PLC 编程基础,包括 PLC 软元件及软元件的作用、PLC 编程语言及指令、PLC 编程注意事项、PLC 编程工具及使用方法、SFC 及步进梯形图、程序编写实例;第 5 章为 FX 系列 PLC 特殊功能模块,包括特殊功能模块的工作原理、模拟量输入/输出模块、高速脉冲输入功能、高速脉冲输出与定位功能、网络通信功能;第 6 章为实验与实训,包括 GX Works2 编程软件使用与指令练习、八段码显示、天塔之光、交通信号灯控制、水塔水位自动控制、自动送料装车系统、液体混合系统、邮件分拣系统、A/D、D/A 及 HMI 实验、变频器模拟量调速训练、伺服位置控制系统训练等;附录包括 PLC 基本指令、步进梯形图指令和功能指令一览表等。

　　本书在章节上进行了大幅度的压缩,其中电气控制部分仅安排了常用低压电器与典型电气控制电路两章,PLC 部分仅有 PLC 概述、编程基础和特殊功能模块三章,第三部分是 PLC 的项目实验与应用实例,包括了 GX Works2 编程软件与 PLC 各种指令学习的实验项目,以及各种特殊功能模块与变频、伺服系统的项目应用等。希望通过理论的学习、实验实训和应用项目的实际训练,真正掌握电气控制与 PLC 的各种应用技术。本书选用了三菱公司新一代的 FX 系列 PLC 和特殊功能模块,并作简要介绍,更多的信息和资料可以从三菱电机自动化(中国)有限公司 https://cn.mitsubishielectric.com/fa/zh/网址上找到。

　　本书由郁汉琪教授任主编,负责制定编写大纲、各章节的内容编写,并负责全书的最后审定;钱厚亮高级实验师任副主编,主要完成统稿工作。前言、第 1 章、第 2 章由郁汉琪编写,第 3 章由钱厚亮、刘义亭编写;第 4 章、第 5 章由钱厚亮、陈国军编写,第 6 章分别由郁汉琪、钱厚亮、吴京秋、陈国军、刘义亭、曾元静、李佩娟等共同编写。

  本书由东南大学郑建勇教授主审,并提出了许多有益的建议和意见,三菱电机自动化(中国)有限公司提供了不少应用资料,在此表示衷心的感谢。在编写本书的过程中,还参阅和利用了部分兄弟院校老师编写出版教材的内容和材料,对原作者也一并致谢。

  由于作者水平有限,书中难免存在错误和不妥之处,敬请读者批评指正。

编者

2019 年 7 月

目　　录

1 常用低压电器

1.1 概述

伴随科技及世界经济的高速发展,工业生产过程中的电气自动化水平得到大幅提高。

低压电器是电气控制系统中最基本的组成元器件。作为电气工程相关技术人员,必须熟悉常用低压电器的结构、原理以及相关主要参数,掌握其使用和维修等方面的知识和技能。

1.1.1 低压电器的分类及用途

1) 低压电器的分类

低压电器品种繁多,功能多样,构造各异,应用广泛。通常有下面几种分类方法:

(1) 按用途或控制对象划分

① 低压配电电器。主要用于低压配电系统中。要求系统发生故障时准确动作、可靠工作。如刀开关、转换开关、熔断器、断路器等。

② 低压控制器。主要用于电气控制系统中。要求寿命长且体积小、重量轻且动作迅速、准确、可靠。如接触器、继电器、起动器、电磁铁等。

(2) 按动作方式划分

① 自动切换电器。依靠自身参数的变化或外来信号的作用,自动完成接通或分断等动作。如接触器、速度继电器等。

② 非自动切换器。主要是用外力(如人力)直接操作来进行切换的电器。如刀开关、转换开关、按钮等。

(3) 按执行功能划分

① 有触点电器。有可分断的动触点、静触点,并利用触点的导通和分断来切换电路。如接触器、刀开关、按钮等。

② 无触点电器。无可分断的触点。仅仅利用电子元器件的开关效应,即导通和截止来实现电路的通、断控制。如接近开关、霍尔开关等。

(4) 按工作原理划分

① 电磁式继电器。根据电磁感应原理来动作的电器。如交流、直流接触器,电磁铁等。

② 非电量控制电器。依靠外力或非电量信号(如速度、压力等)的变化而动作的电器。如转换开关、行程开关、速度继电器等。

2) 低压电器的用途

在输送电能的输电电路以及其他各种用电场合,需要使用不同的电器实现控制电路通、断,并对电路的各种参数进行调节。低压电器在电路中的用途就是根据外部控制信号或控制要求,通过一个或多个器件组合,自动或手动接通、分断电路,连续或断续地改变电路状态,对电路进行切换、控制、保护、检测和调节。

1.1.2　低压电器型号的表示方法及代号意义

为了生产、销售、管理和使用方便,我国对各种低压电器都按规定要求编制型号,即由类别代号、组别代号、设计代号、基本规格代号和辅助代号几部分构成低压电器全型号。每一级代号后面可根据需要假设派生代码。产品代号示意图如图 1.1 所示。

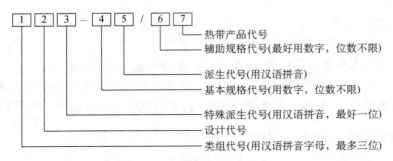

图 1.1　产品代号示意图

低压电器全型号所有部分必须使用规定符号或者文字标示,下面是各部位代号含义说明:

1) 类组代号

类组代号包括类别代号和组别代号,用汉语拼音表示,代表了低压电器元器件所属的类别以及一类电器中所属的组别,如表 1.1 所示。

表 1.1　低压电器产品型号类组代号

代号	H	R	D	K	C	Q	J	L	Z	B	T	M	A
名称	刀开关和转换开关	熔断器	低压断路器	控制器	接触器	起动器	控制继电器	主令电器	电阻器	变阻器	电压调整器	电磁铁	其他
A						按钮式		按钮					
B									板形元器件				触电保护器
C		插入式				电磁			线状元器件	悬臂式			插销
D	刀开关								铁铬铝带形元器件		电压		灯具
G				鼓形	高压							阀用	
H	封闭式负荷开关	汇流排式							管形元器件				接线盒
J					交流	减压		接近开关					
K	开启式负荷开关							主令控制器					

（续表1.1）

代号	H	R	D	K	C	Q	J	L	Z	B	T	M	A
名称	刀开关和转换开关	熔断器	低压断路器	控制器	接触器	起动器	控制继电器	主令电器	电阻器	变阻器	电压调整器	电磁铁	其他
L		螺旋式					电流			励磁			电铃
M		封闭式	灭弧										
P				平面	中频					频敏			
Q										起动		牵引	
R	熔断器式刀开关						热						
S	刀形转换开关	快速	快速		时间	手动	时间	主令开关	烧结元器件	石墨			
T		有填充料管式		凸轮	通用		通用	脚踏开关	铸铁元器件	起动调速			
U						油浸		旋钮		油浸起动			
W			框架式				温度	万能转换开关		液体起动		起动	
X		限流	限流			星三角		行程开关	电阻器	滑线式			
Y	其他	其他	其他	其他	其他	其他	其他	其他	其他			液压	
Z	组合开关		塑料外壳式	直流	综合		中间					制动	

　　2）设计代号

　　设计代号表示同一类低压电器元器件不同设计序列,用数字表示,具体数字位数没有严格限制,其中的两位和两位以上的首位数字根据功能可在下面几个数字中选择:5表示用于化工;6表示作用于农业;7表示纺织用途;8表示防爆;9表示船用。

　　3）基本规格代号

　　基本规格代号用数字表示,数字位数不限,用来表示同一系列产品中不同规格的品种。

　　4）辅助规格代号

　　辅助规格代号用数字表示,位数不限表示相同系列、相同规格产品中有所区别的不同产品。

　　5）派生代号

　　派生代号一般是用汉语拼音字母表示,最好一位字母,表示系列内个别变化的特征,加注通用派生字母如表1.2所示。

　　在这之间,类组代号与设计代号组合表示的是产品的系列,同系列电器元器件的用途、工作原理和结构基本是相同的,规格和容量会根据具体应用而设计生产。例如:JR15是热继电器的系列号,同属于该系列的热继电器结构和工作原理上都是一致的,但是额定电流从零点几安到几十安。

表 1.2　低压电器产品型号的派生代号

派生代号	代表意义	备注
A B C D…	结构设计稍有改进或变化	
C	插入式	
J	交流、防溅式	
Z	直流、自动复位、防震、重任务、正向	
W	无灭弧装置、无极性	
N	可逆、逆向	
S	有锁住机构、手动复位、防水式、三相、三个电源、双线圈	
P	电磁复位、防滴式、单相、两个电源、电压的	
K	开启式	
H	保护式、带缓冲装置	
M	密封式、灭磁、母线式	
Q	防尘式、手车式	
L	电流的	
F	高返回、带分励脱扣	
T	按(湿热带)临时措施制造	
TH	湿热带	此派生代码加注在全型号之后
TA	干热带	

1.1.3　低压电器主要技术参数

在电路中,工作电压或者电流等级不同,通断频繁度不同,所带负载大小及性质不同等因素,对低压电器的技术要求也有较大差别。掌握低压电器的技术性能指标及参数,对正确选用和使用电气元器件至关重要。

1)使用类别

根据现行国家标准 GB 14048.4—2010 规定,控制电路中常用的接触器或电动机起动器选用的类别如表 1.3 所示。

2)额定工作电压和工作电流

额定工作电压指在规定条件下保证电器正常工作的电压值。一般指触点额定电压值,电磁式电器有电磁线圈额定工作电压的规定要求。

额定工作电流根据具体使用条件确定。额定工作电流与额定工作电压、电网频率、额定工作值、使用类别、触点寿命及防护参数等诸多因素有关,同一型号开关电器使用条件不同,工作电流也不同。

3)通断能力

通断能力是以控制额定负载时所能通断的电流值来衡量的。其中接通能力是指开关闭合时不会造成触点熔焊的性能指标。断开能力是指开关断开时的可靠灭弧的性能指标。

表 1.3 接触器或电动机起动器主电路通常选用的使用类别及其代号

电流	使用类别代号	附加类别名称	典型用途举例
AC	AC-1	一般用途	无感或微感负载、电阻炉
	AC-2		绕线式感应电动机的起动、分断
	AC-3		笼型感应电动机的起动、运行中分断
	AC-4		笼型感应电动机的起动、反接制动或反向运行、点动
	AC-5a	镇流器	放电灯的通断
	AC-5b	白炽灯	白炽灯的通断
	AC-6a		变压器的通断
	AC-6b		电容器组的通断
	AC-7a		家用电器和类似用途的低感负载
	AC-7b		家用的电动机负载
	AC-8a		具有手动复位过载脱扣器的密封制冷压缩机中的电动机控制
	AC-8b		具有自动复位过载脱扣器的密封制冷压缩机中的电动机控制
DC	DC-1		无感或微感负载、电阻炉
	DC-3		并激电动机的起动、反接制动或反向运行、点动、电动机在动态中分断
	DC-5		串激电动机的起动、反接制动或反向运行、点动、电动机在动态中分断
	DC-6	白炽灯	白炽灯的通断

注① AC-3 使用类别可用于不频繁的点动或在有限的时间内反接制动，例如机械的移动，在有限的时间内操作次数不超过 1 min 内 5 次或 10 min 内 10 次。

② 密封制冷压缩机是由压缩机和电动机构成的，这两个装置都装在同一外壳内，无外部传动轴或轴封，电动机在冷却介质中操作。

③ 使用类别 AC-7a 和 AC-7b 见 GB 17885—2009。

4）操作频率

操作频率指的是电气元器件在单位时间内允许操作的最高次数。一般会规定开关电器在一小时内可能出现的最高操作循环次数。

5）使用寿命

低压电器的使用寿命包括机械寿命和电寿命两项指标。机械寿命是指电气元器件在零电流下能正常操作的次数。电寿命是在规定的正常工作条件下，无需更换零件或者修理的负载操作次数。

1.2 常用低压电器的基本知识

低压电器是指工作在交流 1 200 V 以下，直流 1 500 V 以下电路中的电器。常用的低压电器有断路器、接触器、继电器、行程开关、按钮等器件。

1.2.1 低压电器的电磁机构

低压电器由两个基本部分组成，即感应机构和执行机构这两部分。感应机构是感受对外界信号的变化，而能做出相应反应。执行机构是根据命令信号，执行电路的通断控制。

在大多数的低压电器中，均采用电磁感应原理来实现对电路的通断控制，感受机构是电磁系统，而执行机构是触点系统。

电磁系统是电磁式电器的感受机构，将电磁能量转换为机械能量，从而带动触点动作，实现电路的通断。

电磁系统由铁芯、衔铁和线圈等部分组成。当线圈中有电流通过时，产生电磁吸力，电磁吸力克服弹簧的反作用力,衔铁和铁芯闭合,衔铁带动连接机构动作,实现触点的接通和断开,从而完成电路通断控制。接触器常用电磁系统结构,如图1.2所示。

| (a) 衔铁绕棱角转动拍合式 | (b) 衔铁绕轴转动拍合式 | (c) 衔铁直线运动螺管式 |

图 1.2　接触器电磁系统结构图

图1.2(a)衔铁绕棱角转动的拍合式结构,主要用于直流接触器。

图1.2(b)衔铁绕轴转动的拍合式结构,主要用于触点容量较大的交流接触器。

图1.2(c)衔铁直接运动的螺管式结构,主要用于交流接触器、继电器等。

电磁式电器分直流和交流两大类。直流电磁铁芯由整块铸铁构成,而交流电磁采用硅钢片叠成的,以减小磁滞损耗和涡流损耗。

在实际应用中,由于直流电磁铁线圈发热,所以线圈匝数多、导线细,不设线圈骨架,线圈和铁芯直接接触,利于线圈散热。交流电磁铁铁芯和线圈均会发热,所以线圈匝数少、导线粗,吸引线圈设有骨架,且铁芯和线圈分离,以此实现散热的功能。

1.2.2　低压电器的触点机构

1) 触点接触电阻

当动、静触点闭合后,是不可能完全无缝接触,从微观角度看,只是一些凸起点之间的接触,因此工作电流只流过相接触的凸起点,由此使有效导电面积减少,因此电阻增大。此类由于动、静触点闭合时形成的电阻,称为接触电阻。由于接触电阻的存在,不仅会造成一定的电压损耗,而且使铜耗增加,造成触点温升,导致触点表面的"膜电阻"进一步增加及相邻绝缘材料的老化,严重时可使触点熔焊,造成电气系统事故。因此,对各种电器的触点都规定了它的最高环境温度和允许温升。

2) 触点的接触形式

触点的接触形式及结构形式多种多样。通常按接触形式将触点分为三种:点接触、线接触和面接触。如图1.3所示,显然,线接触的接触面比点接触的大,而面接触时的实际接触面要比线接触的更大。

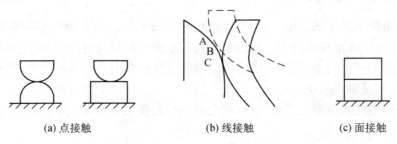

| (a) 点接触 | (b) 线接触 | (c) 面接触 |

图 1.3　触点的接触形式

图 1.3(a)所示为点接触,由两个半球形触点或一个半球形与一个平面形触点构成。该结构有利于提高单位面积压力,减小触点表面电阻,常用于小电流电器触点,如接触器的辅助触点及继电器触点。图 1.3(b)所示为线接触,通常被做成指形触点结构,其接触区是一条直线。触点通、断过程是滚动接触并产生滚动摩擦,利于去氧化膜。这种滚动线接触适用于通电次数多,电流大的场合,多用于中等容量电器。图 1.3(c)所示为面接触,这类触点一般在接触表面上镶有合金,以减小触点的接触电阻,提高触点的抗熔焊、抗磨损能力,允许通过较大的电流。中小容量的接触器的主触点多采用这种结构。

触点在接触时,为了使触点接触得更加紧密,以减小接触电阻,消除开始接触时产生的振动,一般在触点上都装有接触弹簧。当动触点刚与静触点接触时,由于安装时弹簧预先压缩了一段,因此产生一个初压力 F_1,如图 1.4(b)所示。随着触点闭合,触点间的压力将逐渐增大。触点闭合后由于弹簧在超行程内继续变形而产生一个终压力 F_2,如图 1.4(c)所示。弹簧被压缩的距离称为触点的超行程,即从静、动触点开始接触到触点压紧,整个触点系统向前压紧的距离。因为超行程,在触点有磨损情况下,触点仍具有一定压力,磨损严重时超行程将失效,触点损坏。

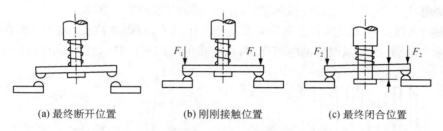

| (a) 最终断开位置 | (b) 刚刚接触位置 | (c) 最终闭合位置 |

图 1.4 桥式触点闭合过程位置示意图

触点按其原始状态可分为常开触点和常闭触点。原始状态断开,线圈通电后闭合的触点叫常开触点;原始状态闭合,线圈通电后断开的触点叫常闭触点。线圈断电后所有触点复原。触点按其所控制的电路可分为主触点和辅助触点。主触点主要用于接通或断开主电路,允许通过较大的电流,辅助触点用于接通或断开控制电路,主要用于通过较小的电流。

1.2.3 低压电器的灭弧机构

1) 电弧的产生及物理过程

自然环境中分断电路时,若电路的电压(或电流)超过某一数值时(根据触点材料的不同,此值约为 0.25~1 A,12~20 V),触点在分断的时候会产生放电电弧。

电弧实质上是触点间气体在强电场作用下产生的电离放电现象。所谓气体放电,是指触点间隙中的气体被电离产生大量的电子和离子,在强电场作用下,大量的带电粒子作定向运动,于是绝缘的气体就变成了导体。电流通过这个电离区时所消耗的电能转换为热能和光能,发出光和热的效应,产生高温并发出强光,使触点烧损,并使电路的切断时间延长,甚至不能断开,造成严重事故。所以,必须采取措施熄灭或减小电弧。

2) 电弧的熄灭及灭弧方法

针对需要通断大电流的电器,如低压断路器、接触器等,必须有较完善的灭弧装置。对于小容量继电器、主令电器等,由于它们的触点是通断小电流电路,因此没有强制要求。常用的灭弧方法和装置有以下几类。

（1）电动力吹弧。图 1.5 是一种桥式结构双断口触点，流过触点两端的电流方向相反，将产生互相排斥的电动力。当触点断开瞬间，断口处产生电弧。电弧电流在两电弧之间产生图中以"⊗"表示的磁场，根据左手定则，电弧电流要受到指向外侧的电动力 F 的作用，使电弧向外运动并拉长，使其迅速穿越冷却介质，从而加快电弧冷却并熄灭。该灭弧方法一般多用于小功率的电器中，当配合栅片灭弧时，可用于大功率的电器中。交流接触器通常采用该灭弧方法。

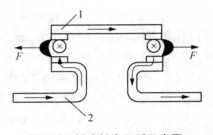

图 1.5　桥式触点灭弧示意图

1—动触点；2—静触点

（2）栅片灭弧。图 1.6 为栅片灭弧示意图。灭弧栅一般是由多片镀铜薄钢片（称为栅片）和石棉绝缘板组成，通常在电器触点上方的灭弧室内固定，彼此之间互相绝缘。触点分断电路时，触点间产生电弧，电弧电流产生磁场，由于钢片磁阻比空气磁阻小得多，因此电弧上方的磁通稀疏，而下方的磁通却密集，该上疏下密的磁场将电弧拉入灭弧罩中，电弧进入灭弧栅后，被分割成数段串联的短弧。这样每两片灭弧栅片可以看作一对电极，而每对电极间均有 $150 \sim 250$ V 的绝缘强度，使整个灭弧栅的绝缘强度大大加强，而每个栅片间的电压不足以达到电弧燃烧电压，同时栅片吸收电弧热量，使电弧迅速冷却而很快熄灭。

（3）磁吹灭弧。磁吹灭弧方法利用电弧在磁场中受力，将电弧拉长，并使电弧在冷却的灭弧罩窄缝隙中运动，产生强烈的消电离作用，从而将电弧熄灭。其示意图如图 1.7 所示。

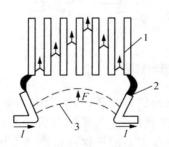

图 1.6　栅片灭弧示意图

1—灭弧栅片；2—触点；3—电弧

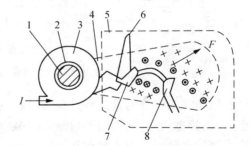

图 1.7　磁吹灭弧示意图

1—铁芯；2—绝缘管；3—吹弧线圈；4—导磁颊片；
5—灭弧罩；6—引弧角；7—静触点；8—动触点

（4）窄缝灭弧。在电弧所形成的磁场电动力的快速作用下，电弧被拉长并进入灭弧罩的夹缝中，几条纵缝将电弧分割成数段，且与固体介质相接触，电弧受冷却迅速熄灭。

1.3　控制电器

1.3.1　接触器

接触器主要是用来接通或者断开电动机主电路或其他负载电路的控制电器，应用它可以实现频繁的远距离自动控制。因其体积小、价格低、寿命长、维护方便，因此应用广泛。

1）交流接触器的结构

图 1.8(a) 为交流接触器的结构剖面示意图，它有 5 个主要部分组成。图 1.8(b) 为接触器实物图。

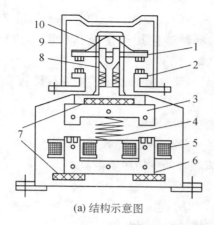
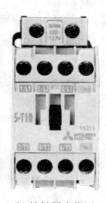

(a) 结构示意图　　　　(b) 接触器实物图

图 1.8　交流接触器

1—动触点；2—静触点；3—衔铁；4—弹簧；5—线圈；6—铁芯；7—垫毡；8—触点弹簧；9—灭弧罩；10—触点压力弹簧

（1）电磁机构。电磁机构主要由线圈、铁芯和衔铁组成。铁芯一般采用双 E 形衔铁直动式电磁机构，有的衔铁采用绕轴转动的拍合式电磁机构。

（2）主触点和灭弧系统。根据主触点的容量大小，有桥式触点和指形触点两种结构形式。直流接触器和电流在 20 A 以上的交流接触器均配置灭弧罩，部分还带有栅片或磁吹灭弧装置。

（3）辅助触点。有常开和常闭辅助触点，在结构上均为桥式双断点形式，其容量较小。接触器安装辅助触点的主要目的是使其在控制电路中起联动作用，用于和接触器相关的逻辑控制。辅助触点不设灭弧装置，因此不能用来通断主电路。

（4）反力装置。该装置由释放弹簧和触点弹簧组成，均不能进行松紧调节。

（5）支架和底座。用于接触器的固定和安装。

2）交流接触器的工作原理

交流接触器线圈通电后，在铁芯中产生磁通，从而在衔铁气隙处产生吸力，使衔铁闭合，主触点在衔铁的驱动下闭合，接通主电路。同时衔铁还驱动辅助触点动作，使常开辅助触点闭合，常闭辅助触点断开。当线圈断电或电压显著降低时，吸力消失或减弱（小于反力），衔铁在释放弹簧作用下打开，主、辅触点恢复到原来状态。

3）接触器的技术参数

（1）额定电压。指主触点的额定电压，通常在接触器铭牌上标注。常见的有：交流 220 V、380 V 和 660 V；直流 110 V、220 V 和 440 V。

（2）额定电流。指主触点的额定电流，通常在接触器铭牌上标注。它是在一定的条件（额定电压、使用类别和操作频率等）下规定的，常见的电流等级有 10 A、20 A、40 A、63 A、100 A、150 A、200 A、400 A、630 A、800 A。

（3）线圈的额定电压。指加在线圈上的电压。常用的线圈电压有：交流 220 V 和 380 V；直流 24 V 和 220 V。

（4）接通和分断能力。指主触点在规定条件下能可靠地接通和分断的电流值。在此电流值下，接通电路正常工作时主触点不会发生熔焊，分断电路时主触点不会发生长时间燃弧。

接触器使用类别不同对主触点接通和分断能力的要求也不一样，而不同使用类别的接触器可根据其不同控制对象(负载)的控制方式而定。根据低压电器基本标准的规定,其使用类别比较多。但在电气控制系统中,常见的接触器使用类别及其典型用途对应关系见前述表1.3。

接触器的使用类别代号通常标注在产品的铭牌上。表1.3中要求接触器主触点达到的接通和分断能力为:

(1) AC-1和DC-1类允许接通和分断1倍额定电流;

(2) AC-2、DC-3和DC-5类允许接通和分断4倍的额定电流;

(3) AC-3类允许接通6倍的额定电流和分断1倍额定电流;

(4) AC-4类允许接通和分断6倍的额定电流。

(5) 额定操作频率指接触器每小时的操作次数。此参数不同厂家产品均有说明。操作频率直接影响到接触器的使用寿命,对于交流接触器还影响到线圈的温升。

4) 接触器选用原则

接触器使用广泛,其额定工作电流或额定控制功率随使用条件的不同而不同,只有根据不同的使用条件来选用。总体来说,交流负载选用交流接触器,直流负载选用直流接触器。接触器选用主要依据以下几个方面。

(1) 使用类别的选择

可根据所控制负载的工作任务选择相应的接触器。例如,生产中广泛使用中小容量的笼型异步电动机,其大部分负载是一般任务,AC-3类适用。对于控制机床电动机的接触器,其负载情况比较复杂,既有AC-3类的也有AC-4类的,还有AC-1类和AC-4类混合的负载,属于重任务范畴,则应选用AC-4类接触器。

(2) 主触点电流等级的选择

根据电动机(或其他负载)的功率和工作任务来确定接触器主触点的电流等级。当接触器的使用类别与所控制负载的工作任务相对应时,一般应使主触点的电流等级与所控制的负载相当,或稍大一些。若不对应,例如用AC-3类的接触器控制AC-3与AC-4混合类负载时,则须降低电流等级使用。

(3) 线圈电压等级的选择

接触器的线圈电压与控制电路的电压类型和等级相同,应根据具体情况决定。

(4) 接触器选用小窍门

接触器是电气控制系统中不可或缺的执行器件,三相笼型异步电动机也是最常用的被控对象。对额定电压为380 V的交流接触器,已知电动机的额定功率,则相应的接触器额定电流也基本可以确定。对于5.5 kW以下的电动机,所用接触器额定电流应为电动机额定电流的2～3倍;对于5.5～11 kW的电动机,所用接触器的额定电流应为电动机额定电流的2倍;对于11 kW以上的电动机,所用接触器的额定电流应为电动机额定电流的1.5～2倍。

(5) 常用接触器(见图1.9)

目前,常用接触器有:①不可逆式接触器:采用新型集成端子盖,具备指触保护安全特性并减少高达50%的线圈库存,而且适用于微小负载。同产品中体积最小。②可逆式接触器:适用于交流马达正向或逆向旋转,如输送线。采用机械联锁,安全性更佳。③机械闭锁型接触器:采用了机械锁存继电器,在切断电源等情况时仍可维持功率恒定。适用于配电板、建筑核心系统的记忆电路以及其他用途。

（a）不可逆式接触器　　　　（b）可逆式接触器　　　　（c）机械闭锁型接触器

图 1.9　常用交流接触器

5）接触器的电气图形符号和文字符号

接触器的电气图形符号和文字符号如图 1.10 所示。

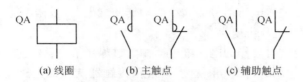

（a）线圈　　　　　　（b）主触点　　　　　　（c）辅助触点

图 1.10　接触器的电气图形符号和文字符号

1.3.2　电磁式继电器

1）电磁式继电器的结构及工作原理

电磁式继电器的结构和工作原理与电磁式接触器相似，同样是由电磁机构、触点系统和释放弹簧等部分组成。图 1.11 为电磁式继电器结构示意图和某型继电器实物图。

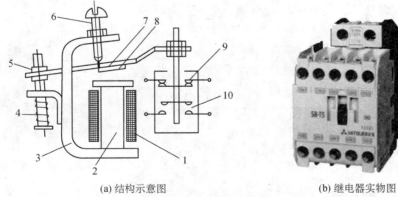

（a）结构示意图　　　　　　　　　　（b）继电器实物图

图 1.11　电磁式继电器

1—线圈；2—铁芯；3—磁轭；4—弹簧；5—调节螺母；
6—调节螺钉；7—衔铁；8—非磁性垫片；9—动断触点；10—动合触点

电流继电器与电压继电器在结构上的区别主要是线圈构造的不同。电流继电器的线圈匝数少、导线截面大；电压继电器的线圈匝数多、导线截面积小。

2）电流继电器

电流继电器是根据输入电流信号大小而动作的继电器。电流继电器线圈串接在被测量电路中,反映电路电流的变化。根据功能划分为欠电流继电器和过电流继电器;根据线圈电流性质,可分为交流继电器和直流继电器。

线圈电流低于整定值时动作的电流继电器称为欠电流继电器。欠电流继电器用于电路的欠电流保护或控制,使用时一般将其动合(常开)触点串接在接触器的线圈电路中。正常工作状态,电路中负载电流大于电流继电器的闭合电流,衔铁处于闭合状态。当电路中负载电流降低至释放电流时,衔铁释放,其动合触点回到断开状态,使接触器线圈失电,从而切断电气设备的电源,起到欠电流保护作用。

线圈电流高于整定值时动作的电流继电器称为过电流继电器。过电流继电器主要用于电路的过电流保护和控制,使用时一般将其动断(常闭)触点串接在接触器的线圈电路中。正常工作时衔铁不闭合,当电路电流超过其整定值时,衔铁闭合驱动动断触点断开,接触器线圈失电,从而切断电气设备的电源,起到过电流保护作用。

3)电压继电器

电压继电器是根据输入电压信号的大小而动作的继电器,根据功能划分,可分为过电压继电器、欠电压继电器和零电压继电器。

线圈电压高于整定值时动作的电压继电器称为过电压继电器。过电压继电器主要用于电路的过电压保护,通常使用时将其动断触点串接在接触器的线圈电路中。继电器线圈在额定电压时衔铁不闭合,当电压超过其整定值时,衔铁闭合,其动断触点断开,使接触器线圈失电,切断电气设备的电源。

线圈电压低于整定值时动作的电压继电器称为欠电压继电器。欠电压继电器主要用于电路的欠电压保护,通常使用时将其动合触点串接在接触器的线圈电路中。继电器线圈在额定电压时衔铁处于闭合状态。当电路电压降低至释放电压时,衔铁释放并驱动动合触点回到断开状态,从而控制接触器切断电气设备的电源。零电压继电器用于电路的零电压或接近零电压保护,当继电器线圈电压降低至额定电压的 5% ~ 25%时,继电器动作。

4)中间继电器

中间继电器本质上是一种电压继电器,其辅助触点数量多,触点容量较大(额定电流 5~10 A)。当一个输入信号需变成多个输出信号或信号容量需要放大时,可通过这类继电器来完成。中间继电器实物图如图 1.12 所示。

5)电磁式继电器技术参数

(1)继电特性

继电器的主要特性是输入/输出特性,如图 1.13 所示曲线通常称为继电特性。当继电器输入量 x 由零增至 x_1 之前,输出量 y 为零。当输入量增至 x_2 时,继电器闭合,输出量为 y_1。继续增大输入量 x,输出 y_1 值不变。当输入量减小至 x_1 时,继电器释放,输出量 y_1 降至零;若输入量继续减小,y_1 值仍为零。

x_2 称为继电器的闭合值,要使继电器动作,输入量 x 必须大于此值。

图 1.12 中间继电器实物图

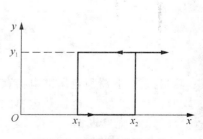

图 1.13 继电器特性曲线

x_1 称为继电器的释放值,要使继电器释放,输入量 x 必须小于此值。

$K = x_1/x_2$ 称为继电器返回系数。K 值越大,继电器灵敏度越好;K 值越小,灵敏度越差。K 值可以调节,不同场合对 K 值的要求不同。例如一般继电器要求低返回系数,K 值在 0.1~0.4 之间,继电器闭合后,当输入量波动幅度较大时不致引起误动作。

(2) 额定电压和额定电流

① 电压继电器:线圈额定电压为该继电器的额定电压。

② 电流继电器:线圈额定电流为该继电器的额定电流。

(3) 闭合电压和释放电压、闭合电流和释放电流

电压继电器:使衔铁开始动作时线圈两端之间的电压称为闭合电压;使衔铁开始释放时线圈两端之间的电压称为释放电压。

电流继电器:使衔铁开始动作时流过线圈的电流称为闭合电流;使衔铁开始释放时,流过线圈的电流称为释放电流。

(4) 闭合时间和释放时间

闭合时间是从线圈接受电信号至衔铁完全闭合所需要的时间;释放时间是从线圈失电至衔铁完全释放所需要的时间。

6) 继电器的选用原则

继电器是组成电气控制系统的基本元器件,选用时需综合考虑继电器的功能特点、使用条件、额定工作电压和额定工作电流等因素,以此保证控制系统正常工作。选用该器件的主要原则如下:

(1) 继电器线圈额定电压或电流应满足控制电路的需求。

(2) 按用途区别选择过电压继电器、欠电压继电器、过电流继电器、欠电流继电器及中间继电器等。

(3) 按电流类别选用交流继电器和直流继电器。

(4) 根据控制电路的要求选择触点的数量、容量和类型(常开或常闭)。

7) 电磁式继电器的电气图形符号和文字符号

继电器的电气图形符号和文字符号如图 1.14 所示。

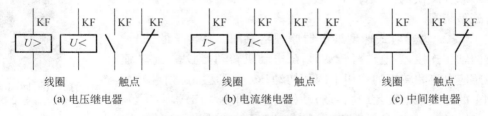

图 1.14 电磁式继电器的图形符号和文字符号

1.3.3 时间继电器

自有输入信号(线圈通电或断电)开始,经过一定的延时后输出信号(触点的闭合或断开)的继电器,称作时间继电器,它也是一种常用的低压控制器件。在工业自动化控制系统中,基于时间原则的控制要求较为常见。

时间继电器的延时方式有两种:通电延时和断电延时。

　　通电延时:接受输入信号后延迟一定的时间,输出信号发生变化;当输入信号消失后,输出信号瞬间复原。

　　断电延时:接受输入信号时,瞬时产生相应的输出信号;输入信号消失后,延迟一定的时间,输出复原。

　　时间继电器的电气图形符号和文字符号如图 1.15 所示。

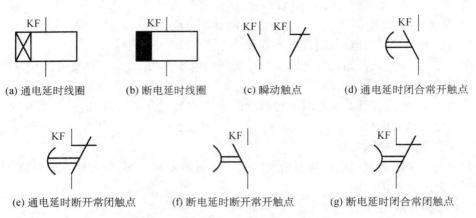

| (a) 通电延时线圈 | (b) 断电延时线圈 | (c) 瞬动触点 | (d) 通电延时闭合常开触点 |

| (e) 通电延时断开常闭触点 | (f) 断电延时断开常开触点 | (g) 断电延时闭合常闭触点 |

图 1.15　时间继电器的电气图形和文字符号

　　时间继电器按工作原理分类有电磁式、电动式、电子式等,其中电子式时间继电器最为常用。图 1.16 所示为一种电子式时间继电器的实物图。

1.3.4　速度继电器

　　按速度原则动作的继电器,称为速度继电器。该器件常应用于三相笼型异步电动机的反接制动中。

　　感应式速度继电器主要由定子、转子和触点三部分组成。转子是一个圆柱形永久磁铁,定子是一个笼型空心圆环,圆环由硅钢片叠制而成,且装有笼型绕组。

　　图 1.17(a)为感应式速度继电器原理示意图。其转子的轴与被控电动机的轴相连接,当电动机转动时,随电动机转动,到达一定转速时,定子在感应电流和转矩的作用下跟随转动;转动到达一定角度时,装在定子轴上的摆锤推动簧片(动触点)动作,使常闭触点打开,常开触点闭合;当电动机转速低于某一数值时,定子所受的转矩减小,触点在簧片作用下返回到原来位置,使对应的触点恢复到原来状态。

图 1.16　时间继电器实物图

　　一般感应式速度继电器转轴转速在 120 r/min 左右时触点动作,在 100 r/min 以下时触点复位到初始位置。

　　图 1.17(b)为感应式速度继电器的实物图片。速度继电器的电气图形符号和文字符号如图 1.18 所示。

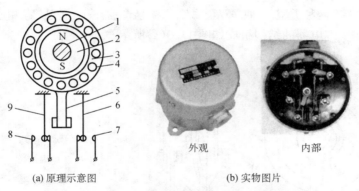

(a) 原理示意图　　　　　　(b) 实物图片

图 1.17　感应式速度继电器的原理示意图及实物图

1—转轴；2—转子；3—定子；4—绕组；5—摆锤；6、9—簧片；7、8—静触点

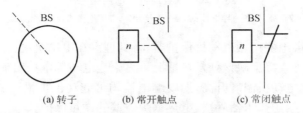

(a) 转子　　　　　(b) 常开触点　　　　　(c) 常闭触点

图 1.18　速度继电器的电气图形符号和文字符号

1.3.5　其他继电器

1) 固态继电器

固态继电器(Solid State Relay，SSR)是采用固体半导体元器件组装而成的一种无触点开关。它利用电子元器件的电、磁、光等特性来完成输入与输出的可靠隔离，利用大功率晶体管、单向晶闸管、功率场效应管和双向晶闸管等器件的开关特性，来实现无触点、无火花地接通和断开被控电路。图 1.19(a)所示为一款典型的固态继电器。固态继电器的电气图形符号和文字符号如图 1.19(b)和图 1.19(c)所示。

(a) 实物图片　　　　　(b) 驱动器件　　　　　(c) 触点

图 1.19　固态继电器及其表示符号

2) 温度继电器

当电动机绕组发生过电流时，会使其温升过高。过电流继电器可以起到保护作用。当电网电压升高到不正常时，即使电动机不过载，也会导致铁损增加而使铁芯发热，同样会使绕组温升过高。这些情况下，过电流继电器不能反映电动机的故障状态。为此，需要一种利用发热元器件间接反映绕组温度，并根据绕组温度有所动作的继电器，这种继电器称作温度继电器。

温度继电器主要有两种类型:一种是双金属片式温度继电器;另一种是热敏电阻式温度继电器。双金属片式温度继电器的结构组成如图 1.20(a)所示。

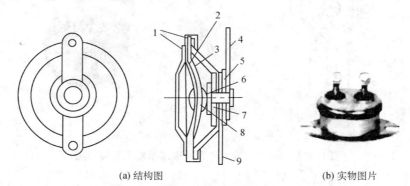

(a) 结构图　　　　　　　　　　　　(b) 实物图片

图 1.20　双金属片式温度继电器

1—外壳;2—双金属片;3—导电片;4、9—连接片;5、7—绝缘垫片;6—静触点;8—动触点

双金属片式温度继电器用做电动机保护时,将其埋设在电动机主要发热部位,如电动机定子槽内、绕组端部等,可直接反映该处发热情况。无论是电动机本身出现过载电流引起温度升高,还是其他原因引起电动机温度升高,温度继电器均可起动保护措施。此外,双金属片式温度继电器性价比高,常用于热水器外壁、电热锅炉炉壁的过热保护。

双金属片温度继电器的触点在电路图中的电气图形符号和文字符号如图 1.21(a)所示。一般的温度控制开关表示符号如图 1.21(b)所示,图中表示当温度低于设定值时动作,把"<"改为">"后,温度开关就表示当温度高于设定值时动作。

(a) 双金属片温度继电器　　　　　　(b) 温度控制开关

图 1.21　温度控制开关触点表示符号

3) 液位继电器

部分锅炉需根据液位的高低来控制水泵电动机的启停,实现该功能可由液位继电器来完成。

图 1.22(a)、(b)分别为液位继电器的结构示意图和实物图片。浮筒置于被控锅炉或水柜内,浮筒的一端有一根磁钢,锅炉外壁配有一对触点,动触点的一端同样配有一根磁钢,与浮筒一端的磁钢相配合。当锅炉或水柜内的水位降低到极限值时,浮筒下落使磁钢端绕支点 A 上翘。由于磁钢同性相斥的作用,使动触点的磁钢端被斥下落,通过支点 B 使触点 1-1 接通,

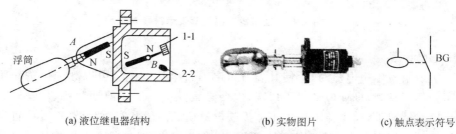

(a) 液位继电器结构　　　　　(b) 实物图片　　　　　(c) 触点表示符号

图 1.22　液位继电器结构示意图

2-2断开。反之水位升高到上限位置时,浮筒上浮使触点2-2接通,1-1断开。液位继电器触点的电气图形符号和文字符号如图1.22(c)所示。

　4) 压力继电器

　通过检测气体或液体压力的变化,压力继电器发出信号,实现对压力的检测和控制。压力继电器在液压、气压等场合应用较多,其工作实质任务是当系统压力达到压力继电器的整定值时,触发电信号,控制电气元器件(如电磁铁、电动机、电泵等)动作,从而使液路或气路卸压、换向,或关闭电动机使系统停止工作,起到安全保护作用等。

　压力继电器有柱塞式、膜片式、弹簧管式和波纹管式四种结构形式。图1.23(a)所示为柱塞式压力继电器原理图,主要由微动开关、压力传送及感应装置、设定装置(调节螺母和平衡弹簧)、外壳等部分组成。

　　　(a) 柱塞式压力继电器结构原理图　　　　(b) 实物图片　　　　(c) 表示符号

图 1.23　压力继电器

　图1.23(b)所示为压力继电器实物图片。压力继电器的电气图形符号和文字符号如图1.23(c)所示。

1.4　主令电器

1.4.1　按钮开关

1) 按钮开关的结构组成和工作原理

　控制按钮从结构上划分,有按钮式、自锁式、紧急式、钥匙式、旋钮式和保护式等;有些按钮还带有指示灯。旋钮式和钥匙式的按钮也称做选择开关,有双位选择开关,也有多位选择开关。选择开关和一般按钮的最大区别是不可自动复位。其中钥匙式开关具有安全保护功能,没有钥匙的人不能操作该开关,只有把钥匙插入后,旋钮才可被旋转。常用于电源或控制系统的启停。

　按钮开关由按钮帽、复位弹簧、动触点、静触点和外壳等部分组成。通常分为动合按钮(起动按钮)、动断按钮(停止按钮)和复合按钮。

　动合按钮:未按下钮帽时,触点是断开的;按下钮帽时,触点接通;松开后,触点在复位弹簧作用下返回原位而断开。动合按钮在控制电路中常用作起动或点动按钮。

　动断按钮:未按下钮帽时,触点是闭合的;按下钮帽时,触点断开;松开后,触点在复位弹簧作用下返回原位闭合。动断按钮在控制电路中常用作停止按钮。

复合按钮：参见图 1.24，未按下钮帽时，动断触点是闭合的，动合触点是断开的；当按下钮帽时，先断开动断触点，后接通动合触点；松开后，触点在复位弹簧作用下全部复位。复合按钮在控制电路中常用于电气联锁。

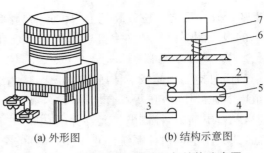

(a) 外形图　　(b) 结构示意图

图 1.24　复合按钮开关外形与结构示意图

1、2—动断静触点；3、4—动合静触点；
5—桥式动触点；6—复位弹簧；7—按钮帽

按钮的结构形式很多。紧急式按钮装有突出的蘑菇形钮帽，用于紧急停止操作；旋钮式按钮用于旋转切换操作；指示灯式按钮在透明的钮帽内装有信号灯，用作信号指示；钥匙式按钮须插入钥匙方可操作，用于防止误动作。

为了表示按钮开关的作用，避免误操作，钮帽通常采用不同的颜色以示区别，主要有红、绿、黑、蓝、黄、白等颜色。一般停止按钮采用红色，起动按钮采用绿色，急停按钮采用红色蘑菇头。

2）按钮开关技术参数

按钮开关的主要技术参数有规格、结构形式、触点对数和颜色等。

通常采用规格为额定电压交流 500 V，允许持续电流 5 A 的按钮。

3）按钮开关的选用原则

(1) 根据用途选择按钮开关的形式，如紧急式、钥匙式、指示灯式和旋钮式。

(2) 根据使用环境选择按钮开关的种类，如防水式、防腐式等。

(3) 按工作状态和工作情况的要求，选择按钮开关的颜色。

4）按钮开关的电气图形符号和文字符号

按钮和选择开关的电气图形符号和文字符号如图 1.25 所示。

(a) 常开触点　　(b) 常闭触点　　(c) 复合按钮　　(d) 选择开关　　(e) 钥匙开关

图 1.25　按钮和选择开关的图形及文字符号

1.4.2　组合开关

1）组合开关的结构组成和工作原理

组合开关由动触点（动触片）、静触点（静触片）、转轴、手柄、定位机构及外壳等部分构成，其动、静触点分别叠装在多层绝缘壳内。根据动触片和静触片的不同组合，组合开关有多种接线方式。图 1.26 所示为组合开关的外形与结构示意图。该组合开关有 3 对静触片，每个触片的一端固定在绝缘垫板上，另一端伸出盒外，连在接线上，3 个动触片套在装有手柄的绝缘轴上。转动手柄就可对 3 个触点同时接通或断开。

2）组合开关的主要技术参数

组合开关的主要技术参数有额定电压、额定电流、极对数等。常用组合开关有单极、双极和三极。

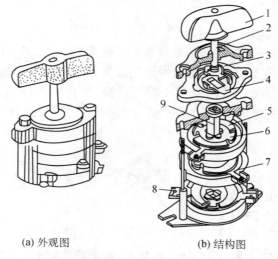

(a) 外观图   (b) 结构图

图 1.26   组合开关外形与结构示意图

1—手柄；2—转轴；3—弹簧；4—凸轮；5—绝缘垫板；6—动触片；7—静触片；8—接线柱；9—绝缘方轴

3）组合开关的选用原则

（1）组合开关作为电动机电源的接入开关时，其额定电流应大于电动机的额定电流。

（2）组合开关控制小容量电动机的起动、停止时，其额定电流应不小于电动机额定电流的 3 倍。

4）组合开关电气图形符号及文字符号

组合开关的电气图形符号及文字符号如图 1.27 所示。

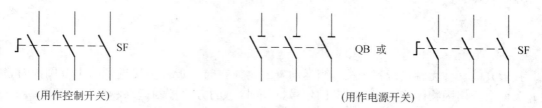

（用作控制开关）   （用作电源开关）

图 1.27   组合开关的电气图形符号及文字符号

1.4.3   行程开关

1）行程开关的结构组成和工作原理

行程开关的种类很多，按结构可分为直动式、滚动式和微动式。下面主要介绍直动式和微动式行程开关。

（1）直动式行程开关

直动式行程开关主要由执行机构、触点系统和外壳等部分组成，图 1.28 为其结构示意图。

直动式行程开关的动作原理与按钮类似，其采用运动部件的撞块来碰撞行程开关的推杆。直动式行程开关的优点是结构简单、成本较低，缺点是触点的分合速度取决于撞块的移动速度，若撞块移动太慢，则触点不能瞬时切断电路，电弧在触点处停留时间过长，易

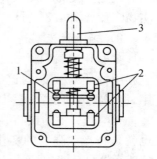

图 1.28   直动式行程开关

1—动触点；2—静触点；3—推杆

于烧蚀触点。

（2）微动开关

微动开关（即微动式行程开关）采用具有弯片状弹簧的瞬动机构,结构如图 1.29 所示。当推杆被压下时,弹簧片发生变形,储存能量并产生位移,当达到预定的临界点时,弹簧片以及动触点产生瞬时跳动,从而导致电路的接通、分断或转换。同样,减小操作力时,弹簧片会向相反方向跳动。微动开关体积小、动作灵敏,适合在小型机构中作为行程开关使用。

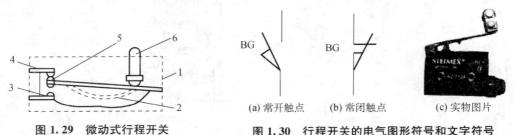

图 1.29　微动式行程开关

1—壳体；2—弹簧片；3—动合触点；
4—动断触点；5—动触点；6—推杆

图 1.30　行程开关的电气图形符号和文字符号

(a) 常开触点　　　(b) 常闭触点　　　(c) 实物图片

2）行程开关的选用原则

（1）根据功能要求确定开关形式和型号。

（2）根据控制要求确定触点的数量。

（3）根据控制回路的电压、电流确定开关的额定电压和额定电流。

3）行程开关的电气图形符号和文字符号

行程开关的电气图形符号及实物图如图 1.30 所示。

1.4.4　感应开关

1）接近开关

接近开关又称无触点行程开关。当运动着的物体在与接近开关接近到一定范围内时,接近开关就会发出因物体接近而"动作"的信号,以非接触的方式控制运动物体的位置。接近开关常用于行程控制、限位保护等。

接近开关具有定位精度高、操作频率高、功率损耗小、寿命长、使用面广、能适应恶劣工作环境等优点,其主要技术参数有工作电压、输出电流、动作距离、重复精度及工作响应频率等。

接近开关的电气图形符号、文字符号和实物图片如图 1.31 所示。

2）光电开光

光电开关又称为无接触式检测开关。它利用物质对光束的遮蔽、吸收或反射作用,检测物体的位置、形状、标志等。

光电开关中的核心器件是光电元器件,也就是将光照强弱的变化转换为电信号的

(a) 常开触点　　　(b) 常闭触点　　　(c) 实物图片

图 1.31　接近开关的电气图形符号和文字符号

传感元器件。光电元器件主要有发光二极管、光敏电阻、光电晶体等几种。

光电开关的电路一般由投光器和受光器两部分组成,根据设备需要,有的是投光器和受光器相互分离,有的是投光器和受光器组成一体。

按检测方式划分,光电开关可分为反射式、对射式和镜面式三种类型。表1.4给出了光电检测分类方式。

表 1.4 光电开关的检测分类方式及特点

检测方式		光路	特点
对射式	扩散	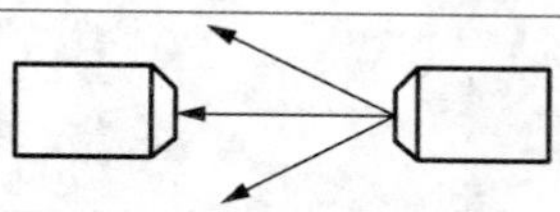	检测距离远,也可检测半透明的密度(透过率)
	狭角	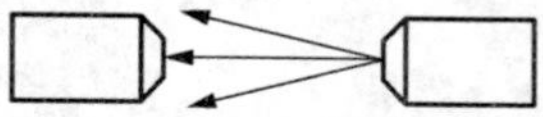	光束发散角小,抗邻组干扰能力强
	细束	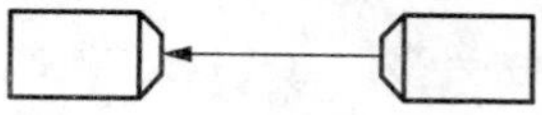	擅长检出细微的孔径、线型和条状物
	槽形	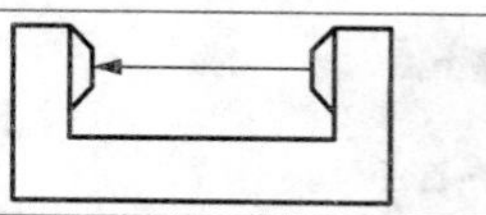	光轴固定,不需要调节,工作位置精度高
	光纤	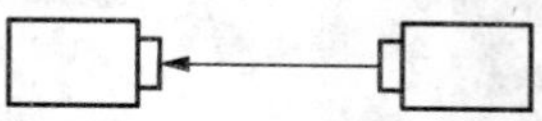	适宜空间狭小、电磁干扰大、温差大、需防爆的环境
反射式	限距	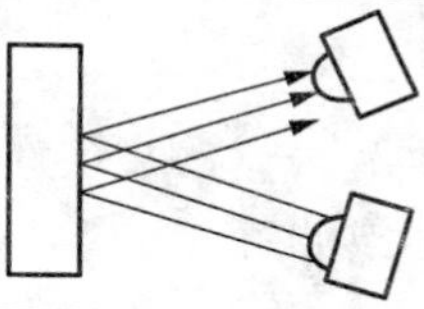	工作距离限定在光束交点附近,可避免背景影响
	狭角		无限距型,可检测透明物后面的物体
	标志	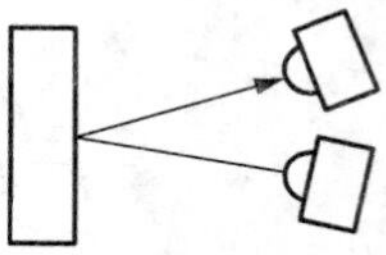	颜色标记和孔隙、液滴、气泡检出,测电表、水表转速
	扩散	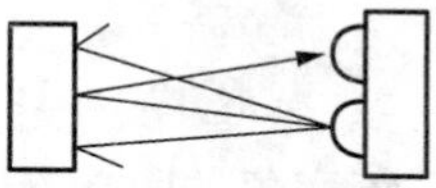	检测距离远,可检出所有物体,通用性强
	光纤	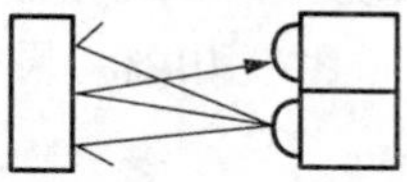	适宜空间狭小、电磁干扰大、温差大、需防爆的危险环境
镜面反射式			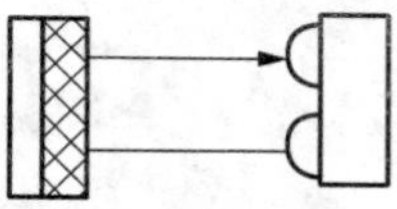 反射距离远,适宜远距检出,还可检出透明、半透明物体

注:对射式——检测不透明体;反射式——检测透明体和不透明体

光电开关的电气图形符号和文字符号如图1.32(a),实物如图1.32(b)所示。

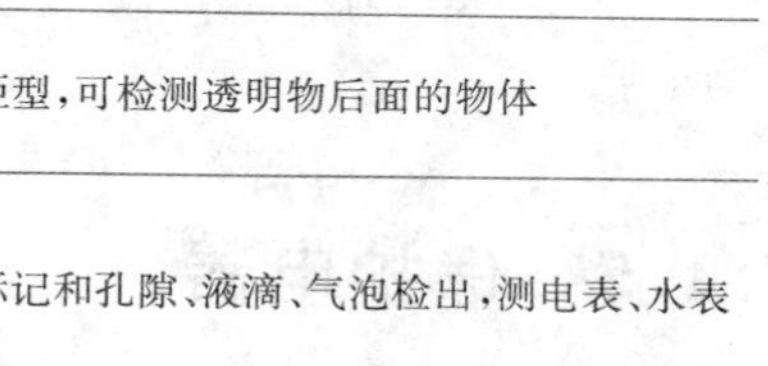

1.4.5 电磁开关

1) 电磁开关的特点

电磁开关可用于一般应用,如电机起动/停止和过载保护。电机过载时,电机马达的线圈可能燃烧,当过电流继续,由热继电器检测,切断电路中的电磁接触器或断路器以防电机被烧毁。

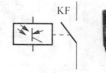
(a) 表示符号

(b) 实物图片

图 1.32 光电开关

2) 常用电磁开关

目前常用电磁开关有:不可逆电磁开关、可逆电磁开关、机械闩锁式电磁开关、延时释放型电磁开关、盒装电磁开关、带特殊热继电器的电磁开关等,如图 1.33 所示。

(a) 不可逆电磁开关　　　　(b) 可逆电磁开关　　　　(c) 机械闩锁式电磁开关

(d) 延时释放型电磁开关　　　(e) 盒装电磁开关　　　(f) 带特殊热继电器的电磁开关

图 1.33　电磁开关实物图

1.5　保护电器

1.5.1　断路器

1) 低压断路器的结构及工作原理

低压断路器主要由三个部分组成:触点、灭弧系统和各种脱扣器。脱扣器包括过电流脱扣器、失压(欠电压)脱扣器、热脱扣器、分励脱扣器和自由脱扣器。图 1.34(a)是低压断路器结

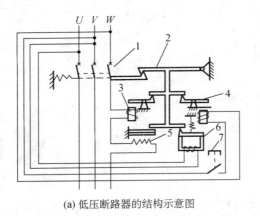 

(a) 低压断路器的结构示意图　　　　　　　　(b) 实物图片

图 1.34　低压断路器的结构示意图及实物图

1—主触点;2—自由脱扣机构;3—过电流脱扣器;4—分励脱扣器;5—热脱扣器;6—失压脱扣器;7—分励脱扣按钮

构示意图。开关是通过手动或电动合闸的,触点闭合后,自由脱扣机构将触点锁在合闸位置。当电路发生故障时,通过各类脱扣器使自由脱扣机构动作,自动跳闸实现保护作用。图1.34(b)为断路器实物图片。

(1) 过电流脱扣器:流过断路器的电流在整定值以内时,过电流脱扣器所产生的吸力不足以拉动衔铁。电流超过整定值时,强磁场产生吸力克服弹簧的拉力拉动衔铁,使自由脱扣机构动作,断路器跳闸,实现过流保护。

(2) 失压脱扣器:失压脱扣器的工作过程与过流脱扣器相反。当电源电压在额定电压时,失压脱扣器产生的磁力将衔铁闭合,使断路器保持在合闸状态。当电源电压下降到低于整定值时,在弹簧的作用下衔铁释放,自由脱扣机构动作而切断电源。

(3) 热脱扣器:热脱扣器的作用和工作原理与后续介绍的热继电器相同。

(4) 分励脱扣器:分励脱扣器用于远距离操作。在正常工作时,其线圈是断电的;在需要远程操作时,按动按钮使线圈通电,其电磁机构使自由脱扣机构动作,断路器跳闸断电。

以上是断路器可以实现的功能,并不是说在一个断路器中都具有所有功能。有的断路器没有分励脱扣器、热保护脱扣器或失压脱扣器等。但断路器都具备过电流(短路)保护功能。

2) 断路器的主要技术参数

(1) 额定电压

断路器额定电压包括额定工作电压、额定绝缘电压和额定脉冲电压。

断路器的额定工作电压取决于电网的额定电压等级,我国电网的标准电压为交流220 V、380 V、660 V、1 140 V以及直流220 V、440 V等。

断路器的额定绝缘电压是断路器的设计电压值,一般为断路器的最大额定工作电压。

断路器工作时要承受系统中所产生的过电压,额定脉冲电压应大于或等于系统中出现的最大过电压峰值。

额定绝缘电压和额定脉冲电压决定了断路器的绝缘水平,是两项非常重要的性能指标。

(2) 额定电流

断路器额定电流指额定持续工作电流,也即过电流脱扣器能长期通过的电流,对可调式脱扣器则为可长期通过的最大电流。

(3) 通断能力

通断能力也是指断路器在给定电压下接通和分断的最大电流值。

3) 低压断路器的选择

(1) 额定电流和额定电压应大于或等于电路、设备的正常工作电压和工作电流。

(2) 热脱扣器的整定电流应与所控制负载(比如电动机)的额定电流一致。

(3) 欠电压脱扣器的稳定电压等于电路的额定电压。

(4) 过电流脱扣器的整定电流 I_z 应大于或等于电路的最大负载电流。对于单台电动机来说,可按下式计算

$$I_z \geqslant KI_q$$

式中:K 为安全系数,可取 $1.5\sim1.7$;I_q 为电动机的起动电流。

对于多台电动机来说,可按下式计算:

$$I_z \geqslant KI_{q,max} + \sum I_{er}$$

式中 K 取 1.5～1.7；$I_{q,max}$ 为最大一台电动机的起动电流；$\sum I_{er}$ 为其他电动机的额定电流之和。

4）常用低压断路器

目前常用的低压短路器，主要有以下几类：塑壳断路器、小型断路器、低压空气断路器以及电动机断路器。

（1）塑壳断路器如图 1.35 所示。塑壳断路器能够在电流超过跳脱设定后自动切断电流。塑壳指的是用塑料绝缘体来作为装置的外壳，用来隔离导体之间以及接地金属部分。塑壳断路器通常含有热磁跳脱单元，而大型号的塑壳断路器会配备固态跳脱传感器。

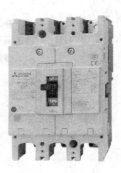

（a）三菱 MX 系列塑壳断路器　　（b）电路保护器　　（c）WS-V 系列塑壳断路器　　（d）隔离开关

图 1.35　塑壳断路器

（2）小型断路器又称微型断路器（Micro Circuit Breaker），如图 1.36 所示。适用于交流 50/60 Hz 额定电压 230/400 V，额定电流至 63 A 线路的过载和短路保护之用，也可以在正常情况下作为线路的不频繁操作转换之用。小型断路器主要用于工业、商业、高层和民用住宅等各种场所。

（3）低压空气断路器是一种不仅可以接通和分断正常负荷电流和过负荷电流，还可以接通和分断短路电流的开关电器，如图 1.37 所示。低压空气断路器在电路中除起控制作用外，还具有一定的保护功能，如过负荷、短路、欠压和漏电保护等。低压空气断路器广泛应用于低压配电系统各级馈出线，各种机械设备的电源控制和用电终端的控制和保护。

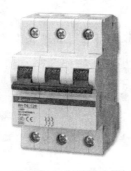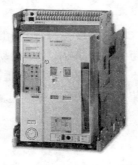

图 1.36　小型断路器　　图 1.37　低压空气断路器　　图 1.38　电动机断路器

（4）电动机断路器适合用于马达烧损保护，实现马达过载、缺相、短路电流保护功能，如图 1.38 所示。

5）断路器图形符号和文字符号

低压断路器的图形符号和文字符号如图 1.39 所示。

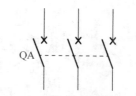

图 1.39 低压断路器的电气图形和文字符号

1.5.2 熔断器

1）熔断器的结构组成和工作原理

熔断器主要由绝缘底座和熔体两部分组成。熔体材料基本上分为两类：一类由铅、锌、锡及锡铅合金等低熔点金属制成，主要用于小功率电路；另一类由银或铜等较高熔点金属制成，用于大功率电路。

熔断器种类繁多，常用的有无填料瓷插式熔断器、无填料封闭管式熔断器、有填料螺旋式熔断器和快速熔断器等。

（1）瓷插式熔断器

瓷插式熔断器又名插入式熔断器，由瓷盖、瓷底座、静触点和熔体组成。图 1.40 所示为瓷插式熔断器结构示意图。该熔断器结构简单、价格低廉，主要用于低压分支电路的保护，常用于早期照明回路中。

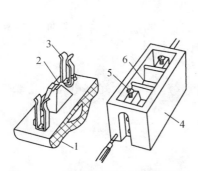

图 1.40 瓷插式熔断器结构示意图

1—瓷盖；2—熔丝；3—动触点；
4—瓷体；5—静触点；6—空腔

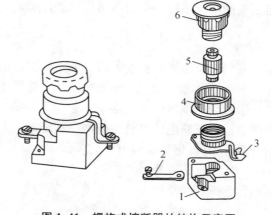

图 1.41 螺旋式熔断器的结构示意图

1—瓷座；2—下接线座；3—上接线座；
4—瓷套；5—熔断管；6—瓷帽

（2）螺旋式熔断器

螺旋式熔断器由瓷帽、熔断管、瓷套及瓷座等部分组成。图 1.41 所示为螺旋式熔断器的结构示意图。

螺旋式熔断器具有体积小、灭弧能力强、有熔断指示和防振等特点，在配电及机电设备中大量使用。

（3）封闭管式熔断器

封闭管式熔断器分为无填料管式、有填料管式和快速熔断器三种。图 1.42、图 1.43 为无填料封闭管式和有填料封闭管式熔断器的结构示意图。

无填料封闭管式熔断器通常由熔断器、熔体和静插座等部分组成。主要用于经常发生过载和短路的场合，作为低压配电电路或成套配电装置的连续过载及短路保护。

有填料封闭管式熔断器的填料为石英砂，用来冷却和熄灭电弧，常用于大容量配电网络或配电装置中。

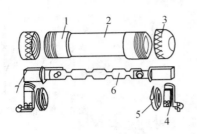

图 1.42　无填料封闭管式熔断器

1—铜圈；2—熔断管；3—管帽；4—插座；
5—特殊垫圈；6—熔体；7—刀形触点

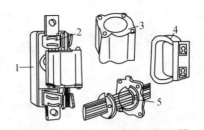

图 1.43　有填料封闭管式熔断器

1—瓷底座；2—弹簧片；3—管体；
4—绝缘手柄；5—熔体

快速熔断器主要用于半导体功率元器件和变流装置的短路保护。因为半导体功率元器件的过载能力差，只能在极短的一段时间内承受过载电流，所以要求熔断器具有快速熔断的特性。

2) 熔断器的主要技术参数

(1) 额定电压

熔断器的额定电压是指熔断器长期工作时的电压，其值一般等于或大于电气设备的额定电压。

(2) 额定电流

熔断器的额定电流是指熔断器长期正常工作的电流，即长期通过熔体且不使其熔断的最大电流。熔断器的额定电流应大于或等于所装熔体的额定电流。

(3) 极限分断电流

熔断器极限分断电流是指熔断器在额定电压下能可靠分断的最大短路电流。它取决于熔断器的灭弧能力，与熔体额定电流无关。

3) 熔断器的选用原则

熔断器的选择应从以下几个方面考虑：

(1) 熔断器类型的选择

根据负载的保护特性和短路电流的大小，选择合适的熔断器的类型。例如，负载为照明或容量较小的电动机，一般考虑电路的过载保护，可采用熔体熔化系数较小的熔断器；用于低压配电电路的保护熔断器，一般是考虑短路时的分断能力，当短路电流较大时可采用具有高分断能力的熔断器，当短路电流很大时，具有限流作用的熔断器更加合适。

(2) 熔体额定电流的选择

① 对于电动机负载，因其起动电流大，熔断器适宜作电路短路保护而不能作过载保护。熔体的额定电流计算如下：

对于单台电动机，熔体的额定电流(I_{er})应为电动机额定电流(I_e)的 1.5～2.5 倍，即 $I_{er} = (1.5 \sim 2.5)I_e$；轻载起动或起动时间较短时，系数可取 1.5；带重负载起动、起动时间较长或启停较频繁时，系数可取 2.5。

对于多台电动机，熔体的额定电流(I_{er})应为最大一台电动机的额定电流(I_{emax})的 1.5～2.5 倍，再加上同时使用的其他电动机额定电流之和($\sum I_e$)，即 $I_{er} = (1.5 \sim 2.5)I_{emax} + \sum I_e$。

② 对于电阻性负载，熔断器用作过载保护和短路保护，熔体的额定电流应略大于或等于

负载的额定电流。

　③ 对于容性负载,熔体的额定电流应为负载额定电流的 1.6 倍左右。

（3）熔断器的额定电压和额定电流

熔断器的额定电压和额定电流应不小于电路的额定电压和所装熔体的额定电流。

（4）额定分断能力

熔断器的额定分断能力必须大于电路中可能出现的最大短路电流。

（5）熔断器的上、下级配合

为防止越级熔断,上、下级(即供电干、支线)熔断器之间应有良好的协调配合。为此,在实际应用中要求上、下级熔断器的熔体额定电流的比值不小于 1.6∶1。

图 1.44　熔断器的电气图形符号和文字符号

4）熔断器的电气图形符号和文字符号

熔断器的电气图形符号和文字符如图 1.44 所示。

1.5.3　热继电器

热继电器是利用热效应原理来切断主电路的保护电器。广泛应用于电动机等负载的过载保护。

1）热继电器的结构组成和工作原理

热继电器主要由双金属片、加热元器件、触点系统、动作机构、整定调整装置及温度补偿元器件等组成。图 1.45 所示为双金属片热继电器的结构示意图和实物图。

图 1.45(a)中,双金属片由两种膨胀系数不同的金属片组成,当双金属片受热膨胀时将弯曲变形。实际应用时,将发热元器件串接在电动机的主电路中,常闭触点串接于电动机的控制电路中。当负载电流超过整定电流值并经过一定时间,发热元器件所产生的热量使双金属片弯曲,驱动动触点与静触点分断,切断电动机的控制回路,使接触器线圈断电,从而断开主电路,实现对电动机的过载保护。电源切断后,电流消失,双金属片逐渐冷却,经过一段时间后恢复原状,动触点靠自身弹簧的弹性自动复位。

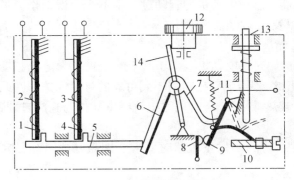

(a) 双金属片热继电器结构示意图　　　　(b) 热继电器实物图

图 1.45　热继电器结构示意图和实物图

1、4—双金属片；2、3—加热元器件；5—导板；6—温度补偿片；7—推杆；8—静触点；

9—动触点；10—调节螺钉；11—弹簧；12—凸轮旋钮；13—手动复位按钮；14—支撑杆

2）热继电器的主要技术参数

热继电器的主要技术参数是整定电流。整定电流是指长期通过发热元器件而不动作的最大电流。电流超过整定电流 20% 时,热继电器应当在 20 min 内动作,超过的电流值越大,则动作的时间越短。整定电流的大小在一定范围内可以通过旋转凸轮旋钮来调节。选用热继电器时应取其整定电流等于电动机的额定电流。

热继电器的常用技术参数还包括额定电压、额定电流及相数等。

3) 热继电器的选用原则

热继电器影响着电动机过载保护的可靠性,选用时应根据电动机的起动情况、工作环境、负载性质等方面综合考虑。

(1) 热继电器的结构形式。热继电器有两相式、三相式和三相带断电保护等形式。

星形联接的电动机可选两相或三相结构形式的热继电器。当发生一相断路时,另两相发生过载,由于流过发热元器件的电流就是电动机绕组的电流,故两相或三相结构都可起保护作用。

三角形联接的电动机应选用带断相保护装置的三相热继电器。三角形联接的电动机,若有一相断电,线电流近似等于电流较大那一相的 1.5 倍。由于热继电器整定电流为电动机额定电流,若采用两相结构的热继电器,热继电器不会动作,但电流较大的一相电流超过了额定值,就有过热的危险,长时间运行则会损坏电动机。采用三相带断相保护的热继电器,当电路出现断相时,由于三相电流不平衡,热继电器将会动作,切断主电路,使电动机停转。

(2) 确定发热元器件的额定电流。发热元器件的额定电流一般可按下式确定:

$$I_{er} = (0.95 \sim 1.05) I_e$$

式中: I_e ——电动机的额定电流;

I_{er} ——发热元器件的额定电流。

对于起动频繁、工作环境恶劣的电动机,则按下式确定:

$$I_{er} = (1.15 \sim 1.5) I_e$$

发热元器件选好后,还需按电动机的额定电流来调整其整定值。

(3) 非频繁起动场合,要保证热继电器在电动机的起动过程中不产生误动作。通常,当电动机起动电流为其额定电流的 6 倍以及起动时间不超过 6 s 时,若很少连续起动电动机,就可按电动机的额定电流选取热继电器。

(4) 对于重复短时启停的电动机(如起重电动机),由于其不断地重复大电流起动,热继电器双金属片的温升跟不上电动机绕组的温升,电动机将得不到可靠的过载保护。因此,对于频繁通断的电动机,不宜采用双金属片式热继电器,可采用过电流继电器作为它的过载保护和短路保护。

(5) 热继电器不能用作短路保护。因为当发生短路时要求立即断开电路,而热继电器由于热惯性不能立即动作。

(6) 常用的热继电器有:过载/断相保护热继电器如图 1.46(a),可以检测电机的过载,限制电流和相位不匹配。延迟热继电器如图 1.46(b),配有可饱和电抗器,也可以应用于需要时间起动的电机。快速动作特性(即速度型)热继电器如图 1.46(c),适用于热容量允许时间短的电机。

4) 热继电器图形符号和文字符号

热继电器电气图形符号和文字符号如图 1.47 所示。

(a) 过载/断相保护热继电器　　(b) 延迟热继电器　　(c) 速度型热继电器

图 1.46　常用热继电器

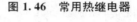
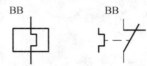

图 1.47　热继电器的电气图形符号和文字符号

习　题　1

1.1　如何区分直流电磁系统和交流电磁系统？如何区分电压线圈和电流线圈？

1.2　交流电磁线圈误接入直流电源、直流电磁线圈误接入交流电源，将发生什么问题？为什么？

1.3　电弧如何产生的？有哪些危害？直流电弧与交流电弧各有什么特点？低压电器中常用的灭弧方式有哪些？

1.4　接触器的主要结构有哪些？交流接触器和直流接触器如何区分？

1.5　交流接触器在衔铁吸合时线圈中会产生冲击电流，为什么？直流接触器会产生这种现象吗？为什么？

1.6　中间继电器的作用是什么？中间继电器与接触器有何异同？

1.7　对于星形联接的三相异步电动机能否用一般三相结构热继电器作断相保护？为什么？

1.8　在电动机的控制电路中热继电器与熔断器各起什么作用？两者能否互相替换？为什么？

1.9　低压断路器具有哪些脱扣装置？试分别说明其功能。

1.10　按钮与行程开关有何异同点？什么是主令控制器？作用是什么？

2 典型电气控制电路

2.1 电气控制电路绘制原则及标准

电气控制电路是用导线将用电设备、控制器等元器件按一定的要求连接起来,并实现某种特定控制功能的电路。为了表达生产机械电气控制系统的结构、原理等设计意图,便于电气控制系统的安装、调试、使用和维修,将电气控制系统中各电气元器件及其连接电路用一定的图形表达出来,这就是电气控制系统图。

电气控制系统图通常有三类:电器布置图、电气原理图和电气安装接线图。在图上用不同的图形符号来表示各种电气元器件,用不同的文字符号来说明图形符号所代表的电器元器件的基本名称、用途、主要特征及编号等。按电气元器件的布置位置和实际接线,用规定的图形符号绘制的图称做安装图。根据电路工作原理用规定的图形符号绘制的图称做原理图。原理图能够清楚地表明电路功能,便于分析系统的工作原理。各类图均有其不同的用途和规定画法,应根据简明易懂的原则,采用国家标准统一规定的图形符号、文字符号和标准画法来绘制。本节首先简要介绍现行国标中规定的有关电气技术方面常用的文字符号和图形符号,然后重点介绍电气原理图的绘制原则方法。

2.1.1 电气控制电路图的图形符号、文字符号及接线端子

电气原理图中电气元器件的图形符号和文字符号必须符合国家标准规定。一般来说,国家标准是在参照国际电工委员会(IEC)和国际标准化组织(ISO)所颁布标准的基础上制定的。现行的和电气制图有关的国家标准主要有:

(1) GB/T 4728—2018《电气简图用图形符号》。

(2) GB/T 5465—2008/2009《电气设备用图形符号》。

(3) GB/T 20063—2006《简图用图形符号》。

(4) GB/T 5094—2018/2005《工业系统、装置与设备以及工业产品—结构原则与参照代号》。(第1、2部分2018年,其余的2005年)

(5) GB/T 20939—2007《技术产品及技术产品文件结构原则 字母代码—按项目用途和任务划分的主类和子类》。

(6) GB/T 6988—2008《电气技术用文件的编制》。

电气元器件的文字符号一般由1~2个字母组成。第一个字母在GB/T 5094.2—2018中的"项目的分类与分类码"中给出;而第二个字母在GB/T 20939—2007中给出。本书采用最新的文字符号来标注各电气元器件。

需要说明的是,技术的发展使专业领域的界限模糊化,机电结合更加紧密。GB/T 5094.2—2018和GB/T 20939—2007中给出的文字符号也适用于机械、液压等领域。

电气元器件的第一个字母,即GB/T 5094.2—2018的"项目的分类与分类码"见表2.1所列。

表 2.1 GB/T 5094.2—2018 中项目的字母代码(主类)

代码	项目的用途或任务
A	两种或两种以上的用途或任务
B	把某一输入变量(物理性质、条件或事件)转换为供进一步处理的信号
C	能量、信息或材料的储存
D	为将来标准化备用
E	提供辐射能或热能
F	直接防止(自动)能量流、信息流、人身或设备发生危险的或意外的情况,包括用于防护的系统和设备
G	起动能量流或材料流,产生用作信息载体或参考源的信号
H	生产一种新型材料或产品
J	为将来标准化备用
K	处理(接收、加工和提供)信号或信息(用于防护的物体除外,见 F 类)
L	为将来标准化备用
M	提供驱动用机械能(旋转或线性机械运动)
N	为将来标准化备用
P	提供信息
Q	受控切换或改变能量流、信息流(对于控制电路中的信号,见 K 类或 S 类)或材料流
R	限制或稳定能量、信息或材料的运动或流动
S	把手动操作改变为进一步处理的信号
T	保持能量性质不变的能量变换,已建立的信号保持信息内容不变的变换,材料形态或形状的变换
U	保持物体在一定的位置
V	材料或产品的处理(包括预处理和后处理)
W	从一地到另一地导引或输送能量、信号、材料或产品
X	连接物
Y	为将来标准化准备
Z	为将来标准化准备

2.1.2 电气元器件布置图

电气元器件布置图主要用来表达各种电气设备在机械设备和电气控制柜中的实际安装位置,为机械电气控制设备的制造、安装、维护提供必要的资料。以机床为例,其各电气元器件的安装位置是由机床的结构和工作要求决定的,如电动机要和被拖动的机械部件在一起,行程开关应放在行程末端,操作元器件要配置在操纵面板等操作方便的地方,一般电气元器件应放在控制柜内。

电气元器件布置主要由机床电气设备布置图、控制柜及控制板电气设备布置图、操作台及悬挂操纵箱电气设备布置图等组成。图 2.1 所示为某型车床电气布置图。

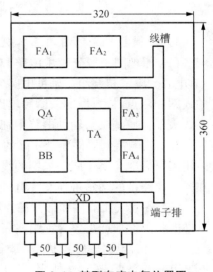

图 2.1 某型车床电气位置图

2.1.3　电气原理图

电气原理图是根据控制系统工作原理绘制的,结构简单、层次分明,便于研究和分析电路工作原理。电气原理图表达所有电气元器件的导电部件和接线端之间的相互关系,与各电气元器件的实际布置位置和实际接线情况无关,且不反映电气元器件的大小。现以图 2.2 所示某型车床的电气原理图为例来说明电气原理图绘制的基本规则和应注意的事项。

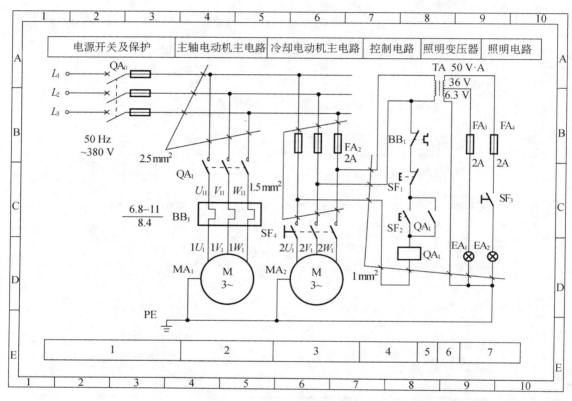

图 2.2　某型车床电气原理图

1) 绘制电气原理图的基本规则

(1) 原理图一般分为主电路和辅助电路两部分画出。主电路指大电流通过的路径。例如,电源到电动机绕组。辅助电路包括控制电路、信号电路、照明电路及保护电路等,由继电器的线圈和触点,接触器的线圈和辅助触点、照明灯、按钮等电气元器件组成。通常主电路用粗实线表示,画在左边;辅助电路用细实线表示,画在右边。

(2) 各电器元器件不画实际的外形图,而采用国家规定的统一标准图形符号,文字符号也采用国家标准。属于同一电器的线圈和触点,都要采用同一文字符号表示。对同类型的电器,在同一电路中的表示可在文字符号后加注阿拉伯数字序号加以区分。

(3) 各电气元器件和部件在控制电路中的位置,应根据便于阅读的原则安排,同一电器元器件的各部件根据需要可不画在一起,但文字符号要一致。

(4) 所有电器的触点状态,都应按没有通电和没有外力作用时的初始开、关状态画出。例如继电器的触点,按吸引线圈不通电时的状态画,按钮、行程开关触点按不受外力作用时的状态画出等。

（5）无论是主电路还是控制电路，各电气元器件一般要求按动作顺序从上到下，从左到右依次排列。

（6）有直接电连接的交叉导线的连接点，要用黑圆点表示，无直接电连接的交叉导线，交叉处不能画黑圆点。

2）图面区域的划分

电气原理图上方的 1、2、3、… 数字是图区编号，是为了便于检索电气电路，方便阅读分析，避免遗漏而设置的。一般 CAD 图样图区编号在下方也可显示。

图区编号下方的"开关电源及保护……"等字样，表明对应区域下方元器件或电路的功能，使读者能清楚地知道某个元器件或某部分电路的功能，以利于理解整个电路的工作原理。

3）符号位置的索引

符号位置的索引用图号、页次和图区编号的组合索引法，索引代号的组成如下：

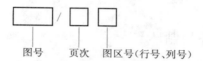

图号　　页次　　图区号(行号、列号)

当某图号仅有 1 页图样时，只写图号和图区的行、列号，在只有 1 个图号多页图样时，则图号可省略，而元器件的相关触点只出现在一张图样上时，只标出图区号（无行号时，只写列号）。

4）电气原理图中技术数据的标注

电气元器件的技术数据，除在电气元器件明细表中标明外，也可用小号字体注在其图形符号的旁边。

2.1.4　电气安装接线图

为了进行设备的布线或排缆，必须提供其中各个部件（包括元器件、器件、组件等）之间电气连接的详细信息，包括连接关系、线缆种类和铺设路线等。用电气图的方式表达的图称为接线图。

安装接线图是检查电路和维修电路不可缺少的技术文件。根据表达对象和用途的不同，接线图有单元接线图、互连接线图和端子接线图等。《电气制图国家标准》(GB/T 6988.1—2008)详细规定了安装接线图的编制规则。主要有下面几项：

（1）在接线图中，一般都应标出各部件的相对位置、部件代号、端子间的电连接关系、端子号、导线类型、截面积等。

（2）同一控制盘上的电气元器件可直接连接，但盘内元器件与外部元器件连接时必须通过接线端子排进行。

（3）接线图中各电气元器件图形符号与文字符号均应以原理图为准，并保持一致。

（4）互连接线图中的互连关系可用连续线、中断线或线束表示，连接导线应注明导线根数，导线截面积等。接线图不表示导线实际走线途径，施工时由施工人员根据实际情况选择最佳走线方式。图 2.3 所示为某型车床电气互连接线图。

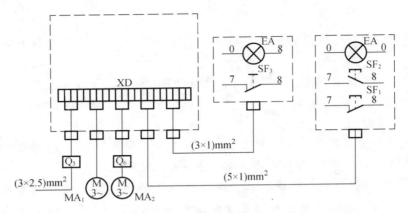

图 2.3　某型车床电气互连接线图

2.2　电气控制电路的基本环节

2.2.1　起动、点动和停止控制环节

1）单向全压起动控制电路

图 2.4 是一个常用的电动机控制电路。主电路由断路器 QA_0、接触器 QA_1 的主触点、热继电器 BB 的热元器件与电动机 MA_1 构成；控制回路由起动按钮 SF_2、停止按钮 SF_1、接触器 QA_1 的线圈及其常开辅助触点、热继电器 BB 的常闭触点等几部分构成。正常起动时，合上 QA_0，接入三相电源，按下起动按钮 SF_2，交流接触器 QA_1 的吸引线圈通电，接触器主触点闭合，电动机接通电源直接起动运转。同时与 SF_2 并联的常开辅助触点 QA_1 也闭合，当手松开，SF_2 自动复位时，接触器 QA_1 的线圈仍可通过辅助触点 QA_1 使接触器线圈继续通电，从而保持电动机的连续运行。这个辅助触点起着自保持或自锁的作用。这种由接触器(继电器)自身的常开触点来使线圈长期保持通电的环节叫"自锁"环节。

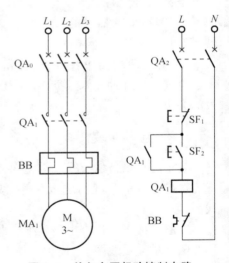

图 2.4　单向全压起动控制电路

按下停止按钮 SF_1，控制电路被切断，接触器线圈 QA_1 断电，其主触点断开，将三相电源断开，电动机自由停车。同时 QA_1 的辅助常开触点也断开，"自锁"解除，因而当手松开停止按钮后，SF_1 在复位弹簧的作用下，恢复到原来的常闭状态，但接触器线圈已经不能再依靠自锁环节通电了。

2）电动机的点动控制电路

生产机械在安装或维修时，一般均需要试车或调整，常需点动控制。点动控制的操作要求为按下起动按钮时，常开触点接通电动机起动控制回路，电动机通电转动；松开按钮后，由于按钮自动复位，常开触点断开，切断了电动机控制回路，电动机断电停转。点动起、停的时间由操作者手动控制。图 2.5 中列出了实现点动的几种控制电路。

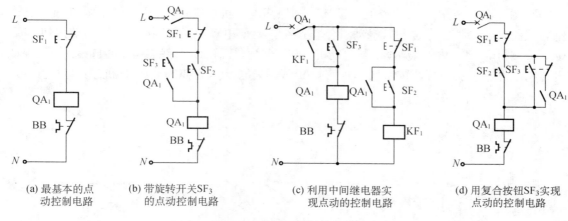

(a) 最基本的点动控制电路 (b) 带旋转开关SF₃的点动控制电路 (c) 利用中间继电器实现点动的控制电路 (d) 用复合按钮SF₃实现点动的控制电路

图 2.5　实现点动的几种控制电路

图 2.5(a)是最基本的点动控制电路。当按下点动起动按钮 SF_1 时,接触器 QA_1 线圈得电,主触点闭合,电动机电源接通,起动运转。当松开按钮 SF_1 时,接触器 QA_1 线圈失电,主触点断开,电动机被切断电源而停止运转。

图 2.5(b)是带旋转开关 SF_3 的点动控制电路。当需要点动操作时,将旋转开关 SF_3 转到断开位置,使自锁回路无效,按下按钮 SF_2 时,接触器 QA_1 线圈得电,主触点闭合,电动机接通电源,起动运转;当手松开按钮 SF_2 时,接触器 QA_1 线圈失电,主触点断开,电动机电源被切断而停止,从而实现了点动控制。当需要连续工作时,将旋转开关 SF_3 转到闭合位置,自锁回路有效,即可实现连续控制。

图 2.5(c)是利用中间继电器实现点动的控制电路。利用连续起动按钮 SF_2 控制中间继电器 KF_1,KF_1 的常开触点并联在 SF_3 两端,控制接触器 QA_1,再控制电动机实现连续运转;当需要停转时,按下 SF_1 按钮即可。当需要点动运转时,按下 SF_3 按钮即可。这种方案的特点是在电路中单独设置一个点动回路,适用于电动机功率较大并需经常点动控制操作的场合。

图 2.5(d)是采用一个复合按钮 SF_3 实现点动的控制电路。需要点动控制时,按下点动按钮 SF_3,其常闭触点先断开自锁电路,常开触点后闭合,接通起动控制电路,接触器 QA_1 线圈通电,主触点闭合,电动机得电起动旋转。松开 SF_3,接触器 QA_1 线圈失电,主触点断开,电动机失电自由停车。若需要电动机连续运转,则按起动按钮 SF_2,停机时按下停止按钮 SF_1 即可。这种方案适用于需经常点动控制操作的场合。

2.2.2　可逆控制与互锁环节

在生产加工过程中,生产机械常常要求具有上下、左右往返等相反方向的运动,如起重机吊钩的上升与下降、电梯的上下运行、机床工作台的前进与后退等运动的控制,要求电动机能够实现正反向运行。由交流电动机工作原理可知,将三相交流异步电动机的三相电源进线中的任意两相对调,即可实现电动机逆向旋转。因此,需要对单向运行的控制电路做相应的补充,即在主电路中设置两组接触器主触点,来实现电源相序的切换;在控制电路中对两个接触器线圈进行控制,这种可同时控制电动机正反转的控制电路称为可逆控制电路。

图 2.6 所示即是三相交流电动机的可逆控制电路。图 2.6(a)为主电路,其中接触器 QA_1 和 QA_2 所控制的电源相序相反,因此可使电动机逆向运行。如图 2.6(b)所示的控制电路中,要使电动机正转,按下正转起动按钮 SF_2,QA_1 线圈得电,其主触点 QA_1 闭合,电动机正

转,同时由其辅助常开触点构成的自锁环节可保证电动机连续运行;按下停止按钮 SF$_1$,可使 QA$_1$ 线圈失电,其主触点断开,电动机停止运行。要使电动机反转,按下反转起动按钮 SF$_3$,QA$_2$ 线圈得电,其主触点 QA$_2$ 闭合,电动机反转,同时由其辅助常开触点构成的自锁环节可保证电动机连续运行;按下停止按钮 SF$_1$,可使 QA$_2$ 线圈失电,其主触点断开,电动机停止运行。

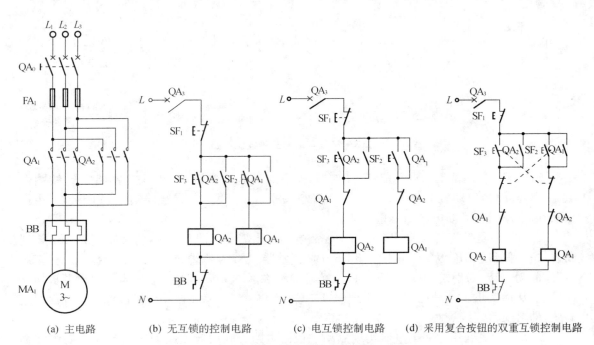

(a) 主电路　　　(b) 无互锁的控制电路　　　(c) 电互锁控制电路　　　(d) 采用复合按钮的双重互锁控制电路

图 2.6　三相交流异步电动机可逆控制电路

通过上面的分析,可以看出此控制电路可实现电动机的正反转控制,但还存在致命的缺点。当电动机已经处于正转运行状态时,如果没有按下停止按钮 SF$_1$,而是直接按下反转起动按钮 SF$_3$,结果会导致 QA$_2$ 线圈得电,主电路中 QA$_2$ 的主触点立即闭合,造成电源线间短路的严重事故。为避免此类故障的发生,需在控制电路上加以改进,如图 2.6(c)所示。与图 2.6(b)不同的是,分别在 QA$_1$ 的线圈控制支路中串联了一个 QA$_2$ 的常闭触点,在 QA$_2$ 的线圈控制支路中串联了一个 QA$_1$ 的常闭触点。这时在按下正转起动按钮 SF$_2$,QA$_1$ 线圈得电,其主触点 QA$_1$ 闭合,电动机正转的同时,其辅助常闭触点 QA$_1$ 处于断开状态,使得 QA$_2$ 的线圈控制支路处于断开状态,此时,即使按下反转起动按钮 SF$_3$ 也无法使 QA$_2$ 的线圈得电,只有当电动机停止正转之后,也就是 QA$_1$ 线圈失电后,反转控制支路才可能被接通。该电路就可以保证受控电动机主回路中的 QA$_1$、QA$_2$ 主触点不会同时闭合,有效避免了电源相间短路的故障。这种在控制电路中利用辅助触点互相制约工作状态的控制环节,称之为"电互锁"环节。设置电互锁环节是可逆控制电路中防止电源相间短路最为有效的保证。

电动机可逆运行按照操作顺序划分,有"正—停—反"和"正—反—停"两种控制策略。图 2.6(c)控制电路做正反向控制时,必须先按下停止按钮 SF$_1$,然后再进行反向起动操作,所以它是"正—停—反"控制策略。但在有些生产过程中需要能直接实现正反转的变换控制。电动机正转的时候,按下反转按钮前必须先断开正转接触器线圈电路,待正转接触器释放后再接通反转接触器,为此可以采用两个复合按钮来实现。其控制电路如图 2.6(d)所示。该电路既有接触器的互锁(称为电互锁),又有复合按钮的互锁(称为机械互锁),保证了电路可靠运行,这样的控制电路在电力拖动控制系统中经常使用。正转起动按钮 SF$_2$ 的常开触点用来使正转接触器 QA$_1$ 的线圈瞬时通电,常闭触点则串接在反转控制接触器 QA$_2$ 线圈的控制电路中,用来使该线圈断电。反转起动按钮 SF$_3$ 同样按 SF$_2$ 规则运行,当按下 SF$_2$ 或 SF$_3$ 时,首先其常闭触点断开,然后才是常开触点闭合。有这样的措施需要改变电动机运转方向时,就不必按 SF$_1$ 停止按钮了,直接操作正反转按钮即能实现电动机安全地可逆运行。

2.2.3　顺序及多地控制环节

1) 顺序控制电路

多机拖动系统中,各电动机工作任务不同,经常需按一定的顺序起动,才能保证操作过程的合理性和工作的安全可靠。例如某型铣床要求主轴电动机起动后,进给电动机才可起动。这类要求一台电动机起动后另一台电动机方能起动的控制逻辑称为电动机的顺序控制。

如图 2.7 所示为几种电动机顺序控制电路。图 2.7(a)为主电路。

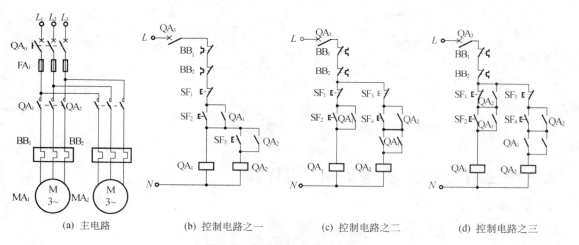

(a) 主电路　　　(b) 控制电路之一　　　(c) 控制电路之二　　　(d) 控制电路之三

图 2.7　电动机的顺序控制电路

图 2.7(b)所示控制电路特点:电动机 MA$_2$ 的控制电路并接在接触器 QA$_1$ 的线圈两侧,之后再与 QA$_1$ 自锁触点串联,从而保证了 QA$_1$ 必须先得电闭合,电动机 MA$_1$ 起动之后,QA$_2$ 线圈才可能得电,MA$_2$ 才能起动,以实现 MA$_1$→MA$_2$ 的顺序控制要求。两台电动机同时停止运行。

图 2.7(c)所示控制电路特点:在电动机 MA$_2$ 的控制电路中串接了接触器 QA$_1$ 的常开辅助触点。如果 QA$_1$ 线圈不得电,MA$_1$ 不起动,即使按下按钮 SF$_4$,由于 QA$_1$ 的常开辅助触点未闭合,QA$_2$ 线圈始终不能得电,从而保证必须是 MA$_1$ 起动后,MA$_2$ 才能起动的控制逻辑。停机无顺序要求,按下 SF$_1$ 为同时停机,按下 SF$_3$ 为 MA$_2$ 必须单独停机。

图 2.7(d)所示控制电路特点:在 SF$_1$ 的两端并接了接触器 QA$_2$ 的常开辅助触点,在电动机 MA$_2$ 的控制电路中串接了接触器 QA$_1$ 的常开辅助触点从而实现 MA$_1$ 起动后,MA$_2$ 才能起动;MA$_2$ 停转后,MA$_1$ 才能停转的控制,即 MA$_1$、MA$_2$ 是顺序起动,逆序停机。

2) 多地控制电路

能在两地或多地分别控制同一台电动机的控制逻辑称为电动机的多地控制。例如某型机床在操作台的正面及侧面均能对铣床进行操作控制。如图 2.8 所示为电动机两地控制的典型控制电路。其中 SF₁、SF₂ 为安装在甲地的起动按钮和停止按钮，SF₃、SF₄ 为安装在乙地的起动按钮和停止按钮。多地控制的电路特点是两地起动按钮并联在一起，如图 2.8 中 SF₂ 和 SF₄ 停止按钮并联在一起，SF₁ 和 SF₃ 的串联，因此，在甲地、乙地可以起、停同一台电动机，达到多地控制的目的，操作更加方便。

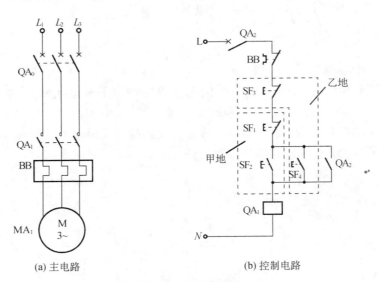

图 2.8　两地控制电路

2.3　三相交流异步电动机控制电路

2.3.1　三相交流异步电动机起动控制电路

1）直接起动控制电路

直接起动时，电动机单向运行和可逆运行控制电路如图 2.4～图 2.6 所示，运动逻辑已分析，这里不做重述。

2）降压起动控制电路

常用的降压起动方式有定子串电阻降压起动、星形/三角形（丫/△）降压起动、串自耦变压器降压起动、软起动（固态降压起动器）。

（1）定子串电阻降压起动控制电路

定子串电阻降压起动是在电动机起动时，在三相定子电路中串接电阻，使电动机定子绕组电压降低，起动过程结束后再将电阻短接，电动机全压运行。显然，这种方法会消耗大量的电能且装置成本较高，一般仅适用于大功率绕线式交流电动机的一些特殊应用场合，如起重机械等。

图 2.9 所示为定子串电阻降压起动控制电路。其工作过程如下：

合上断路器 QA₀→按下 SF₂ →QA₁ 线圈得电→QA₁ 主触点闭合，电动机 MA₁ 串电阻起动

　　　　　　　　　　　　└─→ QA₁ 辅助常开触点闭合，自锁

　　KF 线圈得电开始延时→延时时间到→KF 延时闭合→QA₂ 得电→①

　　①→QA₂ 主触点闭合→将定子串接的电阻短接，使电动机在全压下进入稳定运行状态

　　控制电路中时间继电器 KF 在电动机起动后,仍一直通电,处于动作状态,这是不必要的,可以调整控制电路,使得电动机起动完成后,由接触器 QA_1、QA_2 线圈得电使之正常运行。定子串电阻降压起动的优点是按时间原则切除电阻,动作可靠,电路结构简单;缺点是电阻上损耗无用功大。起动电阻一般采用由电阻丝绕制的板式电阻。为降低电功率损耗,可采用电抗器代替电阻。

　　(2)星形/三角形降压起动控制电路

　　正常运行时,定子绕组接成三角形的笼型异步电动机,常可采用星形/三角形($\curlyvee$/$\triangle$)降压起动方法来实现电动机起动。$\curlyvee$/$\triangle$降压起动方法是指起动时先将电动机定子绕组接成$\curlyvee$形,这时加在电动机每相绕组上的电压为电源电压额定值的$1/\sqrt{3}$,从

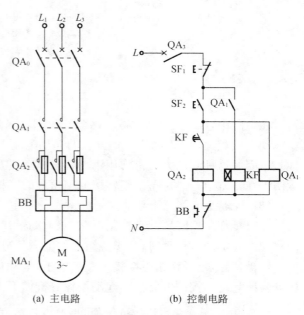

(a) 主电路　　　　　　　(b) 控制电路

图 2.9　定子串电阻降压起动控制电路

而其起动转矩为$\triangle$接法时直接起动转矩的1/3,起动电流降为$\triangle$连接时直接起动电流的1/3,减小了起动电流对电网电压稳定性的影响。待电动机起动后,按预先设定的时间再将定子绕组切换成$\triangle$接法,使电动机在额定电压下正常运转。

　　星形/三角形降压起动控制电路如图 2.10 所示。其起动过程分析如下:

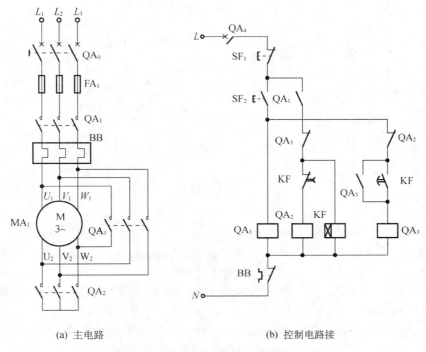

(a) 主电路　　　　　　　　　　　(b) 控制电路接

图 2.10　星形/三角形降压起动控制电路

合上断路器 QA₀→按下按钮SF₂→QA₁ 线圈得电→QA₁ 主触点闭合→电动机丫接法起动
　　　　　　　　↓└→ QA₂ 线圈得电→ QA₂ 主触点闭合──▲
　　　　　KF 线圈得电→延时时间到→KF 延时常开触点闭合→QA₃ 线圈得电→①
　　　　　　　　　　　　└→KF 延时常闭触点断开→QA₂ 线圈断电→②
　　　　　　　　①→QA₃ 主触点闭合→电动机△接法运行
　　　　　　　　②→QA₂ 主触点释放脱开──▲

在电路中,KF 在起动时得电,处于工作状态;起动结束后,KF 处于断电状态。与其他降压起动方法相比,丫/△降压起动方法的起动电流小、投资少、电路简单,但起动转矩小,转矩特性差。因而这种起动方法常常用于小容量电动机及轻载状态下中大容量电动机的起动,且只运用于在正常运行时定子绕组转接成三角形的三相异步电动机。

（3）自耦变压器降压起动控制电路

在自耦变压器降压起动控制电路中,电动机起动电流的控制是通过自耦变压器的降压作用实现的。电动机起动时,定子绕组上的电压是自耦变压器的二次侧电压;起动完成后,自耦变压器被切除,定子绕组重新接上额定电压,电动机在全电压下稳态运行。图 2.11 为自耦变压器降压起动的控制电路。其起动过程分析如下:

合上 QA₀→按下SF₂→QA₁ 线圈得电→QA₁ 主触点闭合→MA 定子绕组经自耦变压器降压起动
　　　　　└→KF 得电→KF 瞬动触点闭合→自锁
　　　　　　　└→开始延时→时间到→KF 延时常闭触点断开→QA₁ 线圈失电→①
　　　　　　　　　　　　└→KF 延时常开触点闭合→QA₂ 线圈得电→②
　　　　　　　①→QA₁ 主触点断开→变压器断开
　　　　　　　②→QA₂ 主触点闭合→MA 全电压运行

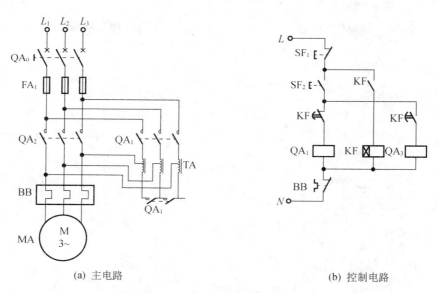

(a) 主电路　　　　　　　　　　　　　　(b) 控制电路

图 2.11　自耦变压器降压起动控制电路

与串电阻减电压起动相比较,要求同样的起动转矩时,自耦变压器降压起动对电网的电流影响不大,损耗功率小;但结构相对较为复杂、投入大,且不允许频繁启停。因此,该方法主要用于起动较大容量的电动机,起动转矩可以通过改变自耦变压器二次侧线圈抽头的连接位置实现。

3) 固态降压起动器

固态降压起动器是一种集电动机软起动、软停车、轻载节能和多种保护功能于一体的新型电动机控制装置。该装置可以实现交流异步电动机的软起动、软停止功能,同时还具有过载、缺相、欠压、过压、过热等多项保护功能,是传统串电阻降压起动、丫/△起动、自耦变压器降压起动措施最理想的替代产品。

固态降压起动器由电动机启停控制装置和软起动控制器组成。其核心部件是软起动控制器,它是由半导体功率器件及其他电子元器件组成的。软起动控制器的主体结构是一组串接于电源与被控电动机之间的三相反并联晶闸管及其控制电路,利用晶闸管移相控制原理,控制三相反并联晶闸管的导通角,控制电动机的输入电压,以此实现不同的起动功能。起动时,控制晶闸管的导通角从零开始,逐渐前移,电动机的端电压从零开始,按预设函数逐渐增大,直至达到起动转矩要求而使电动机顺利起动,最后再使电动机全电压运行。软起动控制器原理结构图如图 2.12 所示。

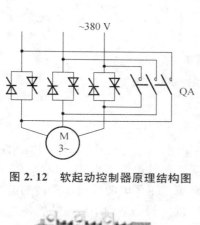

图 2.12 软起动控制器原理结构图

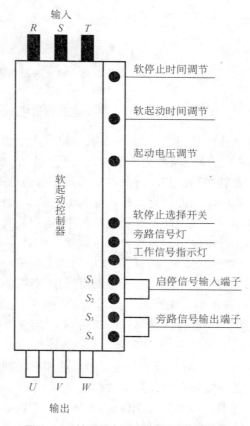

图 2.14 某型软起动控制器引脚示意图

图 2.13 某型软起动控制器的外形图

图 2.13 为某型软起动器的外形图,该装置采用微电脑控制技术,可用于多种规格的三相异步电动机软起动和软停止。被广泛应用于石油、冶金、消防、石化、矿山等工业领域的电动机传动设备。

图 2.14 该型软起动控制器引脚示意图。图 2.15 是该型软起动器起动一台电动机的控制电路。

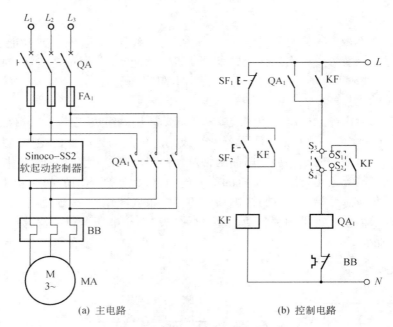

(a) 主电路　　　　　　　　　　　　　　(b) 控制电路

图 2.15　软起动器电动机控制电路图

2.3.2　三相交流异步电动机制动控制电路

交流异步电动机定子绕组切断电源后,由于惯性作用,转子需经一段时间才能自由停止转动,这往往不能满足某些生产机械的工艺要求,造成运动部件停位不当,工作不安全。因此,必须采取有效的制动措施。所谓制动是指使电动机脱离正常工作电源后迅速停转的措施。交流异步电动机的制动方法有机械制动和电气制动两种。机械制动是利用机械装置使电动机迅速停转。常用的机械制动装置是电磁抱闸,抱闸装置由制动电磁铁和闸瓦制动器组成,又分为断电制动型和通电制动型两种。机械制动动作时,将制动电磁铁的线圈电源切断或接通,通过机械抱闸制动电动机;电气制动是在电动机上制造一个与原转子转动方向相反的制动转矩,使电动机迅速停转。电气制动方法主要有反接制动、能耗制动及发电制动等。

1) 反接制动控制电路

反接制动是通过改变异步电动机定子绕组中三相电源的相序,制造一个与转子惯性转动方向相反的反向转矩,实现制动。

反接制动时,由于转子与旋转磁场的相对转速接近 2 倍的同步转速,所以定子绕组中流过的反接制动电流接近全压起动时起动电流的 2 倍,冲击电流很大。为减小冲击电流,需要在电动机主电路中串接电阻,该电阻称为反接制动电阻。

当反接制动使电动机转速下降至近零时,须及时切断反相序电源,以防电动机反向起动。一种典型的反接制动控制电路分析如下。

反接制动的关键在于改变电动机电源相序,当转速下降至近零时,能自动将电源分断。为此,必须在反接制动控制中采用速度继电器来检测电动机的速度变化。当转速在 120～3 000 r/min 范围内时,速度继电器触点动作,当转速低于 100 r/min 时,其触点恢复原位。

如图 2.16 所示为单向反接制动控制电路。图中 QA_1 为旋转时使用的接触器,QA_2 为反接制动接触器,BS 为速度继电器,RA 为反接制动电阻,BB 为热继电器。

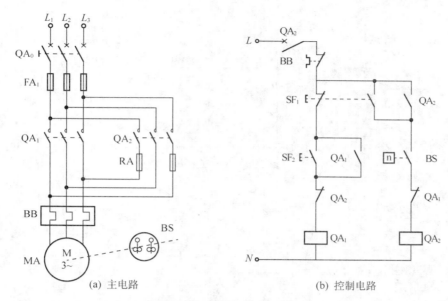

(a) 主电路　　　　　　　　(b) 控制电路

图 2.16　单向反接制动控制电路

图 2.16 反接制动控制电路工作原理分析如下:

起动:合上电源断路器 QA_0→按下起动按钮 SF_2→QA_1 线圈得电→①

①
→QA_1 辅助常闭触点断开 → 与 QA_2 互锁
→QA_1 辅助常开触点闭合 → 自锁
→QA_1 主触点闭合 → 电动机 MA 全压起动 → 当电动机转速上升至 120 r/min 时 → ②

② →速度继电器 BS 动作→BS 常开触点闭合→为反接制动做准备

制动:停机时按下停止按钮 SF_1→QA_2 线圈得电→QA_1 线圈失电—电动机 MA 断电惯性运转→①

①
→QA_2 辅助常闭触点断开 → 与 QA_1 互锁。
→QA_2 辅助常开触点闭合 → 自锁。
→QA_2 主触点闭合 → 串电阻反接制动 → 电动机转速降至 100 r/min 时 → ②

②→BS 常开触点断开→QA_2 线圈断电→反接制动结束→电动机自由停转

2) 能耗制动控制

能耗制动是指三相异步电动机脱离电源后,迅速给定子绕组接入直流电流产生恒定磁场,利用转子感应电流与恒定磁场的互相作用达到制动的目的。能耗制动的控制既可以按时间原则,由时间继电器控制;又可以按速度原则,由速度继电器控制。典型的单向运行能耗制动控制电路分析如下。

图 2.17(a)主电路中 QA_1 为单向运行接触器,QA_2 为能耗制动接触器,BS 为速度继电器,TA_1 为整流变压器,TB_2 为桥式整流电路,RA 为能耗制动电阻。

图 2.17(b)电路中,将 KF_1 常开瞬动触点与 QA_2 辅助常开触点串联组成联合自锁,主要是考虑按下制动按钮 SF_1 后电动机能迅速制动,两相的定子绕组不会长时间接入直流电源。

图 2.17(c)电路中,由速度继电器 BS 来控制能耗制动过程,只是在需要停机制动时,按一下停止按钮(自复位)SF_1 即可。

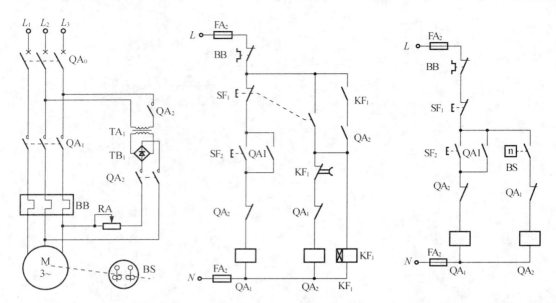

(a) 单向运行能耗制动主电路　　(b) 按时间原则进行的能耗制动控制电路　　(c) 按速度原则控制的能耗制动控制电路

图 2.17　单向运行能耗制动控制电路

2.4　步进电动机控制电路

2.4.1　步进电动机及步进驱动器

1）步进电动机

（1）简介

在定位控制中，步进电动机作为执行元器件获得了广泛的应用。步进电动机区别于其他电动机的最大特点是：

① 可以用脉冲信号直接进行开环控制，系统简单、经济。

② 位移（角位移）量与输入脉冲个数严格成正比，且步距误差不会长期积累，精度较高。

③ 转速与输入脉冲频率成正比，且可在相当宽的范围内进行调节，多台步进电动机同步性能较好。

④ 易于起动、停止和变速，且停止时有自锁能力。

⑤ 无刷，电动机本体部件少、可靠性高、易维护。

步进电动机的缺点是：带惯性负载能力较差，存在失步和共振，不能直接使用交直流驱动。

步进电动机受脉冲信号控制，并把脉冲信号转化成与之相对应的角位移或直线位移，而且在进行开环控制时，步进电动机的角位移量与输入脉冲的个数严格成正比，角速度与脉冲频率成正比，并时间上与脉冲同步，因而只要控制输入脉冲的数量、频率和绕组通电的相序即可获得所需的角位移（或直线位移）、转速和方向。这种增量式定位控制系统与传统的直流伺服系统相比几乎无需进行系统调试，成本明显降低。

因为步进电动机是受脉冲信号控制的，所以把这种定位控制系统称为数字量定位控制系统。按其作用原理，步进电动机分为反应式（VR）、永磁式（PM）和混合式（HB）三种，其中混合式应用最广泛,它吸取了永磁式和反应式的优点,既具有反应式步进电动机的高分辨率,即每转步数比较多的特点,又具有永磁式步进电动机的高效率、绕组电感比较小的特点。

（2）步进电动机的结构

步进电动机的结构和三相异步电动机一样是由定子、转子、机座和端盖组成的,但其具体构造却不相同。图2.18为步进电动机的外观图。

图 2.18　步进电动机的外观图

图 2.19 为一两相混合式步进电动机的结构图。由图2.19 可见,其定子铁芯上有 8 个凸出的极,称为定子凸极,也称 8 个大齿,每个大齿上有 5 个距离相等的小齿。每个凸极上套有一个集中绕组,相对两极的绕组串联构成一相。转子仅为一铁芯,其上没有绕组。在面向气隙的转子铁芯表面有 50 个齿距相等的小齿。定子固定在机座上,而转子则通过轴承由左、右两端的端盖支撑在定子的中间。上述结构也可以用如图2.20 所示的结构示意图来表示。

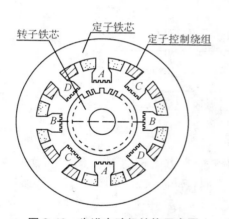

图 2.19　步进电动机结构示意图

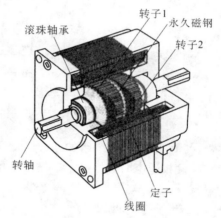

图 2.20　步进电动机的结构图

（3）步进电动机的工作原理

反应式步进电动机不像传统交流电动机那样依靠定、转子绕组电流所产生的磁场间相互作用形成的转矩而使转子转动,步进电动机的转子没有绕组,它是根据在磁场中磁通总是沿磁阻最小的路径进行闭合产生磁拉力而形成转矩的原理使转子产生转动。现以图 2.21 所示的三相反应式步进电动机工作原理图来进行说明。

三相步进电动机有 6 个定子凸极,每个凸极上都套有绕组,相对的凸极绕组串联成一相绕组,一共三相绕组 A、B、C。为说明方便,假定转子仅有 4 个齿,如图中 1、2、3、4 所示。如果给定子绕组轮流通电,通电顺序为 $A—B—C—A—B$。其时序如图 2.22 所示。

首先对 A 相绕组进行通电,因磁通要沿最小路径闭合,将使转子的 1、3 齿与 A 相绕组的凸极对齐,如图 2.21(a)所示。注意,此刻转子的 2、4 齿与 B 相(或 C 相)绕组的凸极错开 $30°$的角。

如果使 A 相断电 B 相通电时,同样磁通要沿最小路径闭合,将会产生磁拉力,强行将转子的 2、4 齿转动与 B 相绕组的凸极对齐才停止转动,如图 2.21(b)所示。这就相当于把转子顺时针方向转动了 $30°$。这种 1 个脉冲使步进电动机转动的角度称为步距角 θ_s。转子转动后,

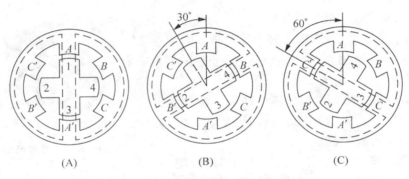

图 2.21 三相步进电动机的工作原理图

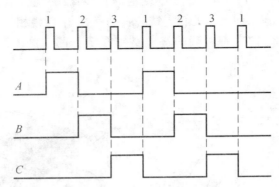

图 2.22 电动机三相单三拍时序图

转子的 1、3 极与 C 相或 C 相绕组的凸极又错开 $30°$。

B 相断电、C 相通电时,同样原理,转子又沿顺时针方向转动 1 个步距角,如此循环往复,不断按 $A—B—C—A$ 顺序通电,转子便按一定方向转动起来。

如果要改变转子的转向,则只要按照 $A—C—B$ 顺序通电即可,读者可自行分析。

步进电动机的转速取决于绕组顺序变化的频率。如果用脉冲控制绕组的接通和断开,那么只要控制脉冲的频率就可以控制电动机的转速。

定子绕组每改变一次通电方式称为一拍,上述通电方式称为三相单三拍。单指每次只有一个绕组通电,三拍指经过三次通电切换为一个循环。三相步进电动机三相单三拍时序图如图 2.22 所示。在实际使用中,单三拍由于在切换时一相绕组断电后而另一相绕组才开始通电,这种情况容易造成失步;此外,由于是一相绕组通电吸引转子,也容易使转子在平衡位置附近产生振荡,故运行稳定性较差,所以很少采用。通常都改成“双三拍”或“单、双六拍”通电方式。“双三拍”的通电方式为 $AB—BC—CA—AB$ 或 $AC—CB—BA—AC$,其时序图如图 2.23 所示。“单、双六拍”的通电方式为 $A—AC—C—CB—B—BA—A$ 或 $A—AC—C—B—CB—BA—A$,其时序图如图 2.24 所示。

采用三相双三拍通电方式时,在切换过程中总有一相绕组处于通电状态,转子的齿极受到定子磁场的控制,不易失步和振荡,三相双三拍方式的步距角也是 $30°$,而三相单、双六拍通电方式的步距角为 $15°$(详细分析过程可参考其他有关书籍。)

不论是 $30°$,还是 $15°$,其步距角都太大,不能满足控制精度的要求。为了减小步距角,往往将定子凸极和转子做成多齿结构,转子上开有数目较多的齿极,而定子的每个凸极上又开有

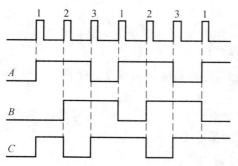

图 2.23　三相步进电动机三相双三拍时序图

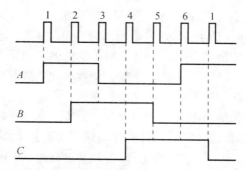

图 2.24　三相步进电动机三相单、双六拍时序图

若干个小齿极,如图 2.19 所示。定子凸极和转子的小齿齿宽和齿距都相同,这时转子转动的步距角与转子的齿数有关,齿数越多,步距角越小。但若通电方式不同,其步距角在同样结构下也不相同。因此,同一台步进电动机都会给出两个步距角,如 $1.5°/3°$、$0.75°/1.5°$ 等。

步进电动机除了做成三相外,也可以做成二相、四相、五相、六相等。一般最多做到六相。相数和转子齿数越多,步距角就越小。相数越多,其供电电源越复杂,成本也就越高。

(4) 步进电动机的性能参数与选用

① 步进电动机性能参数

a. 相数与拍数。步进电动机的相数指步进电动机的定子绕组数,目前常用的有二相、三相、四相和五相步进电动机。步进电动机的拍数是指步进电动机完成一个磁场周期性变化所需要的脉冲数,也就是步进电动机运行 1 周所需的脉冲数。

步进电动机按其通电方式的不同有单拍运行,双拍运行和单、双拍运行方式。其运行方式不同,步进电动机的拍数也不一样。把单拍运行叫做整步运行,而把双拍(含单、双拍)运行叫做半步运行。

b. 步距角。步进电动机步距角的定义是每向步进电动机输入一个电脉冲信号时,电动机转子转动的角度。它表示步进电动机的分辨率。步距角越小,步进电动机的分辨率越高,定位精度也越高。

步距角的大小与电动机的相数有密切关系,相数越多,步距角就越小。例如,常用的二、四相电动机的步距角为 $0.9°/1.8°$,三相电动机为 $0.75°/1.5°$,五相电动机为 $0.36°/0.72°$ 等。

在没有细分驱动前,如希望改进步距角的大小和改善低频时的振动及噪声时只能选择五相式电动机来解决,而有了细分驱动后,利用细分技术既可将步距角变小又可改善振动和噪声,使得"相数"选择变得没有实际意义了。

步距角精度是指步进电动机转过 1 个步距角时其实际值与理论值的误差,以误差值除以步距角的百分比来表示。不同的步距角其值也不同,一般在 $3\%\sim5\%$ 之内。由子步进电动机在不失步的情况下其步距角的误差是不会积累的,因此当用步进电动机做定位控制时,不管运行位移是多少,其误差始终被控制在 1 个步距角精度里。这也是步进电动机定位控制系统虽然是开环控制也能获得很高精度的原因。

c. 额定电压与额定电流。额定电流是指步进电动机静止时每相绕组所允许输入的最大电流,也即输入脉冲电流在高电平时的电流值,而用电流表检测的是脉冲电流的平均值,一般要比额定电流小。驱动电源的输出电流应大于或等于电动机的额定电流。

额定电压是指驱动电源提供的直流电压,一般有 6 V、12 V、27 V、48 V、60 V、80 V 等。

但它不等于加在绕组两端的电压。

d. 起动频率。起动频率又称实跳频率、起跳频率等。它是指步进电动机在不失步情况下起动的最高频率。它是步进电动机的一项重要指标。

起动频率又分为空载起动频率和负载起动频率,空载起动频率常在产品目录上给予说明。负载起动频率比空载起动频率低。

起动频率不能选得太低。为了避开电动机在低频时共振情况的发生,起动频率要高于电动机的共振频率。另外,起动频率又不能太高,因为步进电动机在起动时除了要克服负载转矩外,还要使转子加速运行,当频率过高时,转子的转动速度会跟不上定子磁场的速度变化而发生失步和振荡。步进电动机的起动频率一般为几百赫兹到几千赫兹之间,三菱电动机 FX PLC 的定位指令中所讲的基底速度即指步进电动机的起动频率,它规定了基底速度必须小于最大允许运行速度的 1/10。

起动频率还与负载转矩大小有关,它们之间的关系称为起动矩频特性。由矩频特性可知,负载转矩越大,起动频率就越低。另外,当负载转矩一定时,转动惯量越大,起动频率也越低。

e. 运行频率。运行频率指步进电动机起动后,在频率逐步加大时能维持运行并不发生失步的最高频率。当电动机带动负载运行时,运行频率与负载转矩大小有关,两者的关系称为运行矩频特性,通常以表格或曲线形式给出。如图 2.25 所示为某品牌步进电动机矩频特性。

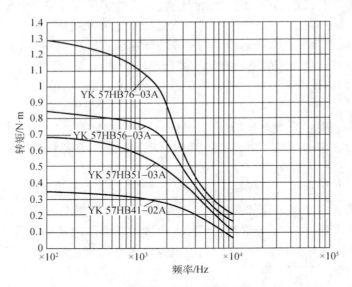

图 2.25　二相步进电动机矩频特性

运行频率通常比起动频率高得多,如果在短时间里上升到运行频率,同样会发生失步。因此,在实际使用时通常通过加速使频率逐渐上升到运行频率连续运行。

提高步进电动机的运行频率对于提高生产效率具有很大的实际意义,所以在保证不失步的情况下,应尽量提高步进电动机的转速以提高生产效率。

f. 保持转矩。保持转矩是指步进电动机在通电情况下没有转动时,定子能锁住转子的能力。它也是步进电动机的一个重要性能指标。步进电动机在低速时的转矩接近保持转矩,通常所说的步进电动机转矩是多少 N•m,在没有特殊说明的情况下都是指保持转矩。

对于反应式步进电动机来说,保持转矩是在通电情况下才有的。如果不通电,则不存在保持转矩,这点在实际应用时务必注意。而对于永磁式步进电动机来说,由于有永磁极的存在,在断电时仍然会有保持转矩。

(5) 步进电动机的转速、失步与过冲

① 转速

转子转动一周所需的脉冲数为:

$$pls = \frac{360}{\theta}$$

设步进电动机每秒输入的脉冲数为 $f(\text{Hz})$,那么电动机的转速为:

$$n = \frac{f}{pls}(\text{r/s}) = \frac{f\theta \times 60}{360}(\text{r/min})$$

② 步进电动机的失步与过冲

当步进电动机以开环的方式进行位置控制时,负载位置对控制回路没有反馈,步进电动机就必须正确响应每次励磁变化。如果励磁频率选择不当,则步进电动机就不能够移动到新的位置,即发生失步现象或过冲现象。失步就是漏掉了脉冲没有运动到指定的位置;过冲和失步相反,即运动到超过了指定的位置。因此,在步进电动机开环控制系统中,如何防止失步和过冲是开环控制系统能否正常运行的关键。

产生失步和过冲现象的原因很多,当失步和过冲现象分别出现在步进电动机起动和停止的时候,其原因一般是系统的极限起动频率比较低,而要求的运行速度往往比较高,如果系统以要求的运行速度直接起动,因为该速度已经超过起动频率而不能正常起动,轻则发生失步,重则根本不能起动而产生堵转。系统运行起来后,如果达到终点时立即停止发送脉冲,令其立即停止,则由于系统惯性的作用,步进电动机会转过控制器所希望的停止位置而发生过冲。

为了克服步进电动机的失步和过冲现象,应该在起动和停止时加入适当的减速控制。通过一个加速和减速过程,以较低的速度起动而后逐渐加速到某一速度运行,再逐渐减速,直至停止,可以减少甚至完全消除失步和过冲现象。

步进电动机在高速时也会发生失步,这是因为步进电动机的转矩随转速的增加而下降。因此,当步进电动机由运行转速变化至高速时,会因转矩减小带不动负载而引起失步。这时,必须重新选择符合高速运转而转矩又满足要求的电动机才行。

(6) 步进电动机的选用

步进电动机的选用与伺服电动机相近,同样要求选用电动机的转矩必须符合负载运行转矩的要求;同样有转速、输出功率的要求。但步进电动机又有其自身的一些特性,使步进电动机的选择与伺服电动机有所不同。

在选择步进电动机时,输出转矩仍然是首先要考虑的(某些特轻负载除外)。输出转矩涉及负载转矩,而负载转矩的确定有计算法、试验法和类比法。计算法比较复杂,计算较为烦琐,要考虑负载的惯量、运动方式、加速度快慢等众多参数公式。对初学者来说难以做到。试验法就是在负载轴上加个杠杆,然后用一个弹簧测力计去拉杠杆。正好使负载转动时的拉力乘以力臂长度(负载轴的半径)就是负载的转矩,这种方法简单易行,但仍然存在一定误差。目前,对初学者来说最常用的是类比法,是把自己所做的设备与同行业中类似设备进行机构设置、负载质量、运动速度等方面的比较来选择步进电动机。

步进电动机选择的另一项重要指标是转速。由矩频特性可知,电动机的转矩与转速有密切关系。转速升高,转矩下降,其下降的快慢和很多参数有关,例如,驱动电压、电动机相电流、电动机的大小等,一般情况下,驱动电压越高,转矩下降越慢;相电流越大,转矩下降越慢。但在实际生产中,转速对于提高生产效率具有很大的实际意义,但转速提高了,转矩下降很快,所以在步进电动机的选择中,转矩和转速的选择是矛盾的。步进电动机的转速一般应控制在600～1 200 r/min 以下。如图 2.25 所示的 YK 57HB76-03A 型二相步进电动机,其步距角为18°,由图中可以看出,当频率大于 1 000 Hz 时,转矩下降较快,因此实际应用时,应控制在1 000 Hz(300 r/min)以下。

实际选择步进电动机时应先确定转矩,再确定转速,然后根据这两个参数去观察各种步进电动机的矩频特性,选出符合这两个参数的电动机。如果找不到,则必须考虑加配减速装置,或降低转速。对于一些负载转矩特别小的设备,如绕线机等,其主要考虑的指标是转速,因此可以在高速下运行,不必考虑其转矩能力。

步进电动机确定后,步进驱动器的选择也很重要。原则上说,不同品牌的步进驱动器与步进电动机是可以选择使用的,但笔者的看法是最好选择同一品牌的步进驱动器和步进电动机。这是因为,首先,同时生产步进电动机和步进驱动器的生产厂家在产品设计时就已经考虑它们之间的配合使用问题。通常都会给出参考意见,什么样的步进电动机配什么样的驱动器,不需要用户再去思考配合好不好的问题;其次,从厂家的售后服务、技术支持方面来说,不会产生不同产品间互相推卸责任的烦恼。

2)步进驱动器

(1)步进驱动器的结构组成

步进电动机不能直接接到交直流电源上,而是通过步进驱动器与控制设备相连接,如图 2.26 所示。控制设备发出能够进行速度、位置和转向的脉冲,通过步进驱动器对步进电动机的运行进行控制。

步进电动机控制系统的性能除了与电动机本身的性能有关外,在很大程度上还取决于步进驱动器的优劣,因此对步进驱动器的组成结构及其使用做一些基本的了解是必要的。

步进驱动的主要组成结构如图 2.27 所示,一般由环形脉冲分配器和脉冲信号放大器组成,现对它们的作用做一些简单介绍。

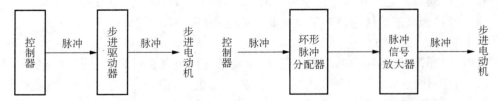

图 2.26　步进电动机控制系统框图　　　　图 2.27　步进驱动器的组成框图

① 环形脉冲分配器。环形脉冲分配器用来接收控制器发出的单路脉冲串,然后经过一系列由门电路和触发器所组成的逻辑电路变成多路循环变化的脉冲信号,经脉冲信号放大器功率放大后直接送入步进电动机的各相绕组中,驱动步进电动机的运行。例如,三相步进电动机三相双六拍运行时,环形脉冲分配器就在单路脉冲控制下连续输出三路如图 2.24 所示的三相双六拍脉冲波形,经功率放大后送入步进电动机的三相绕组中。可见,步进驱动器必须和步进电动机配套使用,几相的步进电动机必须与几相的步进驱动器配合才能使用。

② 脉冲信号放大器。脉冲信号放大器由信号放大与处理电路、推动电路、驱动电路和相应的保护电路组成。

信号放大与处理电路是将由环形分配器送入的信号进行放大，变成能够驱动推动级的信号，而信号处理电路则是实现信号的某些转换，合成和产生斩波、抑制等特殊功能的信号，从而形成各种功能的驱动。

推动级是将上一级的信号再加以放大，变成能够足以推动驱动电路的输出信号，有时推动级还承担电平转换的作用。

驱动级是功率放大级，其作用是把推动级传来的信号放大到步进电动机绕组所需要的足够的电压和电流。驱动级电路不但需要满足绕组有足够的电压、电流及正确波形，还要保证驱动级功率放大器本身的安全。步进电动机的运行性能除了受其本体性能影响外，还与驱动级电路的驱动方式和控制方法有很大关系。

保护电路的作用主要是确保驱动级的元器件安全，一般常设计有过电流保护、过电压保护、过热保护等，有时候还需要对输入信号进行监护，对异常信号进行处理等。

（2）步进驱动器的细分

细分是指步进驱动器的细分步进驱动，也叫步进微动驱动，它是将步进电动机的一个步距角细分为 m 个微小的步距角进行步进运动。m 称为细分数。

在前面对步进电动机工作原理的讲解中，已经蕴含了步进细分的原理。对三相步进电动机来说，如果按照 $A—B—C—A—\cdots$ 单三相方式给电动机定子绕组轮流通电，则一个脉冲信号电动机转子旋转 $30°$，即步距角为 $30°$。如果按照 $A—AB—B—BC—C—CA—A—\cdots$ 单、双六拍方式给电动机定子绕组轮流通电，则会发现这时每一个脉冲信号输入，电动机转子仅转动了 $15°$，为单三拍方式的一半。这就相当于把单三拍的步距角进行了 2 细分。步距角为 $15°$，称为半步。

那么能不能再细分下去呢？通过对步进电动机内部磁场的研究证明是可以的。因为步进电动机的转动角度是由内部三相定子通以电流后所产生的合成磁势转动角所决定的，而合成磁势的转动角度则是由三相绕组电流所产生的合成磁场所决定的。这样，只要对 A、B、C 三相电流矢量进行分解，并相应插入等角度有规律的电流合成矢量，从而减小合成磁势转动角度，达到细分控制的目的。例如，三相电动机的 2 细分就是在 A 相、B 相和 C 相插入合成矢量 AB（由 A、B 均通电）、BC、CA 而实现的。

细分后各相电流波形均发生改变，原来没有细分时，控制电流是成方波变化的脉冲波，而细分后，控制电流则变成了以 m 步逐渐增加，使吸收转子的力慢慢改变，逐步在平衡点静止的阶梯状波。如图 2.28 所示，电流波形相比于脉冲波，变得平滑多了。细分程度越高，则平滑程度越好。目前，一般的细分驱动其电流的阶梯形变化都是以正弦曲线规律变化的。这种把一个步距角分成若干个小步距角的驱动方法称为细分步进驱动。

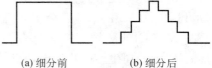

(a) 细分前　　　　　　(b) 细分后

图 2.28　细分前、后绕组的电流波形图

细分步进驱动是消除步进电动机低频振动的非常有效的手段。步进电动机在低频时容易产生失步和振荡，这是由步进电动机的起动特性所决定的。严重时，步进电动机会在某一频率附近来回摆动而起动不起来。过去常采用阻尼技术来克服这种低频振动现象，而细分驱动也可以有效地消除这种低频振动现象。细分前，电流的变化是从 0 突变至最大值，又从最大值突变至 0。这种短时间里的突变会引起电动机的噪声和振动。但细分后,把这种电流的突变分解为 m 个小的突变,每次仅变化几分之一,显然,这种小突变对电动机的影响比没有细分时要小,这就是细分驱动能改善步进电动机低频振动特性的原因。理论上说,细分数越大,性能改善越好,但实际上有文献介绍,到了 8 细分以后,改善的效果就不太明显了。细分驱动越是低速运行,效果越好,但如果步进电动机转速较高,其减小振动的效果也不太明显了。

细分驱动同时也带来了一个意外效果,即提高了电动机的运行分辨率。原来电动机的 1 个步距角是 1 个脉冲,有了细分后,变成了 1 个步距角需要 m 个脉冲。相当于把电动机的脉冲当量提高了 m 倍。显然这在定位控制中相当于提高了定位的分辨率。初学者往往认为细分驱动可以提高步进电动机的定位精度,而且 m 越大,分辨率越高,定位精度也越高,这是一个误解。这是因为:第一,m 加大时,细分电流的控制难度也加大,常常出现并不是在细分范围里精确停止的现象,反而产生较大的误差。第二,从步进电动机结构原理来讲,当运行 m 个小步距角达到步进电动机范围的步距角时,步距角的失调多少才是步进电动机的定位精度,而这个精度与电动机的结构有关,与 m 无关。因此,在实际使用时,不能为追求高分辨率而加大细分数 m。

2.4.2　YK 型步进驱动器

在这一节中将对某公司生产的 YKC2608M 型步进电动机驱动器进行详细剖析,目的是通过对一个产品的讲解使读者能触类旁通,举一反三地学会步进电动机驱动器的正确使用。

1）YK 型步进驱动器规格

（1）YK 型步进驱动器命名规则

该公司生产的步进驱动器命名规则如图 2.29 所示。

① 驱动器相数有二相和三相两大系列,与二相和三相步进电动机配套使用。

② 最大电流有效值是判断驱动器驱动能力大

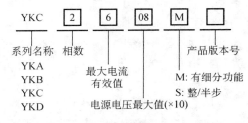

图 2.29　YK 型步进驱动器命名规则

小的指标,有 2.0 A、3.5 A、6.0 A、8.0 A 等规格。驱动器输出电流是可调的,使用时必须根据步进电动机的额定电流进行调节,不能大于电动机的额定电流。

③ 电源电压最大值为标示值乘以 10,它是指驱动器电源供给电压的最大值,用来判断驱动升速能力和在高速运行时的能力。常规供电电压最大值有 DC24V、DC40V、DC60V、DC80V、AC100V 等。

④ 该公司生产的步进电动机的细分有两种,大部分都带有细分功能,也有个别型号仅能选择整步和半步两种步距角。

（2）YKC2608M 步进驱动器简介

YKC2608M 是一种经济、小巧的步进驱动器,体积为 15 mm×107 mm×48 mm、采用单电源供电、驱动电压为 DC18～60 V 或 AC18～60 V、适配电流在 6 A 以下、外径为 57～86 mm 的各种型号的两相混合式步进电动机。

YKC2608M 是等角度恒力矩细分型高性能步进电动机驱动器。驱动器内部采用双极恒流斩波方式,使电动机噪声减小,电动机运行更平稳。驱动电源电压的增加使电动机的高速性能和驱动能力大为提高,而步进脉冲停止超过 100 ms 时可按设定选择为半流/全流锁定。用户在运行速度不高的时候使用低速高细分,使步进电动机的运转精度得到提高,同时也减小了振动,降低了噪声。

YKC2608M 采用光电隔离信号输入/输出,有效地对外电路信号进行了隔离,增强了抗干扰能力,使驱动能力从 2.0 A/相到 6.0 A/相分 8 挡可用。最高输入脉冲频率可达 200 kHz。驱动器设有 16 挡等角度恒转矩细分。细分数从 $m=2$ 到 $m=256$。输入脉冲串可以在脉冲+方向控制方式和正向+反向脉冲控制方式之间进行选择。驱动器还带有过电流和欠电压保护,当电流过大或电压过低时,相应指示灯会亮。

2) 驱动器外形及端口

YKC2608M 型步进驱动器的外形及其各端口位置如图 2.30 所示。

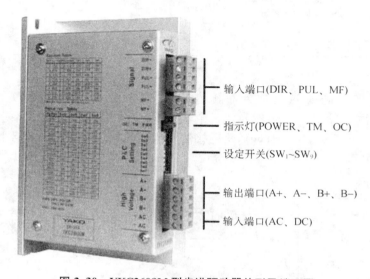

图 2.30 YKC2608M 型步进驱动器外形及端口图

YKC2608M 的端口由 4 部分组成,各个端口名称及其功能说明详见表 2.2。进一步的说明将在后面展示。

表 2.2 YKC2608M 型步进驱动器端口名称及说明表

	符号	名称	说明
输入端口	DIR−	脉冲信号输入	当输入脉冲为脉冲+方向控制方式时,为方向输入端;当输入脉冲为正向+反向脉冲时,为反向脉冲输入端
	DIR+		
	PUL−	脉冲信号输入	当输入脉冲为脉冲+方向控制方式时,为脉冲输入端;当输入脉冲为正向+反向脉冲时,为正向脉冲输入端
	PUL+		
	MF−	脱机信号输入	该信号有效时,断开电动机线圈电流,电动机处于自由转动状态
	MF+		
	AC	电源型号输入	驱动器电源电压输入端,为 AC18~60 V 或 DC18~60 V
	DC		
指示灯	POWER	电源指示灯	通电时,指示灯亮
	TM	工作指示灯	有脉冲输入时,指示灯闪烁
	OC	过流/欠压指示灯	电流过大或电压过低时,指示灯亮

（续表2.2）

	符号	名称	说明
设定开关	SW₁~SW₃	工作电流设定开关	利用 ON/OFF 组合,可提供 8 挡输出电流
	SW₄	半流/全流选择开关	选择停机时电动机线圈的电流大小
	SW₅~SW₈	细分设定开关	利用 ON/OFF 组合,提供 $m=2$ 到 $m=256$ 共 16 挡细分
	SW₉	脉冲输入方式设定	设定驱动器脉冲输入方式
输出端口	A+	控制电压输出	向电动机提供控制电压的输出方式,根据电动机的不同出线进行连接
	A−		
	B+		
	B−		

3) 驱动器输入/输出信号

驱动器通过内置高速光电耦合器输入脉冲信号,要求信号电压为 5 V,电流大于 15 mA。输入极性如图 2.31(a)所示。3 个输入信号共用一个电源时,分为共阴极[见图 2.31(b)]和共阳极[见图 2.31(c)]两种接法。这两种接法除了公共端不同外,外接电源的正、负极也不相同。

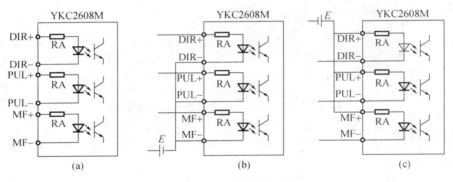

图 2.31　输入信号连接图

驱动器也可采用差分信号输入,这时差分信号由控制器分别输出与驱动器输入端口连接。差分信号的传输抗干扰能力强,传输距离长,但必须连接能发出差分信号的控制器才行。

当驱动器与 PLC 相连时,首先要了解 PLC 的输出信号电路类型(是集电极开路 NPN 还是 PNP)、PLC 的脉冲输出控制类型(脉冲＋方向还是正向＋反向脉冲),然后才能决定连接方式。下面以驱动器与三菱电动机 FX₃ᵤ PLC 的连接为例介绍。

三菱电动机 FX₃ᵤ PLC 的晶体管输出为 NPN 型集电极开路输出,各个输出的发射极连接在一起组成 COM 端,PLC 的脉冲输出控制类型为脉冲＋方向,高速脉冲输出口规定为 Y₀、Y₁、Y₂ 最多可连接 3 台步进驱动器控制两台步进电动机。综上分析,FX PLC 与驱动器的连接如图 2.32 所示。

图 2.32 中,E 是控制信号电路的直流电源,可以是外置电源,也可以用 PLC 内置电源。驱动器要求控制信号电源电压为 5 V,如果电源电压高于 5 V,则必须另加限流电阻 RA,RA 的选取为:12 V 时为 510 Ω;24 V 时为 1.2 kΩ,加入位置如图 2.33 所示。面对脱机信号则分别为 820 Ω 和 1.2 kΩ。

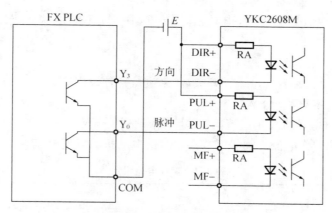

图 2.32 与 FX PLC 的连接图

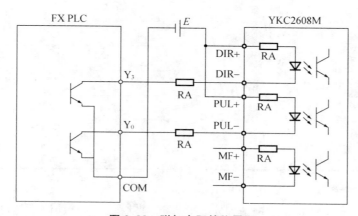

图 2.33 附加电阻的位置图

脱机信号又称电动机释放信号、Free 信号。步进电动机通电后如果没有脉冲信号输入，则定子不运转，其转子处于锁定状态，用手不能转动，但在实际控制中常常希望能够用手转动进行一些调整、修正等工作。这时，只要使脱机信号有效（低电平）就能断开定子线圈的电流，使转子处于自由转动状态（即脱机状态）。当与 PLC 连接时，脱机信号（MF 端）可以像方向信号一样连接一个 PLC 的非脉冲输出端用程序进行控制。

步进电动机一定时，驱动器的输入电源电压对电动机的影响较大，一般来说，电压越高，步进电动机电流增大所产生的转矩会越大，对高速运行十分有利。但是电动机的电流增加，其发热也增加，温升也增加，同时电动机运行的噪声也会增加。

驱动器输入电压的经验值一般设定在电动机额定电压的 3~25 倍。据此推算，建议 57 机座采用 DC 24~48 V，86 机座采用 DC 36~70 V，110 机座采用高于 DC 80 V。

YKC2608M 型驱动器适配 57、60、86 等机座，其输入电源电压范围是 DC 18~60 V 或 AC 18~60 V。

YKC2608M 驱动器面板上有 3 个指示灯，其中电源指示灯和过电流、欠电压指示不再说明，仅对工作指示灯 TM 做一些说明。

TM 信号又称原点输出信号，在某些型号驱动器中是作为一种输出信号设置的，这个信号是随电动机运转而产生的。二相电动机转子有 50 个齿，每转 1 个齿就发出 1 个 TM 信号，电动机转动 1 圈发出 50 个 TM 信号。当用它来控制指示灯时，可作为驱动器有无连续脉冲信号输入指示。当有脉冲信号输入时,电动机运转,TM 灯就不断地闪烁,转速越快,闪烁频率越高。

4)微动开关

YKC2608M 驱动器装有 9 个微动开关,用来进行各种设定选择。

(1)工作电流设定 SW$_1$～SW$_3$

工作电流指步进电动机额定电流,其设定与微动开关 SW$_1$～SW$_3$ 的 ON/OFF 位置有关,见表 2.3。驱动器的工作电流必须等于或小于步进电动机的额定电流。

表 2.3　工作电流设定

SW$_1$	SW$_2$	SW$_3$	工作电流有效值
OFF	OFF	OFF	2.00 A
ON	OFF	OFF	2.57 A
OFF	ON	OFF	3.14 A
ON	ON	OFF	3.71 A
OFF	OFF	ON	4.28 A
ON	OFF	ON	4.86 A
OFF	ON	ON	5.43 A
ON	ON	ON	6.00 A

(2)停机锁定电流设定 SW$_4$

SW$_4$ 为步进电动机停机锁定电流设定。当步进电动机步进脉冲停止超过 100 ms 时可按设定选择为半流/全流锁定线圈电流,当 SW$_4$ 拨向 OFF 时,按线圈电流的一半供给,这样可以使消耗功率减半。

(3)细分电流设定 SW$_5$～SW$_8$

细分是驱动器的一个重要性能指令。步进电动机(尤其是反应式步进电动机)都存在一定程度的低频振荡特点,而细分能有效改善,甚至消除这种低频振荡现象。如果步进电动机处在低速共振区工作,则应选择带有细分功能的驱动器设置细分数。

细分同时提高了电动机的运行分辨率,在定位控制中,如果细分数适当,实际上也提高了定位精度。

驱动器进行细分设定后,步进电动机转动一圈所需的脉冲数变为:

$$pls = \frac{360m}{\theta}$$

转速变为:
$$n = \frac{f}{pls}(\text{r/s}) = \frac{f\theta \times 60}{360m}(\text{r/min})$$

不同频率的步进驱动器对细分的描述也不同,有的是给出细分数 m,这时每圈脉冲数必须按照上式计算,有的则直接给出细分后的每圈脉冲数。读者使用时必须注意。

YKC2608M 驱动器通过设定 SW$_5$～SW$_8$ 这 4 个微动开关的状态给出了 16 种细分选择,见表 2.4。

表 2.4　细分设定

Mode	2	4	8	16	32	64	128	256
(pls/r)	400	800	1 600	3 200	6 400	12 800	25 600	51 200
SW_5	ON	OFF	ON	OFF	ON	OFF	ON	OFF
SW_6	ON	ON	OFF	OFF	ON	ON	OFF	OFF
SW_7	ON	ON	ON	ON	OFF	OFF	OFF	OFF
SW_8	ON	ON	ON	ON	ON	ON	ON	ON
Mode	5	10	20	25	40	50	100	200
(pls/r)	1 000	2 000	4 000	5 000	8 000	10 000	20 000	40 000
SW_5	ON	OFF	ON	OFF	ON	OFF	ON	OFF
SW_6	ON	ON	OFF	OFF	ON	ON	OFF	OFF
SW_7	ON	ON	ON	ON	OFF	OFF	OFF	OFF
SW_8	OFF	OFF	OFF	ON	OFF	OFF	OFF	OFF

（4）输入脉冲方式选择 SW_9

① $SW_9 = OFF$，脉冲＋方向控制方式。

② $SW_9 = ON$，正向＋反向脉冲控制方式。

这两种脉冲控制方式的波形如图 2.34 和图 2.35 所示。

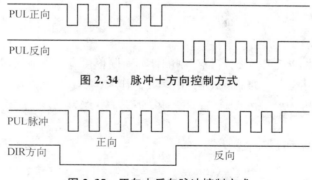

图 2.34　脉冲＋方向控制方式

图 2.35　正向＋反向脉冲控制方式

（5）与步进电动机的连接

端口 $A+$、$A-$、$B+$、$B-$ 为驱动器与步进电动机的连接端口，二相步进电动机有两个定子绕组，通常会做成四根出线，但在转矩较大时，也会做成六根出线和八根出线，如图 2.36 所示。这时，必须对步进电动机的出线进行处理，才能与步进驱动器连接。

图 2.36（a）为二相步进电动机四出线，可直接与驱动器的相应端口相连，调换 A、B 相绕组可以改变电动机的运转方向。

图 2.36（b）为六出线，六出线步进电动机又叫单极驱动步进电动机，但 AC 和 BC 不是普通的中间抽头，它是两个绕组同时绕制后一个绕组的终端和另一个绕组的始端的共用抽头。与四出线电动机（又叫双极驱动步进电动机）相比，其电动机绕组结构、驱动电路的结构都有很大不同。一般是低速大转矩时采用四出线，而高速驱动时采用六出线较好。六出线电动机与只有 4 个输出端口的驱动器相连时把其中间抽头悬空即可。

图 2.36(c),图 2.36(d)为八出线,实际上是把单级驱动步进电动机的中间由头断开,分成了两个独立绕组共 4 个绕组。在实际接线时,电动机处于低速运行时可先接成两个绕组相串联,再接到驱动器上,如电动机处于高速运行时,把两个绕组接成并联方式,再接到驱动器上。

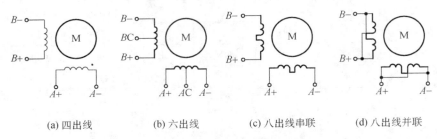

| (a) 四出线 | (b) 六出线 | (c) 八出线串联 | (d) 八出线并联 |

图 2.36　驱动器与步进电动机的连接方式

（6）步进驱动器的选用

步进驱动器的选用在步进电动机确定后进行。首先根据步进电动机的额定电流选择,驱动器电流适当大于驱动器的,再比较这些驱动器的供电电压,选择供电电压较高的型号,如果是定位控制,最好选择有细分的步进驱动器,最后再校核一下安装位置与尺寸即可。如果是配套选择同一品牌的步进电动机与步进驱动器,则更为简单,生产厂家都会根据步进电动机提供适配驱动器的型号,只要对比一下安装尺寸就行了。

2.4.3　步进电动机定位控制

1）步进电动机定位控制的计算

（1）脉冲当量计算

与伺服电动机相比,步进电动机定位控制的计算要简单得多。下面先讨论脉冲当量的计算。

如图 2.37 所示,步进电动机通过丝杠带动工作台移动。设步进电动机的步距角为 θ,步进驱动器的细分数为 m,丝杠的螺距为 D。

则步进电动机 1 圈所需脉冲数 P 为:

$$P = \frac{360m}{\theta}$$

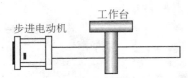

图 2.37　步进电动机通过丝杠带动的工作台

其脉冲当量 δ 为:

$$\delta = \frac{D}{P} = \frac{D\theta}{360m}(\text{mm/pls})$$

由式可见,增加细分数 m 可使脉冲当量变小,定位的分辨率提高。

如图 2.38 所示,步进电动机通过减速比为 K 的减速机构带动工作台移动。

这时步进电动机 1 圈所需要的脉冲数不变,仍为$(360m/\theta)$个,则脉冲当量 δ 为:

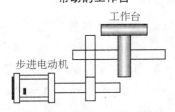

图 2.38　步进电动机通过减速比为 K 的减速机构带动的工作台

$$\delta = \frac{D\theta}{360mK}(\text{mm/pls})$$

如图 2.39 所示,步进电动机通过减速比为 K 的减速机构带动旋转工作台转动,这时步进电动机一圈所需要的脉冲数不变,仍为 $(360m/\theta)$ 个,则脉冲当量 δ 为:

$$\delta = \frac{360}{P} = \frac{360\theta}{360mK} = \frac{\theta}{mK}((°)/\text{pls})$$

如图 2.40 所示,步进电动机带动驱动轮带动输送带运转,设驱动轮直径为 D,电动机转动 1 圈时,输送带移动 πD,则其脉冲当量 δ 为:

$$\delta = \frac{\pi D}{P} = \frac{\pi D\theta}{360m}(\text{mm}/\text{pls})$$

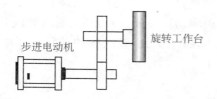

图 2.39　步进电动机通过减速比为 K 的
减速机构带动的旋转工作台

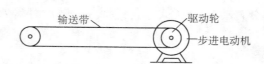

图 2.40　步进电动机带动驱动轮
带动输送带运转示意图

（2）脉冲数和频率计算

掌握了脉冲当量的计算方法后,脉冲数和频率的计算就变得相对容易多了。

在数字控制的伺服系统中,定位控制的位移 s 是用控制器发出的脉冲个数来控制的,而位移的速度 v 则是通过发出的脉冲频率高低来控制的。那么,脉冲个数 P 和位移 s,脉冲频率 f 和速度 v 是什么关系呢?

首先,讨论一下脉冲数 P 与位移 s 的关系。由脉冲当量公式可知,位移 $s = P\delta$,所以 $P = s/\delta$,这就是位移 s 与脉冲数 P 之间的换算关系。

换算时要注意单位关系,一般当 s 的单位为 mm,δ 的单位为 mm/pls 时,换算后的为实际脉冲数。

对速度换算来说,一般速度单位为 mm/s,这时只要将 v 变成脉冲数 P,就是输出脉冲的频率 pls/s(Hz)。

$$f = \frac{v(\text{mm/s})}{\delta(\text{mm/pls})} = \frac{v}{\delta}(\text{pls/s}) = \frac{v}{\delta}(\text{Hz})$$

如果速度单位是 m/min,则要进行相应的单位换算如下:

$$f = \frac{v \times 1\,000}{\delta \times 60}(\text{Hz})$$

2）步进电动机定位控制应用实例

【例 2.4-1】　PLC 控制步进电动机,电动机带动滚珠丝杠,工作台在滚珠丝杠上,如图 2.37 所示,步进电动机步距角 $\theta = 0.9°$,步进驱动器细分数 $m = 4$,要求工作台向前行走 100 mm,丝杠螺距是 5 mm,要求行走速度是 5 mm/s,试求 PLC 输出脉冲的脉冲频率与脉冲数。

【解】　先求脉冲当量 δ 为:

$$\delta = \frac{D\theta}{360m} = \frac{5 \times 0.9}{360 \times 4} = \frac{1}{320} (\text{mm/pls})$$

则输出脉冲数 P 为:

$$P = \frac{s}{\delta} = \frac{100 \times 320}{1} = 32\ 000 (\text{pls})$$

输出脉冲频率 f 为:

$$f = \frac{v}{\delta} = \frac{5 \times 320}{1} = 1\ 600 (\text{Hz})$$

【例 2.4-2】　PLC 控制步进电动机,电动机通过减速比 K 为 4 的机构带动圆盘工作台转动。如图 2.41 所示,步进电动机步距角 $\theta = 0.9°$,步进驱动器细分数 $m = 32$,要求圆盘工作台按 4 等分转动、停止方式运行。每等分转动时间为 5 s,试求 PLC 输出脉冲的脉冲频率与脉冲数。

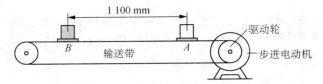

图 2.41　步进电动机驱动传送带工作装置

【解】　先求脉冲当量 δ 为:

$$\delta = \frac{360}{P} = \frac{360\theta}{360mK} = \frac{\theta}{mK} = \frac{0.9}{32 \times 4} = \frac{9}{1\ 280} ((°)/\text{pls})$$

则所需脉冲数 P 为:

$$P = \frac{90}{\delta} = \frac{90 \times 1\ 280}{9} = 12\ 800 (\text{pls})$$

由题可知,其转速 v 为 $90 \div 5 = 18((°)/\text{s})$,代入公式可求出脉冲输出频率为:

$$f = \frac{v}{\delta} = \frac{18 \times 1\ 280}{9} = 2\ 560 (\text{Hz})$$

【例 2.4-3】　PLC 控制步进电动机,电动机通过驱动轮带动输送带前进,驱动轮直径 $D = 16$ mm,要求在 2 s 内将物体从 A 输送到 B,移动距离为 1 100 mm,步进电动机的步距角 $\theta = 0.9°$,细分数 $m = 4$,试求输出脉冲数及脉冲频率。如图 2.41 所示。

【解】　先求脉冲当量 δ 为:

$$\delta = \frac{\pi D\theta}{360m} = \frac{\pi \times 16 \times 0.9}{360 \times 4} = \frac{\pi}{100} (\text{mm/pls})$$

则输出脉冲数 P 为:

$$P = \frac{1\ 100 \times 100}{\pi} = 35\ 014 (\text{pls})$$

脉冲输出频率 f 为：

$$f = \frac{35\ 014}{2} = 17\ 507\ (\text{Hz})$$

【例 2.4-4】 如图 2.42 所示为一定长切断控制系统示意图，线材由驱动轮驱动前进，当前进到设定值时，用切刀进行切断。其控制参数及控制要求如下：

① 驱动轮由步进电动机同轴带动，驱动轮周长为 64 mm，步进电动机的步距角为 0.9°，驱动细分数 $m = 16$。

② 切断长度 s 为 0～99 mm 之间，长度可调节。

③ 起动后到达设定长度时，电动机停止转动。给出 1 s 时间控制切刀切断线材。1 s 后电动机重新起动。如此反复，直到按下停止按钮停止系统工作为止。

④ 为调整和维修用，单独设置脱机信号，保证步进电动机转子处于自由状态。

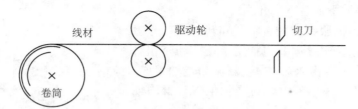

图 2.42　定长切断控制系统示意图

分析：如图 2.42 所示，系统及相应参数可计算出系统的脉冲当量为：

$$\delta = \frac{L}{P} = \frac{L\theta}{360m} = \frac{64 \times 0.9}{360 \times 16} = 0.01(\text{mm/pls})$$

调节切断长度 s，则实现该定长切断所需脉冲数为：

$$pls = \frac{s}{\delta} = \frac{s}{0.01} = 100s$$

定位控制系统对切断速度（条/分）并没有具体要求，所以设定脉冲频率为 1 000 Hz。

2.5　交流伺服电动机及伺服驱动器控制电路

2.5.1　交流伺服电动机及伺服驱动器

1）伺服电动机简介

伺服控制系统在现代工业生产中得到广泛应用，伺服电动机作为其执行元器件至关重要。与步进电动机控制方法不同，伺服电动机是将驱动器输出电压信号变换成转轴的角位移或角速度。通过控制驱动器输出的控制电压可以改变伺服电动机的转向和转速。图 2.43 为三菱电动机某型伺服电动机的外形图。

图 2.43　三菱电动机某型伺服电动机外形图

按其使用的电源性质划分,伺服电动机可分为直流伺服电动机和交流伺服电动机两大类。

直流伺服电动机具有良好的调速性能、较大的起动转矩及快速响应等优点。在 20 世纪 70～80 年代直流伺服电动机得到高速发展,使定位控制由开环控制发展成闭环控制,控制精度得到大幅提高。但是,它结构复杂且难以维护,使其进一步发展受到限制。目前在运动控制中直流伺服电动机的应用已很少见。

交流伺服电动机是在计算机技术、电力电子技术和控制理论等学科获得突破性发展的基础上生产的。与早期直流伺服电动机相比,交流伺服电动机结构简单,克服了直流伺服电动机因为换向器、电刷等机械部件所带来的各种缺陷,而且,由于其过载能力强和转动惯量低等优点,使交流伺服电动机成为运动控制中的主要器件。

(1) 交流伺服电动机工作原理

按其工作原理划分,交流伺服电动机可分为异步感应型交流伺服电动机和同步永磁型交流伺服电动机,而目前市场上异步感应型交流伺服电动机的应用范围还远不及同步永磁型交流伺服电动机,因此下面将重点介绍后者。

同步永磁交流伺服电动机由定子和转子两部分组成,如图 2.44 所示。定子主要包括定子铁芯和三相对称定子绕组;转子主要由永磁体、导磁轭和转轴组成。永磁体贴在导磁轭上,导磁轭套在转轴上。转子同轴连接有编码器。

当交流伺服电动机的定子电磁绕组中通过对称的三相电流时,定子将产生一个转速为 n(称为同步转速)的旋转磁场,在稳定状态下,转子的转速与旋转磁场的转速相同(同步电动机),于是定子的旋转磁场与

图 2.44 同步永磁型伺服电动机结构示意图

转子的永磁体所产生的主极磁场保持静止,它们之间相互作用,产生电磁转矩,拖动转子旋转。这就是永磁交流伺服电动机的工作原理。永磁交流伺服电动机的转子采用永磁体后,在过载特性和制动性能上远远胜过感应型交流伺服电动机。

永磁交流伺服电动机的转子采用永磁体,只要其定子绕组中加入电流,即使在转速为 0 时仍然能够输出额定转矩,这一功能称为"零速伺服锁定"功能。另外,如果电动机在运行时停电,感应电动势会在定子绕组中产生一个短路电流,此电流产生的转矩为制动转矩,可以使电动机快速制动。这两个特点使得在交流伺服控制系统中所使用的伺服电动机大部分为永磁交流伺服电动机。

(2) 交流伺服电动机组件

交流伺服控制系统的核心是通过矢量控制技术对交流伺服电动机的磁场和转矩分别进行独立控制,达到和直流电动机一样的调节效果。交流伺服控制系统是一个闭环控制系统,控制系统要求必须随时把电动机的当前运动状态反馈到控制器中,这个任务则是由位置、速度测量传感元器件完成的。当负载发生变化时,转子的转速也会发生变化,这时,通过测量传感元器件检测转子的位置和速度。根据反馈的位置、转速等,控制器对定子绕组中电流的大小、相位和频率进行调节,分别产生连续的磁场和转矩调节并作用到转子上,直到完成控制任务。这就是交流伺服电动机闭环控制原理。

在交流伺服控制中,位置和速度检测传感器是必不可少的,而伺服电动机同轴所带的编码器就是一个位置速度传感器。通过它把伺服电动机的当前状态反馈到控制器中。因此,在实

际应用中,所有的交流伺服电动机都是一台机组,由定子、转子和编码器组成。

三菱公司生产的中、小功率交流伺服电动机都是由带旋转编码器的伺服电动机组件组成的。

（3）伺服电动机的选用

伺服电动机的选用比普通电动机复杂得多,普通电动机仅需考虑其输出功率、额定转速和保护安装方式三个方面就可以。但对伺服电动机来说,除了考虑功率与转速外,还必须依电动机所驱动的机械特性——负载特性而定,如果没有负载特性的数据,就需要根据理论分析的公式进行一系列计算,得出负载的惯量、负载转矩,推算出加速、减速所需转矩,必要时还需要计算停止运动时的保持转矩,最后根据各种转矩来选用合适的伺服电动机。一种通用的方法就是进行类比,即参考同行业同类型的设备进行负载机构的质量、配置、方式、运动速度等对比,再参考类比设备的电动机型号的各项参数进行初步选择,然后通过试用来确定所选用型号的电动机是否合适,如不合适,还需另选,直到合适为止。

伺服电动机的选择原则如下:

① 负载电动机惯量比

通常伺服驱动器都有一个参数用来表示负载的转动惯量与电动机转动惯量之比。这个参数很重要,它是充分发挥伺服系统与机械之间达到最佳效能的前提。三菱 MR-J3 伺服驱动器的这个参数是 PB06。一般电动机的转动惯量可以从伺服电动机手册上查到,而负载的转动惯量则通过计算才能得到。在有自动调整模式的伺服驱动中,这个比值可以通过在线自动调整得到,并需要根据运行情况进行手动调整,如发现比值远超过伺服电动机手册上所规定的倍数,就要考虑更换伺服电动机。

通常情况下,从转子惯量大小来看,交流伺服电动机一般分为超低惯量、低惯量和中惯量几个档次。在负载起动、停止、制动频繁的场合,宜选择惯量值较大的伺服电动机。

② 转矩

电动机的额定转矩必须完全满足负载转矩的需要,一般情况下,电动机转矩稍大于负载转矩即可。因为电动机的最大转矩可达其额定转矩的 3 倍。需要注意的是,连续工作的负载转矩要小于等于电动机的额定转矩,负载的最大转矩要小于等于电动机的最大转矩。

在定位控制中,伺服电动机很少长期工作在恒速运行状态,而多数工作在频繁的起动、停止状态,在加速和减速状态必须输出 3～5 倍的额定转矩,电流也会成比例上升。发热要比长期工作在恒速运行状态严重,这一点在选用时必须考虑。

③ 转速

转速选择也是一个重要因素。一般地说,伺服电动机的额定转速是指在额定功率下电动机连续运行时的转速。伺服电动机在额定转速的基础上进行加/减速运行,在加速时其转矩会超过额定转矩,电动机在额定转速下功能才能得到最好的发挥。因此,应根据工作机械的最大速度来选择电动机的额定转速。额定转速应大于工作机械的最大速度。

2）伺服驱动器简介

在交流伺服控制系统中,控制器所发出脉冲信号并不能直接控制伺服电动机的运转,需要通过一个装置来控制电动机的运转,这个装置就是交流伺服驱动器,简称伺服驱动器。图 2.45 所示为三菱电动机交流伺服驱动器外形图。

伺服驱动器又叫伺服放大器,它的作用是把控制器送来的信号进行转换并功率放大,用于驱动电动机运转,根据控制命令和反馈信号对电动机进行连续控制。可以说,驱动器是集功率

图 2.45　三菱电动机交流伺服驱动器外形图

放大和位置控制为一体的智能装置。伺服驱动器对伺服电动机的作用类似于变频器对普通三相交流感应电动机的作用。因此,把伺服驱动器和变频器进行比较分析有助于更好地理解伺服驱动器。

从原理上讲,它们都采用变频控制技术,但变频器的本质是通过改变感应电动机的供电频率来达到改变电动机转速的目的,而伺服驱动器则是通过变频技术来实现位置的跟随控制,其速度和转矩调节均是服务于位置控制的。

从控制方式来看,变频器的控制方式较多,有开环 V/F 控制、闭环 V/F 控制、转差频率控制及有速度传感器和无速度传感器的矢量控制等方式,但基本上常用的是开环 V/F 控制方式。而伺服驱动器的常用控制方式为带编码器反馈的半闭环矢量控制方式。

从所采用的控制信号形式来说,变频器多数采用模拟量信号作为控制信号,而伺服驱动器则是采用脉冲信号(数字量信号)作为控制信号的。

伺服驱动器和变频器一样,带有一个操作显示面板,其作用是对驱动器状态(工作方式)、诊断、报警和内置参数进行操作和显示。驱动器的端口连接有主回路输入/输出、模拟量输入/输出、开关量输入/输出、位置给定输入/输出、反馈脉冲输出、编码器输入和通信连接等。由于伺服驱动器和变频器所驱动的对象不同,在实际使用上有很大不同。变频器所驱动的是三相交流异步电动机,它的三相输出电源线可以不分相序与电动机连接,调换任意两根相线可以改变电动机的转向,伺服驱动器则不行,它的三相电源输出线必须按规定的相序与伺服电动机的同名端相连,不能接错,若接错,电动机则不转。一台变频器可以拖动一台等于或小于它输出功率的电动机,也可以拖动电动机功率总和小于它输出功率的多台电动机,而且变频器对电动机的品牌没有要求,只要是额定电压相同,功率相匹配的电动机都可以拖动。但伺服驱动器则不然,由于它工作在矢量控制方式,矢量控制是以电动机的各项基本参数为依据进行的,在设计时已把相应的电动机参数考虑在软件中,所以一台驱动器只能拖动一台伺服电动机,而且驱动器和伺服电动机原则上是由同一厂家生产的,匹配时必须严格按照厂家手册所规定的选配。

变频器控制电动机一般采用开环控制方式,在某些要求较高的场合,也可以采用编码器反馈的闭环矢量控制方式。伺服驱动器则完全采用与伺服电动机同步的旋转编码器半闭环矢量控制方式。在控制电路设计上,编码器反馈信号被分解成转子位置速度反馈和位置反馈信号分别对转矩、速度和位置进行闭环自动调节。加之伺服电动机特有的过载特性和制动特性,使得伺服驱动器的调速范围远大于变频器,其调速比可达 5 000 以上,调速精度也远高于变频器,速度误差可以控制在小于 0.01%,速度响应更是远远快过变频器,一般变频器的频率响应仅 2~20 Hz,即使闭环矢量控制也只能达到 40~50 Hz,而伺服驱动器可达到 400~600 Hz。过载能力上,伺服驱动器在输出频率为 0 时仍然能有额定转矩输出,而变频器做不到。在制动性能上,电动机在运行时停电会马上产生较大的制动转矩,更适合快速制动的场合。上面这些差别决定了伺服驱动器和变频器的应用场合是不一样的。一般变频器多数用在速度调节上,仅在矢量控制方式上才能进行速度和转矩控制,而在位置控制上,由于感应电动机的惯性,变频器虽能进行位置控制,但控制精度并不能提高。伺服驱动器的控制性能远高于变频器,可以说凡是变频器能够控制的场合,伺服驱动器一般都可以替代,凡是控制要求较高的场合,更是非伺服驱动器不可。特别是在位置控制上,目前绝大部分都是采用伺服驱动器来控制的(或步进驱动控制)。

总的来说,变频器是一台主要用在传动控制上进行变频调速的通用装置,而伺服驱动器是一台主要用于位置控制的一对一专用装置。

伺服驱动器的缺点是:价格较贵,成本较高,适用于恒转矩调速的场合,不适合用于恒功率调速场合。目前,伺服电动机和伺服驱动器的功率还不能做到变频器那么大。

伺服驱动器有三种控制方式:位置控制、速度控制和转矩控制。它们分别对电动机的运行位置、运行速度和输出转矩进行控制。三种控制方式中,最常用的是位置控制方式。在下面章节中将对三种控制方式特别是位置控制方式进行一些简单讲解。

用于定位控制时,必须给伺服驱动器发出定位控制指令。目前,定位控制指令都是以脉冲串的形式送入伺服驱动器的,对于产生定位脉冲串的控制器并没有一定的要求,只要能产生符合要求的脉冲串就可执行。常见的脉冲发生控制器有 PLC、各种定位控制模块、运动控制器、运动控制卡等。

2.5.2　三菱电机 MR-J4 伺服驱动器规格及附件

1) 伺服驱动器的规格

三菱通用伺服 MELSERVO-J4(以下简称 MR-J4)系列是在 MELSERVO-J3 上开发出来的性能更高、功能更丰富的交流伺服驱动器。外形如图 2.46 所示。MR-J4 驱动器相比于 MR-J3 驱动器在以下方面做了改进和提高。

图 2.46　MR-J4 驱动器外形图

MR-J4 采用了最新的高速 CPU 及现代控制理论与技术,实现了高速、高精度化、小型、系列化和自适应与网络化,主要表现在以下几个方面。

(1) 高速、高精度化

① 伺服电动机的最高转速(HG 系列)从 4 500 r/min 提高到了 6 000 r/min,系统的快速定位时间可相应缩短 30%。

② 位置给定的输入频率由 1 MHz 提高到 4 MHz,可用于高速位置控制。

③ 速度响应由 900 Hz 调高到 2.5 kHz,动态响应过程更快,位置跟随更好。

④ 伺服电动机内置编码器的分辨率从 18 B 调高到 22 B(4 194 304 pls/r),位置检测与控制精度高。

⑤ 驱动器可以与光栅等外部位置检测器件配合构成全闭环控制系统,提高位置控制精度稳定性。

(2) 小型、系列化

① 新系列(HG 系列)伺服电动机的体积只有 MR-J3 系列同规格电动机的 90%。

② 驱动器的体积只有同规格 MR-J3 系列的 80%。

③ 增加了三相 400 V 供电的产品系列，可在 400 V 环境下直接使用。

④ 增加了分离型大功率产品，电动机最大功率可达 7 kW，产品规格更加齐全。

⑤ 驱动器可与直线电动机配套，以实现"零传动"。

（3）自适应与网络化

① 配备了 USB 接口，计算机连接更方便。

② 配套的 MR Configurator 2 调试软件，功能更强，新增的驱动器诊断功能使故障诊断与维修更为方便，在线调整功能更为完善。

③ 驱动器自适应调整性能更强，现场调试更为便捷。

④ 网络控制性能得到大幅度提升，新型光缆通信串行总线 SSCNET Ⅲ 的应用使得通信速率从 SSCNET 的 5.6 MB/s 提高到了 50 MB/s，通信距离从 30 m 扩展到了 800 m。

MR-J4 类伺服驱动器的主要技术性能见表 2.5。

表 2.5　MR-J4 伺服驱动器主要技术性能

项目		技术参数
速度控制方式		正弦波 PWM 控制
位置反馈		22 B 绝对或增量编码器，位置全闭环控制
速度调节范围		≥1∶5 000 模拟量速度指令 1∶2 000，内部速度指令 1∶5 000
速度控制精度		≤±0.01%
频率响应		2.5 kHz
模拟量输入	速度给定	DC：−10～10 V
	转矩	DC：−8～8 V
	输入电阻	10～12 kΩ
位置给定输入	输入方式	脉冲＋方向，相差 90°的正—反转脉冲；正转脉冲＋反转脉冲
	信号类型	DC 5 V 线驱动输入，DC 5～24 V 集电极开路输入
	输入脉冲频率	线驱动输入，最大 1 MHz，集电极开路输出：最大 200 kHz
位置反馈输出	信号类型	A/B/Z 三相线驱动输出＋Z 相集电极开路输出
	分频系数	任意
开关量输入/输出信号	输入信号	10 点
	输出信号	6 点
其他功能	制动方式	电阻制动
	超程控制	正/反向超程输入
	电子齿轮比	0.1～2 000
	保护性能	过电流、过载、过电压、欠压、缺相、制动异常、过热、编码器断线、主回路检测、CPU 检测、参数检查
通信接口	接口规范	RS-422 A
	网络连接	1∶32
环境要求	使用/存储温度	(0～55)℃/(−20～65)℃
	相对湿度	90%RH 以下
	抗振/冲击	0.5g/2g

（4）型号规格

三菱电动机 MR-J4 系列伺服驱动器型号结构如图 2.47 所示。

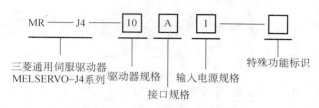

图 2.47　驱动器型号结构图

（5）驱动器规格

驱动器规格数字代表最大可控制的伺服电动机功率，单位为 0.01 kW。例如数字"10"，表示 10×0.01 kW＝0.1 kW，即最大可控制伺服电动机功率为 0.1 kW。

MR-J4 系列驱动器规格有 10、20、40、60、70、100、200、350、500、700 等系列产品。

（6）接口规格

接口规格指 MR-J4 伺服驱动器接收控制器的控制信号方式，有 A、B 两种规格。

① 通用接口 A

A 表示此伺服驱动器是通用接口，在进行位置控制模式时是通过外界脉冲、方向等信号进行控制的，对应上位机可以是 PLC、定位模块等能发出脉冲的控制器，品牌也不局限于三菱电动机的控制器，只要是有能发出脉冲功能的就可以。如三菱电动机的 Q 系列 PLC 中的定位模块 QD75P，QD75D。

② 兼容 SSCNET Ⅲ 的高速串行总线接口 B

B 表示此伺服驱动器为通信接口，对应的是光纤通信，为三菱电动机专用的 SSCNET Ⅲ 协议，此型伺服要求上位的控制器也拥有对应的通信接口，所以此型号的伺服要用三菱电动机带有此接口功能的控制器，如三菱电动机的 Q 系列 PLC 中的定位模块 QD75M，或是三菱运动控制 CPU：Q172、173HCPU 等。

本书以 MR-J4-A 通用型伺服驱动器为例介绍定位功能。

（7）输入电源规格

输入电源规格指伺服驱动器输入供电电源的规格。其标识含义见表 2.6。

表 2.6　特殊功能规格列表

标识	电源规格
无	三相 220 V AC 或 220 V AC 单相 220 V AC 仅适用于 MR-J4-70 A 以上的伺服驱动器
1	单相 100 V AC，适用于 MR-J4-40 A 以下的伺服放大器
2	三相 400 V AC，适用于 MR-J4-60 A 以上的伺服放大器

（8）特殊功能标识

这是指部分具有特殊功能规格的伺服驱动器，其标识及对应的特殊功能见表 2.7。

表 2.7　特殊功能规格列表

符号	特殊功能规格
U004	单相 200～240 V AC,适用于 750 W 以下驱动器
RJ040	兼容高分辨率模拟速度指令和模拟转矩指令,适用于 MR-J4□A□,兼容性扩展 I/O 单元 MR-J3-D01
RJ004	兼容直线伺服电动机,适用于 MR-J4□A□
RJ006	兼容全闭环控制,适用于 MR-J4□A□
RU006	兼容全闭环控制,无动态制动器,适用于 MR-J4□A□
RZ006	兼容全闭环控制,无再生电阻,适用于 MR-J4□A□,1～22 kW 驱动器,不带再生电阻
KE	兼容 4M/s 指令脉冲频率,适用于 MR-J4□A□(1)
ED	无动态制动器,在报警出现或者断电时,动态制动器不动作,应采取措施确保安全
PX	无再生电阻,适用于 1～22 kW 驱动器

2) 伺服电动机

伺服驱动器的控制方式是带编码器反馈的半闭环矢量控制方式。矢量控制方式要求驱动器在软件设计时必须考虑所驱动的伺服电动机的基本参数和运行参数,这就决定了伺服驱动器不能像变频器那样可以随意驱动小于自己功率的任意品牌电动机,是一对一方式驱动同等功率的伺服电动机。在实际应用中,一般在伺服电动机选择后,都是根据同一生产商的伺服驱动器产品目录选取生产商规定的配套规格的伺服驱动器。

与三菱电动机 MR-J4 伺服驱动器配套的伺服电动机,按用途可分为小容量低惯量系列(HG-KR)、小容量超惯量系列(HG-MR)和中容量中惯量系列(HG-SR)三大类,常用到的伺服电动机是 HG-KR、HG-MR、HG-SR 几个系列,主要根据惯量和功率容量进行选择,如图 2.48 所示。

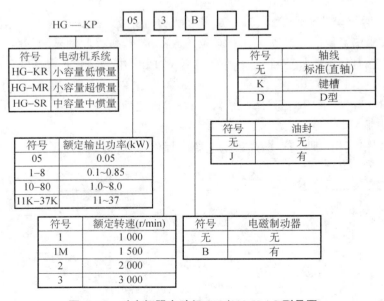

图 2.48　对应伺服电动机 100/200 V AC 型号图

伺服驱动器与伺服电动机使用时要配套,如不配套会发生电动机配合异常警报,驱动器上显示 AL.1A 的报警代码。

三菱以上系列的伺服电动机均带有 22 B(4 194 304 pls/r)分辨率的增量/绝对通用型内置编码器。

3) 附件

MR-J4 系列伺服要构成一套完整的系统,除了伺服放大器、伺服电动机这两个主要部件以外,还需要选择配套的电源接头(电源电缆)、编码器电缆、控制接头,以及根据使用功能不同其他的一些必要的附件,如电池、抱闸电缆等。

(1) 电源接头(电源电缆)

MR-J4 系列伺服驱动器和伺服电动机之间的 U、V、W 电源接线在选型购买时是标准件,为电缆或是接头。对于 HG 系列电动机(750 W 及以下)使用的是电源电缆,用户自行接线。

对于 HG 系列电动机使用的电源电缆,电动机体积相对比较小,电源接头比较小,有做好的标准电缆可以购买,电缆常用的标准长度为 2 m、5 m、10 m,电动机的接头部分是扁平方向安装的,伸出的电源线平行于电动机轴,分为和电动机轴负载同向或是反向伸出(见图 2.49)。这样用户可以根据电动机在设备中实际的安装状态选择对应的伸出方向的电缆,避免机器安装时的不便。

电源电缆根据弯曲寿命分为两种:一种是标准电缆,对应型号后面有后缀—L,另一种是高弯曲寿命,后缀—H。10 m 以下编码器电缆型号见表 2.8。

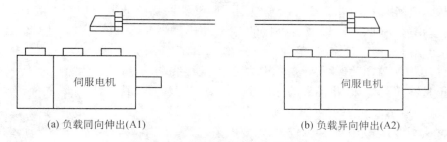

(a) 负载同向伸出(A1)   (b) 负载异向伸出(A2)

图 2.49 HG 电动机电源电缆示意图

表 2.8 HG 电动机电源电缆表

说明	型号	备注
HG-KP、HG-MP 系列电动机电源电缆从负载侧引出	MR-PWS1CBL5M-A2-L	标准电缆

(2) 编码器电缆

编码器电缆用于连接伺服电动机的编码器与驱动器。在电动机运行过程中,电动机后面的编码器会通过编码器电缆反馈信号给伺服驱动器。

对于 HG 系列电动机的编码器电缆和电源电缆一样,根据长度分为 2 m、5 m、10 m,以及安装时根据电缆伸出方向和轴上带的负载的同向或是反向,在型号上有 A1 与 A2 之分。如果是 10 m 以上的电缆,需要加上中继,另外接线。HG 编码器电缆表见表 2.9。

表 2.9 HG 编码器电缆表

说明	型号	备注
HG-KP、HG-MP 系列电动机电缆从负载侧反面引出	MR-J3ENCBL5M-A2-L	标准电缆

HG 编码器电缆图如图 2.50 所示。

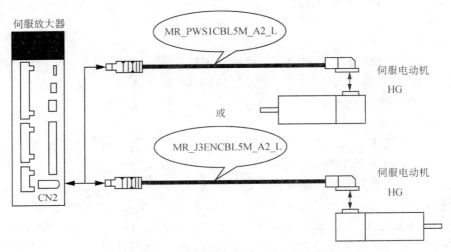

图 2.50　HG-KP、HG-MP 编码器电缆图

（3）控制接头

MR-J4-A 型号驱动器上有一个 CN1 接口，CN1 接口有 50 个针脚，这些针脚包括了驱动器的一些输入/输出信号，对于输入信号包括了驱动器要接收的上位控制器的脉冲、方向、清零、伺服开启信号（SON）等，以及要外接的急停、正反两个行程极限、外部 DC24V 电源等信号；对于输出信号包括定位完成、报警等信号。

为了使用输入/输出信号就要在 CN1 接头上配接线端子，端子上再焊上接线接到外部，此接头的标准型号为 MR-J4CN1，其外形如图 2.51 所示。

图 2.51　MR-J4CN1 外形图

使用接头焊线，因为接头针脚较多，需要电缆芯数也较多，对使用者的焊接技术要求较高。为了实际使用过程中检查、维护方便，三菱为客户提供了另一种选择，可以不用选择 MR-J4CN1 接头而选用端子台及标准电缆。电缆一端连接伺服驱动器的 CN1 接头，另一端连接端子台，将 CN1 接头上的信号引到端子台上，用户直接在端子台上用螺钉接线。由于将原先的焊线改成端子台螺钉接线，方便了接线操作，也方便了后期使用过程中的检查和维护。端子台和连接电缆的型号分别为 MR-TB50、MR-J2M-CNITBL□M(□为长度，05 表示 0.5 m，1 表示 1 m)。端子台连接示意图及端子台外形尺寸如图 2.52 所示。

（4）其他选件

① 抱闸电缆

对于型号中带有 B 的三菱伺服电动机，如 HG-KR053BJ，这里的 B 表示此电动机是带有抱闸功能的电动机，抱闸电动机在断电情况下电动机轴能够锁定不动。

对于不带抱闸功能的伺服电动机，在外部电源断开的情况下，伺服准备好，信号断开，伺服轴处于自由状态，如果外部有力作用在伺服电动机轴上，轴就可能会转动，一个带着负载的电动机，如果负载是水平方向，断电后虽然轴处于自由状态，但因为是水平方向负载，通常机械的水平方向是有支撑的，所以电动机轴不会动，但是如果是垂直方向带有负载，断电后电动机轴

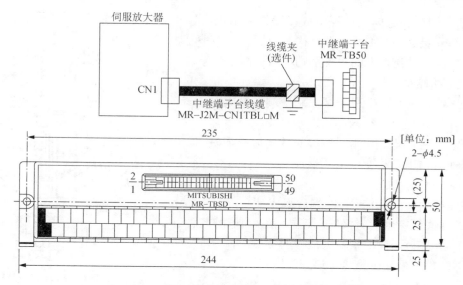

图 2.52　端子台连接示意图及端子台外形尺寸图

上的负载在重力作用下会向下运动,进而会带动电动机轴旋转,这时就要考虑垂直方向的轴选择带有抱闸功能的电动机,保证在断电后,电动机轴能够抱闸锁定,不会在负载重力作用下移动。常见的例子是 XY 轴工作平台带有一个 Z 轴方向的加工轴,通常 XY 两个轴用于平面的工件定位,Z 轴为垂直轴工轴,这个轴就要选择带有抱闸功能的电动机。

带有抱闸功能的伺服电动机的机身上会多一个抱闸电缆的接口,通过这个接口连接抱闸电缆,抱闸电缆连接外部的 DC 24 V 电源,当有 24 V 电源输入时抱闸打开,当 24 V 电源断开时抱闸生效,电动机轴会锁紧不能运动。

② 电池

当 MR-J4 伺服驱动器在位置控制模式下使用绝对位置检测系统时,需要内装一个电池。其目的是保存停电时的当前绝对位置值,而在重新开机后将绝对位置值传送回 PLC 的当前值寄存器中。

电池附件的型号为 MR-J4BAT。购买时应注意其生产日期在电池背面铭牌的系列号中。如图 2.53 所示,用 1~9、X(10)、Y(11)、Z(12)表示生产年月,第一位表示年,第二位表示月,例如,2004 年10 月表示为"SERIAL□4X□□□□□□"。

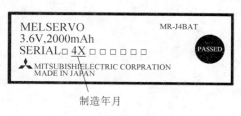

制造年月

图 2.53　电池铭牌

安装电池时,必须接通控制电路电源,如果控制电路电源断开后更换电池,则绝对位置数据部分或全部丢失。断开主电路电源 15 min,等到充电指示灯熄灭,并用万用表确认 P-N 端子间电压后才可进行电池安装,否则可能会引起触电事故。

2.5.3　三菱电机 MR-J4 伺服电动机驱动端口与连接

1)伺服驱动器端口说明

(1)端口简介

MR-J4 伺服驱动器的端口面板各部分构成如图 2.54 所示。它由操作显示板、主电路端

口、控制信号端口和通信端口等组成。操作显示板由显示
和操作两部分组成,可对驱动器的状态、报警信息进行显
示和对参数进行设定。下面对各个端口做一简单介绍。

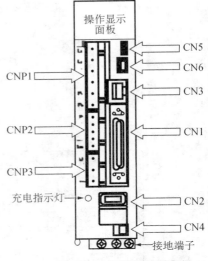

图 2.54　MR-J4 伺服驱动器面板
各部分的构成

① 主电路端口

主电路端口由 CNP1、CNP2、CNP3 端口组成。

a. CNP1:三相电源接入端。

b. CNP2:控制电路电源端口及再生电阻接入端口。

c. CNP3:输出三相变频电压端口。

② 控制信号端口

控制信号端口由 CN1、CN6 端口组成。

a. CN1:这是一个 50 针的连接器,为驱动器的各种开
关量输入/输出信号、模拟量输入信号的接口。

b. CN6:模拟量输出信号端口。

③ 通信端口

通信端口由 CN3、CN5 组成。

a. CN3 为 RS-422 接口标准通信端口,可连接个人计算机及通信设备。

b. CN5 为 USB 接口通信端口,可连接个人计算机。

④ 其他

a. CN2:伺服电动机编码器连接接头端口。

b. CN4:连接绝对位置数据保存用电池接头端口。

2) 主电路端口说明与连接

(1) 端口说明

主电路端口说明见表 2.10,一个典型的主电路电源接入电气原理图如图 2.55 所示。

表 2.10　主电路端口说明

端口	符号	用途	说明
CNP1	L1、L2、L3	主电路	三相供电接 L1、L2、L3。 单相供电接 L1、L3,L2 悬空。
	P1、P2	电抗器	当不接电抗器时,请短接 P1、P2 端(出厂短接状态)。连接电抗器时,卸下 P1、P2 短接线后再接电抗器。
	N	制动单元	如外接制动单元,请连接到 P、N 端子上,制动电阻则连接到制动单元上。MR-J4-350 A 以下的不要连接。
CNP2	P、C、D	再生电阻	当使用内置再生电阻时,请短接 P-D 或者 P-C(出厂已短接)。 当外接制动电阻时,务必卸下 P-D 或 P-C 端连线,然后再接再生电阻。
	L11、L21	控制电路电源	MR-J4-10 A~MR-J4-700 A 接单相 AC200~230 V 电源。 MR-J4-10A1~MR-J4-40A1 接单相 ACC100~120 V 电源。
	U、V、W	伺服电动机	接伺服电动机 U、V、W 端口,供电端口。

(2) 端口连接

关于主电路电源接入做如下一些说明。

① 接通电源的顺序

MR-J4 伺服驱动器要求控制电源(L11、L12)应和主电路电源(L1、L2、L3)同时接通或比

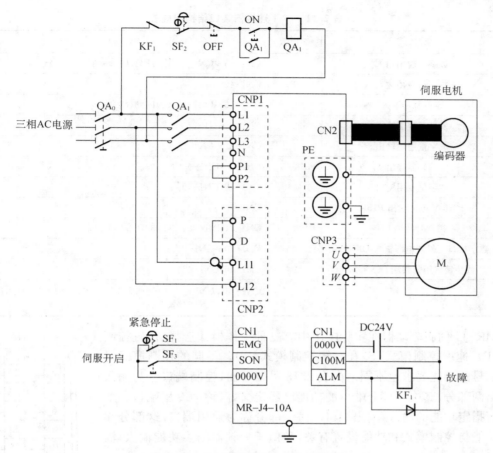

图 2.55　主电路电源接入电气原理图

主电路电源先接通。当控制电源接通后,如果主电路电源还没有接通,则会在操作显示面板上显示报警信息,当主电路电源接通后,报警显示会自动消除,进入正常运行状态。

② 主电路电源的控制

主电路电源的接入由主接触器 QA$_1$ 控制,在驱动器正常工作期间,不要通过主接触器的频繁通断来控制驱动器运行,这样做会严重影响驱动器寿命。主接触器触点容量应为驱动器额定输入电流的 1.5～2 倍。

③ 紧急停止和故障停止应用

紧急停止按钮为发生可见的故障情况紧急停止用。故障触点 KF$_1$ 应包括所有可能发生故障的输出触点串联接在控制电路上。例如,驱动器故障信号 ALM,制动电阻过热故障信号等。

④ 与伺服电动机的连接

驱动器与电动机的连接必须严格按照相序相连,且驱动器与电动机之间不能加装接触器。

⑤ 电抗器、制动单元和制动电阻的连接

电抗器、制动单元和制动电阻的连接见表 2.14。

3) 位置控制模式(P)输入(I)端口说明与连接

CN1 为 50 针的连接器,主要用于驱动器的控制端口。端口结构组成见表 2.11。针脚排列如图 2.56 所示。

表 2.11　CN1 连接器端口结构组成表

	端口	端口数	针脚号
输入	数字量通用输入	9	CN1-15～CN1-19,CN1-41,CN1-43～CN1-45
	数字量专用输入	1	CN1-42
	定位脉冲输入	5	CN1-10～CN1-12,CN1-35,CN1-36
	模拟量控制输入	2	CN1-2,CN1-27
输出	数字量通用输出	4	CN1-22～CN1-25
	编码器输出	7	CN1-4～CN1-9,CN1-33
	数字量专用输出	2	CN1-48,CN1-49
其他	+15 V 电源输出 P15R	1	CN1-1
	控制公共端 LG	4	CN1-3,CN1-28,CN1-30,CN1-34
	数字接口用外置电源输入 DICOM	2	CN1-20～CN1-21
	数字接口用公共端 DOCOM	2	CN1-46,CN1-47
未使用		11	CN1-13,CN1-14,CN1-26,CN1-29,CN1-31～CN1-32, CN1-37～CN1-40,CN1-50

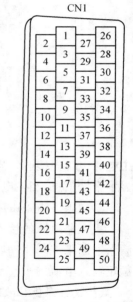

图 2.56　CN1 连接器针脚排列

MR-J4 伺服驱动器在实际应用中有三种工作模式选择:位置控制模式(P)、速度控制模式(S)和转矩控制模式(T)。不同的控制模式对输入信号的功能要求也不同。由表 2.13 可以看出,控制端口分为输入和输出两部分,其中一部分端口的功能已经定义好,称为专用端口。如表中所指定功能的输入/输出端口。另一部分称为通用端口,这部分端口的功能与控制模式和功能设置有关,类似于变频器的多功能输入/输出端口。

通用端口功能的定义过程如下:

① 每一个端口都有一个参数 PD 与之对应。

② 通过对参数 PD 的数值设定决定其相应端口所定义的在不同控制模式下的端口功能。

(1) P 模式下通用输入端口参数与功能定义

通用输入端口有 9 个,其所对应的参数 PD 见表 2.12。

P 模式下输入端口功能及其设定值见表 2.13。

结合表 2.12 和表 2.13,通用输入端口在出厂时都已经定义了一个功能,即出厂设定。例如端口 CN1-15 被定义为 SON 功能,CN1-19 被定义为 RES 功能等。可以说,出厂设定是伺服在位置控制模式下的基本设定。一般情况下不需对通用输入端口另行进行重新设定,直接按照出厂设定进行应用即可。

有关 P 模式下输入端口所能定义的功能说明如下:

① 伺服 ON(SON)

该信号直接控制伺服电动机的状态。当驱动器接上主电路电源后,若 SON="ON"伺服电动机进入运行准备状态,转子不能转动。

若 SON="OFF",伺服电动机处于自由停车状态,转子可自由转动。

表 2.12　通用输入端口对应参数 PD 表

端口	对应参数	出厂设定	P 模式	端口	对应参数	出厂设定	P 模式
CN1-15	PD03	00020202H	SON	CN1-41	PD08	00202006H	CR
CN1-16	PD04	00212100H	—	CN1-43	PD10	00000A0AH	LSP
CN1-17	PD05	00070704H	PC	CN1-44	PD11	00000B0BH	LSN
CN1-18	PD06	00080805H	TL	CN1-45	PD12	00232323H	LOP
CN1-19	PD07	00030303H	RES				

表 2.13　P 模式下通用输入端口功能设定值表(PD03~PD08,PD10~PD12)

设定值	定义功能	代表符号	设定值	定义功能	代表符号
02	伺服开启(ON)	SON	0A	正转限位	LSP
03	驱动器复位	RES	0B	反转限位	LSN
04	速度调节器 PI/P 进制切换	PC	0D	增益切换限制	CDP
05	外部转矩限制	TL	23	控制方式转换	LOP
06	误差清除	CR	24	电子齿轮选择 1	CM1
07	第 2 转矩限制	TL1	25	电子齿轮选择 2	CM2

通过参数 PD01 的设定可使该信号在内部变为自动接通,处于常 ON 状态。这时,可不需要外接信号开关。

② 复位(RES)

发生报警时,用该信号(接通 50 ms 以上)清除报警号(并不是所有报警信号均能清除)。

如果在没有报警信号时,RES 为 ON,则根据参数 PD20 的设定处理,出厂值为切断逆变电路,伺服电动机处于自由停车状态。

③ 正/反转限位(LSP/LSN)

这是一对定位控制时置于行程极限处限位开关的触点输入,为常闭型输入。当输入为 OFF(开关断开)时,对应方向上的运动停止。伺服处于锁定状态。

可以通过参数 PD20 设定运动停止的方式,出厂值为立即停止。

可以通过参数 PD01 的设定使之变为内部自动 ON,这时外部碰到限位开关后为外部行程报警,电动机转动总是允许的。

④ 清零信号(CR)

该信号用来清除驱动器内偏差计数器滞留脉冲,脉冲宽度必须大于 10 ms。

这个信号一般在原点回归时使用,由定位控制器发出,目的是清除伺服驱动器的跟随误差,使之与当前值寄存器保持一致。

可以通过参数 PD22 的设定使之变为内部自动 ON,一直清除滞留脉冲,这时每一个定位控制执行后会清除滞留脉冲。

⑤ 紧急停止(EMG)

端口 CN1-42 固定为紧急停止 EMG 端口。当该信号为 OFF 时,驱动器会快速切断逆变电路,动态制动器动作,使伺服电动机处于紧急停止状态,同时驱动器显示报警。当该信号为 ON 时,解除紧急状态。EMG 信号固定为常闭型输入,由于动态制动会使伺服电动机绕组被直接"短路"形成强力制动,如频繁使用 EMG 信号会使电动机使用寿命下降,因此 EMG 信号只能作为紧急停止用。此外，EMG 信号变 ON 后驱动器会直接进入运行状态，因此在 EMG 信号变 ON 之前必须停止定位脉冲的输入。

在定位控制模式中，上述 5 个输入功能是必须要设定的端口信号，其端口一般按照出厂设定即可，除此之外，还有一些输入功能仅做一些简单说明。

⑥ 外部转矩限制选择（TL）

该信号用来指定转矩限制设定值的来源，信号为 ON，使用外部模拟量输入 TLA 端的值，信号为 OFF，使用内部参数设定的转矩值。

⑦ 速度调节器切换（PC）

该信号用来控制速度放大器的 PI（比例积分）方式与 P（比例）方式之间的切换。PC 为 ON 时，则从 PI 方式切换到 P 方式，PC 为 OFF 时，为 PI 方式。

⑧ 增益切换（CDP）

CDP 信号用于进行负载惯量比 GD、速度调节器增益 VG、位置调节器增量 PG 的切换。

⑨ 控制切换（LOP）

该信号仅在驱动器选择了可切换控制方式时（参数 PA01 设定）才有效。信号为 ON 时从一种控制方式转换到另一种控制方式。

⑩ 电子齿轮比选择（CM1、CM2）

在复杂位置控制运动中，有时会需要设置多个电子齿轮比，以便在不同的位置控制使用，而输入端口 CM1、CM2 是用来选择不同电子齿轮的，其方法是根据 CM1、CM2 端口的信号组态来选择不同的电子齿轮比的电子齿轮分子参数值。

在位置控制模式中，多功能输入端口共 9 个，但其可选择的功能有 12 个。从 12 个功能中选出 9 个功能赋予 9 个输入端口，必须根据控制要求进行选择。

（2）通用输入端口的参数设定

通用输入端口的功能设置是通过对与其相对应的参数 PD03～PD12 设置来完成的。功能参数设置是以 8 位十六进制数来设定的。其定义如图 2.57 所示。

通用输入端口在不同的控制模式下其功能是不同的。图 2.57 把一个端口在三种控制模式时的端口功能都进行了设置。每一种控制模式占用 2 位十六进制数。首 2 位固定为 00，依次为转矩、速度和位置控制模式的功能设定值。

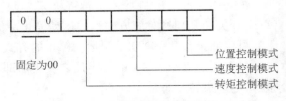

图 2.57　通用设置端口参数设定

三种模式下参数设定值与其相对应的功能关系见表 2.14。

表 2.14　通用输入信号端口参数设定值与其相对应的功能表（CN1-15）

设定值	P 模式	S 模式	T 模式	设定值	P 模式	S 模式	T 模式
00	—	—	—	0B	LSN	LSN	—
01	制作商设定用			0C	制作商设定用		
02	SON	SON	SON	0D	CDP	CDP	—
03	RES	RES	RES	0E～1F	制作商设定用		
04	PC	PC	—	20	—	SP1	SP1

（续表2.14）

设定值	P模式	S模式	T模式	设定值	P模式	S模式	T模式
05	TL	TL	—	21	—	SP2	SP2
06	CR	CR	CR	22	—	SP3	SP3
07	—	ST1	ST1	23	LOP	LOP	LOP
08	—	ST2	ST2	24	CM1		
09	TL1	TL1	—	25	CM2		
0A	LSP	LSP	—	26	—	STAB2	STAB2

对表中位置控制模式(P)列中的功能代表符号含义已在上面讲过，而关于速度控制模式(S)和转矩控制模式(T)列中相对的功能代表符号所代表的功能含义这里不做介绍。

现举例说明输入通用端口的功能设定。

【例2.5-1】　试说明PD03="00020202H"的设定含义。

PD03对应于端口CN1-15，这是CN1-15端口的功能设定。对照图2.57和表2.15。

T模式为"02"，SON功能。

S模式为"02"，SON功能。

P模式为"02"，SON功能。

说明，CN1-15端口在这三种模式下均设置为伺服ON功能。

【例2.5-2】　试说明PD08="00202006H"的设定含义。

PD08对应于CN1-41端口。

T模式为"20"，SP1功能(速度指令选择1)。

S模式为"20"，SP1功能(速度指令选择1)。

P模式为"06"，CR功能。

【例2.5-3】　设置CN1-16端口，T模式和S模式均为SP2功能(速度指令选择2)，试写出相应端口参数值。

CN1-16端口对应于参数PD04。SP2功能的设定值对T和S模式均为"21"。如果这时不希望设定P模式下的端口功能，则可设定为"00"(对不希望设置某种模式下端口功能的，则设定值为00)。

综上所述，PD04的设定值为"00212100"。

（3）输入端口的连接

① 数字量输入端口的连接

数字量输入端口内部电路如图2.58所示。其内部为双向二极管光耦电路，且无内置电

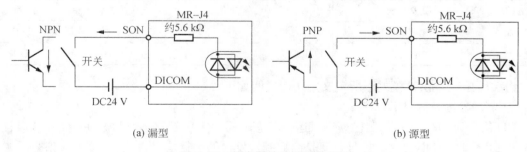

(a) 漏型　　　　　　　　　　　　　　　　　　(b) 源型

图2.58　数字量输入端口的连接

源,需外接 24 V DC 电源,因此有两种接法:漏型和源型接法。当外接为有源开关时,须注意电源的极性与外接有源开关的类型(PNP,NPN)相匹配。

② 定位脉冲输入端口的连接

定位脉冲输入端口为 PP、PG 和 NP、NG。若控制器提供的是差动线驱动脉冲信号,则按图 2.59 所示方式接入。如果控制器所提供的是集电极开路脉冲信号,则按图 2.60 所示方式接入。这时,参数 PA13 的设置必须与输入脉冲形式一致。集电极开路脉冲信号有正/反转脉冲,A、B 相脉冲和脉冲＋方向三种形式。其中正转脉冲、A 相脉冲或脉冲信号应接 PP 端,而反转脉冲、B 相脉冲或脉冲方向应接 NP 端。

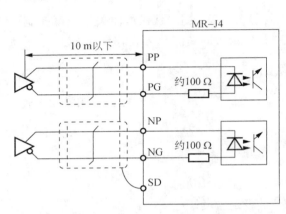

图 2.59　差动线驱动脉冲信号输入连接　　　　图 2.60　集电极开路脉冲信号输入连接

4) 位置控制模式(P)输出(O)端口说明与连接

(1) P 模式通用输出端口参数与功能定义

通用输出端口和输入端口一样,每个端口都有一个参数 PD 与之对应,见表 2.15。

表 2.15　通用输出端口参数与功能定义

端口	对象参数	出厂设定	P 模式	端口	对象参数	出厂设定	P 模式
CN1-22	PD13	0004H	INP	CN1-25	PD16	0007H	TLC
CN1-23	PD14	000CH	ZSP	CN1-49	PD18	0002H	RD
CN1-24	PD15	0004H	INP				

通用输出端口在位置控制模式下的定义功能及其设定值见表 2.16。

表 2.16　通用输出端口 P 模式定义功能及其设定值

设定值	定义功能	代表符号	设定值	定义功能	代表符号
02	驱动器准备好	RD	07	转矩限制中	TLC
04	定位完成	INP	0C	速度为 0	ZSP

有关输出端口在 P 模式下所定义的功能说明如下。

① 驱动器准备好(RD)

RD 信号为 ON,表示伺服已处于可运行状态。一般在电源接通,伺服 ON 信号开启且复位信号 OFF 时为 ON。这个信号一般是向控制器发送的运行信号,控制器接到该信号后才能发出定位控制脉冲。

② 定位完成(INP)

在位置控制模式下,当驱动器内部偏差计数器的滞留脉冲已达到由参数 PA10 所设定的范围内(表示在允许误差范围内)时,INP 为 ON。

③ 转矩限制中(TLC)

当驱动器选择位置或速度控制模式时,如果输出转矩达到由参数 PA11/PA12、PC35 设定或模拟量给定(TC 端)设定的转矩限制值时,TLC 为 ON。

④ 速度为 0(ZCP)

当电动机实际转速小于 PC17 所设定的速度值(r/min)时,ZCP 为 ON。该信号可以用来判断电动机是否在正常运转。

⑤ 驱动器报警(ALM)

端口 C1-48 被指定为驱动器报警信号 ALM 的专用输出端口。信号为常闭型输出,如驱动器无报警,则在控制电源接通后,ALM 自动为 ON。一般常用其常开触点接于主电源接入继电控制电路中。

除了上述常用的 5 个输出信号外,还有告警信号(WNG)、电池告警信号(BWNG)、ABS 数据传送(ABSB0/ABSB1/ABST)和 ABS 数据丢失(ABSV)等信号设定。

(2) 通用输出端口参数设定

通用输出端口的功能设置也是通过其相对应参数 PD13~PD18 的设定值来定义的。功能参数设置以 4 位十六进制数来进行设定,图 2.61 所示的功能设定值及其所表示的功能见表 2.17。同样,对表中位置控制模式下的功能代表符号所代表的功能,上面已做了说明。关于在速度控制模式及转矩控制模式下的各种功能说明及代表符号这里也不再阐述。

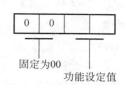

图 2.61　通用输出端口功能参数设定

表 2.17　通用输出端口功能设定值(CN1-22)

设定值	P 模式	S 模式	T 模式	设定值	P 模式	S 模式	T 模式
00	一直常闭	一直常闭	一直常闭	09	BWNG	一直常闭	一直常闭
01	制作商设定用			0A	一直常闭	SA	SA
02	RD	RD	RD	0B	一直常闭	一直常闭	VLC
03	ALM	ALM	ALM	0C	ZSP	ZSP	ZSP
04	INP	SA	一直常闭	0D	制作商设定用		
05	MBR	MBR	MBR	0E	制作商设定用		
06	制作商设定用			0F	CHGS	一直常闭	一直常闭
07	TLC	TLC	TLC	10	制作商设定用		
08	WNG	WNG	WNG	11	ABSV	一直常闭	一直常闭

(3) 输出端口的连接

① 数字量输出端口的连接

数字量输出端口内部电路如图 2.62 所示。输出光耦与负载之间接了一个全波桥式整流电路,其作用不是外接交流电源用,而是根据外接直流电源的极性不同,形成源型或漏型输出电路。输出可直接驱动电灯、继电器或光耦,如为感性负载请加接二极管。注意二极管的极性不能接反,如果接反,驱动器输出会因短路而发生故障。由于采用整流电路,当光耦导通时,电源经负载流经两个整流二极管形成通路。因此,内部会有约 2.6 V 的压降。

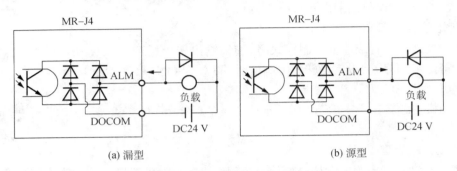

图 2.62　数字量输出端口的连接

② 编码器输出端口的连接

驱动器提供了两种编码器输出端口,一种是差动线驱动输出 LA、LAR、LB、LBR、LZ、LZR。另一种是编码器 Z 相脉冲集电极开路输出 OP,其输出脉冲波形如图 2.63 所示。由图可以看出,编码器脉冲为 A-B 相差动线驱动输出。

差动线驱动输出的优点是抗共模干扰能力强,抗噪声干扰性好,传输距离长,但是当它反馈给控制器时,接收信号的设备也必须有差动线驱动输入接口才行,如三菱 FX PLC 的高速脉冲输入端口就不是差动型驱动接口,因此不能直接接入差动线驱动信号,而 FX$_{3U}$-4HSX-ADP 高速适配器支持差动线驱动信号输入,也可以通过外接电路将差动线驱动信号转换成集电极开路信号后传送给控制器输入口,图 2.64 表示了两种转换方法原理图。

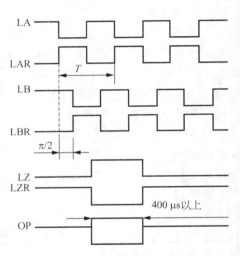

图 2.63　编码器输出脉冲波形

图 2.64(a)把差分信号传送给差分信号接收器 IC(如 AM2BLS32)转换成单端信号。图 2.64(b)通过高速 MR-J4 换成单端信号,然后再通过适当电路转换成集电极开路输出。

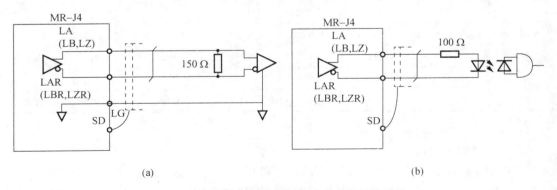

图 2.64　差动线驱动信号转换成集电极开路信号

编码器 Z 相脉冲集电极开路输出信号 OP 是专门用来提供控制器在原点回归操作时的零点信号计数的。一般连接到控制器的零相信号输入端口。

2.6 电气控制电路的保护环节

2.6.1 短路保护

在三相交流电力控制系统中,最常见和最危险的故障是各种形式的短路。如电器或电路绝缘遭到损坏、控制电器及电路出现故障、操作或接线错误等,都可能造成短路事故。发生短路时,电路中瞬时电流可达到额定电流的十几倍到几十倍,过大的短路电流将使电器设备或配电电路受到严重损坏,甚至因电弧而引起火灾。因此,当电路出现短路电流时,必须迅速、可靠地断开电源,这就要求短路保护装置应具有瞬动特性。

短路保护的常用方法是采用熔断器、低压断路器等保护装置。熔断器和低压断路器的选用和动作值的整定,在第一章中已有介绍,这里不再重复。在对主电路采用三相四线制或对变压器采用中性点接地的三相三线制的供电电路中,必须采用三相短路保护。若主电路容量较小,电路中的低压断路器可同时作为控制电路的短路保护;若主电路容量较大,则控制电路一定要设置独立短路保护空气开关。如图 2.65 所示,主电路短路保护用空气开关 QA_0,控制电路设置独立空气开关 QA_2 作其短路保护。

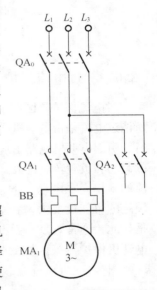

图 2.65 熔断器短路保护

2.6.2 过载保护

过载是指电动机在大于其额定电流的情况下运行,但过载电流超过额定电流的倍数有限,通常在额定电流的 1.5 倍以内。引起电动机过载的因素很多,如负载的突然增加、缺相运行以及电网供电电压降低等。若电动机长期处于过载运行,其绕组的温升将超过允许值而使绝缘材料老化、变脆,寿命缩短,严重时会使电动机损坏。异步电动机过载保护常采用热继电器作为保护元器件。

过载保护特性与过电流保护不同,故不能采用过电流保护方法来替代过载保护。例如,负载的突然短时间增加而引起过载,过一段时间又正常工作,对电动机来说,只要过载时间内绕组温升不超过允许值是允许的,不需要立即切断电源。因此过载保护要求保护电器具有与电动机反时限特性相吻合的特性,即根据电流过载倍数的不同,其动作时间也是不同的,会随着过载电流的增加而减小。而热继电器正是具有这样的反时限特性,因此常被用来作为电动机的过载保护器件。由于热继电器的热惯性比较大,即使热元器件流过几倍额定电流,热继电器也不会立即动作。因此在电动机起动时间不太长的情况下,热继电器能承受电动机起动电流的冲击而不切断电器,只有在电动机长时间过载情况下热继电器才动作,断开控制电路,使接触器断电释放,电动机停止运转,实现电动机过载保护。

图 2.66 为过载保护电路,图 2.66(a)为三相过载保护,适用于无中线的三相异步电动机的过载保护;图 2.66(b)为两相过载保护。

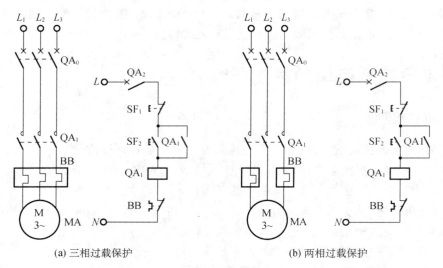

(a) 三相过载保护　　　　　　　　　(b) 两相过载保护

图 2.66　过载保护电路

2.6.3　过电流保护

过电流保护是区别于短路保护和过载保护的一种电流型保护。所谓过电流是指电动机或电器元器件在超过其额定电流的状态下运行。引起电动机电路出现过电流的原因,往往是由于电动机不正确的起动和负载转矩过大。过电流一般比短路电流小,不超过额定电流的 6 倍。在电动机的运行过程中产生这种过电流现象,比发生短路的可能性要大,特别是对于频繁启停和正反转电动机电路更是如此。通常,过电流保护可以采用过电流继电器、低压断路器、电动机保护器等。如图 2.67 所示为过流继电器实物图。

图 2.67　过流继电器实物图

图 2.68 所示过流继电器是与接触器配合使用,实现过电流保护的。将过电流继电器线圈

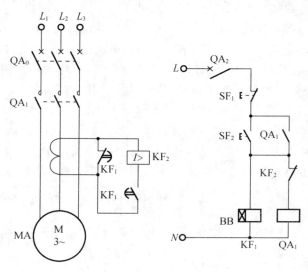

图 2.68　过电流保护电路

KF$_2$串联在被保护电路中,电路电流达到其整定值时,过电流继电器动作,串联在控制回路中的常闭触点KF$_2$断开,断开了接触器QA$_1$线圈的控制支路,使得接触器的主触点脱开释放,以切断电源。这种控制方法,既可用于保护,也可达到一定的自动控制目的。这种保护主要应用于绕线转子异步电动机的控制电路中。通常为避免电动机的起动电流使过电流继电器动作,影响电动机的正常运行,常将时间继电器KT与过电流继电器配合使用。起动时,时间继电器KF$_1$的常闭触点闭合,常开触点尚未闭合,过流继电器的线圈暂不接入电路,尽管电动机的起动电流很大,而此时过流继电器不起作用;起动结束后,时间继电器延时时间到,触点动作,即常闭触点断开,常开触点闭合,过电流继电器的线圈接入保护电路,开始起保护作用。

必须强调指出的是,尽管短路保护、过载保护和过电流保护都属于电流保护,但它们的故障电流整定值以及各自的保护特性、保护要求都各不相同,因此,它们之间是不可以相互替代的。热继电器具有与电动机相似的反时限特性,但由于热惯性的关系,热继电器不会受短路电流的冲击而瞬时切断电路,在使用热继电器作过载保护时,还必须另装熔断器或低压断路器作短路保护。由于电路中的过电流要比短路电流小,不足以使熔断器熔断,因此,也不能以熔断器兼作短路保护和过电流保护,而需另外安装过电流继电器作过电流保护。

2.6.4　零电压(失压)保护和欠电压保护

电动机或其他电器元器件都是在一定的额定电压下才能正常工作,电压过高、过低或者工作过程中突然断电,都可能造成安全生产事故,因此在电气控制电路设计中,应根据要求设置失压保护、过电压保护及欠电压保护。

1) 零电压(失压)保护

在电动机正常工作时,由于某种原因突然断电,而使电动机停转,生产设备的运动部件也随之停止。在电源电压自行恢复时,如果电动机能自行起动,将可能造成安全生产事故。为防止电源恢复时电动机的自行起动或电器元器件自行投入工作而设置的保护,称为失压保护。若采用接触器和按钮控制电动机的起动和停止,其控制电路中的自锁环节就具有失压保护的作用。如果正常工作时,电源电压消失,接触器线圈会自动释放而切断电动机主电源;当电源恢复正常时,由于接触器自锁电路已断开,故电动机是无法自行起动的。如果不是采用自复位按钮,而是用旋钮开关等控制接触器,必须采用专门的零压继电器。工作过程中,一旦失电,零压继电器释放,其自锁也释放,当电网恢复正常时,就不会自行投入工作。

图 2.69 所示失压保护电路,主令控制器 SF 置于"零位"时,零电压继电器 KF 线圈闭合并自锁;当 SF 置于"工作位置"保证了对接触器 QA 线圈的供电。当电源断电时,零电压继电器KF 释放;当电网再接通时,必须先将主令控制器 SF 置于"零位",使零电压继电器 KF 线圈闭合后,才可以重新起动电动机,这样就起到了失压保护的作用。

2) 欠电压保护

当电网电压下降时,异步电动机在欠电压状态下运行,在负载一定的情况下,电动机的主磁通下降,电流将增加。因电流增加的幅度不足以使熔断器熔断,且过电流继电器和热继电器也不动作,因此,上述电流保护器件无法对欠电压起到保护作用。但是,如果

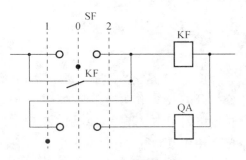

图 2.69　失压保护电路

不采取保护措施,维持电动机在欠电压状态下运行的话,将会影响设备正常工作,造成安全生产事故。能够保证在电网电压降到额定电压以下某区间,如额定值的 $60\% \sim 80\%$ 时,自动切除电源,而使电动机或电器元器件停止工作的保护环节称为欠电压保护。通常采用欠电压继电器或具有欠电压保护的断路器来实现欠电压保护,如图 2.70 所示为欠电压继电器实物图。欠电压继电器的使用方法是将欠电压继电器线圈跨接在电源上,其常开触点串接在接触器控制回路中。当电网电压低于欠电压继电器整定值时,欠电压继电器动作使接触器释放。如图 2.71 所示,当电源电压正常时,欠电压继电器触点处于动作状态,其常开触点 KF_3 闭合;而主电源电压下降至其整定值时,其触点复位,常开触点 KF_3 断开,切断继电器 KF_4 线圈的控制支路,KF_4 触点复位,致使接触器 QA_1、QA_2 失电,切断电动机的主电源,从而实现了欠电压保护。

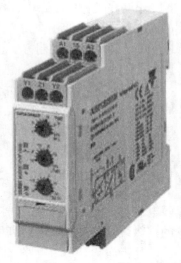

图 2.70　欠电压继电器实物图

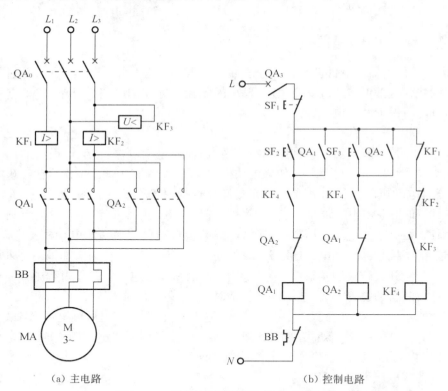

（a）主电路　　　　　　　　　　　　（b）控制电路

图 2.71　交流电动机常用保护类型示意图

图 2.71 是交流异步电动机常用的保护类型示意图。图中各保护环节分别为:主电路采用空气开关 QA_0 作为短路保护(部分空气开关可以同时具有过电流保护、失压欠压保护功能),控制电路用空气开关 QA_3 作为短路保护;利用热继电器 BB 作过载保护;过流继电器 KF_1、KF_2 用作电动机工作时的过电流保护;按钮开关 SF_2、SF_3 并接的 QA_1、QA_2 常开辅助触点构成的自锁环节兼作失压保护;欠电压继电器 KF_3 作电动机的欠电压保护。另外电路中串接

的 QA_1、QA_2 常闭触点构成的互锁环节起到了电动机正反转的连锁保护作用。电路发生短路故障时,由空开 QA_0、QA_3 切断故障;电路发生长时间过载时,热继电器 BB 动作,事故处理完毕,热继电器可以自动复位,使电路恢复工作能力。

习　题　2

2.1　电气系统图主要有哪几种? 各有什么作用和特点?

2.2　什么是失压、欠压保护? 采用什么电器元件来实现失压、欠压保护?

2.3　点动、长动在控制电路上的区别是什么? 试用按钮、转换开关、中间继电器、接触器等电器,分别设计出既能长动又能点动的控制线路。

2.4　什么叫直接起动? 直接起动有何优缺点? 在什么条件下可允许交流异步电动机直接起动?

2.5　设计一个控制线路,三台笼型异步电动机工作情况如下:MA_1 先起动,经 10 s 后 MA_2 自行起动,运行 30 s 后 MA_1 停机并同时使 MA_3 自起动,再运行 30 s 后全部停机。

3 PLC 概述

3.1 PLC 的产生及定义

1) PLC 的产生

20 世纪 60 年代以前,工业生产中最先进的自动控制装置是继电控制系统,它推动当时生产力的巨大进步。当人类历史跨入 20 世纪 60 年代以后,工业生产随着市场的转变,开始由大批量少品种的生产转变为小批量多品种的生产。在这种转换过程中,继电控制系统的许多弊端越发显得突出,成为生产转换的一大障碍。如使用了大量的机械触点,系统的可靠性较差;功能局限、体积大、能耗多,特别是生产工艺要求变化时,控制柜内也必须要作相应的变动,这种改变工期长,费用高。20 世纪 60 年代后期,市场所需的"柔性"生产线呼唤新型控制系统的诞生。

1968 年,美国最大的汽车制造厂家——通用汽车公司(GM)为了增强产品在市场的竞争力提出了"多品种、小批量、不断翻新汽车品牌"的战略。为实现这一战略,GM 公司率先提出了采用一种可编程序的逻辑控制器来取代传统硬件接线控制电路的设想,并从用户角度对这种未来的控制装置明确提出了应具备的十大条件。

1969 年,著名的美国数字设备公司(DEC 公司)根据美国通用汽车公司的要求,首先研制成功了世界上第一台可编程控制器 PDP-14,并在 GM 公司汽车生产线上首次应用成功。

1971 年,日本从美国引进这项新技术,研制成了日本第一台可编程控制器 DSC-8。1973 年,西欧国家也研制出他们的第一台可编程控制器。1974 年,我国开始研制自己的可编程控制器,1977 年开始应用于工业。

由于早期的可编程控制器在功能上只能实现逻辑控制、定时、计数等简单功能,故最早称之为可编程逻辑控制器 PLC(Programmable Logic Controller)。随着科技的进一步发展,微电子技术、大规模集成电路及微型计算机得到广泛应用,使 PLC 不仅具有逻辑控制功能,而且具有数据运算、传送与处理功能、模拟量控制、总线、定位等功能。故 1980 年美国电气制造商协会 NEMA(National Electrical Manufactures Association)将其正式命名为可编程控制器 PC(Programmable Controller),此简称已经在工业界使用多年,但由于近年来个人计算机(Personal Computer)也简称为 PC,为避免二者混淆,故人们仍习惯地用 PLC 作为可编程控制器的缩写。

2) PLC 的定义

可编程控制器技术发展突飞猛进,其定义很困难。因此,到目前为止,还未能对其有最终的定义。

1980 年,可编程控制器问世后不久,美国电气制造商协会 NEMA 对其定义如下:"PC 是一个数字式的电子装置,它使用了可编程序的记忆体以储存指令,用来执行诸如逻辑、顺序、计时、计数与演算等功能,并通过数字或模拟的输入和输出,以控制各种机械或生产过程。一部数字电子计算机用来执行 PC 的功能,亦被视为 PC,但不包括鼓式或机械式控制器式顺序控制器。"

1982 年 11 月，国际电工委员会 IEC（International Electrical Committee）颁布了可编程控制器标准草案第一稿，1985 年 1 月又发表了第二稿，1987 年 2 月颁布了第三稿。该草案中对可编程控制器的定义是："可编程序控制器是一种数字运算操作的电子系统，专为在工业环境下应用而设计。它采用可编程序的存储器，用来在其内部存储执行逻辑运算、顺序控制、定时、计数和算术运算等操作的指令，并通过数字式、模拟式的输入和输出，控制各种类型的机械或生产过程。可编程控制器及其有关设备，都应按易于与工业控制系统形成一个整体、易于扩充功能的原则设计。"

上述定义也表明可编程控制器内部结构和功能都类似于计算机，它是"专为在工业环境下应用而设计"的工业计算机。

3.2　PLC 的特点及分类

3.2.1　PLC 的特点

PLC 是综合继电接触器控制性能的优点及计算机编程灵活、方便，通信功能强大的优点而设计制造和发展的，这就使 PLC 具有其他控制器无法比拟的特点。

1）可靠性高，抗干扰能力强

由 PLC 的定义我们知道，PLC 是专门为工业生产应用而设计的，因此在设计 PLC 时，从硬件和软件上都采取了抗干扰的措施，提高其可靠性。

（1）硬件措施

① 屏蔽：对 PLC 的电源变压器、内部 CPU、编程器等主要部件采用导电、导磁良好的材料进行屏蔽，以防外界的电磁干扰。

② 隔离：在 PLC 内部的微处理器和输入/输出电路之间，采用了光电隔离措施，有效地隔离了微处理器等输入/输出之间电的联系。

③ 滤波：对 PLC 的输入/输出电路采用了多种形式的滤波，以消除或抑制高频干扰。

④ 采用模块式结构：该结构有助于在故障情况下短时修复。一旦查出某一模块出现故障，能迅速更换，使系统迅速恢复生产运行。

（2）软件措施

① 故障检测：设计了故障检测软件定期地检测外界环境。如掉电、欠电压、强干扰信号等，以便及时进行处理。

② 设置了警戒时钟 WDT：如果 PLC 程序每次循环执行时间超过了 WDT 规定的时间，预示程序进入死循环，立即报警。

③ 信息保护和恢复：信息保护和恢复软件使 PLC 偶发性故障条件出现时，将 PLC 内部信息进行保护，不遭破坏。一旦故障条件消失，恢复原来的信息，使之正常工作。

④ 对程序进行检查和检验，一旦程序有错，立即报警，并停止执行。

由于采取了以上抗干扰的措施，一般 PLC 的无故障平均时间可达几万小时以上。

2）通用性强，使用方便

PLC 产品已系列化和模块化，PLC 的制造商为用户提供了品种齐全的 I/O 模块和特色功能模块等。用户在进行控制系统的设计时，不需要自己设计和制作硬件装置，只需根据控制要求进行模块的配置。应用工程师只是设计满足控制对象控制要求的应用程序。对于一个控制系统,当工艺要求改变时,只需修改程序,就能变更控制功能。

3) 采用模块化结构,使系统组合灵活方便

PLC 的各个部件,均采用模块化设计,各模块之间可由基板或电缆连接。系统的功能和规模可根据用户的实际需求自行组合,使系统的性能价格更容易趋于合理。

4) 编程语言简单、易学,便于掌握

PLC 是由继电接触器控制系统发展而来的工业自动化控制装置,其主要面向的对象是广大的电气技术人员。PLC 的开发制造商为了便于工程技术人员学习和掌握 PLC 的编程,设计了与继电接触器控制原理相似的梯形图语言,易学、易懂。

5) 系统设计周期短

系统硬件的设计任务主要是根据对象的控制要求配置适当的模块和外部电路,而不要去设计具体的接口电路,大大缩短了整个设计所花费的时间,加快了整个工程的进度。

6) 对生产工艺改变适应性强

PLC 的核心部件是微处理器,本质是一种工业控制计算机,其控制功能是通过软件编程来实现的。当生产工艺发生变化时,不必改变 PLC 硬件设备,只需改变 PLC 中的用户程序。这项功能对现代化的小批量、多品种产品的生产尤其适合。

7) 安装简单、调试方便、维护工作量小

PLC 控制系统的安装接线只需将现场的各种设备与 PLC 相应的 I/O 端相连,其工作量比继电接触器控制系统少得多。PLC 控制系统的软件设计和调试大多可在实验室里进行,用模拟实验开关代替输入信号,其输出状态可以观察 PLC 上的相应发光二极管,也可以另接输出模拟实验板。模拟调试好后,再将 PLC 控制系统安装到现场,进行联机调试。由于 PLC 本身的可靠性高,又有完善的自诊断能力,一旦发生故障,可以根据报警信息,迅速查明原因。

3.2.2　PLC 的分类

1) 按 I/O 点数和存储器容量分类

(1) 小型 PLC,I/O 点数在 256 点以下,用户程序存储器容量在 2 K 步以下的可编程控制器称为小型 PLC。其中 I/O 点数小于 64 点的 PLC 又称为超小型或微型 PLC。属于小型 PLC 的外国产品型号有日本三菱 FX 系列、日本松下电工 FP1 系列和日本欧姆龙 C40P 系列、美国 A-B 公司的 SLC-500 型以及德国西门子公司的 S7-200 型。

(2) 中型 PLC,I/O 点数在 256~2 048 点之间,用户程序存储器容量在 2~8 K 步之间的可编程控制器称为中型 PLC 的型号有日本三菱的 L 系列、日本日立公司的 H-200 型、德国西门子公司的 S7-1200 系列等。

(3) 大型 PLC,I/O 点数在 2 048 点之上,用户程序存储器容量达 8 K 步之上的可编程控制器称为大型 PLC,型号有三菱电动机的 Q 系列,同时可配 4 台 CPU;美国 A-B 公司的 PLC-3 型,I/O 点数有 8 192 个;德国西门子公司 S7-300 系列等。

2) 按结构形式分类

(1) 整体式 PLC,又称单元式或箱体式 PLC,是目前小型机中使用最普遍的一种形式。它是将电源、CPU、I/O 模块及存储器等各个部分都集中在一个机壳内,通常称之为基本单元,它具有结构紧凑、体积小、性价比高的特点,可直接安装在机床电气控制柜中。它一般用扁平

电缆与扩展单元和模拟量单元、位置控制单元等各种特殊功能模块相连接,使整体式 PLC 功能得以扩展。如三菱电动机 FX 系列 PLC。

(2) 模块式 PLC,又称为积木式 PLC。它是将 PLC 各组成部分按功能的不同设计成独立的模块,如电源模块、CPU 模块、I/O 模块及各种功能模块,然后安装于同一块基板或框架上。这种结构配置灵活,装配方便,便于扩展和维修。一般大、中型 PLC 常采用这种结构。如三菱电动机 Q 和 R 系列 PLC。

3) 按功能分类

(1) 低档机,具有逻辑运算、计时、计数、移位以及自诊断、监控等基本功能,主要用于顺序控制、逻辑控制或少量模拟量的单机控制系统,目前此类型的设备已经很少生产。

(2) 中档机,除具有低档机的功能外,还具有较强的模拟量处理、数值运算、数值的比较与传送、远程 I/O 及联网通信等功能。部分中档机还可增设中断控制、PID 控制等功能。

(3) 高档机,除具有中档机的功能外,增设有带符号算术运算、矩阵运算、位逻辑运算(置位、清零、右移、左移)及其他特殊功能运算,如制表、表格传送等功能。高档机具有更强的通信联网能力和信息管理能力,可用于远程大规模过程控制,构成分布式网络控制系统,实现工厂自动化。

3.3 PLC 的应用及发展

3.3.1 PLC 的应用背景

PLC 是以微处理器为核心,综合了计算机技术、自动控制技术、微电子技术和通信技术发展起来的一种通用的工业自动控制装置,它具有可靠性高、体积小、功能强、程序设计简单、灵活通用、维护方便等一系列的优点,因而在能源、冶金、交通、机床、电力等领域中有着广泛的应用,成为现代工业控制的三大支柱(PLC、机器人和 CAD/CAM)之一。根据 PLC 的特点,可以将其应用形式归纳为以下几种类型。

1) 开关量逻辑控制

PLC 具有强大的逻辑运算能力,可以实现各种简单和复杂的逻辑控制。这是 PLC 功能应用最基本最广泛的领域,取代了传统的继电接触器逻辑的控制。

2) 模拟量控制

PLC 系统可配置有 A/D 和 D/A 转换模块。其中 A/D 模块能将现场的温度、流量、压力、速度等检测传感器的模拟量经过 A/D 转换变为数字量,再经 PLC 中的微处理器进行处理(微处理器处理的是数字量)再去进行控制或者经 D/A 模块转换后,变成模拟量去控制某个被控对象。

3) 过程控制

现代大中型的 PLC 一般都配备了 PID 控制功能模块,可进行闭环过程控制。当控制过程中因为干扰,某一个变量出现偏差时,PLC 能按照 PID 算法计算出正确的输出去控制生产对象或过程,把变量保持在整定值上。目前,许多小型 PLC 也具有 PID 功能,如三菱电动机 FX$_{3U}$、FX$_{5U}$ 等系列。

4) 定时和计数控制

PLC 具有强大的定时和计数功能,它可以为用户提供几十甚至上百个、上千个定时器和计数器。其计时的时间和计数值可以由用户在编写用户程序时任意设定,实现定时和计数的控制。如果用户需要对频率较高的信号进行计数,则可以选择高速计数模块,部分品牌的PLC本体具有少量高速输入/输出端口,如三菱电机的 FX 系列 PLC。

5) 顺序控制

在工业控制中,可采用 PLC 步进指令编程来实现顺序控制。

6) 数据处理

现代的 PLC 不仅能进行逻辑运算、算术运算、数据传送、查表、排序等,而且还能进行数据比较、数据通信、数据转换、数据显示和打印等,已经具备强大的数据处理能力。

7) 通信和联网

现代 PLC 一般都有通信功能,它可以对远程 I/O、远程 A/D、远程 D/A、远程设备进行控制,又能实现 PLC 与 PLC,PLC 与计算机之间的通信,这样用 PLC 可以方便地进行分布式控制。

8) 精准定位控制

现代 PLC 系统运动控制模块可配合驱动系统实现高精度位置控制,如 FX 系列的 FX_{2N}-1PG、FX_{2N}-20GM 以及 FX_{3U}-20SSC 等。

9) 多 CPU 控制

现代大中型的 PLC 均具有多 CPU 控制能力。如顺序控制 CPU 配合 NCPU、机器人CPU 等控制器实现多 CPU 运行。

3.3.2　PLC 的发展动向

(1) 编程语言向标准化靠拢。与个人计算机相比较,PLC 的硬件、软件体系结构都是封闭的,各个厂家的 CPU 和 I/O 模块相互不能兼容,各个公司的总线、通信网络和通信协议一般也是专用的。尽管各种系列主要以梯形图编程,但具体的指令系统表达方式并不一致,即使一个公司的不同系列也是如此,如三菱电动机的 FX 系列和 Q 系列,不同系列的可编程控制器互不兼容。为了解决这个问题,IEC(国际电工委员会)于 1994 年 5 月公布了可编程控制器标准(IEC1131),其中的第三部分(IEC1131-3)是可编程控制器的编程语言标准。IEC1131-3 标准使用户在使用新的可编程控制器时,可以减少重新培训的时间,而对于厂家来说,使用此标准则可以减少产品开发的时间,从而可以拿出更多的精力去满足用户的特殊要求。标准中规定了五种标准语言,其中梯形图(Ladder diagram)和功能块图(Function block diagram)为图形语言,指令表(Instruction list)和结构文本(Structure text)为文字语言,还有一种结构块控制程序流程图(Sequential function chart,又称为顺序功能图)。本书主要介绍梯形图、顺序功能图和指令表三种语言。

(2) 规模上向大小两头发展。大型 PLC 出现了 I/O 点数多达一万多点的超大型 PLC,使用 32 位微处理器、多 CPU 并行工作和大容量存储器,趋势向高性能、高速度、大容量发展,有的 PLC 产品扫描速度达 $0.09\ \mu s$/条基本指令,用户程序存储器容量最大达百兆字节。另一方面,小型 PLC 向微型化、多功能、实用性发展,有些可编程控制器的体积非常小,被称为"手掌上的可编程控制器"。如三菱电机公司 FX 系列可编程控制器与以前的 F1 系列可编程控制器相比较,其体积只有前者的 1/3 左右;而美国艾伦-布拉德利(Allen-Bradley 简称为 A-B)公司的 Micro Logix1000 系列只有随身听大小。由于可编程控制器向微型化发展,其应用已不仅仅局限在工业领域,如医疗、交通等领域都已有广泛应用。

（3）模块智能化和专用化。模块本身具有 CPU，可与 PLC 主机并行操作，在可靠性、适应性、扫描速度和控制精度等方面都对 PLC 本身作了补充。例如智能通信模块、高速计数模块、温度控制模块、专用数控 CPU、智能位置控制模块等。

（4）网络通信功能标准化。由于 PLC 具有网络通信功能，所以各种个人计算机、图形工作站等可以作为 PLC 的监控主机和工作站，能够提供屏幕显示、数据采集、记录保持以及信息打印等功能。

（5）控制与管理功能一体化。在一台控制器上同时实现控制功能和信息处理功能。PLC 产品广泛采用计算机信息处理技术、网络通信技术和图形显示技术，使得 PLC 系统的生产控制功能和信息管理功能融为一体，进一步提高了 PLC 的功能，更好地满足了现代化大生产的控制与管理的需要。如三菱电机 Q 系列 PLC 将 PLC、工业机器人及制造执行系统（MES）整合到一个平台。

3.4　PLC 的组成及工作原理

3.4.1　PLC 的组成

1) PLC 的外形结构

从 PLC 的外形结构上看有两种，一种是整体式；另一种是模块式（也叫插槽式），如图 3.1 所示。

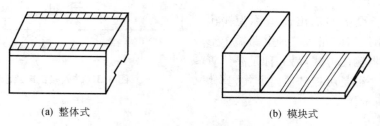

(a) 整体式　　　　　　　　　　(b) 模块式

图 3.1　PLC 外形结构图

2) PLC 的内部结构

（1）结构框图

PLC 采用典型的计算机控制结构，由控制器（中央处理器 CPU、存储器）输入/输出接口电路、电源等部分组成，其内部结构图如图 3.2 所示。

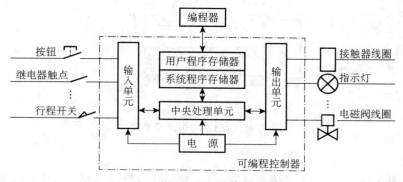

图 3.2　PLC 内部结构示意图

（2）各部分的作用

① 中央处理单元(CPU)

CPU 是 PLC 的核心部件，与一般计算机的 CPU 作用一样，主要功能按顺序列举如下：

a. CPU 接收用户程序和数据并送入存储器存储。

b. 监视电源、PLC 内部电路的工作状态等。

c. 检查 PLC 编程过程中的语法错误，对用户程序指令进行编译。

d. PLC 进入运行状态后，从用户程序存储器中逐条读取指令，并执行该指令。

e. 采集由现场输入装置送来的状态或数据，并存入指定的寄存器中。

f. 按程序进行处理，根据运算结果，更新有关标志位和输出状态数据寄存器的内容。

g. 根据输出状态或数据寄存器的有关内容，将结果送到输出接口电路。

h. 响应各种外围设备的请求。

② 输入/输出接口电路

a. 输入接口电路

PLC 与现场设备的输入通道称为输入接口电路。按钮开关、行程开关、选择开关、传感器信号、限位开关等均可接入 PLC 的输入接口端，然后通过光耦，将开关的通、断电信号转换成二进制的 0、1 信号，送入 CPU 进行处理。

外部电路开关输入到 PLC 主要是直流(DC)电路输入方式，如图 3.3 所示。

b. 输出接口电路

PLC 与现场设备的输出通道称为输出接口电路。输出接口电路有三种电路输出形式，一种是继电器输出方式，另一种是晶体管输出方式，还有一种是可控硅输出方式，具体电路如图 3.4 所示。

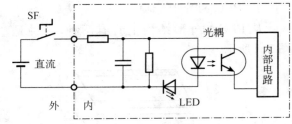

图 3.3　输入接口电路示意图

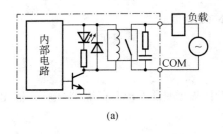

(a)

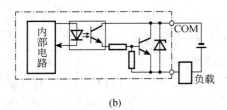

(b)

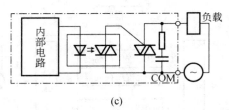

(c)

图 3.4　输出接口电路示意图

③ 存储器

存储器分两部分，一部分是系统存储器，另一部分是用户存储器。系统存储器由厂家固化在 ROM(EPROM)中,主要存放系统运行和控制程序;用户存储器采用 RAM 或 EEPROM 存储器,主要是存放用户编制的控制程序。

④ 编程器

PLC 编程器的主要功能是输入用户的控制程序,并可用它进行程序的编辑、检查、修改和监视用户程序的执行情况。编程器主要有三种方式:一种是通过手持编程器,另一种是专用编程器,还有一种是计算机编程。目前用得最多的是计算机编程。

⑤ 电源

PLC 的输入电源一般使用 AC 220 V 电源或 DC 24 V 电源。若 PLC 外部电源输入是 AC 220 V,则内部的开关电源为各个模块提供 DC 5 V、±12 V、24 V 等直流电源;若 PLC 外部电源输入是 DC 24 V,则内部的开关电源为各个模块提供 DC 5 V、±12 V 等直流电源。应注意一点,PLC 本身输出的 DC 24 V 电源可以为 PLC 输入电路或外部的传感器提供电源,但不能为 PLC 的直流负载提供电源。一般负载电源均要通过外接直流电源。

3.4.2 PLC 的工作原理

PLC 是从继电器控制系统发展而来的,最初的编程方式是采用梯形图,它的梯形图程序与继电器系统电路图结构相似,梯形图中的某些编程元器件也沿用了继电器这一名称,如输入继电器、输出继电器等。

1) 扫描工作方式

先从下例看 PLC 梯形图程序的执行。

应用 PLC 控制电动机的起动/停止电路,如图 3.5 所示。

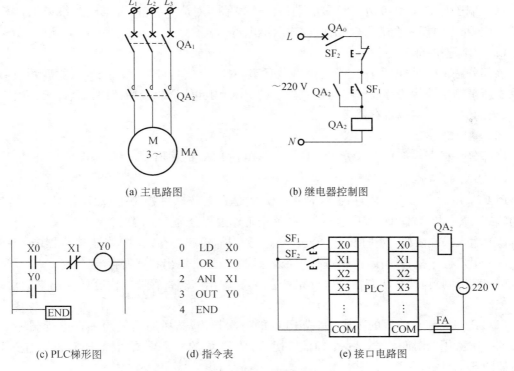

(a) 主电路图　　　　(b) 继电器控制图

(c) PLC梯形图　　　(d) 指令表　　　(e) 接口电路图

图 3.5　三相交流电动机起动与停止电路

将梯形图程序输入到 PLC 中。PLC 在执行程序过程中,从第 0 条开始直至最后一条(通常为 END 指令),采用循环扫描的方式工作,具体工作过程为:先读入 X0、X1,根据 X0、X1 的状态进行逻辑运算,最后再输出结果。当 X0 合上后,Y0 有输出,接触器 QA 通电,主电路接通,电动机旋转:当 X1 合上后,Y0 断开,接触器 QA_2 断开,主电路断开,电动机停转。

2)等效电路

为了分析 PLC 的工作过程,可将 PLC 内部电路等效为三部分电路,即输入部分、内部控制部分、输出部分,其等效电路示意图如图 3.6 所示。

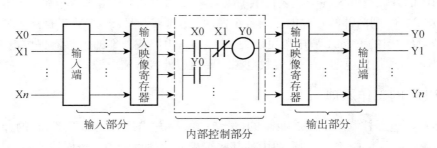

图 3.6　PLC 等效电路示意图

各部分的功能说明如下:

(1)输入部分

这部分的作用是收集现场被控设备的输入信息或操作命令。

输入端子是 PLC 接受外部信号的端口。这些信号对应 PLC 内部的输入继电器,每一个端子对应 PLC 内部一个输入软元件(即输入继电器)。

(2)内部控制部分

该部分是 PLC 根据程序进行运算调节环节,对输入信号进行信息处理、运算,判断,并将结果刷新至输出映像寄存器。参与信息处理的 PLC 内部软资源包括:定时器、计数器、状态继电器、辅助继电器、移位寄存器等。

(3)输出部分

这部分是根据内部控制部分的运算结果输出到 PLC 的输出端,驱动外部负载。

3)PLC 的工作方式

PLC 采用循环扫描工作方式,这种工作方式是在系统软件控制下,顺序循环扫描各输入点的状态(通或断),按用户程序进行处理,整个工作过程分为三个阶段:

(1)输入采样阶段:对 PLC 各个输入端进行扫描,将状态存入输入状态寄存器中。

(2)用户程序执行阶段:逐条进行指令运算,将结果送输出状态寄存器。

(3)输出刷新阶段:所有指令执行完一遍后,将输出状态寄存器的内容送输出端驱动线圈进行控制。

PLC 经过这三个阶段的工作,完成 PLC 的一次扫描,然后周而复始一直进行循环工作。每扫描一次所用的时间称之为一个扫描周期,它是 PLC 的一个重要指标,PLC 的工作过程示意图如图 3.7 所示。

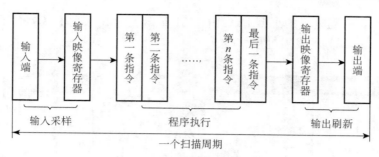

图 3.7 PLC 工作过程示意图

3.5 三菱电机 PLC 简介

3.5.1 三菱电机 PLC 的历史及分类

1）三菱电机的历史

三菱电机 PLC 诞生于 20 世纪 70 年代初期汽车生产线上，并在汽车生产线的升级换代过程中，经过不断磨合与改进逐渐成熟。三菱电机在 1977 年发布了通用型 PLC，将应用领域逐步扩展到所有 FA(Factory Automation,工厂自动化)控制领域，确立了 PLC 业界的领先地位。

2）三菱电机 PLC 的分类

三菱电机 PLC 从结构形式上分模块式 PLC 和整体式 PLC；从 I/O 点数上分小型 PLC 和中大型 PLC。

（1）模块式 PLC

三菱电机中、大型 PLC 采用模块式结构,其 I/O 控制点数为 256～4 096 点,通过网络可扩展到 8 192 点。此类 PLC 多用于点数要求比较多,功能需求比较复杂的中大型系统。

从 1980 年诞生的 K 系列中、大型 PLC 开始,三菱电机模块式 PLC 经过了 APLC、QnA-PLC、QPLC 几代的升级换代,目前主流产品如图 3.8 所示的 Q 系列 PLC,它具有运算速度块、控制点数多、程序容量大、编程元器件和指令丰富等特点,支持梯形图、SFC、指令码、FB/FBD、ST 等编程语言,并具有丰富的网络通信功能。

图 3.8 Q 系列 PLC

（2）整体式 PLC

三菱电机小型 PLC 采用整体式结构,配以扩展单元和特殊功能模块,I/O 控制点数为 10～256 点,通过网络可扩展到 384 点。

如图 3.9 所示,三菱电机的小型 PLC 由 1981 年诞生的 F 系列 PLC,经历了 F 系列、FX 系列、FX₃ 系列、FX₅ 系列的发展过程。

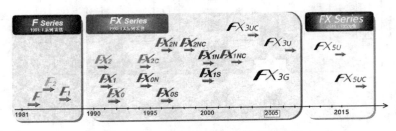

图 3.9　三菱电机小型 PLC 的发展过程

随着 PLC 技术的不断进步和客户的控制要求的多元化,第一代 F 系列产品和第 2 代 FX 系列中的多数产品早已完成了它的历史使命,先后停止生产。目前,在中国市场上的主推产品如图 3.10 所示的 FX₃U、FX₃G 等第三代产品和第二代产品中的主流型号 FX₂N、FX₁N、FX₁S 等系列产品,FX₅U、FX₅UC 也已经逐步推入市场。

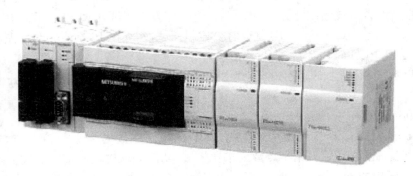

图 3.10　FX₃G 系列 PLC

3.5.2　三菱电机小型 PLC 的型号及特点

1) FX 系列 PLC 型号说明

FX 系列 PLC 除基本单元外,可通过扩展单元或扩展模块扩展 I/O 点数,也可以根据设备和现场工艺需求,选择不同的特殊功能模块、扩展功能板卡及适配器等选件来满足模拟量、定位、网络通信、高速计数、现场总线等不同的控制要求。

本节以三菱电机第三代小型 PLC 的 FX₃U PLC 为例,说明 FX 系列 PLC 的基本单元、扩展单元和扩展模块的型号命名规则及阅读方法。

(1) 基本单元型号说明

（2）扩展单元型号说明

FX₃U PLC 作为 FX₂N 的升级产品，面下继承 FX₂N PLC 的扩展单元和扩展模块，同时 FX₃U 系列各类模块已逐步推向市场。

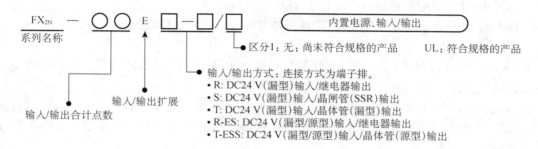

（3）扩展模块的型号说明

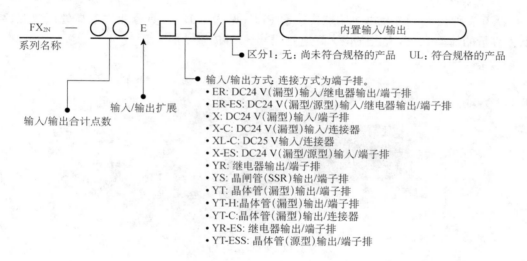

2）三菱电机 FX 系列 PLC 主流机型的特点

（1）FX₂N 特点

FX₂N 系列 PLC 为三菱电机小型 PLC 第二代产品中性能最强的机型（见图 3.11）。因其高速、高性价比的特性，适用于普通顺控定位、网络通信等控制系统。

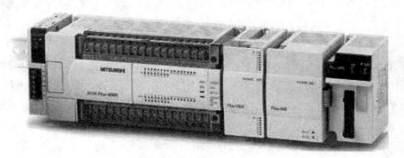

图 3.11　FX₂N 系列 PLC

其控制规模可达 16~256 点,基本单元分为 16/32/48/64/80/128 点的机型,可通过扩展单元/模块或网络方式扩展到 256 点。基本单元提供继电器、晶体管和晶闸管 3 种类型的输出方式。

该系列 PLC 的程序容量可达 8 K,运算速度高达 0.08 μs/基本指令。

该系列 PLC 提供丰富的指令,可选择多种功能板卡和特殊功能模块。

(2) FX$_{3G}$特点

FX$_{3G}$系列 PLC 与 FX$_{3U}$一样同属于第三代微型 PLC,与 FX$_{1N}$系列兼容。具备高性能、高灵活性的特点。

FX$_{3G}$系列 PLC 控制规模为 14~256 点,基本单元提供 14/24/40/60 点 4 种机型,通过扩展单元及扩展模块可达 128 点,通过网络扩展,最多可以达到 256 点。基本单元有继电器、晶体管两种输出方式。

FX$_{3G}$系列 PLC 内置 32 K 步 EEPROM 存储器,运算速度达 0.21~0.42 μs/基本指令。

(3) FX$_{3U}$特点

FX$_{3U}$系列 PLC 为三菱电机第三代小型 PLC(见图 3.12)。具有业内最高处理速度、高性能、大容量的新型 PLC,大大强化了高速处理,定位等内置功能。

图 3.12　FX$_{3U}$系列 PLC

FX$_{3U}$系列 PLC 控制规模为 16~384 点,基本单元有 16/32/48/64/80/128 点 6 种机型,提供继电器、晶体管两种类型的输出方式。通过扩展单元及扩展模块可达 256 点,通过网络扩展,最多可以达到 384 点。

FX$_{3U}$系列 PLC 内置 64 K 步 RAM,运算速度高达 0.065 μs/基本指令。

FX$_{3U}$系列 PLC 兼容 FX$_{2N}$ PLC 的扩展单元、扩展模块以及多数特殊功能模块,又在 FX$_{2N}$的基础上丰富了应用指令和特殊功能模块及扩展功能单元。

(4) FX$_{2NC}$/FX$_{3UC}$特点

FX$_{2NC}$/FX$_{3UC}$是三菱电机小型 PLC 第二、三代产品中的特殊品种,其主要特点为,输入/输出部分采用连接器连接形式,属于紧凑型结构,体积小,能够大幅节省控制柜的空间。

FX$_{2NC}$除了 I/O 接线形式不同之外,在控制点数、性能方面与同一级别的 FX$_{2N}$完全相同。

FX$_{3UC}$与 FX$_{3U}$相比,除了接线方式不同之外,还内置了 CC-Link/LT 主站功能,可以实现 I/O 及器件的分布集中控制,节省配线。在控制点数和性能方面与 FX$_{3U}$完全相同。

3.6 三菱电机 FX 系列 PLC 系统构成

3.6.1 系统构建及构建规则

FX 系列 PLC 由基本单元、I/O 扩展单元、I/O 扩展模块、特殊功能模块、特殊适配器等构成,基本单元能独立完成小规模控制的任务,如果在控制点数、电源容量不足或有其他特殊控制要求时需要选择相应的扩展模块、单元、特殊功能模块、特殊适配器来扩展。以下分别介绍各组成部分(以下的表述中无特殊说明,均以 FX$_{3U}$ 为例进行说明)。

1) 系统的构建

(1) 基本单元

FX 基本单元是内置了电源、CPU、存储器、输入/输出的产品,能满足小规模简单系统控制要求。如 FX$_{1N}$-60MT(36 点输入、24 点输出)、FX$_{2N}$-32MT(16 点输入、16 点输出)、FX$_{3U}$-128MT/ES-A(64 点输入、64 点输出)。

(2) I/O 扩展单元

输入/输出扩展单元是内置了电源回路和输入、输出的单元,用于扩展开关量的产品,可以连接在基本单元或者 I/O 扩展模块上使用。可以给连接在其后的扩展设备供电,如 FX$_{2N}$-32ER。

(3) I/O 扩展模块

I/O 扩展模块是内置了输入或输出的模块,用于扩展开关量 I/O 的产品,可以连接在基本单元或者 I/O 扩展单元上使用,如 FX$_{0N}$-16EX(16 点输入)、FX$_{2N}$-16EYT(16 点输出)。

(4) 特殊功能模块

特殊功能模块(Special Function Module,SFM)是指可以实现开关量 I/O 以外其他功能的模块。如模拟量控制(FX$_{3U}$-4AD、FX$_{3U}$-4DA 等)、定位控制(FX$_{2N}$-1PG,FX$_{2N}$-10GM)、高速计数(FX$_{2N}$-1HC)、网络系统(FX$_{3U}$-16CCL-M,CC-Link 主站)等功能。

(5) 特殊适配器

特殊适配器功能类似于 SFM,也包含了模拟量、定位、通信等多种功能的控制,如 FX$_{3U}$-4AD-ADP、FX$_{3U}$-4DA-ADP、FX$_{3U}$-4HSX-ADP、FX$_{3U}$-485ADP,但使用时安装在基本单元左侧,需要额外配置一个通信功能模块。

(6) 其他外部设备

外部设备也是 PLC 系统不可分割的一部分,它有四大类:

① 编程设备:使用手持编程器(FX10P-E 等)或编程软件(GX Works2),通过专用编程电缆,进行程序编制、设定系统参数、程序监控。编程设备是 PLC 开发应用、监测运行、检查维护不可缺少的器件,但它不直接参与现场控制运行。

② 监控设备:显示模块,如 FX$_{3U}$-7DM 等。用于显示 PLC 的实时时钟,监视、测试、清除软元件状态等。

③ 存储设备:存储器盒,可以安装在基本单元上,存储器盒内的程序取代内置 RAM 存储区中的程序而优先运行。可用于扩大程序容量,传送程序。

④ 功能扩展板:用于安装特殊适配器用的连接器转换或实现通信功能时使用,如 FX$_{3U}$-232BD。

2）系统构建规则

（1）关于输入/输出点数

整个系统中，输入/输出点数和 CC-Link 网络系统的远程 I/O 的合计点数，对 FX_{3U} 系列产品控制规模在 384 点以下（FX_{2N} 产品在 256 点以下，FX_{1N} 产品在 128 点以下）。

输入/输出点数的计算：计算基本单元、I/O 扩展单元/模块的输入/输出点数，以及特殊功能单元/模块的输入/输出占用点数。但是，CC-Link. AS-I 主站的网络上的远程 I/O 除外。

① 计算基本单元和 I/O 扩展单元/模块的输入/输出合计点数。

输入/输出点数，计算基本单元和 I/O 扩展单元/模块的输入（X000～）和输出（Y000～）的合计点数。输入点数合计为 248 点以下，输出点数合计为 248 点以下，输入/输出点数合计在 256 点以内。

② 计算 FX_{3U}-16CCL-M，FX_{3U}-64CCL-M 网络上连接的远程 I/O 的输入/输出合计点数。远程 I/O 点数，要加到上一步计算得出的基本单元和 I/O 扩展单元/模块的输入/输出点数中。

③ 计算特殊功能单元/模块的输入/输出占用点数的合计。

输入/输出占用点数为 8 点/台。不同型号的输入/输出占用点数，可以通过图 3.13 中计算公式进行计算。

图 3.13　特殊功能单元/模块的输入/输出点数计算

注意事项：

① 在使用 FX_{2N}-1RM(-SET) 特殊功能模块时，在 1 个系统的末端最多可以连续连接 3 台。但是，FX_{2N} 接 3 台，也只计算为 1 台，所以输入/输出占用点数 8 点。

② FX_{2N}-16CCL-M 不能与 FX_{2N}-32ASI-M 同时使用。

③ 计算输入/输出点数的合计。

算出上面的 1、2、3 步中点数的合计值，确认是否在"256 点（最大输入/输出点数）以下"如图 3.14 所示。

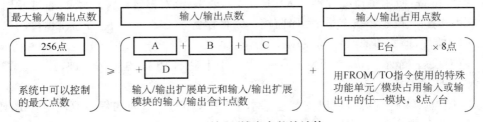

图 3.14　输入/输出点数的计算

A—基本单元的输入/输出点数；B—I/O 扩展单元的输入/输出点数；C—扩展模块的输入/输出点数；D—FX_{2N}-64CL-M，FX_{2N}-16LNK-M 的远程 I/O 点数；E—特殊功能单元/模块的输入/输出占用点数

④ 使用 CC-Link 主站时,最大输入/输出点数。

使用了 CC-Link 时,网络上连接的远程 I/O 的输入/输出点数和上一步中计算得出的输入/输出点数的合计值在 384 点以下,如图 3.15 所示。

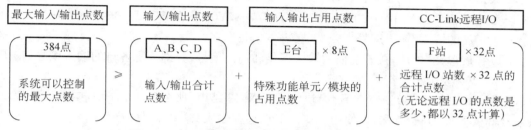

图 3.15　输入/输出点数含 CC-Link 远程 I/O 的计算

A—基本单元的输入/输出点数;B—输入/输出扩展单元的输入/输出点数;C—输入/输出扩展模块的输入/输出点数;
D—FX$_{2N}$-64CL-M,FX$_{2N}$-16LNK-M 的远程 I/O 点数;E—特殊功能单元/模块的输入/输出占用点数;
F—CC-Link 主站上连接的远程 I/O 的站数

注:使用 7 台 32 点 11 个站型的 CC-Link 远程 I/O 时,达到最大点数。即使使用 32 点以下的远程 I/O 时,
CC-Link 的点数也是按照"32 点×站数"进行计算。

(2) 根据以上规则,总体上输入/输出点数含远程 I/O 配置如图 3.16 所示。

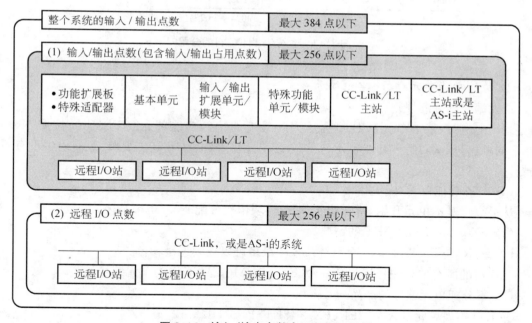

图 3.16　输入/输出点数含远程 I/O 配置

3.6.2　输入/输出编号

1) 输入/输出编号及分配

(1) 关于输入/输出编号(X,Y)的分配

如果基本单元(CPU)连接 I/O 扩展单元/模块,那么上电时,会自动完成输入/输出编号

(X,Y)分配(八进制数)。

输入/输出编号(X,Y)的分配方法:

输入/输出编号(X,Y)如下所示,采用八进制数进行分配。

—X000～X007,X010～X017,X020～X027,…,X070～X077,X100～X107,…

—Y000～Y007,Y010～Y017,Y020～Y027,…,Y070～Y077,Y100～Y107,…

(2) 扩展的输入/输出编号

I/O 扩展单元/模块,接着前面的输入编号和输出编号,分别分配各自的输入编号、输出编号。但是,必须从 0 开始分配。

例如,如果前面 I/O 扩展单元/模块编号以 X043 结束,那么下一个 I/O 扩展单元/模块输入编号就从 X050 开始分配,若使用 FX₂ₙ-8ER,会在输入/输出编号中产生空号。

输入/输出(X,Y)的分配,如图 3.17 所示。

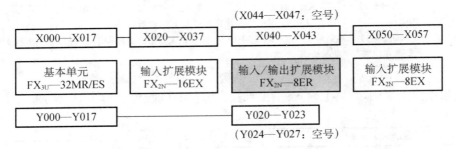

图 3.17　输入/输出(X,Y)的分配

2) 特殊功能单元/模块单元编号

单元编号的分配规则:

系统上电时,基本单元(CPU)会从离其最近的特殊功能单元/模块开始,按照 No.0～No.7 的顺序,依次对特殊功能单元/模块分配单元编号,而在 I/O 扩展单元/模块中没有单元编号。

(1) 特殊功能单元/模块

从最靠近基本单元开始,特殊功能单元/模块依次分配 No.0,No.1,…,No.7。

(2) FX₂ₙ-1RM(-E)-SET 的情况

FX₂ₙ-1RM(-E)-SET 在一个系统最末端最多可以连续连接 3 台。

已连接的所有单元编号都与第一台(FX₂ₙ-1RM(-E)-SET)的单元编号相同。

(3) 不分配单元编号的产品

① I/O 扩展单元:FX₂ₙ-32ER、FX₂ₙ-48ET-ESS/UL 等;

② I/O 扩展模块:FX₂ₙ-16EX、FX₂ₙ-16EYR 等;

③ 特殊功能模块:FX₂ₙ-16LNK-M;

④ 连接器转换适配器:FX₂ₙ-CNV-BC;

⑤ 功能扩展板:FX₃ᵤ-232-BD 等;

⑥ 特殊适配器:FX₃ᵤ-232ADP 等。

特殊功能单元/模块的单元编号配置分配,如图 3.18 所示。

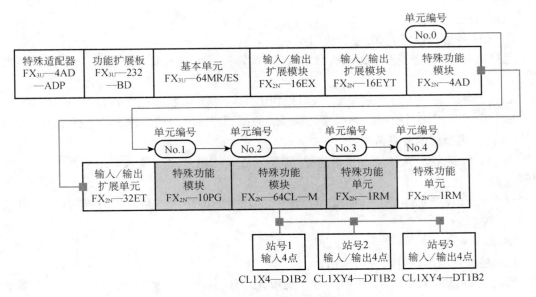

图 3.18　单元编号的分配

3.6.3　输入/输出电路

1）输入电路

（1）源、漏型两种输入回路

① 漏型输入［—公共端］

当 DC 输入信号的电流是从输入（X）端子流出电流时，称为漏型输入。连接晶体管输出型的传感器输出信号端时，可以使用 NPN 开集电极型晶体管输出，如图 3.19 所示。

② 源型输入［＋公共端］

当 DC 输入信号的电流是从输入（X）端子流入时，称为源型输入。连接晶体管输出型的传感器输出信号端时，可以使用 PNP 开集电极型晶体管输出，如图 3.20 所示。

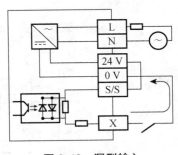

图 3.19　漏型输入

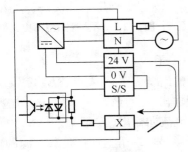

图 3.20　源型输入

（2）漏型/源型输入的切换方法

通过将［S/S］端子与［0 V］端子或是［24 V］端子中的一个连接，来实现漏型/源型输入的切换。

漏型输入：连接［24 V］端子和［S/S］端子。

源型输入：连接［0 V］端子和［S/S］端子。

使用时的注意事项:

① 关于漏型/源型输入的混合使用

通过选择,可以将基本单元的所有输入(X)设置为漏型输入或是源型输入,但是不能混合使用。

a. 各基本单元和 I/O 扩展单元,可以分别选择漏型输入或是源型输入;

b. I/O 扩展模块是根据扩展单元(供电侧)的漏型输入或是源型输入的选择来决定。

② 选择机型时的注意事项

由于 I/O 扩展单元/模块,分为漏型、源型输入通用型和漏型输入专用型两种,所以选择时请注意。

对 FX$_{1S}$、FX$_{1N}$、FX$_{2N}$ 系列 PLC 国内销售产品均为漏型输入产品,FX$_{3U}$ 的输入方式可以选一种。

2) 输出电路

(1) 晶体管输出(漏型、源型输出)

FX$_{3U}$ 系列基本单元、FX$_{2N}$ 系列 I/O 扩展单元/模块的晶体管输出方式的产品中,有漏型输出和源型输出两种规格。

① 两种输出回路

a. 漏型输出[—公共端]

负载电流流向输出(Y)端子,这样的输出称为漏型输出,如图 3.21 所示,亚洲市场普遍应用。

b. 源型输出[＋公共端]

负载电流从输出(Y)端子流出,这样的输出称为源型输出,如图 3.22 所示。

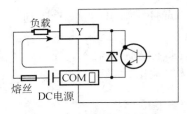

图 3.21　晶体管漏型输出

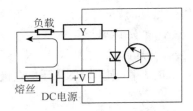

图 3.22　晶体管源型输出

② 输出端子

晶体管输出型为 1 点、4 点、8 点共用 1 个公共端输出型。

a. 漏型输出

负载电流流向输出(Y)端子。

COM □(编号)端子上连接负载电源的负极。

COM □端子之间内部未连接。

漏型输出端子如图 3.23 所示。

b. 源型输出

负载电流从输出(Y)端子中流出。

＋V □(编号)端子上连接负载电源的正极。

＋V □端子之间内部未连接。

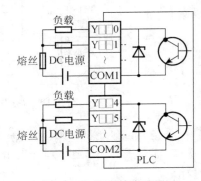

图 3.23　漏型输出端子

源型输出端子如图 3.24 所示，三菱电机亚太地区发布的产品以漏型输出为主。

③ 外部电源

驱动负载用的电源为 DC5～30 V 的平滑电源，请使用输出电流可以达到负载回路中连接的熔丝的额定电流 2 倍以上的电源，常用 24 V 直流开关电路作为外部负载电源。

④ 回路隔离

PLC 内部回路与输出晶体管之间采用光耦隔离。而且，各公共端部分之间也相互隔离。

⑤ 响应时间

PLC 驱动（或是断开）光耦之后，到晶体管完成 ON（或是 OFF）动作的时间见表 3.1。

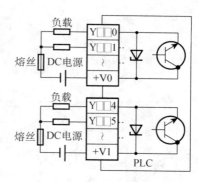

图 3.24　源型输出端子

表 3.1　输出驱动响应时间

区分		响应时间	负载电流	
基本单元	Y000～Y002	<5 μs	DC5～24 V 10 mA 以上	使用脉冲串输出或者定位相关的指令时，请务必将电流控制在 10～100 mA（DC5～24 V）
	Y003 以上	<0.2 ms	DC24 V 200 mA 以上	
输入/输出扩展单元输出扩展模块		<0.2 ms	DC24 V 200 mA	

因此，当对响应性有要求时，且在负载较轻的情况下，请务必按照图 3.25 所示虚设电阻，以增加负载电流。

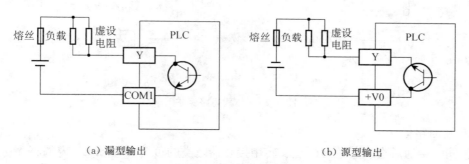

（a）漏型输出　　　　　　　　　　　　　　　　（b）源型输出

图 3.25　虚设电阻

⑥ 输出电流

I/O 扩展单元和 I/O 扩展模块的最大电阻负载输出电流见表 3.2。

表 3.2　输出电流

机型		输出电流	限制事项
基本单元	FX$_{3U}$-16MT-ES(S)	0.5 A/1 点	每个公共端的合计负载电流如下所示： 1 点/公共端：0.5 A 以下 4 点/公共端：0.8 A 以下 8 点/公共端：1.6 A 以下 FX$_{2N}$-16EYT-C 如下所示： 16 点/公共端：1.6 A 以下 FX$_{2N}$-8EYT-H 如下所示： 4 点/公共端：2 A 以下
	FX$_{3U}$-32MT-ES(S)		
	FX$_{3U}$-48MT-ES(S)		
	FX$_{3U}$-64MT-ES(S)		
	FX$_{3U}$-80MT-ES(S)		

（续表3.2）

机型		输出电流	限制事项
输入/输出扩展单元	FX$_{2N}$-32ET-ESS/UL	0.5 A/1 点	每个公共端的合计负载电流如下所示：
	FX$_{2N}$-48ET-ESS/UL		1 点/公共端：0.5 A 以下
	FX$_{2N}$-32ET		4 点/公共端：0.8 A 以下
	FX$_{2N}$-48ET		8 点/公共端：1.6 A 以下
输出扩展单元	FX$_{2N}$-16EYT-ESS/UL		FX$_{2N}$-16EYT-C 如下所示。
	FX$_{2N}$-8EYT-ESS/UL		16 点/公共端：1.6 A 以下
	FX$_{2N}$-16EYT		FX$_{2N}$-8EYT-H 如下所示：
	FX$_{2N}$-8EYT		4 点/公共端：2 A 以下
	FX$_{2N}$-8EYT-H	1 A/1 点	
	FX$_{2N}$-16EYT-C	0.3/1 点	

输出晶体管的 ON 电压约为 1.5 V。

⑦ 外部接线上的注意事项

a. 针对负载短路的保护回路

当连接在输出端子上的负载短路时，有可能会烧坏输出元器件或者印制电路板，所以，应在输出回路中加入起短路保护作用的熔丝，其容量约为负载电流的 2 倍，如图 3.26 所示。

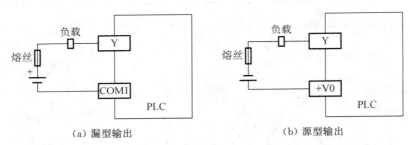

（a）漏型输出　　　　　　　　　　　　（b）源型输出

图 3.26　负载短路保护

b. 互锁回路

对于同时接通后会引起危险的正反转用接触器之类的负载，需在 PLC 内的程序中进行互锁，同时还需要在 PLC 外部采取互锁的措施，如图 3.27 所示。

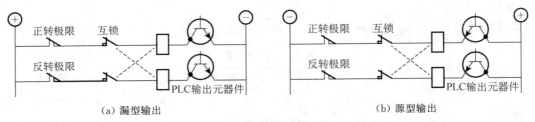

（a）漏型输出　　　　　　　　　　　　（b）源型输出

图 3.27　外部互锁

c. 使用电感性负载时的触点保护回路

连接电感性负载的时候，根据具体情况，必要时需要在负载中并联续流二极管。使用符合下列规格的二极管（续流用），见表 3.3 所示。

表 3.3　二极管规格

项　目	指　标
反向电压	负载电压的 5～10 倍
正向电流	负载电流以上

使用感性负载时的触点保护回路,如图 3.28 所示。

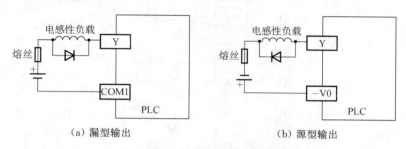

（a）漏型输出　　　　　　　　　　　　　　（b）源型输出

图 3.28　使用电感性负载时的触点保护回路

⑧ 外部接线实例

a. 晶体管漏型输出,如图 3.29 所示。

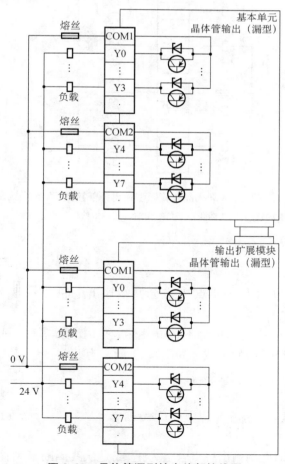

图 3.29　晶体管漏型输出外部接线图

注:在 PLC 输出回路中,没有内置熔丝,为防止由于负载短路导致 PLC 输出接口的损坏,请在各负载中配置合适的熔丝。

b. 晶体管源型输出,如图 3.30 所示。

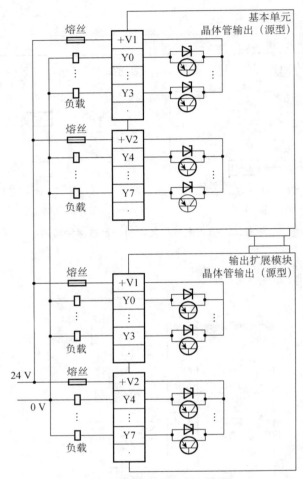

图 3.30 晶体管源型输出外部接线图

注:在 PLC 输出回路中,没有内置熔丝,为防止由于负载短路导致输出接口的损坏,请在各负载中配置合适的熔丝。

(2) 继电器输出

① 输出端子

继电器输出型产品包括 1 点、4 点、8 点公共端输出型的产品。

可以以各公共端为一组,驱动不同电压系统(例如 AC200 V、AC100 V、DC24 等)的负载。如图 3.31 所示为继电器输出。

② 外部电源

使用 DC30 V 以下或 AC240 V 以下的负载电源。

③ 响应时间

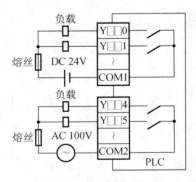

图 3.31 继电器输出

输出继电器从线圈通电到输出触点合上为止,或是从线圈断开到输出触点断开为止的响应时间约为 10 ms。

④ 回路隔离

在 PLC 内部回路和外部的负载回路之间采取了电气上的隔离。并且各公共端部分之间也相互隔离。

⑤ 输出电流

对于 AC240 V 以下的回路电路,在电阻负载情况下可以驱动 2 A/1 点的负载,在电感负载情况下可以驱动 80 VA 以下(AC110 V,或 AC220 V)的负载。

⑥ 外部接线上的注意事项

A. 针对负载短路的保护回路

当连接在输出端子上的负载意外短路时,有可能会烧坏 PCB 电路板。请在输出回路中配置保护作用的熔丝,如图 3.32 所示。

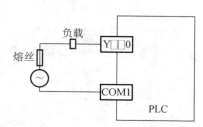

图 3.32　负载短路保护

B. 使用电感性负载时的触点保护回路

如果继电器输出回路中没有保护电路,连接电感负载时,为延长 PLC 器件寿命,降低噪声,加入触点保护回路。

a. 直流回路

在负载中并联续流二极管。如图 3.33 所示的负载中并联二极管。

使用符合规格的二极管(续流用),见表 3.4。

表 3.4　二极管规格

项目	指标
反向电压	负载电压的 5~10 倍
正向电流	负载电流以上

b. 交流回路

在负载中并联浪涌吸收器。如图 3.34 所示的负载中并联浪涌吸收器。

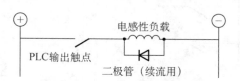

图 3.33　直流回路负载中并联二极管

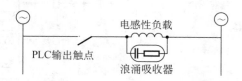

图 3.34　交流回路负载中并联浪涌吸收器

使用符合规格的浪涌吸收器,见表 3.5。

表 3.5　浪涌吸收器规格

项目	指标
额定电压	AC240 V 以下
电容	0.1 μF 左右
电阻值	100~120 Ω

c. 互锁

对于同时接通后会引起危险的正反转用接触器之类的负载,需在 PLC 内的程序中进行互锁,同时还需要在 PLC 外部采取互锁的措施,如图 3.35 所示。

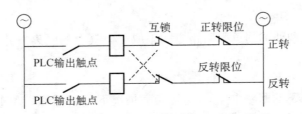

图 3.35　PLC 外部互锁措施

⑦ 输出外部接线

继电器外部输出接线图,如图 3.36 所示。

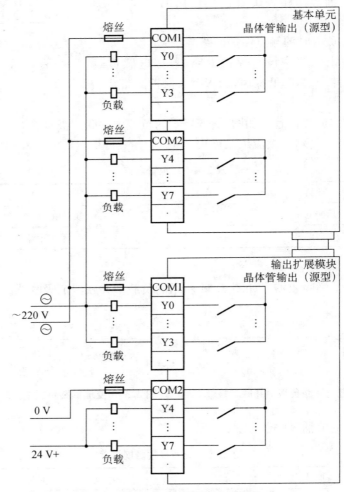

图 3.36　继电器外部输出接线图

注:在 PLC 输出回路中,没有内置熔丝,为了防止由于负载意外短路导致器件的损坏,需在负载中配置合适的熔丝。

(3) 晶闸管(SSR)输出端子

如图 3.37 所示,FX$_{3U}$ 基本单元中没有晶闸管输出型产品,可以从 I/O 扩展单元/模块中选择。

① 输出端子

晶闸管(SSR)输出型包括 4 点、8 点共用 1 个公共端输出型产品。

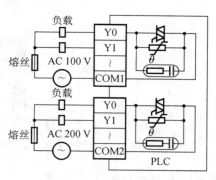

因此,可以以各公共端为一组驱动不同电压系统(例如 AC100 V、AC200 V 等)的负载,如图 3.37 所示。

② 响应时间

晶闸管从驱动到输出触点合上为止的时间 1 ms,当断开指令响应到输出触点断开为止的响应时间小于 10 ms。

③ 回路隔离

PLC 的内部回路与输出元器件(晶闸管)之间采用光控晶闸管进行隔离,而且各公共端部分之间也相互隔离。

图 3.37 晶闸管输出

④ 输出电流

每一点输出可以流过 0.3 A 的电流。但受温度上升的限制,每 4 点为 0.8 A,当负载频繁地 ON/OFF 动作时,由于冲击电流较大,电流要小于 0.2 A。

⑤ 外部接线上的注意事项

a. 负载短路的保护回路

当连接在输出端子上的负载意外短路时,有可能会烧坏 PCB 电路板。一般要求在输出中配置保护作用的熔丝,如图 3.38 所示。

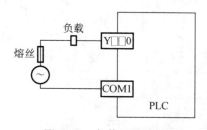

图 3.38 负载短路保护

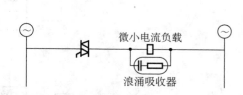

图 3.39 并联浪涌吸收器

b. 微小电流负载

PLC 内的晶闸管输出回路中,内置了断路保护用的 C-R 吸收器。

连接微小电流负载时(0.4 V·A 以下/AC100 V,1.6 V·A 以下/AC200 V 负载),必须在负载上并联浪涌吸收器,如图 3.39 所示。

浪涌吸收器的规格见表 3.6。

表 3.6 浪涌吸收器的规格

项　目	指　标
电容	0.1 μF 左右
电阻值	100～120 Ω

c. 互锁

对于同时接通后会引起危险的正反转用接触器之类的负载,需在 PLC 内的程序中进行互锁,同时还要在 PLC 外部采取互锁的措施,如图 3.40 所示。

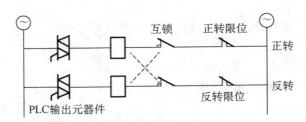

图 3.40 PLC 外部采取互锁

d. 外部接线

晶闸管外部输出接线如图 3.41 所示。

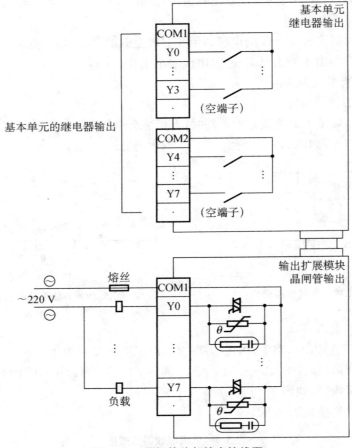

图 3.41 晶闸管外部输出接线图

注:在 PLC 输出回路中没有内置熔丝,为防止由于负载意外短路导致器件的损坏,需在各负载中设置合适的熔丝。

习 题 3

3.1 可编程序控制器的定义是什么?

3.2 简述 PLC 的发展史。

3.3 PLC 有哪些特点？

3.4 PLC 今后的发展方向是什么？

3.5 PLC 由哪几部分组成？各有什么作用？

3.6 小型 PLC 有哪几种编程语言？

3.7 按结构型分类，PLC 可分为哪几种类型？

3.8 PLC 的工作方式包含哪三个步骤？

3.9 构建三菱电机小型 PLC 系统时，除使用到基本单元外，还可能使用到哪些类型的设备？

3.10 三菱电机小型 PLC 系统输入/输出编号是按照什么进行编排的？

3.11 三菱电机 FX_{3U} 小型 PLC 系统输入电路有几种类型？分别是什么？

4 　FX 系列 PLC 编程基础

4.1　PLC 软元件及软元件的作用

软元件是供 PLC 的 CPU 程序用的映像元素,是构成用户程序的基本要素。

在 FX 系列 PLC 中,内置了多个继电器、计数器、定时器,所有这些软元件都有无数的 a 触点(常开触点)和 b 触点(常闭触点)。连接这些触点和线圈,构成 PLC 程序回路。而且 PLC 中,配置作为保存数值数据用软元件,如数据寄存器(D)、扩展数据寄存器(R)等。

软元件大体分为位软元件和字软元件。仅处理 ON/OFF 信息的软元件被称为位软元件,如 X、Y、M、S。与此对应,处理数值的软元件被称为字软元件,如 T、C、D、R 等。

4.1.1　软元件的分配

1) 软元件的编号

在基本单元上连接了 I/O 扩展设备和特殊扩展设备时,输入软元件和输出软元件的编号分配参见表 4.1 输入/输出软元件的分配,其他软元件分配参见表 4.2 FX$_{3U}$ 软元件一览表。

表 4.1　输入/输出软元件的分配

型号	FX$_{3U}$-16M	FX$_{3U}$-32M	FX$_{3U}$-48M	FX$_{3U}$-64M	FX$_{3U}$-80M	扩展	
输入 X	X000～X007 8 点	X000～X017 16 点	X000～X027 24 点	X000～X037 32 点	X000～X047 40 点	X000～X267 248 点	合计 256 点
输出 Y	Y000～Y007 8 点	Y000～X017 16 点	Y000～Y027 24 点	Y000～Y037 32 点	Y000～Y047 40 点	Y000～Y267 248 点	

表 4.2　FX$_{3U}$ 软元件一览表

辅助继电器	一般用	停电保持用	停电保持用	特殊用	
M	M0～M499	M500～M1023	M1024～M7679	M8000～M8511	
	500 点[①]	524 点[②]	6 656 点[③]	512 点	
状态	一般用	停电保持用	固定停电保持用	信号报警用	
S	S0～S499	S500～S899	S1000～S4095	S900～S999	
	500 点[①]	400 点[②]	3 096 点[③]	100 点[②]	
定时器	100 ms 型	10 ms 型	10 ms 型	100 ms 型	1 ms 型
T	T0～T191	T299～T245	T256～T249	T250～T255	T256～T511
	192 点	46 点	4 点	6 点	256 点
	子程序用 T192～T199		执行中断保持	保持用	

（续表4.2）

辅助继电器	一般用		停电保持用		停电保持用		特殊用	
计数器	16 位增计数器 0～32 767			32 位增/减计数器 －2 147 483 648～＋2 147 483 647			32 位高速计数器	
C	一般用	停电保持用	一般用	停电保持用	单相单输入	单相双输入	双相双输入	
	C0～C99	C100～C199	C200～C219	C220～C234	235～C245	C246～C250	C251～C255	
	100 点①	100 点	20 点①	15 点	11 点	5 点	5 点	
数据寄存器	一般用		停电保持用	停电保持用		特殊用	变址用	
D、V、Z	D0～D199		D200～D511	D512～D7999		D8000～D8511	V0～V7, Z0～Z7	
	200 点①		312 点②	7 488 点③④		512 点	16 点	
文件寄存器 R、ER	文件寄存器		扩展文件寄存器					
	R0～R32767		ER0～ER32767					
	32 767 点		32 767 点⑤					
指针	CALL,JUMP 分支用		输入中断用	输入延时中断用		定时器中断用	计数器中断用	
	P0～P4095		I00＊～I5＊	I6＊～I8＊		I6＊＊～I8＊＊	I010～I060	
	4 096 点		5 点	3 点		3 点	6 点	
嵌套	主控用							
	N0～N7							
	8 点							
常数	十进制（K）		十六进制（H）	实数（E）		字符串（""）		
	16/32 位		16/32 位	32 位		字符串		

① 非停电保持区域，根据设定的参数，可以变更为停电保持领域。
② 停电保持区域，根据设定的参数，可以变更为非停电保持领域。
③ 固定的停电保持区域，根据设定的参数，不可以变更为停电保持领域。
④ 固定保持区域可参考相应编程手册说明。
⑤ 仅在安装存储器盒时使用。

2）停电保持区域的变更

需要从参数的设置进行修改，如图 4.1 所示。步骤如下：
（1）在工程数据一览中选择［参数］，并双击［PLC 参数］；
（2）在 PLC 参数菜单中选择［软元件］。

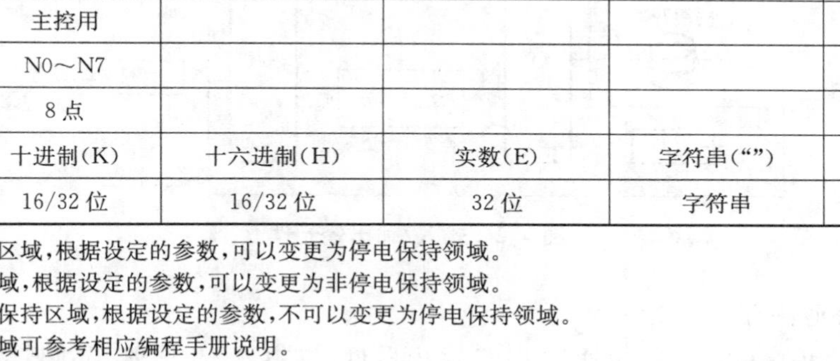

内存容量设置	软元件	PLC名	I/0分配	PLC 系统(1)	PLC 系统(2)	定位设置

	标记	进制	点数	起始	结束	锁存起始	结束	锁存设置范围
辅助继电器	M	10	7680	0	7679	500	1023	0 - 1023
状态	S	10	4096	0	4095	500	999	0 - 999
定时器	T	10	512	0	511			
计数器(16位)	C	10	200	0	199	100	199	0 - 199
计数器(32位)	C	10	56	200	255	220	255	200 - 255
数据寄存器	D	10	8000	0	7999	200	511	0 - 511
扩展寄存器	R	10	32768	0	32767			

图 4.1 停电保持区域的变更

4.1.2　软元件的作用

1）输入软元件 X

按钮开关、切换开关、限位开关、数字开关等外围设备通过软元件 X 向 CPU 模块发送数据或命令，如图 4.2 所示。

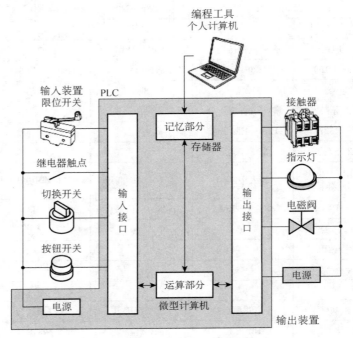

图 4.2　输入/输出软元件

2）输出软元件 Y

输出是指将程序的运算结果通过 PLC 输出器件（继电器、晶体管、晶闸管等输出器件）向外部的信号灯、接触器、电磁开关、数字显示器等负载进行输出，如图 4.2 所示。

3）辅助继电器（M）

内部继电器是指在 CPU 模块内部使用的辅助继电器。

PLC 中有多个辅助继电器，这些辅助继电器的线圈与输出继电器相同，是通过 PLC 中的各种软元件的触点组来驱动。

辅助继电器有无数的常开触点和常闭触点，可在 PLC 中任意使用。

辅助继电器（M）的编号见表 4.3（编号以十进制数分配）。是不能通过这些触点直接驱动负载，外部负载必须通过输出继电器（Y）进行输出。

表 4.3　FX₃ᵤ/FX₃ᵤᴄ辅助继电器（M）编号（不同 FX 系列 PLC 的 M 范围不同）

一般用	停电保持用（电池保持）	停电保持专用（电池保持）	特殊用
M0～M499 500 点①	M500～M1023 524 点②	M1024～M7679 6 656 点③	M8000～M8511 512 点

注：① 非停电保持区域。根据设定的参数，可以更改为停电保持（保持）区域。
　　② 停电保持区域（保持）。根据设定的参数，可以更改为非停电保持。
　　③ 关于停电保持的特性可以通过参数进行变更。

当使用简易 N:N 网络和并联链接的情况下，一部分的辅助继电器被占用为链接使用。

(1) 一般用辅助继电器

一般用辅助继电器的编号从 M0～M499，当 PLC 的运行开关 OFF 或电源断开后，一般用的辅助继电器都变为 OFF。当希望保留停电之前的状态时，根据设定的参数可以更改为停电保持用辅助继电器，如图 4.3 所示。

X0
(M0)
M0
M0

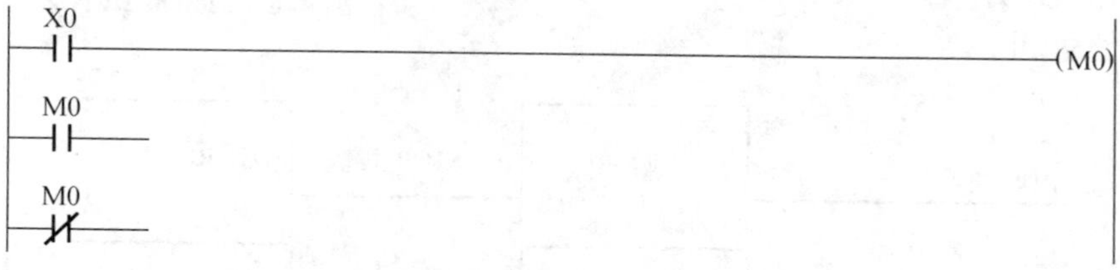

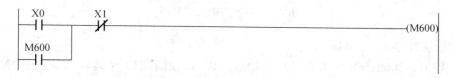

图 4.3 辅助继电器 M 回路

PLC 运行开关 ON，且电源供电正常，如当 X0 接通时，M0 接通；当 X0 断开时，M0 断开；PLC 电源断开或运行开关 OFF 时，M0 一直为 OFF。

(2) 停电保持用辅助继电器

若在 PLC 的运行过程中断开电源，输出继电器(Y)和一般用继电器全部变为 OFF，当再次上电时，根据控制对象的不同，也可能要求停电之前的状态被记住，再次运行时重新再现的情况。在这样的情况下，使用停电保持辅助继电器更加合适。停电保持用软元件是通过 PLC 内置的后备电池实现停电保持的，如图 4.4 所示。

X0
X1
(M600)
M600

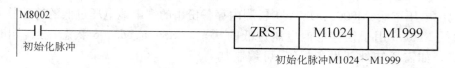

图 4.4 停电保持辅助继电器(自保持回路)

① X0 为 ON，M600 为 ON。

② X0 断开，M600 自我保持。

③ 停电断开软元件 X0，当再次上电运行的时候，M600 会保持之前的动作为 ON，如果 X1 开路，则 M600 也不会动作。

④ 将停电保持专用继电器作为一般用继电器使用的方法：将停电保持专用的辅助继电器作为一般用的辅助继电器使用时，程序的顶部附近设置如图 4.5 所示。

M8002
初始化脉冲
ZRST
M1024
M1999
初始化脉冲M1024～M1999

图 4.5 软元件复位

(3) 特殊作用辅助继电器(M8000～M8511)

特殊作用继电器是 PLC 内置功能软元件，软元件编号 M8000～M8511(FX_{3U}、FX_{3UC})，每个继电器对应不同的功能。如 M8000 为 RUN 监控，M8002 初始脉冲。

① RUN 监控（M8000、M8001）

PLC 运行状态辅助继电器（M8000、M8001），可以作为指令的驱动条件，也可以在显示"正常运行中"的外部显示中使用。

a. 程序举例，如图 4.6 所示。

b. 标志位的动作时序（见图 4.7）：M8001 在 RUN 中一直为 OFF。

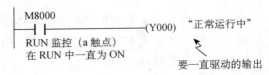

图 4.6　M8000 RUN 监控

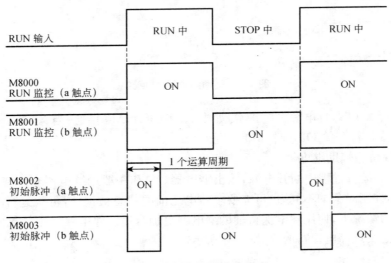

图 4.7　标志位的动作时序

② 初始脉冲（M8002、M8003）

初始脉冲（M8002、M8003）在 PLC 开始运行以后，仅瞬间（1 个运算周期）为 ON，或是为 OFF。这个脉冲可以作为程序的初始化或者特殊功能模块的初始设定信号使用。

a. 程序举例，如图 4.8 所示。M8002 仅仅在 RUN 后的一瞬间（1 个运算周期）为 ON。

图 4.8　M8002 初始脉冲

b. 标志位的动作时序，如图 4.7 所示。

③ 电池电压过低（M8005、M8006）检测内存备份用的锂电池电压过低的特殊软元件。电池电压过低 M8006 用于锁存电池电压过低的状态。M8005、M8006 状态接通，同时 BATT LED 灯亮。如需通知外部设备报警，可编制如图 4.9 所示程序。

④ 内部时钟（M8011～M8014）

PLC 上电时，M8011 ～ M8014 分别产生 10 ms、100 ms、1 s、60 s 周期的时钟信号，M8011～M8014 是 PLC 内部时钟脉冲，与 PLC

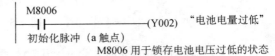

图 4.9　电池电压过低监控

运行状态无关。内部时钟时序如图 4.10 所示。

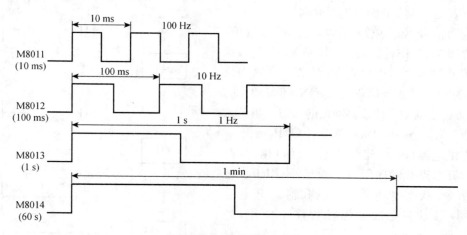

图 4.10　内部时钟时序

> 注意:即使 PLC 处于停止状态,时钟也保持运作。因此,RUN 监控(M8000)的上升沿和时钟的开始时间不同步。

⑤ 看门狗定时器时间(D8000)

看门狗定时器监视 PLC 的扫描时间,在规定的时间内没有完成扫描时,使 ERROR LED 灯亮,所有的输出都变为 OFF。

上电时从系统传送 200 ms 的初始值,但如果执行的程序扫描超出这个时间时,必须在程序中更改 D8000 的值。WDT 时间的设定如图 4.11 所示(程序举例)。

图 4.11　WDT 时间的设定

4) 状态继电器(S)

状态继电器(S)是对工序步进控制进行简易编程所需的软元件,组合使用,而且在使用 SFC 编程方式时也可以用作状态。

状态继电器(S)的编号见表 4.4(十进制数编号)。

表 4.4　FX$_{3U}$/FX$_{3UC}$ 状态继电器编号(不同 FX 系列 PLC 的 S 范围也不同)

初始状态用	一般用	停电保持用 (电池保持)	停电保持专用 (电池专用)	信号报警器用
S0～S9 10 点[①]	S0～S499 500 点[①]	S500～S899 400 点[②]	S1000～S4095 3 096 点[③]	S900～S999 100 点[②]

注:① 非停电保持区域,根据设定的参数,可以改为停电保持区域。
　　② 停电保持区域(保持)。根据设定的参数,可以更改为非停电保持区域。
　　③ 关于停电保持的特性可以通过参数进行变更。

（1）一般用状态寄存器

工序步进控制如图 4.12 所示。

当起动信号 X0 为 ON 后，状态 S30 被置位，下降电磁阀 Y0 工作。如果下限信号 X1 为 ON，状态 S31 被置 ON，夹紧电磁阀 Y1 工作。夹紧限位开关 X2 为 ON，状态 S32 就会置 ON，随着动作的转移，状态也自动地复位成移动前的状态。当 PLC 的电源断开后，一般用的状态都变为 OFF。

状态继电器（S）与辅助继电器（M）相同，有无数个常开触点和常闭触点。而且，不用于步进梯形图指令，状态继电器（S）也和辅助继电器（M）相同，可以在一般的顺控程序中使用，如图 4.13 所示。

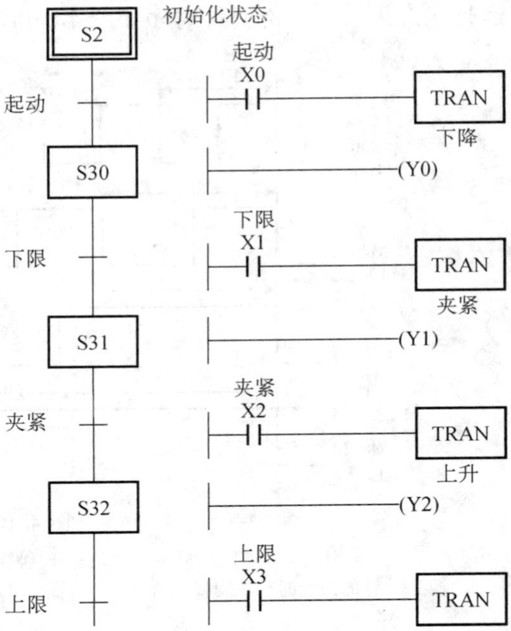

（2）停电保持用状态继电器

停电保持用的状态继电器是指即使在 PLC 的运行过程中断开电源，也能记住停电之前 ON/OFF 的状态继电器，且再次运行 PLC 程序的时候可以从中途的工序开始重新运行，停电持续保持用状态继电器是通过 PLC 中的后备电池执行停电保持。

将停电保持用状态作为一般用状态使用时，可通过程序进行设置，如图 4.14 所示。

图 4.12　工序步进控制

图 4.13　状态继电器(S)同辅助继电器(M)使用　　　　图 4.14　停电保持用状态复位

（3）信号报警器用状态继电器

信号报警器用状态继电器，可以作为诊断外部故障用的输出使用，对应状态为 S900～S999，驱动特殊辅助继电器 M8049 后，监控有效，当 S900～S999 中任何一个状态为 ON，则特殊辅助继电器 M8048 置位 ON。

5）定时器（T）

从定时器线圈前项回路导通时开始计时，如果定时器当前值达到了设置值，定时器将变为"时间到"状态，同时常开触点变为 ON。常闭触点变为 OFF。定时器（T）的编号见表 4.5（十进制数编号）。

根据基础的时钟脉冲，一个定时器可以测量的范围为 0.001～3 276.7 s。

T192～T199 是子程序和中断子程序专用的定时器，T250～T255 是 100 ms 的基准时钟的定时器，但是其当前值是累计方式的，所以定时器线圈的驱动回路即使是断开也能保持定时器当前值，进行累计。定时器（T）主要分为下面几种类型。

表 4.5　定时器(T)的编号

100 ms 型 0.1～3 276.7 s	10 ms 型 0.01～327.67 s	1 ms 累计型① 0.001～32.767 s	100 ms 累计型① 0.1～3 276.7 s	1 ms 型 0.001～32.767 s
T0～T199 200 点	T200～T245 46 点	T246～T249 4 点 执行中断保持用①	T250～T255 6 点 保持用①	T256～T511 256 点
子程序程序用 T192～T199				

注：① FX₃U、FX₃UC 系列 PLC 累计型定时器是通过电池进行停电保持的定时器,就是用加法计算 PLC 中的时钟脉冲 1 ms,10 ms,100 ms 等,当加法计算的结果达到所指定的设定值时(设定值可以直接指定或间接指定),输出触点就动作。当驱动回路断开或是停电,定时器会被复位并且输出触点也复位。

（1）一般用定时器

一般用定时器的使用方法如图 4.15 所示。当定时器线圈 T210 的驱动输入 X0 为 ON 时,T210 所用的当前值计数器就对 10 ms 的时钟脉冲进行加法计数,当该这个值等于设定值 K123 时,输出触点动作。驱动软元件 X0 断开,或是 PLC 停电,定时器会被复位并且输出触点也复位。

（2）累计型定时器

累计型定时器的使用方法如图 4.16 所示。当定时器线圈 T250 驱动回路 X2 为 ON 时,T250 的当前值计数器就对 100 ms 的时钟脉冲进行加法运算,当该值等于设定值 K500 时,定时器输出触点动作。在计数过程中,即使出现输入 X2 为 OFF 或 PLC 停电的情况,当程序再次运行时也能继续计数。其累计时间为 50 s,复位输入 X3 为 ON,定时器会被复位并且输出触点也复位。

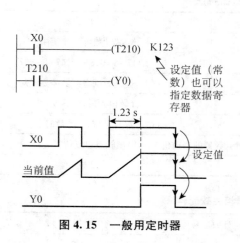

图 4.15　一般用定时器

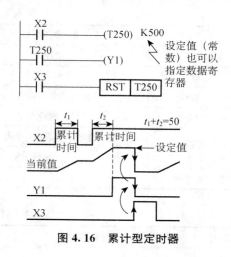

图 4.16　累计型定时器

（3）设定值的指定方法（见图 4.17）

① 指定常数（K）

T10 是以 100 ms（0.1 s）为单位的定时器。将常数指定为 100,则按照 0.1 s×100＝10 s 的定时规则工作。

② 间接指定

间接指定数据寄存器的内容,可预先在程序中写入。若指定了停电保持（电池保持）用寄存器时,如果电池电压下降,设定值

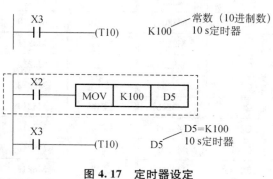

图 4.17　定时器设定

就有可能会变得不稳定,需要注意。

6) 计数器(C)

计数器是一种在顺控程序中对输入条件脉冲前沿进行计数的软元件。

计数器的编号见表 4.6(十进制数编号)。

表 4.6　FX₃U、FX₃UC 计数器编号

16 位计数器		32 位增/减计数器 -2 147 483 648~2 147 483 647	
一般用	停电保持用(电池保持)	一般用	停电保持用(电池保持)
C0~C99 100 点①	C100~C199 100 点②	C200~C219 20 点①	C200~C234 15 点②

注:① 非停电保持区域。根据设定的参数,可以更改为停电保持(保持)区域。
　　② 停电保持区域(保持)。根据设定的参数,可以更改为非停电保持区域。

(1) 计数器的特点

16 位计数器和 32 位计数器的特点如表 4.7 所示。可以按照计数方向切换,以及计数范围等的使用条件不同而分别使用。

(2) 相关软元件(增/减的指定)[32 位计数器]

增减计数切换用的辅助继电器,若 ON 时为减计数器,若 OFF 时为增计数器,见表 4.8 计数器相关软元件。

表 4.7　计数器特性

项目	16 位计数器	32 位计数器
计数方向	增计数	增/减计数可切换使用
设定值	1~32 767	-2 147 483 648~2 147 483 647
设定值的指定	常数 K 或是数据寄存器	同左,但是数据寄存器需要成对
当前值的变化	计数值到后不变化	计数值到后,仍然变化
输出触点	计数值到后保持动作	增计数时保持,减计数时复位
复位动作	执行 RST 指令时计数器的当前值为 0,输出触点也复位	
当前值寄存器	16 位	32 位

表 4.8　计数器相关软元件

计数器号	切换方向	计数器号	切换方向	计数器号	切换方向	计数器号	切换方向
C200	M8200	C209	M8209	C218	M8218	C227	M8227
C201	M8201	C210	M8210	C219	M8219	C228	M8228
C202	M8202	C211	M8211	C220	M8220	C229	M8229
C203	M8203	C212	M8212	C221	M8221	C230	M8230
C204	M8204	C213	M8213	C222	M8222	C231	M8231
C205	M8205	C214	M8214	C223	M8223	C232	M8232
C206	M8206	C215	M8215	C224	M8224	C233	M8233
C207	M8207	C216	M8216	C225	M8225	C234	M8234
C208	M8208	C217	M8217	C226	M8226		

（3）计数器的用途

根据目的和用途不同，可以分别使用。

① 计数器（保持）用

计数器是 PLC 的内部信号用的，其响应速度通常为几十赫兹以下。

A. 16 位计数器：增计数器，计数范围 1～32 767（十进制常数），一般用计数器的情况下，PLC 电源断开，则计数值会被清除；停电保持用计数器情况下，会记住停电之前的数值，所以能够在上一次的计数值上进行累计计数，如图 4.18 所示。

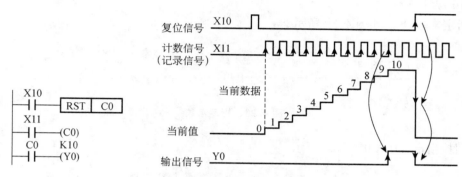

图 4.18　16 位增计数器

通过计数输入 X11，每驱动一次计数器 C0 线圈，计数器的当前值就会增加 1，在第 10 次执行驱动线圈指令的时候，输出触点动作。此后，即使计数输入 X11 动作，计数器的值不会变化。如果复位输入 X10 为 ON，执行 RST 指令时，计数器的当前值变为 0，输出触点也复位。

B. 32 位计数器：增计数/减计数用，计数范围为 $-2\,147\,483\,648 \sim +2\,147\,483\,647$。可以使用辅助继电器 M8200～M8234 指定增计数/减计数的方向，对应 C200～C234，对于 C△△△，驱动置位 M8△△△后为减计数，不驱动的时候为增计数。

根据常数 K 或是数据寄存器 D 的内容，设定值可以使用正负的值。使用数据寄存器 D 的情况下，将编号连续的软元件视为一组，将 32 位数据作为设定值，如图 4.19 所示。

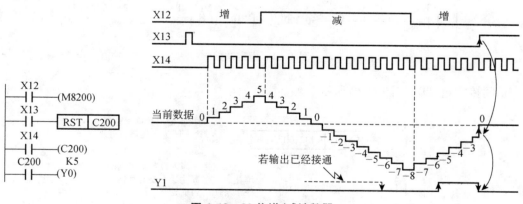

图 4.19　32 位增/减计数器

a. 使用计数输入 X14 驱动 C200 线圈，由 X12 控制增计数或者减计数。计数器当前值由 "-6" 增加到 "-5" 的时候，输出触点被置位，在由 "-5" 减少到 "-6" 的时候复位。

　　b. 如果复位输入 X13 为 ON,执行 RST 指令,此时计数器当前值为 0,输出触点也复位。

　　c. 停电保持用的情况下,计数器的当前值和输出触点的动作、复位状态都会停电保持。

　　d. 当前位的增减与输出触点的动作无关,如果从 2 147 483 647 开始增计数则变成 −2 147 483 648。同样,如果从 −2 147 483 648 开始减计数,就变成 2 147 483 647(该动作称为环形计数)。如果复位输入 X13 为 ON,执行 RST 指令,此时计数器的当前值变为 0,输出触点也复位。

　　② 设定值的指定方法

　　A. 16 位计数器

　　a. 指定常数(K),如图 4.20 所示。

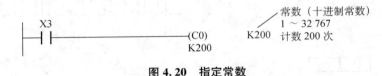

图 4.20　指定常数

　　b. 间接指定(D),如图 4.21 所示。

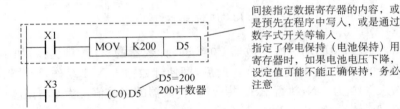

图 4.21　间接指定

　　B. 32 位计数器

　　a. 指定常数(K),如图 4.22 所示。

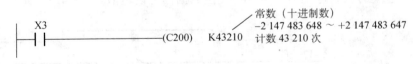

图 4.22　指定常数

　　b. 间接指定(D),如图 4.23 所示。

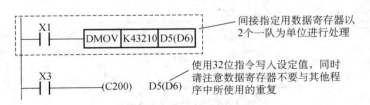

图 4.23　间接指定

　　③ 计数器的响应速度

　　计数器是在对 PLC 的内部信号 X、Y、M、S、C 等触点的动作执行循环运算的同时进行计数。例如,X1 作为计数输入时,它的 ON 和 OFF 的持续时间必须要比 PLC 的扫描时间还要长(通常是几十赫兹以下)。

对于这个问题,后面将要提及的高速计数器,就是用中断处理对特定的输入计数,与扫描时间无关。

(4)高速计数器

高速计数器是通过输入基本单元输入端子或输入高速输入特殊适配器(选件)信号进行计数。高速计数器与 PLC 的扫描无关,根据中断处理进行高速动作。

7)数据寄存器(D)

数据寄存器是保存数据的软元件。FX 系列 PLC 的数据寄存器是 16 位(最高位是符号位),组合两个寄存器后可以处理 32 位数据。和其他软元件相似,数据寄存器也有一般、停电保持和特殊用的数据寄存器。

(1)数据寄存器、文件寄存器(D)的编号见表 4.9(十进制数编号)。

表 4.9 FX$_{3U}$、FX$_{3UC}$数据寄存器编号

数据寄存器				文件寄存器
一般用	停电保持用 电池保持	停电保持用 (电池保持)	特殊用	
D0~D199 200 点①	D200~D511 321 点②	D512~D7999 7 488 点③④	D8000~D8511 512 点	D1000④以后 最大 7 000 点

注:① 非停电保持区域。根据设定的参数,可以更改为停电保持(保持)区域。
② 停电保持区域(保持)。根据设定的参数,可以更改为非停电保持区域。
③ 关于停电保持的特性不能通过参数进行变更。
④ 根据设定的参数,可以将 D1000 以后的数据寄存器以 500 点为单位作为文件寄存器。

(2)16 位数据寄存器(D)为可存储数值数据(−32 768~32 767 或 0000H~FFFFH)的存储器。16 位数据寄存器结构如图 4.24 所示。

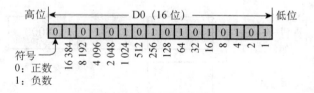

图 4.24 16 位字结构

一般情况下,使用应用指令对数据寄存器的数值进行读出/写入。

此外,也可以用人机界面、显示模块、编程工具直接进行读出/写入。

(3)32 位指令中使用数据寄存器时,使用两个相邻的数据寄存器(Dn 和 Dn+1)作为处理对象。低 16 位对应于程序中指定的数据寄存器编号(Dn),高 16 位对应于程序中指定的数据寄存器编号+1。

① 数据寄存器的高位编号大,低位编号小;

② 变址寄存器的 V 为高位,Z 为低位。

据此推断,32 位数据可以处理−2 147 483 648~+2 147 483 647 的数值。32 位字结构如图 4.25。

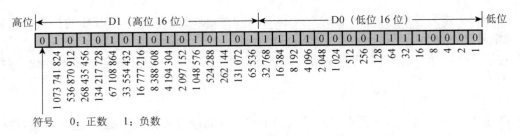

图 4.25　32 位字结构

（4）一般用/停电保持用数据寄存器

数据寄存器中的数据一旦被写入，在其他数据未被写入之前保持不变。在 RUN→STOP 时以及停电时，一般用寄存器数据都被清零。

停电保持数据寄存器，在 RUN→STOP 以及停电时都能保持其数值不变。

将停电保持用寄存器作为一般的使用时，需使用 RST 或是 ZRST 指令在程序的开头设置如图 4.26 所示的停电保持用数据寄存器复位的梯形图。

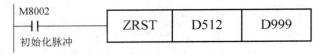

图 4.26　停电保持用数据寄存器复位

（5）特殊用数据寄存器

写入特定目的的数据，预先写入特定内容的数据寄存器。该内容在每次上电时被设置为初始值（一般被清零，带初始值的通过系统 ROM 写入）。例如，系统 ROM 对 D8000 中 WDT 时间进行初始设定，但用户如果要更改，使用传送指令 MOV 向 D8000 写入时间。特殊用数据寄存器数据的修改如图 4.27 所示。

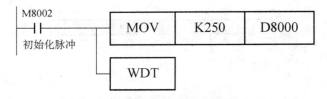

图 4.27　特殊用数据寄存器数据的修改

8）文件寄存器（R）以及 D1000 之后的数据寄存器，扩展文件寄存器（ER）

文件寄存器（R）是数据寄存器（D）的扩展软元件。通过电池实现掉电保持。而且，使用存储器盒的时候，还可以将扩展寄存器（D）的内容保存到扩展文件寄存器（ER）中，但是只有在使用存储器盒的时候才可以使用这个扩展文件寄存器。

文件寄存器和数据寄存器相同，都可以用于处理 16 位、32 位数值数据的各种控制。

根据 PLC 参数设定，可以将数据寄存器 D1000 之后的停电保持用的数据寄存器设定为文件寄存器。最多可设定 7 000 点。

① 参数的设定，可以指定 1～14 个块（每个块相当于 500 点的文件寄存器），但是这样每个块就减少了 500 步的程序内存区域。

② 希望将 D1000 以后的一部分设定为文件寄存器时,剩余的寄存器可以作为停电保持专用的数据寄存器使用。

（1）文件寄存器的操作

当 PLC 上电时和 STOP→RUN 切换时,在内置存储器,或是存储器盒中设定的文件寄存器区域（[A]部）会被一并传送至系统 RAM 的数据内存区域[B]部中。

因此,数据寄存器区域[B]部为停电保持软元件,如通过参数设定为文件寄存器,当 PLC 上电时或 STOP→RUN 时,程序内存中的文件寄存器区域[A]部会被传送。所以,执行电源复位或者 STOP→RUN 的操作后,在数据内存中更改的内容会被初始化。如果需要通过顺控程序,在数据内存中保存更改的数据时,请利用后述的 BMOV（FNC15）指令的同编号寄存器更新模式,将文件寄存器区域[A]部更新成更改后的值,如图 4.28 所示。

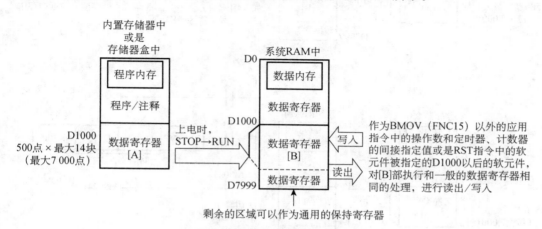

图 4.28　文件寄存器的数据操作

BMOV（FNC15）指令和其他指令的区别:针对文件寄存器（D1000 以后）的 BMOV（FNC15）指令和其他指令的区别见表 4.10。

表 4.10　BMOV（FNC15）指令和其他指令的区别

指令	传送内容	备注
BMOV 指令	可以对程序内存中的文件寄存器区域[A]部读出/写入	—
BMOV 指令以外的应用指令等	对于映像存储区中的数据寄存器区域[B]部,可以和普通的数据寄存器一样进行读出/写入的处理	由于数据寄存器区域[B]部,是设在 PLC 的系统 RAM,因此不受存储器盒形式的限制,可以随意地更改内容

被设定为文件寄存器的数据寄存器,在上电时数据会自动地从文件寄存器区域[A]部复制到数据寄存器区域[B]部。

通过外围设备对文件寄存器进行监控时,读出数据内存中的数据寄存器区域[B]部。

此外,在外围设备上执行文件寄存器软元件的[更改当前值]、[强制复位]或是[PLC 存储器的全部清除]的时候,先对程序内存中的文件寄存器区域[A]部进行更改,然后自动传送给数据寄存器区域[B]部。因此,执行文件寄存器软元件改写时,程序内存需要在[内置存储器],或是[存储器盒]的"写保护开关 OFF"的状态。存储器盒的写保护开关如果为 ON,就不能从外围设备上进行更改。

（2）文件寄存器（D）→数据寄存器（使用 BMOV（FNC15）指令更新相同编号）

BMOV（FNC 15）指令的（S）、（D）都指定为相同的文件寄存器，该指令就会成为同编号寄存器更新模式，会执行以下的动作。数据寄存器的更新如图 4.29 所示。

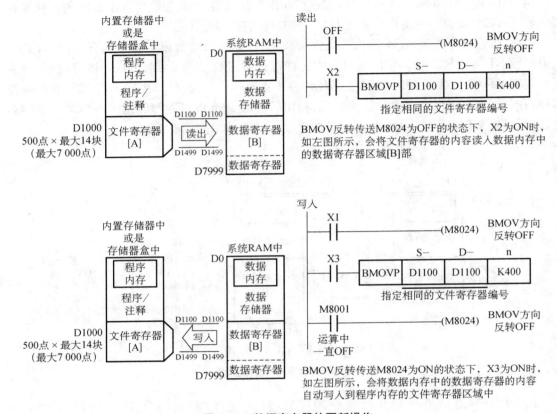

图 4.29　数据寄存器的更新操作

更新相同编号的文件寄存器的时候，必须将文件寄存器的编号设定为（S）＝（D）。

此外，设定的时候以 n 指定的传送点数不能超出文件寄存器区域。如超出文件寄存器区域，会出现运算错误，而不能执行指令。

对（S）、（D）采用变址修饰时，实际的软元件编号要在文件寄存器区域内，与此同时，只有当传送点数在文件寄存器区域范围内，才能执行指令。

（3）数据寄存器→文件寄存器使用（BMOV（FNC15）指令写入）

对 BMOV（FNC15）指令的目标操作数指定了文件寄存器（D1000 以后）时，可以直接写入程序内存的文件寄存器区域[A]部，如图 4.30 所示。

① 程序 X1 为 ON 后，如图

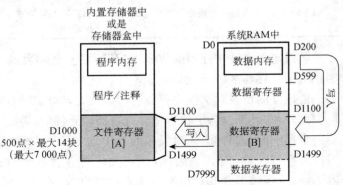

图 4.30　数据寄存器→文件寄存器的操作

4.31 所示,将数据传送至数据寄存器区域[B]部和文件寄存器区域[A]部中。此外,当[A]部由于存储器盒的写保护开关为 ON 而不能写入的时候,只能对[B]部进行写入。使用一般应用指令,在(D)中指定文件寄存器软元件的时候,只将数据传送到数据寄存器区域[B]部中。

② 也可以在(S)中指定文件寄存器,但是如果指定了和(D)相同的编号时,就变成相同编号更新模式。

通过控制 BMOV(FNC15)的 BMOV 反方向传送 M8024,就可以在 1 个程序中实现双向传送,如图 4.32 所示。

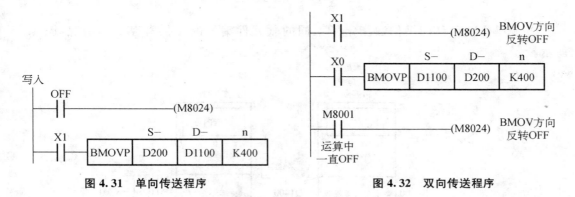

图 4.31 单向传送程序   图 4.32 双向传送程序

(S)→(D)数据寄存器的成批传送 M8024（OFF）:D1100 块数据到 D200 块数据。

(S)←(D)数据寄存器的成批传送,以及文件寄存器的写入 M8024（ON）:D200 块数据到 D1100 块数据。

(4) 使用文件寄存器(D)的注意事项

即使对 BMOV(FNC15)指令的源操作数指定文件寄存器(D1000 以后),如在目标操作数中不指定相同编号的文件寄存器(同编号寄存器更新模式以外),不会读出程序内存中的文件寄存器区域[A]部的内容。

① 在源操作数中指定文件寄存器,目标操作数中指定数据寄存器的情况,如图 4.33 所示。

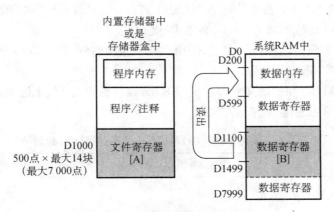

图 4.33 源与目标寄存器的操作

如图 4.34 所示,程序 X0 为 ON 后,如图 4.33 所示,区域[B]部的内容,也可以在(D)中指定文件寄存器,但是如果指定了和(S)相同的编号的话,变成同编号更新模式。

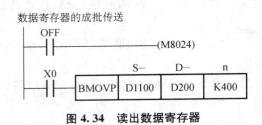

图 4.34　读出数据寄存器

② 源操作数和目标操作数指定了不同的软元件编号的文件寄存器的情况,图 4.35 所示。

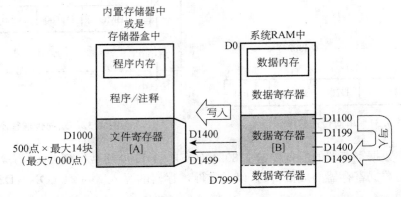

图 4.35　源操作数和目标操作数指定了不同的软元件编号的文件寄存器操作

如图 4.36 所示,程序 X1 为 ON 后,如图 4.35 所示,数据寄存器区域[B]部的数据会被传送到数据寄存器区域[B]部和文件寄存器区域[A]部中。此外,当[A]部由于存储器盒的写保护开关为 ON 而不能写入的时候,只能对[B]部进行写入。

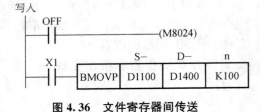

图 4.36　文件寄存器间传送

9)文件寄存器(R),扩展文件寄存器(ER)

文件寄存器(R)是数据寄存器(D)的扩展软元件。通过备用电池实现掉电保持。而且,使用存储器盒的时候,还可以将数据寄存器(D)的内容保存到扩展文件寄存器(ER)中。

(1)文件寄存器(R)和扩展文件寄存器(ER)的编号见表 4.11(十进制数编号)。

(2)数据的访问功能,见表 4.12 所示。

表 4.11　文件寄存器(R)和扩展文件寄存器(ER)的编号

	文件寄存器(R)(电池保持)	扩展寄存器(ER)(文件用)
FX$_{3U}$、FX$_{3UC}$系列 PLC	R0~R32767 32 768 点	ER0~ER32767 32 768 点①

注:① 仅在使用存储器盒的时候可以使用(保存在存储器盒的闪存中)。

表 4.12　可访问的数据

访问方法		文件寄存器	扩展文件寄存器
程序中读出		○	△仅专用指令可以
程序中写入		○	△仅专用指令可以
显示模块		○	○
数据的变更方法	GX Works2 的在线测试操作	○	×
	使用 GX Works2 进行成批写入	○	○
	计算机连接功能	○	×

（3）文件寄存器（R），扩展文件寄存器（ER）的初始化。

即使执行了［电源 OFF］或［STOP→RUN 的操作］，文件寄存器的内容通过内置电池被保持。对文件寄存器的内容初始化时，可通过使用顺控程序或是 GX Works2 执行数据清除的操作。

① 在程序中执行的方法：例如，将 R0～R299 初始化（清除）的时候，如图 4.37 所示。

以段为 R 位初始化扩展寄存器以及扩展文件寄存器。

例如，R0～R4095 和 ER0～ER4095 的初始化（R0 和 ER0 的起始 2 段的初始化），如图 4.38 所示的扩展文件寄存器清除。

图 4.37　文件寄存器（R）数据清除　　　　　图 4.38　扩展文件寄存器清除

② 在 GX Works2 中执行的方法：在 GX Works2 中，选择［Online］→［Clear PLC memory］后，清除［Data device］。但是，执行这个操作的时候，定时器、计数器、数据寄存器、文件寄存器以及扩展寄存器的内容都被初始化。

③ 扩展寄存器的功能：文件寄存器、扩展寄存器和数据寄存器相同，都可以用于处理数值数据的各种控制。

a. 基本指令中的文件寄存器：文件寄存器指定为定时器和计数器的设定值，如图 4.39 所示。

计数器和定时器将被指定的数据寄存器的内容作为各自的设定值而动作。

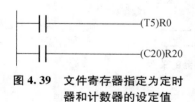

图 4.39　文件寄存器指定为定时器和计数器的设定值

b. 应用指令中的文件寄存器的使用，如图 4.40 所示。

④ 扩展文件寄存器：扩展文件寄存器

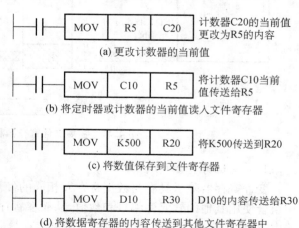

（a）更改计数器的当前值

（b）将定时器或计数器的当前值读入文件寄存器

（c）将数值保存到文件寄存器

（d）将数据寄存器的内容传送到其他文件寄存器中

图 4.40　应用指令中的文件寄存器的使用

(ER)，通常可以作为记录数据的保存位置和设定数据的保存位置使用。只有使用扩展文件寄存器控制的专用指令才可以使用这种软元件（见表 4.13）。如果通过其他指令使用数据内容时，请将内容读出到相同软元件编号的文件寄存器后，再使用文件寄存器一侧的软元件。

表 4.13　扩展文件寄存器的功能和动作专用指标

指令	内容
LOADR(FNC290)	将扩展文件寄存器(ER)①的数据读出到扩展寄存器(R)中的指令
SAVER(FNC291)	将扩展寄存器(R)的数据以 2 048 点(1 段)为单位写入(传送)到扩展文件寄存器(ER)①中的指令 用于将新制作的 1 段(2 048 点)的数据保存到扩展文件寄存器(ER)①的情况
INITR(FNC292)	扩展寄存器(R)以及扩展文件寄存器(ER)①以 2 048 点(1 段)为单位进行初始化的指令 LOGR 指令开始记录数据前，对扩展寄存器(R)以及扩展文件寄存器(ER)①进行初始化时，使用该指令
LOGR(FNC293)	记录指定数据，写入到扩展寄存器(R)和扩展文件寄存器(ER)①中的指令
PWER(FNC294)	将指定的扩展寄存器(R)写入(传送)到扩展文件寄存器(ER)①中的指令 FX₃ᵤᴄVer1.30 以上的版本支持 将任意的扩展寄存器(R)的内容保存到扩展文件寄存器(ER)①中时，使用该指令
INITER(FNC295)	以 2 048 点为单位对扩展文件存储器(ER)①进行初始化的指令 FX₃ᵤᴄ Ver1.30 以上的版本支持 执行 SAVER 指令前对扩展文件存储器(ER)①进行初始化，使用该指令

注：① 扩展文件存储器和扩展存储器的关系如图 4.41 所示。

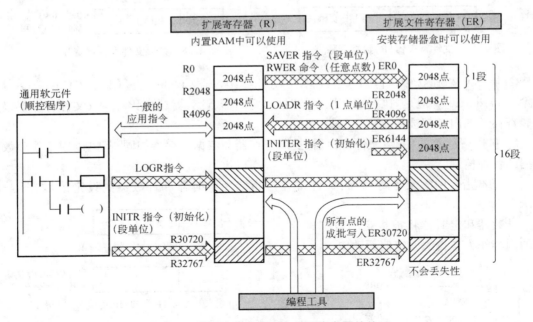

图 4.41　扩展文件寄存器和扩展寄存器的关系

10）变址寄存器（V、Z）

变址寄存器除了具有与数据寄存器相同的使用方法外，还可以通过在应用指令的操作数中组合使用其他的软元件编号和数值，从而在程序中更改软元件的编号和数值内容。在寄存器中，被称为变址（修饰）用的有 V、Z 两种寄存器。

（1）变址寄存器（V、Z）的编号见表 4.14（十进制数编号）。仅仅指定变址寄存器（V）或是

(Z)的时候，分别作为 V0、Z0 处理。

表 4.14 变址寄存器(V、Z)的编号

变址用
V0～V7，Z0(Z)～Z7 16 点①

注：① 关于停电保持的特性可以通过参数进行变更。

变址寄存器结构：

① 16 位数据：变址寄存器结构如图 4.42 所示，具有和数据寄存器相同的结构。

图 4.42 变址寄存器结构

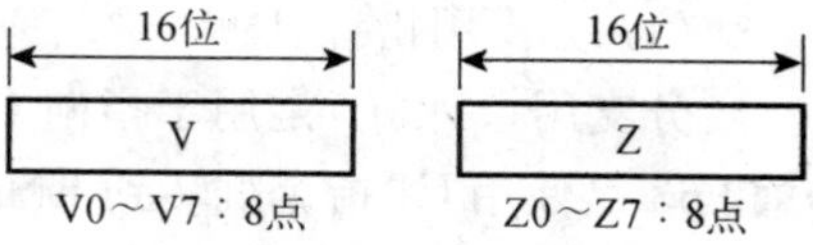

② 32 位数据：32 位变址寄存器结构如图 4.43 所示。

修饰 32 位的应用指令中的软元件时，或者处理超出 16 位范围的数值时必须使用 Z0～Z7 和 V0～V7。

如图 4.43 所示的 V、Z 组合，由于 FX 系列 PLC 将 Z 侧作为 32 位寄存器的低位，所以即使只指定了高位侧的 V0～V7 也不会执行修饰。此外，作为 32 位指定时，会同时参考 V(高位)、Z(低位)，因此一旦 V(高位)侧中留存有别的用途中的数值时，会变成相当大的数值，从而出现运算错误。32 位变址寄存器的写入，如图 4.44 所示。

32位	
V0 (高位)	Z0 (低位)
V1 (高位)	Z1 (低位)
V2 (高位)	Z2 (低位)
V3 (高位)	Z3 (低位)
V4 (高位)	Z4 (低位)
V5 (高位)	Z5 (低位)
V6 (高位)	Z6 (低位)
V7 (高位)	Z7 (低位)

图 4.43 32 位变址寄存器结构

即使 32 位应用指令中使用的变址值没有超出 16 位数值范围，仍需按照图 4.44 所示对 Z 进行数值的写入，且使用 DMOV 指令等 32 位运算指令，同时改写 V(高位)、Z(低位)。

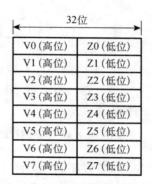

图 4.44 32 位变址寄存器的写入

(2) 可以被修饰的软元件

V、Z 是附加在其他软元件上的。

① 十进制数软元件(M、S、T、C、D、R、KnM、KnS 等)

当[V0，Z0 ＝ 6 时]，D100V0 ＝ D106，C20Z0 ＝ C26，软元件编号＋V□或 Z□的值。

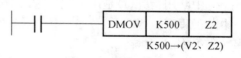

② 修饰十进制常数(K)

当 V0＝5，指定 K30 V0 时，被执行指令的是作为十进制的数值 K35(30＋5)。

③ 八进制数软元件(X、Y、KnX、KnY)

当[Z1＝8]，执行 X0Z1 时，对应软元件编号为 X10。

④ 十六进制常数(H)

当[V5＝K30]，指定常数 H30 V5 时，被视为 H4E(H30＋K30)。

数据寄存器和变址寄存器可用于间接指定定时器和计数器的设定值，以及用于应用指令中。

11) 指针(P、I)

指针(P、I)的编号见表 4.15(十进制数编号)。

此外，使用输入中断用指针时，分配给指针的输入编号，不能和使用相同输入范围的[高速计数器]以及[脉冲密度(FNC56)]等一起使用。

表 4.15　指针(P、I)的编号

分支用	END 跳转用	输入中断 输入延迟中断用		定时器中断用	计数器中断用
P0~P26 P64~P4095 4 095 点	P63 1 点	I00□(X000)I30□(X003) I10□(X001)I40□(X004) I20□(X002)I50□(X005)	6 点	I6□□ I7□□ I8□□ 3 点	I010 I040 I020 I050 I030 I060 6 点

（1）分支用指针（P）

分支用指针（P）是用于指向 CJ 跳转条件转移和 CALL 子程序调用对象目的地。此外注意 P63 是使用 CJ 指令跳转到 END 步的特殊指针。

如图 4.45 所示，当 X1 为 ON，跳转到 CJ 指令指定的标签位置，执行之后程序。

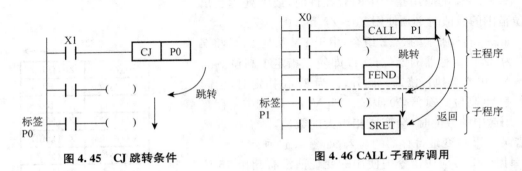

图 4.45　CJ 跳转条件　　　　　图 4.46 CALL 子程序调用

CALL 子程序调用如图 4.46 所示。

当 X0 为 ON，执行 CALL 指令指定标签位置的子程序，使用 SRET 指令返回到原来位置。

（2）中断用指针（I）

中断用指针（I）是用于指向输入中断（6 点）、定时器中断（3 点）或是计数器中断（6 点）的中断子程序。

① 输入中断

不受扫描周期影响，接收来自特定编号的输入信号，当该输入信号触发反馈有效，执行相应中断子程序，由于输入中断可以中断顺控程序主程序的执行，因此可在顺控程序中作为需要优先处理或者短时间脉冲处理控制时使用。中断指针对应外部输入信号编号见表 4.16。

表 4.16　中断指针对应外部信号编号

输入	输入中断指针		禁止中断标志位
	上升沿中断	下降沿中断	
X000	I001	I000	M8050①
X001	I101	I100	M8051①
X002	I201	I200	M8052①
X003	I301	I300	M8053①
X004	I401	I400	M8054①
X005	I501	I500	M8055①

注：① 从 RUN—STOP 时清除输入中断的延迟功能，在输入中断中有以 1 ms 为单位延迟执行中断子程序的功能。

输入中断信号 ON 脉宽或是 OFF 脉宽在 5 μs 以上。

通过执行图 4.47 格式的程序来指定要延迟的时间。

如图 4.47 中的延时程序,必须要写在中断程序的初始位置。该程序是模板,使用时只需要修改延时时间。时间的设定,使用常数(K)或是数据寄存器(D)。

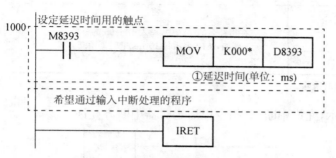

图 4.47　设定中断延迟时间

PLC 主程序通常为禁止中断的状态。使用 EI 指令允许中断后,在扫描程序过程中,X0 或 X1 为 ON,执行中断子程序①或②,然后通过 IRET 指令返回到主程序。

中断用指针(I＊＊＊),在编程时,可作为标记将中断子程序放在 FEND 指令后。外部输入中断程序如图 4.48 所示。

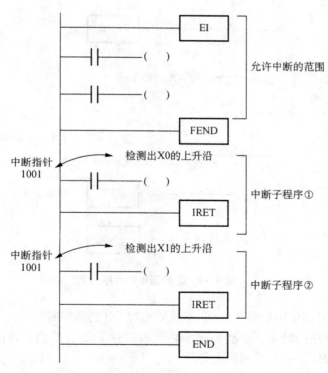

图 4.48　外部输入中断程序

② 定时器中断(3 点)

每隔指定的中断循环时间(10～99 ms),执行中断子程序。

PLC 的循环扫描周期不同,该定时器中断用于需要循环中断处理的控制中。定时器中断编号见表 4.17。

表 4.17　定时器中断编号

输入编号	中断周期/ms	中断禁止标志位
I6□□		M8056①
I7□□	在指针名的□□中,输入 10~99 的整数 例如,I610 表示每 10 ms 定时器中断	M8057①
I8□□		M8058①

注:① RUN-STOP 时清除。

如图 4.49 所示,允许中断 EI 指令以后定时器中断方允许。

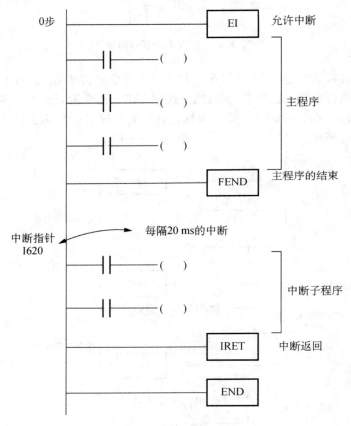

图 4.49　定时器中断程序

此外,不需要定时器中断的禁止区间,不需要编写 DI(禁止中断指令)。

FEND 表示主程序的结束。中断子程序必须编写在 FEND 后面。每隔 20 ms 执行一次中断子程序。使用 IRET 指令返回到主程序。

③ 计数器中断(6 点)

根据高速计数器比较置位指令(DHSCS)的比较结果,执行中断子程序,用于使用高速计数器的系统中优先处理计数结果的控制。计数器中断编号见表 4.18。

计数器中断程序如图 4.50 所示。EI 指令以后允许中断。

表 4.18　计数器中断编号

指针编号	中断禁止标志位
I010	
I020	
I030	M8059①
I040	
I050	
I060	

注：仅对应 FX₃ᵤ、FX₃ᵤᴄ系列 PLC。

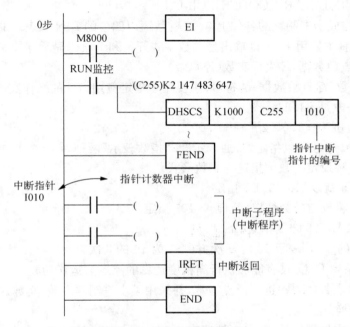

图 4.50　计数器中断程序

驱动高速计数器的线圈，在 DHSCS 指令（FNC53）中指定中断指针。

C255 的当前值在 999～1 000 或 1 001～1 000 中变化的时候，执行中断子程序。

12) 常数 K、H、E（十进制数/十六进制数/实数）以及八进制数，BCD 码等的指定方式

(1) 十进制数（DEC：DECIMAL NUMBER）K 表示十进制数常数

① 定时器和计数器的设定值（K 常数）；

② 辅助继电器（M）、定时器（T）、计数器（C）、状态等软元件的编号；

③ 应用指令操作数中的数值指定和指令动作的指定（K 常数）。

十进制常数的指定范围如下：

① 使用字数据（16 位）时，范围为 K-32 768～K32 767；

② 使用双字数据（32 位）时，范围为 K-2 147 483 648～K2 147 483 647。

(2) 十六进制数（HEX：HEXADECIMAL NUMBER）H 表示十六进制数

主要用于指定应用指令的操作数的数值（例如 H1234），而且各位数在 0～9 的范围内使用的时候，各位的状态（1 或 0）和 BCD 代码相同，因此可以指定 BCD 数据。

① 使用字数据(16 位)时,H0～HFFFF;

② 使用双字数据(32 位)时,H0～HFFFFFFFF。

(3) 二进制数(BIN:BINARY NUMBER)

对定时器、计数器或是数据寄存器的数值指定,是按照上述的十进制数和十六进制数执行的,但是在 PLC 的内部,这些数值都以二进制数进行处理。

负数的处理:在 PLC 内部,负数是以二进制补码来表示。

(4) 八进制数(OCT:OCTAL NUMBER)

FX 系列 PLC 中,输入继电器(X)、输出继电器(Y)的软元件编号都是以八进制数分配的,均按照[0～7,10～17,…,70～77,100～107]上升排列。

(5) BCD (BCD:BINARY CODE DECIMAL)

BCD 就是将构成十进制数的各位上 0～9 的数值以四位的 BIN 来表现的形式。

由于便于使用,主要用于 BCD 输出型的数字式开关和 7 段码显示器控制等用途中。

(6) 实数(浮点数数据)E 表示实数(浮点数)

[E]是表示实数(浮点数数据)的符号,主要用于指定应用指令的操作数的数值。

例如,E1.234 或是 E1.234+3。

实数的指定范围为 -1.0×2^{128}～-1.0×2^{-126},0,1.0×2^{-126}～1.0×2^{128}

在顺控程序中,实数可以指定"普通表示"和"指数表示"两种。

① 普通表示:将设定的数值指定为实数形式。

例如,10.234 5 就以 E10.234 5 指定。

② 指数表示:将设定的数值以(数值)$\times10^{n}$ 指定。

例如,1 234 以 E1.234+3 指定。

[E1.234+3]的[+3]表示 10 的 n 次方(+3 为 10 的 3 次方)。

FX$_{3U}$、FX$_{3UC}$ 系列 PLC,具有能够执行高精度运算的浮点数运算功能。

采用二进制浮点数(实数)进行浮点运算,并采用了十进制浮点数(实数)进行监控。

(7) 数值的转换

FX 系列 PLC 中处理的数值,可以按照表 4.19 的内容进行转换。

表 4.19　各进制的数值转换

十进制数 (DEC)	十六进制数 (HEX)	八进制数 (OCT)	二进制数 (BIN)		BCD		八进制数 (OCT)	
0	00	0	0000	0000	0000	0000	0	0
1	01	1	0000	0001	0000	0001	1	1
2	02	2	0000	0010	0000	0010	2	2
3	03	3	0000	0011	0000	0011	3	3
4	04	4	0000	0100	0000	0100	4	4
5	05	5	0000	0101	0000	0101	5	5
6	06	6	0000	0110	0000	0110	6	6
7	07	7	0000	0111	0000	0111	7	7
8	08	10	0000	1000	0000	1000	10	10
9	09	11	0000	1001	0000	1001	11	11

（续表4.19）

十进制数 （DEC）	十六进制数 （HEX）	八进制数 （OCT）	二进制数 （BIN）		BCD		八进制数 （OCT）	
10	0A	12	0000	1010	0001	0000	12	12
11	0B	13	0000	1011	0001	0001	13	13
12	0C	14	0000	1100	0001	0010	14	14
13	0D	15	0000	1101	0001	0011	15	15
14	0E	16	0000	1110	0001	0100	16	16
15	0F	17	0000	1111	0001	0101	17	17
16	10	20	0001	0000	0001	0110	20	20
…	…	…	…	…	…	…	…	…
99	63	143	0110	0011	1001	1001	143	143
…	…	…	…	…	…	…	…	…

（8）字符串

在字符串操作中,包括在应用指令的操作数中直接指定字符串的字符串常数和字符串数据。

① 字符串常数（"ABC"）

字符串是顺控程序中直接指定字符串的软元件,由" "框起来的半角字符（例如,"ABCD1234"）指定。字符串中可以使用 JIS8 代码。但是,字符串最多可以指定 32 个字符。

② 字符串数据

字符串数据,从指定的软元件开始,到 NUL 代码（00H）为止以字节为单位被视为一个字符串。但是,在指定位数的位软元件中体现字符串数据的时候,由于指令为 16 位长度,所以包含象征字符串数据结束的 NUL 代码（00H）的数据也需要是 16 位。参考下图 4.51 所示的范例。总之,出现下面几种情况时,应用指令中会出现运算错误（错误代码为 K6706）。

A. 在应用指令的源程序中指定软元件的编号以后,相应软元件范围内未设定[00H]的情况。

B. 在应用指令的嵌套中指定的软元件中,保存字符串数据（包含了表示字符串数据的末尾的[00H]或[0000H]）用的软元件数不够的情况。

a. 字软元件中保存的字符串数据

ⅰ）能够识别为字符串数据的情况,如图 4.51 所示;

ⅱ）不能识别为字符串数据的情况,如图 4.52 所示。

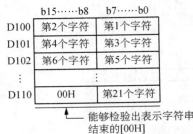

图 4.51 能识别的字符串数据（字软元件）　　　图 4.52 无法识别的字符串（字软元件）

b. 位数指定的位软元件中保存的字符串数据：

ⅰ）能够识别为字符串数据的情况，如图 4.53 所示；

ⅱ）不能识别为字符串数据的情况，如图 4.54 所示。

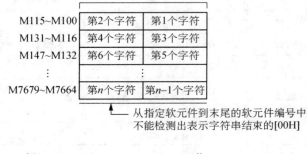

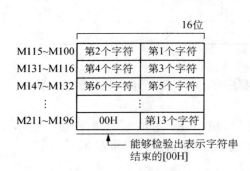

图 4.53　能识别的字符串数据（位软元件）　　　　图 4.54　无法识别的字符串数据（位软元件）

13）位软元件的位数指定

位软元件的处理：即使是位软元件，通过组合后也可以处理数值，通常以位数 Kn 和起始软元件编号的组合来表示。

常用位数为 4 位单位的组合 K1～K4（4～16 位数据）和 8 位单位的组合 K1～K8（4～32 位数据）。例如，K2M0，由于是 M0～M7，所以是 8 位数的数据。K2M0 位数据传输如图 4.55 所示。

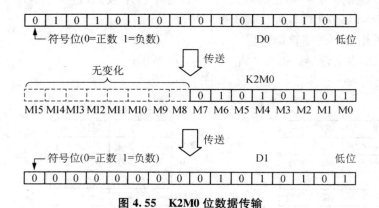

图 4.55　K2M0 位数据传输

14）字软元件的位指定（D□.b）

指定字软元件的位，可以将其作为位数据使用。

指定字软元件的位时,使用字软元件编号和位编号(十六进制数)进行设定,如,D0.0 表示数据寄存器 0 的 0 位编号。

字软元件的对象:数据寄存器或特殊数据寄存器。

位编号:0~F(十六进制),如图 4.56 所示。

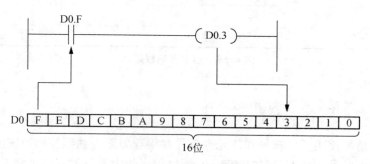

图 4.56   字软元件的位指定

15) 缓冲寄存器的直接指定(U□\G□)

可以直接指定特殊功能模块或特殊功能单元的 BFM(缓冲存储器)。

BFM 为 16 位或 32 位的字数据,主要作为应用指令的操作数。

例如,U0\G10 表示模块号为 0 的特殊功能模块或特殊功能单元的 BFM ♯10 号。

指定范围如下所示:

单元号(U):0~7;

BFM 编号(\G):0~32 767。

此外,在 BFM 编号中可以进行变址修正。缓冲寄存器的直接指定 (U□\G□)如图 4.57 所示。

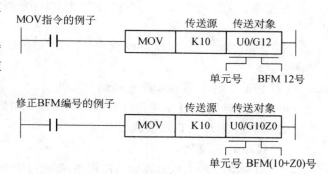

图 4.57   缓冲寄存器的直接指定(U □ \G □)

4.2   PLC 编程语言及指令

4.2.1   编程语言的种类

FX₃ᵤ、FX₃ᵤᴄ系列 PLC 支持下面 3 种编程语言。

1) 指令表编程

输入顺控指令编制用户程序。

(1) 特点

指令表编程方式,是指通过"LD""AND""OUT"等指令语言输入顺控指令的方式。该方式是顺控程序中基本的输入形态。

(2) 编程实例

指令表编程实例如图 4.58 所示。

步	指令	软元件编号
0000	LD	X000
0001	OR	Y003
0002	ANI	X003
0003	OUT	Y003
…	…	…

图 4.58　指令表编程形式

2）梯形图编程

在编程界面上画梯形图符号的编程方式。

（1）特点

梯形图编程是指使用顺序符号和软元件编号在编程界面上画顺控梯形图的方式。由于顺控回路是通过触点符号和线圈符号来表现的，所以程序的内容更加容易理解。

（2）编程实例

梯形图编程实例，如图 4.59 所示。

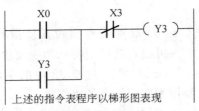

上述的指令表程序以梯形图表现

图 4.59　梯形图编程

3）SFC（STL＜步进梯形图＞）编程

根据系统的动作流程进行顺控程序设计方式。

（1）特点

SFC（顺序功能图）程序是根据系统的动作流程设计顺控的方式。

（2）SFC 程序和其他程序形式的互换性

可以相互转换的指令表程序及梯形图程序，如果依照一定的规则编制，就可以转换成 SFC 图。

4）程序的互换性

采用上述的 3 种方法制作的顺控程序，都通过指令（指令表编程时的内容）保存到 PLC 的程序内存中，且 3 种方法编制的程序都可以相互转换后进行显示、编辑。如图 4.60 所示。

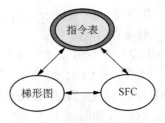

图 4.60　程序的互换性

4.2.2　编程指令

三菱电机 FX_{3U} 机型具有基本指令、步进顺控指令和功能指令，各类指令各具特点。FX_{3U} 机型具有步进顺控指令 2 条，有功能指令 26 类 299 条。

1）基本指令

FX_{3U} PLC 基本指令，如表 4.20 所示。

表 4.20　FX_{3U} 基本指令一览表

助记符名称	功能	回路表示和可用软元件	助记符名称	功能	回路表示和可用软元件
［LD］取	运算开始 a 触点	对象软元件	［ANDF］与脉冲下降沿	下降沿检出串联连接	对象软元件
［LDI］取反转	运算开始 b 触点	对象软元件	［OR］或	并联 a 触点	对象软元件

（续表4.20）

助记符名称	功能	回路表示和可用软元件	助记符名称	功能	回路表示和可用软元件
[LDP] 取脉冲上升沿	上升沿检出运算开始	对象软元件	[ORI] 或反转	并联 b 触点	对象软元件
[LDF] 取脉冲下降沿	下降沿检出运算开始	对象软元件	[ORP] 或脉冲上升沿	脉冲上升沿检出并联连接	对象软元件
[AND] 与	串联 a 触点	对象软元件	[ORF] 或脉冲下降沿	脉冲下降沿并联连接	对象软元件
[ANI] 与反转	串联 b 触点	对象软元件	[ANB] 回路块与	并联回路块的串联连接	
[ANDP] 与脉冲上升沿	上升沿检出串联连接	对象软元件	[ORB] 回路块或	串联回路块的并联连接	
[OUT] 输出	线圈驱动指令	对象软元件	[MPS] 进栈	运算存储	MPS / MRD / MPP
[SET] 置位	线圈接通保持指令	SET 对象软元件	[MRD] 读栈	存储读出	
[RST] 复位	线圈接通清除指令	RST 对象软元件	[MPP] 出栈	存储读出与复位	
[PLS] 脉冲	上升沿检出指令	PLS 对象软元件	[INV] 反转	运算结果的反转	INV
[PLF] 下降沿脉冲	下降沿检出指令	PLF 对象软元件	[NOP] 空操作	无动作	
[MC] 主控	公共串联点的连接线圈指令	MC N 对象软元件	[END] 结束	顺控程序结束	END
[MCR] 主控复位	公共串联点的清除指令	MCR N			

基本指令系统的功能和应用分别介绍如下：

（1）逻辑取及线圈输出指令（LD、LDI、OUT）

LD、LDI、OUT 指令的符号（名称）、功能、电路表示及操作元器件、程序步如表 4.21 所示。

表 4.21　LD、LDI、OUT 指令表

符号名称	功能	电路及操作元器件	程序步
LD（取）	动合触点逻辑运算起始	对象软元件　X,Y,M,S,T,C	1
LDI（取反）	动断触点逻辑运算起始	对象软元件　X,Y,M,S,T,C	1
OUT（输出）	线圈驱动	对象软元件　Y,M,S,T,C	Y,M:1,特 M:2 T:3,C:3~5

LD、LDI、OUT 指令的应用如图 4.61 所示。图 4.61(a)为梯形图,图 4.61(b)为指令表。图 4.61(a)所示梯形图中左边一条竖线称为左母线,右边一条竖线称为右母线。

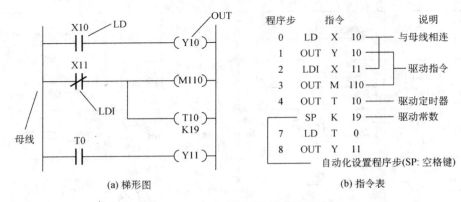

(a) 梯形图　　　　　　　　　　　　　　(b) 指令表

图 4.61　LD、LDI、OUT 指令的应用

说明:

① LD、LDI 指令用于将触点接到左母线上。另外,与后述的 ANB 指令组合,在分支起点处也可使用。

② OUT 指令是对输出继电器、辅助继电器、状态继电器、定时器、计数器的线圈的驱动指令,对于输入继电器不适用。

③ 并行输出指令可多次使用,如图 4.61 中 OUT T10 和 OUT M110。

④ X,Y,M,S,T,C 操作元件含义:X—输入继电器,Y—输出继电器,M—内部辅助继电器,S—状态继电器,T—时间继电器,C—计数器。

⑤ 对定时器的定时线圈或计数器的计数线圈,在 OUT 指令后必须设定常数 K。

⑥ 表 4.22 列举常数 K 的设定范围,定时器的实际设定值,以及以定时器或计数器为驱动对象的 OUT 指令占用的步数(含设定值)。

表 4.22　定时器/计数器 K 值设定范围表

定时器、计数器	K 的设定范围	实际的设定值	程序步长
1 ms 定时器		0.001～32.767 s	3
10 ms 定时器	1～32 767	0.01～327.67 s	3
100 ms 定时器		0.1～3 276.7 s	3
16 bit 计数器	1～32 767	1～32 767	3
32 bit 计数器	−2 147 483 648～+2 147 483 647	−2 147 483 648～+2 147 483 647	5

(2) 触点串联指令(AND、ANI)

AND、ANI 指令的符号(名称)、功能、电路表示及操作元件。程序步长如表 4.23 所示。

表 4.23　AND、ANI 指令表

符号(名称)	功能	电路表示及操作元件		程序步长
AND(与)	动合触点串联连接	对象软元件	X,Y,M,S,T,C	1
ANI(与非)	动断触点串联连接	对象软元件	X,Y,M,S,T,C	1

说明：

① 用 AND/ANI 指令，可进行触点的串联连接。串联触点的个数没有限制，该指令可以多次重复使用。

② OUT 指令后，通过触点驱动其他线圈输出，称之为纵接输出，如图 4.62 的 OUT Y14。纵接输出，可以多次重复。

③ 串接触点的数目和纵接的次数虽然没有限制，但因图形编程器和打印机的功能有限制，尽量做到一行不超过 10 个触点和 1 个线圈，连续输出总计不超过 24 行。

④ 图 4.62 可以在驱动 M111 之后通过触点 T1 驱动 Y14。但是，如果驱动顺序换成图 4.63 所示梯形图，则必须用多重输出 MPS、MRD、MPP 指令。

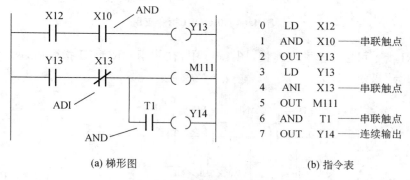

(a) 梯形图　　　　　　　　　　(b) 指令表

图 4.62　AND、ANI 指令应用

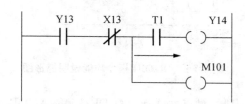

图 4.63　错误顺序梯形图电路

（3）触点并联指令（OR、ORI）

OR、ORI 指令符号（名称）、功能、电路表示及操作元件、程序步长如表 4.24 所示。

表 4.24　0R、ORI 指令表

符号（名称）	功能	电路表示及操作元件		程序步长
OR(或)	动合触点并联连接		对象软元件　　　X,Y,M,S,T,C	1
ORI(或反)	动断触点并联连接		对象软元件　　　X,Y,M,S,T,C	1

OR、ORI 指令的应用案例如图 4.64 所示，图 4.64(a) 为应用梯形图，图 4.64(b) 为对应的指令表。

说明：

OR、ORI 指令是从该指令的当前步开始，对前面的 LD/ LDI 指令并联连接。并联连接无限制，但由于编程器和打印机的功能对此有限制，所以并联连接的次数是有限，一般为 24 行以下。

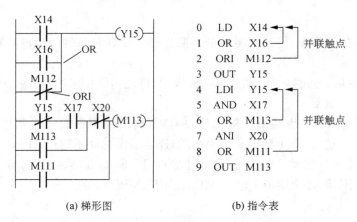

(a) 梯形图	(b) 指令表

图 4.64　0R、ORI 指令应用

OR、ORI 指令可以多次并联连接，图 4.65 中，在使用 OR、ORI 指令后，两个功能块的连接要用到"块与"指令 ANB。

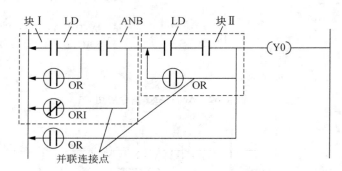

图 4.65　0R、ORI 指令功能说明梯形图

（4）沿检出逻辑、触点串联、触点并联指令（LDP/LDF、ANDP/ANDF、ORP/ORF）

LDP/LDF、ANDP/ANDF、ORP/ORF 指令符号（名称）、功能、电路表示及操作元件、程序步长如表 4.25 所示。

表 4.25　LDP/LDF、ANDP/ANDF、ORP/ORF 指令表

符号（名称）	功能	电路表示及操作元件		程序步长
LDP （取脉冲上升沿）	上升沿检出常开触点计算	对象软元件	X,Y,M,S,T,C	2
LDF （取脉冲下降沿）	下降沿检出常闭触点计算	对象软元件	X,Y,M,S,T,C	2
ANDP （与脉冲上升沿）	上升沿检出常开触点串联	对象软元件	X,Y,M,S,T,C	2
ANDF （与脉冲下降沿）	下降沿检出常闭触点串联	对象软元件	X,Y,M,S,T,C	2
ORP （或脉冲上升沿）	上升沿检出常开触点并联	对象软元件	X,Y,M,S,T,C	2
ORF （或脉冲下降沿）	下降沿检出常闭触点并联	对象软元件	X,Y,M,S,T,C	2

LDP/LDF、ANDP/ANDF、ORP/ORF 指令的动作时序图和应用案例说明分别如图 4.66、图 4.67 所示。

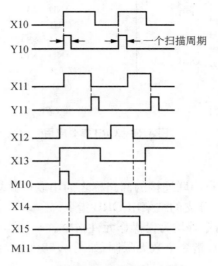

图 4.66 应用案例动作时序图

说明：
① LDP、ANDP、ORP 在指定位软元件的上升沿（OFF→ON）接通一个扫描周期。
② LDF、ANDF、ORF 在指定位软元件的下降沿（ON→OFF）接通一个扫描周期。

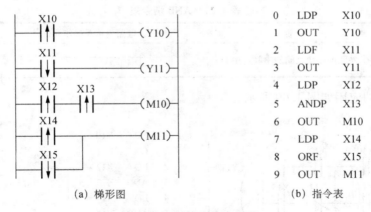

0	LDP	X10
1	OUT	Y10
2	LDF	X11
3	OUT	Y11
4	LDP	X12
5	ANDP	X13
6	OUT	M10
7	LDP	X14
8	ORF	X15
9	OUT	M11

(a) 梯形图　　　　　(b) 指令表

图 4.67 沿检出指令应用

(5) 块或指令（ORB）

ORB 指令的符号（名称）、功能、电路表示及操作元件、程序步长如表 4.26 所示。

表 4.26 ORB 指令表

符号（名称）	功能	电路表示及操作元件	程序步长
ORB （电路块或）	串联电路的并联连接	无	1

ORB 电路块或指令的应用如图 4.68 所示。

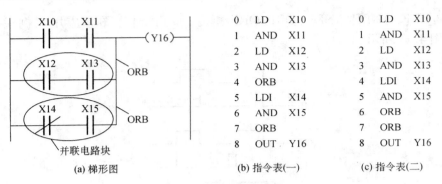

图 4.68　ORB 指令应用

说明:

① 2 个或 2 个以上的触点串联连接的回路称之为串联电路块。串联电路块并联连接时,分支的开始用 LD、LDI 指令,分支的结束用 ORB 指令。

② ORB 指令与 ANB 指令等均为无操作元件指令。

③ 每个电路块使用 ORB 指令个数无限制,如图 4.68(b)所示编程的方法,其并联电路块数是无限制的。

④ ORB 指令也可连续使用,如图 4.68(c)所示的编程方法,但这种方法重复使用 LD/LDI 指令的次数要限制在 8 次以下,这点要注意。

(6) 块与指令(ANB)

ANB 指令的符号(名称)、功能、电路表示及操作元件、程序步长如表 4.27 所示。

表 4.27　ANB 指令表

符号(名称)	功能	电路表示及操作元件	程序步长
ANB (电路块与)	并联电路块之间的串联连接	无	1

ANB 指令的应用如图 4.69 所示。

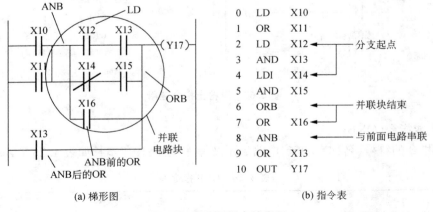

图 4.69　ANB 指令的应用

说明:

① 2 个或 2 个以上的触点并联连接的回路称为并联电路块。分支电路并联电路块与前面

电路串联连接时,使用 ANB 指令。分支的起始点用 LD/LDI 指令。并联电路块结束后,使用 ANB 指令与前面电路串联起来。

② 若多个并联电路块顺次用 ANB 指令将电路块串联连接,则 ANB 的使用次数没有限制。

③ ANB 指令也可以连续使用,但重复使用 LD/LDI 指令的次数要限制在 8 次以下。

（7）多重输出指令（MPS、MRD、MPP）

MPS、MRD、MPP 指令的符号（名称）、功能、电路表示及操作元件、程序步长如表 4.28 所示。

表 4.28　MPS、MRD、MPP 指令表

符号（名称）	功能	电路表示及操作元件		程序步长
MPS（进栈）	数据加入栈中	MPS	无	1
MRD（读栈）	从栈中读出数据	MRD		1
MPP（出栈）	数据出栈	MPP		1

MPS、MRD、MPP 指令的功能是将连接点的结果存储起来,以方便连接点后面电路的编程。

PLC 中有 11 个存储中间运算结果的存储器,称之为栈存储器,其结构如图 4.70 所示。

使用一次 MPS 指令,该时刻的运算结果就推入栈的第一段。再次使用 MPS 指令时,当时的运算结果推入栈的第一段,先推入的数据依次向栈的下一段推移。图 4.70 中栈存储器中的①是第一次压栈的数据,②是第二次压栈的数据。

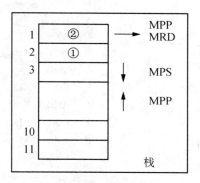

图 4.70　栈存储器

MRD 是最顶段所存最新数据的读出专用指令,栈内的数据不发生下压或上移。

使用 MPP 指令,各数据依次向上推移,最顶端的数据在读出后就从栈中消失。

① 一层堆栈电路

采用 MPS、MRD、MPP 指令编程的一层堆栈电路如图 4.71 所示,图 4.71(a)为梯形图,图 4.71(b)为指令表。

② 一层堆栈与 ANB、ORB 指令

一层堆栈中使用 ANB、ORB 指令的实例如图 4.72 所示。

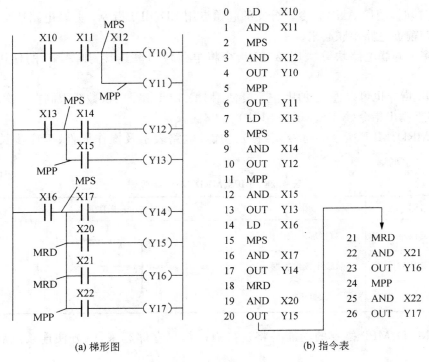

(a) 梯形图　　　　　　　　　(b) 指令表

图 4.71　一层堆栈电路

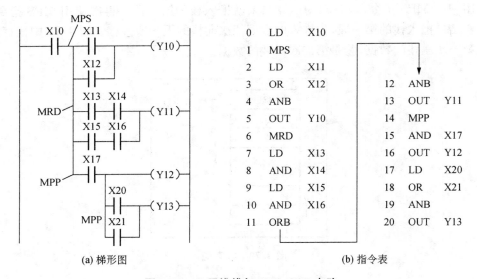

(a) 梯形图　　　　　　　　　(b) 指令表

图 4.72　一层堆栈与 ANB、ORB 电路

③ 二层堆栈电路

二层堆栈电路如图 4.73 所示。

④ 四层堆栈电路

四层堆栈电路如图 4.74 所示。

由于堆栈存储器仅有 11 位,所以 MPS 和 MPP 连续使用次数必须不超过 11 次,并且 MPS 与 MPP 必须成对使用。

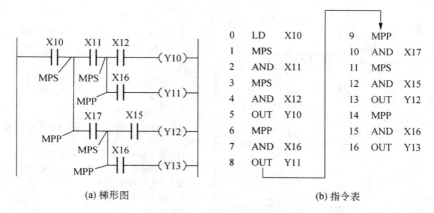

图 4.73　二层堆栈电路

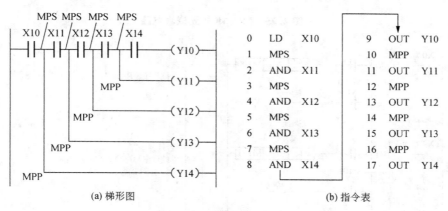

图 4.74　四层堆栈电路

（8）主控触点指令（MC、MCR）

MC、MCR 指令（名称）、功能、电路表示及操作元件、程序步长如表 4.29 所示。

表 4.29　MC、MCR 指令表

符号（名称）	功能	电路表示及操作元件		程序步长
MC （主控）	主控电路块 起点	├┤├── MC N 对象软元件 ─┤	Y,M 不允许使用 特 M	3
MCR （主控复位）	主控电路块 终点	├┤├── MCR N ─┤		2

MC、MCR 指令的应用案例如图 4.75 所示。

说明：

① 如图 4.75 所示，输入 X1 接通时，执行 MC 与 MCR 之间的指令。输入 X1 断开时，结果如下：

a. 保持当前元件的状态，如积算定时器、计数器及用 SET/RST 指令驱动的元件。

b. 非积算定时器，用 OUT 指令驱动的元件全为 OFF。

② MC 指令后，母线（LD、LDI 点）移至 MC 触点之后，而返回原来母线的指令是 MCR。MC 指令使用后，必须要有 MCR 指令相呼应，并成对使用。

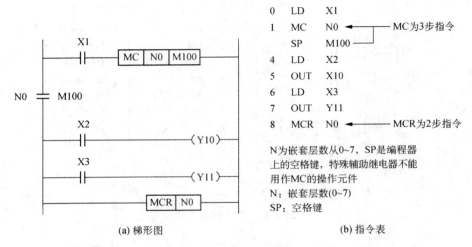

(a) 梯形图   (b) 指令表

图 4.75　MC、MCR 无嵌套电路

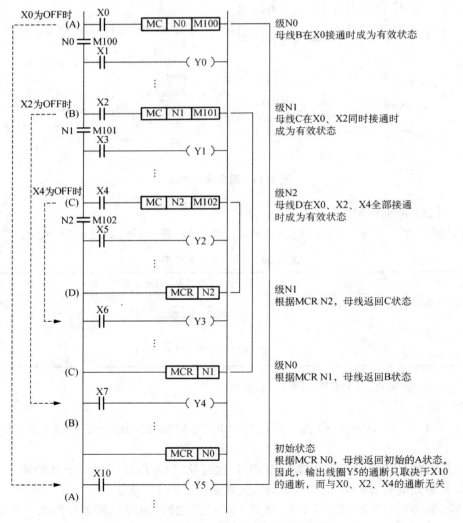

图 4.76　MR、MCR 在带嵌套电路中的应用

③ 使用不同的 Y、M 元件号,可多次使用 MC 指令。但是若用同一软元件号,就与 OUT 指令一样成为双线圈输出。

④ 在 MC 指令内再使用 MC 指令时称为嵌套。嵌套级 N 的编号应顺次增大(按程序顺序由小到大)。

返回时用 MCR 指令,就从大的嵌套级开始解除(按程序顺序由大至小)。

带有嵌套级的 MC、MCR 指令的编程电路如图 4.76 所示。

(9) 置位及复位指令(SET、RST)

SET、RST 指令(名称)、功能、电路表示及操作元件、程序步长如表 4.30 所示。

表 4.30 SET、RST 指令表

符号(名称)	功能	电路表示及操作元件		程序步长
SET (置位)	令元件自保持 ON	─┤├─ ─[SET 对象软元件]─	Y,M,S,C	Y,M:1 C,S:2 D,V,Z, 特 D:3
RST (复位)	令元件自保持 OFF 清除数据寄存器	─┤├─ ─[RST 对象软元件]─	Y,M,S,C,D,V,Z	

SET、RST 指令的应用如图 4.77 所示。

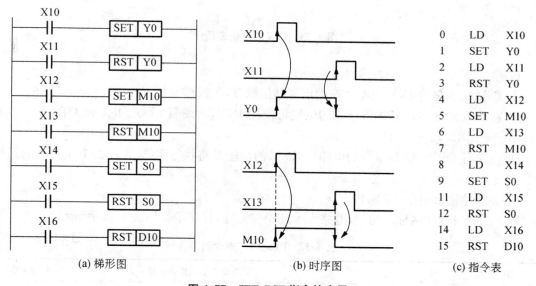

(a) 梯形图　　　　　　(b) 时序图　　　　　　(c) 指令表

图 4.77 SET、RST 指令的应用

说明:

① 如图 4.77 所示,当 X10 一接通,即使再断开,Y0 也保持接通。X11 接通后,即使再断开,Y0 也将保持断开,对于 M10、S0 也是同样的道理。

② 对同一元件可以多次使用 SET、RST 指令,顺序可任意,但在最后执行 C 的一条才有效。

③ 要使数据寄存器(D)、变址寄存器(V、Z)的内容清零,可用 RST 指令。

(10) 取反指令(INV)

INV 指令(名称)、功能、电路表示及操作元件、程序步长如表 4.31 所示。

表 4.31　INV 指令表

符号(名称)	功能	电路表示及操作元件		程序步长
INV (取反)	运算结果的反转		无	1

INV 指令的应用如图 4.78 所示。图 4.78(a)为 INV 指令的梯形图,图 4.78(b)为 INV 指令的编程,图 4.78(c)为该程序的功能时序图。

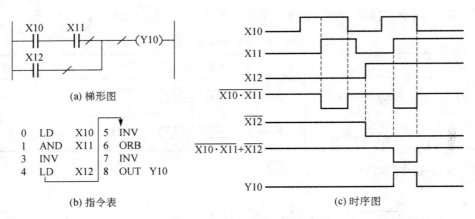

(a) 梯形图

0	LD	X10	5	INV	
1	AND	X11	6	ORB	
3	INV		7	INV	
4	LD	X12	8	OUT	Y10

(b) 指令表

(c) 时序图

图 4.78　INV 指令的应用

说明:

① INV 指令是将 INV 电路之前的运算结果取反,无操作元件。

② 在能编制 AND、ANI 指令步的位置可使用 INV,而编制 LD、LDI、OR、ORI 指令步的位置不能使用 INV。

③ 在含有 ORB、ANB 指令的电路中,INV 的功能是将执行 INV 之前的 LD、LDI 的运算结果取反。

(11) 脉冲输出指令(PLS、PLF)

PLS、PLF 指令(名称)、功能、电路表示及操作元件,程序步长如表 4.32 所示。

表 4.32　PLS、PLF 指令表

符号(名称)	功能	电路表示及操作元件		程序步长
PLS (前沿脉冲)	上升沿微分输出		Y,M	2
PLF (后沿脉冲)	下降沿微分输出		Y,M	2

PLS、PLF 指令的应用如图 4.79 所示,图 4.79(a)为 PLS、PLF 指令应用梯形图,图 4.79(b)为其指令表,图 4.79(c)为 PLS、PLF 指令应用的时序图。

说明:

① 使用 PLS 指令,元件 Y、M 仅在驱动输入接通后的一个扫描周期内动作(置 1)。

② 使用 PLF 指令,元件 Y、M 仅在驱动输入断开后的一个扫描周期内动作。

③ 特殊继电器不能用作 PLS 或 PLF 的操作元件。

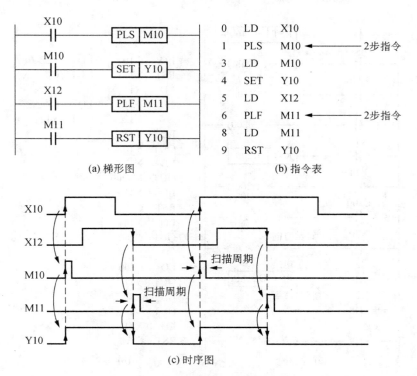

图 4.79 PLS、PLF 指令的应用

④ 在驱动输入接通时,PLC 执行运行—停机—运行,此时 PLS M10 动作,但 PLS M600(断电时由电池后备的辅助继电器)不动作。这是因为 M600 是保持继电器,即使在断电停机时,其动作也能保持。

(12) 线圈输出指令(OUT)与复位指令(RST)在计数器、定时器上的应用

OUT、RST 指令在计数器、定时器上的应用及符号(名称)、功能、电路表示及操作元件、程序步长说明如表 4.33 所示。

表 4.33　OUT、RST 指令应用表

符号(名称)	功能	电路表示及操作元件	程序步长说明
OUT(输出)	驱动定时器线圈 驱动计数器线圈	对象软元件	32 位计数器:2 其他:3
RST(复位)	复位输出触点 当前数据清"0"	RST 对象软元件	2

OUT、RST 指令在计数器、定时器电路中的应用实例如图 4.80 所示。

说明:

① 积算定时器(1 ms 定时器,100 ms 定时器)

如图 4.80 所示,输入 X11 接通期间,定时器 T246 接收 1 ms 时钟脉冲并计数,达到 1 234 时 T246 接通,Y10 就动作。

X10 一接通,输出触点 T246 就复位,定时器的当前值也成为 0。

② 内部计数器

如图 4.80 所示,32 位计数器 C200 根据 M8200 的 ON/OFF 状态进行计数(增计数或减

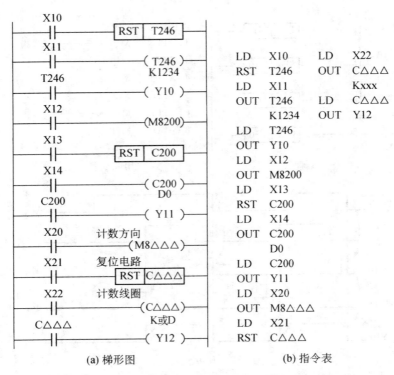

图 4.80　OUT、RST 指令在计数器、定时器电路中的应用

计数），它对 X14 触点的 OFF→ON 的次数进行计数。

输出触点的置位或复位取决于计数方向及达到数据寄存器(D1、D0)中存的设定值。

输入 X13 接通后，输出触点复位，计数器当前值清零。

③ 高速计数器

a. 对于 C235～C245 的单相单输入计数器，需用特殊辅助继电器(M8235～M8245)指定计数方向。如图 4.80 所示，X20 接通时减计数，X20 断开时增计数。

b. X21 接通时，高速计数器 C△△△ 的输出触点就复位，计数器的当前值也清零。对于带有复位输入的计数器(C241、C242～C255 等)，当复位输入接通时，不必进行其他编程，也可实现复位。

c. X22 接通时，高速计数器 C235～C240 分别对由计数输入 X0～X5 输入的通/断进行计数，对于带有起动输入的计数器(C244，C245，C249，C250，C254，C255)，若起动输入不接通就不进行计数。

④ 计数器的当前值随计数输入的次数而增加，当该值等于设定值(K 或 D 的内容)，计数器输出触点动作。

(13) 空操作指令(NOP)

NOP 指令符号(名称)、功能、电路表示及操作元件、程序步长如表 4.34 所示。

表 4.34　NOP 指令表

符号(名称)	功能	电路表示及操作元件	程序步长
NOP(空操作)	无动作	无元件	1

NOP 指令为空操作指令，主要用于短路电路、改变电路功能及程序调试时使用。图 4.81 为 NOP 指令的应用案例。

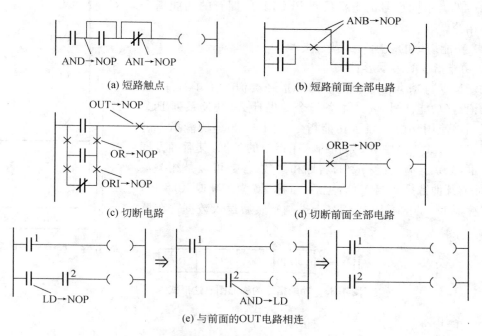

图 4.81　NOP 指令的应用

说明：

① 如图 4.81 中，程序若加入 NOP 指令，改动或追加程序时，可以减少步序号的改变。另外，用 NOP 指令替换已写入的指令，也可改变电路。

② LD、LDI、ANB、ORB 等指令若换成 NOP 指令，电路构成将有较大幅度变化，须注意。

③ 执行程序全清操作后，全部指令都变成 NOP。

（14）结束指令（END）

END 指令符号（名称）、功能、电路表示及操作元件、程序步长如表 4.35 所示。

表 4.35　END 指令表

符号（名称）	功能	电路及操作元件	程序步长
END（结束）	程序输入处理 程序回第"0"步	END 无	1

PLC 反复进行输入处理、程序运算、输出处理。若在程序最后写入 END 指令，则 END 以后的程序步就不再执行，直接进行输出处理，如图 4.82 所示。

2）功能指令

可编程序控制器的基本指令是基于继电器、定时器、计数器等软元件，主要用于逻辑功能处理的指令。而现在工业自动化控制领域中，许多场合需要数据运算和特殊处理。因此，PLC 制造商逐步在 PLC 中引入了功能指令（Functional Instruction），或称为应用指令（Applied Instruction），功能指令主要用于数据的传送、运算、变换及程序控制等功能。

三菱电机 FX 系列 PLC 的功能指令用功能符号FNC00－FNC□□□表示，各条指令有相对应的助记符表示其功能意义。例如:FNC45,表示的助记符为MEAN,其指令含义为求平均值。功能编号(FNC)与助记符是一一对应的。不同型号的 FX 系列 PLC,其所拥有的功能指令条数不相等。

(1) 功能指令的表示形式及含义

① 功能指令的表示形式

功能指令与基本指令不同。功能指令类似一个子程序,直接由助记符(功能代号)表达本条指令要做什么。FX 系列 PLC 在梯形图中使用功能框表示功能指令。图 4.83 是功能指令的梯形图表达形式。图中 X0 是执行该条指令的条件,其后的方框为功能框,分别含有功能指令的名称和参数,参数可以是相关数据、地址或其他数据。当 X0 合上后(可称 X0 为 ON 或 X0=1),数据寄存器 D0 的内容加上 123(十进制),然后送入数据寄存器 D0 中。

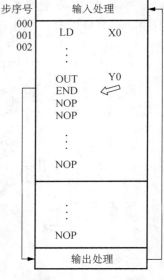

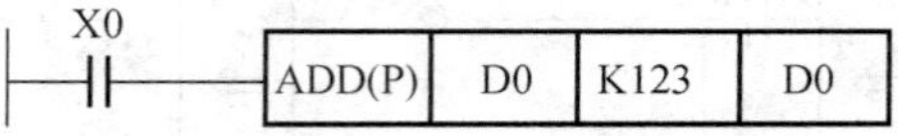

图 4.82　END 指令的应用

| X0 | ADD(P) | D0 | K123 | D0 |

图 4.83　功能指令的梯形图表达形式

② 功能指令的含义

使用功能指令需要注意功能框中各参数所指的含义,现以加法指令来说明,图 4.84 所示为加法指令(ADD)的指令格式和相关参数形式,表 4.36 为加法指令、参数的说明。

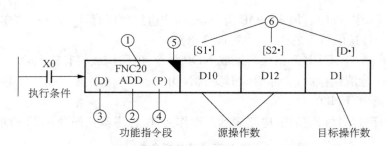

图 4.84　加法指令格式及参数形式

表 4.36　加法指令、参数说明

指令名称	助记符/功能号	操作数		程序步长
		[S1·][S2·]	[D·]	
加法	FNC20 (D)ADD(P) (16/32)	K、H、 KnX、KnY、KnM、KnS、 T、C、D、V、Z	KnY、KnM、 KnS、T、C、D、 V、Z	ADD、ADD(P)—7 步 (D)ADD、ADD(P)—13 步

图 4.84、表 4.36 标注①～⑥说明如下:

① 为功能代号(FNC)。每条功能指令都有一固定的编号,FX$_{1S}$、FX$_{1N}$、FX$_{2N}$、FX$_{2NC}$、

FX_{3U}、FX_{3UC} 的功能指令。代号从 FNC00～FNC246。例如 FNC00 代表 CJ,FNC01 代表 CALL,…,FNC246 代表两个数据比较。

② 为助记符。功能指令的助记符是该条指令的英文缩写词,如加法指令英文写法为"Addition instruction",简写为 ADD;交替输出指令"Alternate output"简写为 ALT 等。采用这种方式,便于了解指令功能,容易记忆和掌握,计算函数编程主要采用助记符。

③ 为数据长度(D)指示。功能指令中大多数涉及数据运算和操作,而数据的表示以字长表示,有 16 位和 32 位之分。因此,有(D)表示的即为 32 位数据操作指令,无(D)表示的则为 16 位数据操作指令,如图 4.85 所示。其中,图(a)所示指令功能为 16 位数据操作,即将(D10)的内容传送到(D12)中;图(b)所示指令功能为 32 位数据操作,即将(D21,D20)(32 位)的内容传送到(D23,D22)中。

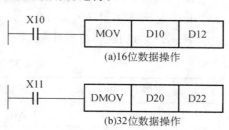

图 4.85 16 位/32 位数据传送指令实例

④ 为脉冲/连续执行指令标志(P)。功能指令中若带有(P),则为脉冲执行指令。即当条件满足时仅执行一个扫描周期。若指令中没有(P)则为连续执行指令。脉冲执行指令在数据处理中是很有用的。例如加法指令,在脉冲形式指令执行时,加数和被加数做一次加法运算,而连续形式指令执行时,每一个扫描周期都要相加一次。某些指令,如加 1 指令 FNC24(INC)、减 1 指令 FNC25(DEC)等,在用连续执行指令时应特别注意,它在每个扫描周期,其结果内容均在发生着变化。如图 4.86 所示分别表示脉冲执行型、连续执行型指令以及加 1、减 1 指令的连续执行指令的特殊标注方法。

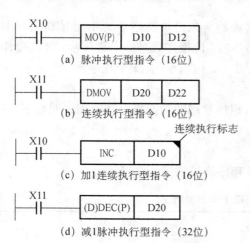

传送指令,当 X10 从 OFF 变为 ON 时,执行一次传送,其他时刻不执行,即(D10)赋值给(D12)

传送指令,当 X11 从 OFF 变为 ON 时,在各扫描周期都执行,即(D20)赋值给(D22)

加 1 指令,当 X10 从 OFF 变为 ON 时,(D10)的内容加 1 再送(D10),每扫描一次加 1,这种特殊符号标记,以区别,即(D10)+1 赋值给(D10)

减 1 指令,当 X11 从 OFF 变为 ON 时,(D21,D20)-1 赋值给(D21,D20),执行一次操作,且为 32 位操作数

图 4.86 脉冲型、连续执行型指令图例

⑤ 为某些特殊指令连续执行的符号。如图 4.86(c)所示加 1 指令,该指令为连续执行的加 1 指令,每一扫描周期"源"的内容都发生变化。

⑥ 为操作数。操作数即为功能指令所涉及的参数(或称数据),分为源操作数、目标操作数及其他操作数。源操作数是指功能指令执行后,不改变其内容的操作数,用 S 表示;目标操作数是指功能指令执行后,将其内容改变的操作数,用 D 表示;既不是源操作数,又不是目标操作数,则称为其他操作数,用 m、n 表示。其他操作数往往是常数,或者是对源、目

标操作数进行补充说明的有关参数。表示常数时,一般用 K 表示十进制数,H 表示十六进制数。如图 4.84 所示,在一条指令中,源操作数、目标操作数及其他操作数都可能不止一个(也可以一个也没有),此时均可以用序列数字表示,以示区别。例如 S1、S2、…;D1、D2、…;m1、m2、…;n1、n2、…。

操作数若是间接操作数,即通过变址取得数据,则在功能指令操作数旁加有一点"·",例如[S1·]、[S2·]、[D1·]、[D2·]、[m1·]等。

表 4.37 为功能指令操作数(软元件)的含义。

表 4.37　功能指令操作数(软元件)含义

字软元件	位软元件	字软元件	位软元件
K:十进制数	X:输入继电器	T:定时器(T)的当前值	
H:十六进制数	Y:输出继电器	C:计数器(C)的当前值	
KnX:输入继电器(X)的位指定	M:辅助继电器	D:数据寄存器(文件寄存器)	
KnY:输出继电器(Y)的位指定	S:状态继电器	V、Z:变值寄存器	
KnS:状态继电器(S)的位指定*			

注:* 指定的 Kn,16 位时 K1~K4,32 位时 K1~K8。

操作数可使用 PLC 内部的各种位元件,例如 X、Y、M、S 等,也可以用这些位元件的组合,以 KnX、KnY、KnM、KnS 等形式表示。数据寄存器 D 或定时器 T 或计数器 C 的当前值寄存器也可作为操作数。一般数据寄存器为 16 位,在处理 32 位数据时,将使用一对数据寄存器组合。例如将数据寄存器 D0 指定为 32 位指令的操作数时,则(D1,D0) 32 位数据参与操作,其中 D1 为高 16 位,D0 为低 16 位。T、C 的当前值寄存器也可作为一般寄存器处理,其方法同数据寄存器。

需要注意的是,计数器 C200~C255 为 32 位数据寄存器,使用过程中不能当作 16 位数据进行操作。

⑦ 为程序步长。是指执行该条功能指令所需要的步数。功能指令的功能号和指令助记符占一个程序步,每一个操作数占 2 个或 4 个程序步(16 位操作数是 2 个程序步,32 位操作数是 4 个程序步)。因此,一般 16 位指令为 7 个程序步,32 位指令为 13 个程序步。

(2) 功能指令说明及应用

FX₃U 系列 PLC 功能指令有 212 条,限于篇幅,现将常用的功能指令及应用说明如下:

① 比较指令[CMP、ZCP(FNC10、FNC11)]

A. 指令格式

该指令的指令名称、助记符/功能号、操作数及程序步长如表 4.38 所示。

表 4.38　比较指令表

指令名称	助记符/功能号	操作数		程序步长	备注
		[S1·][S2·]	[D·]		
比较	FNC10 (D)CMP(P)	K、H、 KnX、KnY、KnM、KnS、 T、C、D、V、Z	Y、M、S	16 位—7 步 32 位—13 步	① 16/32 位指令 ② 连续/脉冲执行
区间比较	FNC11 (D)ZCP(P)	K、H、 KnX、KnY、KnM、KnS、 T、C、D、V、Z	Y、M、S	16 位—7 步 32—13 步	① 16/32 位指令 ② 连续/脉冲执行

B. 指令说明

a. 比较指令（CMP）

ⅰ）比较指令是将源操作数[S1]、[S2]的数据进行比较,比较结果送到目标操作数[D]中,如图 4.87 所示。当 X10 为 ON 时,不执行 CMP 指令,M0、M1、M2 保持不变;当 X10 为 OFF 时,[S1]、[S2]进行比较,即 C20 计数器值与 K100（数值 100）比较。若 C20 当前值小于 100,则 M0＝1,Y10＝1;若 C20 当前值等于 100,则 M1＝1,Y11＝1;若 C20 当前值大于 100,则 M2＝1,Y12＝1。

ⅱ）比较的数据均为二进制数,且带符号位比较,如－5＜2。

ⅲ）比较的结果影响目标操作数（Y、M、S）,若把目标操作数指定为其他继电器（例如 X、D、T、C）,则会出错。

ⅳ）若要清除比较结果时,需要用 RST 和 ZRST 复位指令,如图 4.88 所示。

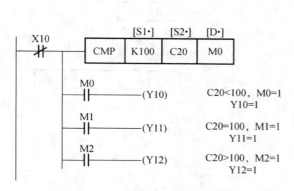

图 4.87 比较指令 CMP 使用说明

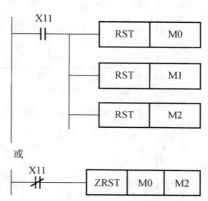

图 4.88 比较结果复位

b. 区间比较指令（ZCP）

ⅰ）区间比较指令使用案例说明如图 4.89 所示。它是将一个数据[S]与两个源操作数[S1]、[S2]进行代数比较,比较结果影响目标操作数[D]。X10 为 ON,C30 的当前值与 K100 和 K120 比较,若 C30＜100 时,则 M3＝1,Y10＝1;若 100≤C30≤120 时,则 M4＝1,Y11＝1;若 C30＞120 时,则 M5＝1,Y12＝1。

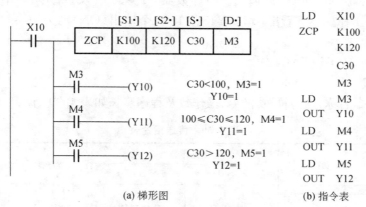

(a) 梯形图　　　(b) 指令表

图 4.89 区间比较指令 ZCP 使用说明

ⅱ）区间比较指令，数据均为二进制数，且带符号位比较。

C. 应用举例

比较指令应用实例如图 4.90 所示。图 4.90(a)是 CMP 指令的应用，当 X10＝1 时，若 C0 计数器计数个数小于 10 时，即 C0＜10，Y10＝1；计数器 C0＝10 时，Y11＝1；当计数器 C0＞10 时，Y12＝1。当计数器 C0 计数到 15 时，此时 Y13 为 ON。

图 4.90(b)为 ZCP 指令的应用。当计数器 C1 计数个数为如下数值时，Y14、Y15、Y16 将有相应的输出准备状态。

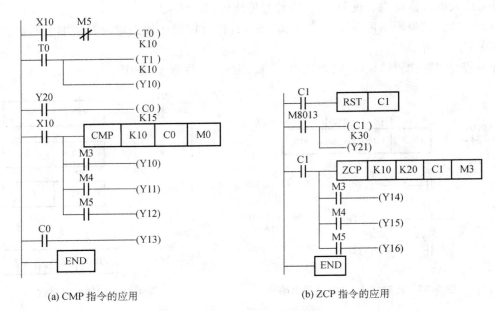

(a) CMP 指令的应用   (b) ZCP 指令的应用

图 4.90　比较指令应用实例

a. C1＜10，Y14＝1；

b. 10≤C1≤20，Y15＝1；

c. C1＞20，Y16＝1。

Y21 为内部秒脉冲 M8013 的输出。当计数器 C1＝30 时，C1 清零，在下一个扫描周期，PLC 又开始循环工作。不难看出，Y14、Y15、Y16 三个输出(ON)均为 10 s，Y21 为秒脉冲输出指示。

② 传送指令[MOV（FNC12）]

A. 指令格式

该指令的指令名称、助记符/功能号、操作数及程序步长如表 4.39 所示。

表 4.39　传送指令表

指令名称	助记符/功能号	操作数		程序步长	备注
		[S·]	[D·]		
传送	FNC12 (D)MOV(P)	K、H、 KnX、KnY、 KnM、KnS、 T、C、D、V、Z	K、H、 KnX、KnY、 KnM、KnS、 T、C、D、V、Z	16 位—5 步 32 位—9 步	① 16/32 位指令 ② 单次/连续执行

B. 指令说明

a. 如图 4.91(a) 所示为传送指令的基本格式,MOV 指令的功能是将源操作数送到目标操作数中,即当 X10 为 ON 时,[S]→[D]。

b. 指令执行时,K200 十进制常数自动转换成二进制数。当 X10 为 OFF 时,指令不执行,D20 数据保持不变。

c. MOV 指令为连续执行型,MOV(P)指令为脉冲执行型,X10 上升沿执行一次。编程时若源操作数[S]是一个变化的量,则要用连续执行型传送指令 MOV。

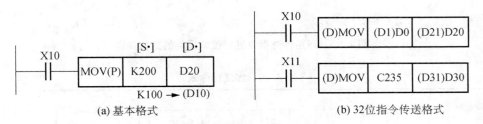

(a) 基本格式　　　　　　　　　(b) 32位指令传送格式

图 4.91　传送指令的基本形式

d. 对于 32 位数据的传送,需要用(D) MOV 指令,用 MOV 指令传送结果并非所期望的值,如图 4.91(b)所示为一个 32 位数据传送指令。当 X10 合上,则(D1,D0)32 位值→(D21,D20);当 X11 合上,则(C235)32 位值→(D31,D30)。

C. 应用举例

图 4.92(a)所示是读出计数器 C10 的当前值送 D20 中。图 4.92(b)中是将十进制 K100 送 D20 中,K100 即表示 T20 的定时数值。

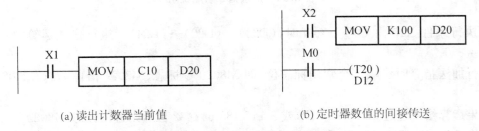

(a) 读出计数器当前值　　　　　　　　(b) 定时器数值的间接传送

图 4.92　传送指令的应用实例

若把 PLC 输入端 X10～X13 的状态送到输出端 Y10～Y13,同样可用 MOV 指令编写程序,如图 4.93 所示。

③ 加法指令[ADD (FNC20)]

A. 指令格式

该指令的指令名称、助记符/功能号、操作数及程序步长如表 4.40 所示。

B. 指令说明

加法指令是将指定的源操作数相加,结果送到指定的目标操作数中去。加法指令功能说明如图 4.94(a)所示。

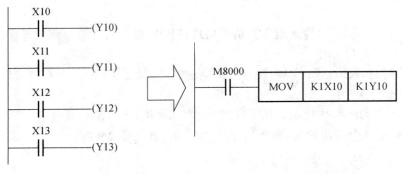

(a) 基本指令编程方法　　　　　　　　　　(b) 功能指令编程方法

图 4.93　利用传送指令进行位软元件的数值传送

表 4.40　加法指令表

指令名称	助记符/功能号	操作数			程序步长	备注
		[S1·]	[S2·]	[D·]		
加法	FNC20 (D)ADD(P)	KnX、KnY、 KnM、KnS、 T、C、D、V、Z		KnY、KnM、KnS、 T、C、D、V、Z	16 位—7 步 32 位—13 步	① 16/32 位指令 ② 单次/连续执行

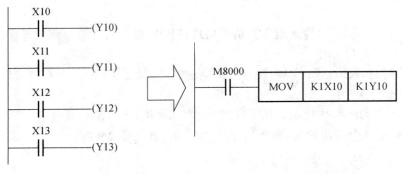

(a) 加法指令连续执行　　　　　　　　　　(b) 脉冲型加法指令格式

图 4.94　加法指令功能说明

当执行条件 X10 由 OFF→ON 时,(D20)+(D22)→(D24)。执行代数运算,例如 5+(−10)=−5。

执行加法指令时影响 3 个常用标志位,即 M8020 零标志、M8021 借位标志、M8022 进位标志。

如果运算结果超过 32 767(16 位)或 2 147 483 647(32 位),则进位标志 M8022 置 1;如果运算结果小于−32 767(16 位)或−2 147 483 647(32 位),则借位标志 M8021 置 1;如果运算结果为 0,则零标志 M8020 置 1。

在 32 位加法运算中,被指定的字元件是低 16 位元件,而编号更高的下一个元件为高 16 位元件。

源和目标操作数可以用相同的元件号。若源和目标元件号相同而采用连续执行的 ADD、(D)ADD 指令时,其结果在每个扫描周期都会改变。

对于脉冲执行型指令,如图 4.94(b)所示。当 X10 每次从 OFF→ON 变化时,D10 的数据加 1,这与 INC(P)指令的执行结果相似。

④ 减法指令[SUB (FNC21)]

A. 指令格式

该指令的指令名称、助记符/功能号、操作数及程序步长如表 4.41 所示。

表 4.41　减法指令表

指令名称	助记符/功能号	操作数			程序步长	备注
		[S1·]	[S2·]	[D·]		
减法	FNC21 (D)SUB(P)	K、H、KnX、KnY、KnM、KnS、T、C、D、V、Z		KnY、KnM、KnS、T、C、D、V、Z	16 位—7 步 32 位—13 步	① 16/32 位指令 ② 单次/连续执行

B. 指令说明

减法指令是将指定的源操作数[S1]、[S2]相减,结果送到指定的目标[D]中,即[S1]—[S2]→[D]。减法指令功能说明如图 4.95 所示。

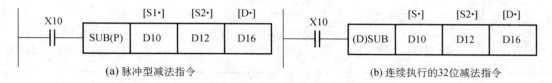

(a) 脉冲型减法指令　　　　　　　　(b) 连续执行的32位减法指令

图 4.95　减法指令功能说明

如图 4.95(a)所示,当 X10 为 ON 时,(D10)—(D12)→(D16)且执行一次减法运算,且为 16 位脉冲执行型指令运算。图 4.95(b)为连续执行型 32 位减法指令运算,即当 X10 为 ON 时,(D11,D10)—(D13,D12)→(D17,D16),连续执行。运算是代数运算,例如 5—(—10)=15。标志的动作、32 位运算中软元件的指定方法,脉冲执行型和连续执行型的差异等与上述加法指令相同。

⑤ 乘法指令[MUL(FNC22)]

A. 指令格式

该指令的指令名称、助记符/功能号、操作数及程序步长如表 4.42 所示。

表 4.42　乘法指令表

指令名称	助记符/功能号	操作数			程序步长	备注
		[S1·]	[S2·]	[D·]		
乘法	FNC22 (D)MUL(P)	K、H、KnX、KnY、KnM、KnS、T、C、D、R、Z		KnY、KnM、KnS、T、C、D、R	16 位—7 步 32 位—13 步	① 16/32 位指令 ② 单次/连续执行

B. 指令说明

乘法指令是将指定的源操作数相乘,结果送到指定的目标操作元件中去。乘法指令功能说明如图 4.96 所示,分为 16 位和 32 位两种运算形式。

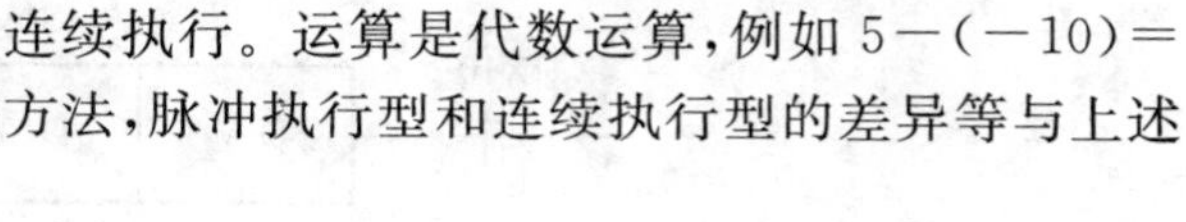

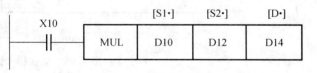

图 4.96　乘法指令功能说明

执行 16 位乘法运算,执行条件 X10 ON 时,(D10)×(D12)→(D15,D14)。源操作数是 16 位,目标操作数是 32 位。当(D10)=8、(D12)=9 时,(D15,D14)=72。最高位为符号位,0 为正,1 为负。

执行 32 位乘法运算时,执行条件 X10 为 ON 时,(D11,D10)×(D13,D12)→(D17,D16,

D15,D14)。源操作数 32 位,目标操作数 64 位。当(D11,D10)＝150,(D13,D12)＝189 时,(D17,D16,D15,D14)＝28 350。最高位为符号位,0 为正,1 为负。

用字元件时,不可能监视 64 位数据,只能通过监视高 32 位和低 32 位。V、Z 不可用于[D]目标操作元件中。

⑥ 除法指令[DIV(FNC23)]

A. 指令格式

该指令的指令格式、助记符/功能号、操作数及程序步长如表 4.43 所示。

表 4.43 除法指令表

指令名称	助记符/功能号	操作数			程序步长	备注
		[S1·]	[S2·]	[D·]		
除法	FNC23 (D)DIV(P)	K、H、KnX、 KnY、KnM、KnS、 T、C、D、R、Z		KnY、KnM、KnS、 T、C、D、R	16 位—7 步 32 位—13 步	① 16/32 位指令 ② 单次/连续执行

B. 指令说明

除法指令是将指定的源操作数相除,[S1]为被除数,[S2]为除数,商送到指定的目标元件[D]中去,余数送到[D]的下一个目标元件。DIV 除法指令功能说明如图 4.97 所示。

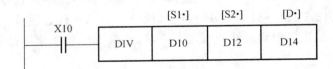

图 4.97 除法指令功能说明

除法指令分 16 位和 32 位两种运算方式,具体运算过程分析如图 4.98 所示。

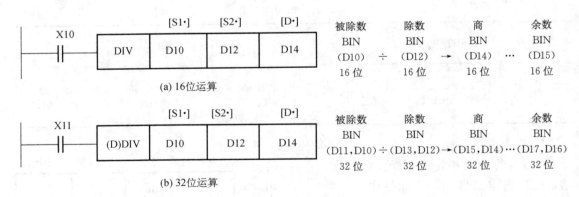

(a) 16位运算

(b) 32位运算

图 4.98 除法指令的应用分析

执行 16 位运算,执行条件 X10 为 ON 时,(D10)÷(D12)→(D14)。当(D10)＝17,(D12)＝2 时,(D14)＝8,(D15)＝1。Z 不可用于[D]中。

执行 32 位运算,执行条件 X11 为 ON 时,(D11、D10)÷(D13、D12),商在(D15、D14),余数在(D17、D16)中,V 和 Z 不可用于[D]中。

除数为 0 时,运算错误,不执行指令。

商和余数的最高位是符号位。被除数或除数中有一个为负数时,商为负数;被除数为负数时,余数为负数。

⑦ 加 1 指令[INC(FNC24)]

A. 指令格式

该指令的指令名称、助记符/功能代号、操作数及程序步长如表 4.44 所示。

表 4.44　加 1 指令表

指令名称	助记符/功能号	操作数 [D·]	程序步长	备注
加 1	FNC24 (D)INC(P)	KnY、KnM、KnS、 T、C、D、V、Z	16 位—3 步 32 位—5 步	① 16/32 位指令 ② 单次/连续执行

B. 指令说明

加 1 指令功能说明如图 4.99 所示。每当 X10 由 OFF→ON 变化时,由[D]指定的元件 D20 中的二进制数自动加 1。

当使用连续指令时,每个扫描周期加 1。

16 位指令运算时,+32 767 再加 1 就变为-32 768,标志位不置位。同样,在 32 位运算时,+2 147 483 647 加 1 就变为-2 147 483 648,标志位也不置位。

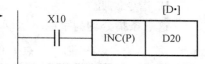

图 4.99　加 1 指令功能说明

⑧ 减 1 指令[DEC(FNC25)]

A. 指令格式

该指令的指令名称、助记符/功能代号、操作数及程序步长如表 4.45 所示

表 4.45　减 1 指令表

指令名称	助记符/功能号	操作数 [D·]	程序步长	备注
减 1	FNC25 (D)DEC(P)	KnY、KnM、KnS、 T、C、D、V、Z	16 位—3 步 32 位—5 步	① 16/32 位指令 ② 单次/连续执行

B. 指令说明

减 1 指令功能说明如图 4.100 所示。当 X10 由 OFF→ON 变化时,由[D]指定元件 D20 自动减 1。

当使用连续指令时,每个扫描周期减 1。

16 位指令运算时,-32 768 再减 1 就变为+32 767,标志位不置位。同样,32 位指令运算时,-2 147 483 648 再减 1 就变为+2 147 483 647,标志位也不置位。

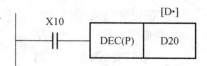

图 4.100　减 1 指令功能说明

⑨ 字逻辑与、或、异或指令[WAND、WOR、WXOR(FNC26、FNC27、FNC28)]

A. 指令格式

这三条指令的指令名称、助记符/功能号、操作数及程序步长如表 4.46 所示。

表 4.46　字逻辑与、或、异或指令表

指令名称	助记符/功能号	操作数			程序步长	备注
		[S1·]	[S2·]	[D·]		
字逻辑与 (WAND)	FNC26 (D)WAND(P)	K、H、KnX、 KnY、KnM、KnS、 T、C、D、V、Z		KnY、KnM、KnS、 T、C、D、V、Z	16 位—7 步 32 位—13 步	① 16/32 位指令 ② 单次/连续执行
字逻辑或 (WOR)	FNC27 (D)WOR(P)					
字逻辑异或 (WXOR)	FNC25 (D)WXOR(P)					

B. 指令说明

这三条指令均为字逻辑运算,各自的操作如表 4.47 所示。

表 4.47　字逻辑与、或、异或指令功能说明表

指令名称	指令格式	指令功能
字逻辑与 (WAND)	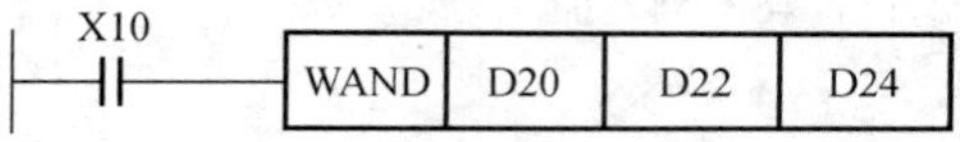 X10 —[WAND | D20 | D22 | D24]	各位进行与运算: (D20)∧(D22)→(D24) 1·1=1,0·1=0,1·0=0,0·0=0
字逻辑或 (WOR)	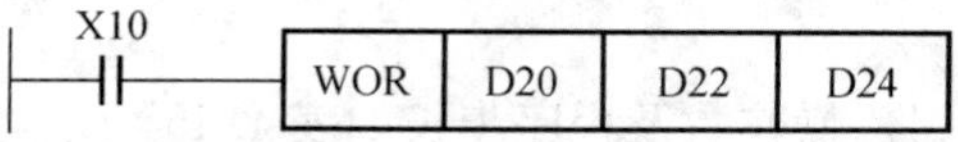 X10 —[WOR | D20 | D22 | D24]	各位进行或运算: (D20)∨(D22)→(D24) 1+1=1,0+1=1,1+0=1,0+0=0
字逻辑异或 (WXOR)	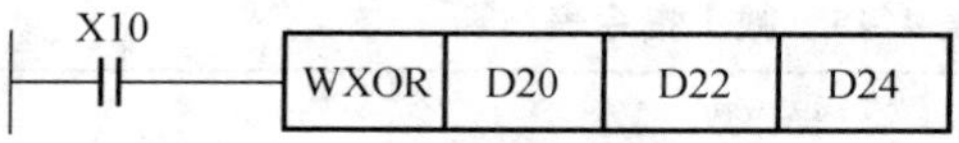 X10 —[WXOR | D20 | D22 | D24]	各位进行异或运算: (D20)⊕(D22)→(D24) 1⊕1=0,0⊕1=1,1⊕0=1,0⊕0=0

X10 合上时,相应的逻辑与、或、异或按 16 位、32 位进行操作运算。

C. 应用举例

a. 四则运算式的实现

某控制程序中要进行算式 $\dfrac{38X}{255}+2$ 的运算。

"X"代表输入端口 K2X10 送入的二进制数,运算结果送输出口 K2Y10;X30 为启停开关,运算梯形图如图 4.101 所示。

b. 彩灯亮、灭循环控制

彩灯功能用加 1、减 1 指令及变址寄存器完成正序彩灯亮至全亮,反序熄至全熄的循环变化。彩灯状态变化的时间单元为 1 s,用 M8013 实现。梯形图如图 4.102 所示,图中 X10 为彩灯的控制开关,彩灯共 12 盏。彩灯控制梯形图程序如图 4.102 所示。

⑩ 位右移、位左移指令[SFTR、SFTL(FNC34、FNC35)]

A. 指令格式

这两条指令的指令名称、助记符/功能号、操作数及程序步长如表 4.48 所示。

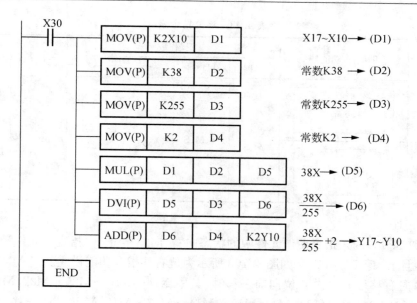

图 4.101 四则混合运算控制梯形图

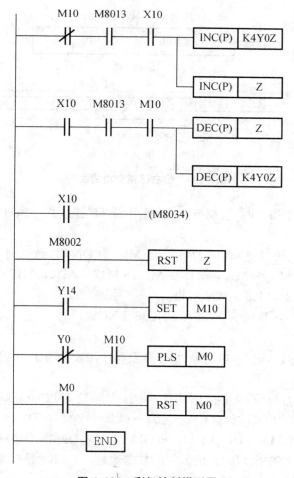

图 4.102 彩灯控制梯形图

表 4.48　移位指令表

指令名称	助记符/功能号	操作数				程序步长	备注
		[S1]	[D·]	n1	n2		
位右移	FNC34 SFTR	X、Y、M、S	Y、M、S	K、H n2≤n1≤1 024		16 位—7 步	① 16 位指令 ② 单次/连续执行
位左移	FNC35 SFTL						

B. 指令说明

SFTR 和 SFTL 两条指令使位元件中的状态向右、向左移位，n1 指定位元件长度，n2 指定移位的位数，且 n2≤n1≤1 024。如图 4.103 所示为位右移指令功能说明。当 M50 为 ON 时，执行该指令，向右移位。每次 4 位向前一移动，其中 X13～X10→M25～M22，M25～M22→M21～M18，M21～M18→M17～M14，M17～M14→M13～M10，M13～M10 移出，即从高位移入，低位移出。

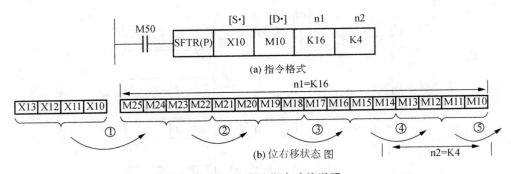

图 4.103　位右移指令功能说明

用 SFTR(P) 脉冲型指令时，仅执行一次，而用 SFTR 连续指令执行时，移位操作是每个扫描周期执行一次。

位左移指令功能说明如图 4.104 所示。当 M50 为 ON 时，数据向左移位，每次向左移四位，其中 X13～X10→M13～M10, M13～M10→M17～M14, M17～M14→M21～M18，M21～M18→M25～M22，M25～M22 移出。

⑪ 字右移、左移指令[WSFR、WSFL(FNC36、FNC37)]

A. 指令格式

该指令的指令名称、助记符/功能号、操作数及程序步长加表 4.49 所示。

B. 指令说明

字右移指令的功能与位移位指令功能类同，字移位时以字为单位向右或向左移位。图 4.105(a) 中，当 X10 为 ON 时，(D43～D40)→(D25～D22)，(D25～D22)→(D21～D18)，(D21～D18)→(D17～D14)，(D17～D14)→(D13～D10)，(D13～D10) 移出。n1= K16，是指定 D 的长度为 16 个。D 中出现的是最低位的数据地址，n2=K4 是指每次向前移动的一组数据，这里为 4 个，另外 n2≤n1≤512。

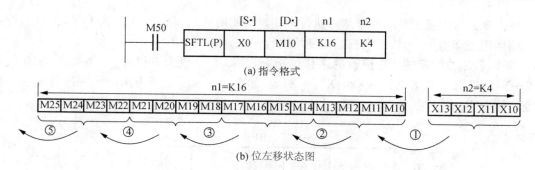

(a) 指令格式

(b) 位左移状态图

图 4.104　位左移指令功能说明

表 4.49　字移位指令表

指令名称	助记符/功能号	操作数				程序步长	备注
		[S1]	[D·]	n1	n2		
字右移	FNC36 WSFR(P)	KnX、KnY、 KnM、KnS、 T、C、D	KnY、KnM、 KnS、 T、C、D	K、H n2≤n1≤1 024		16 位— 7 步	① 16 位指令 ② 单次/连续 执行
字左移	FNC37 WSFL(P)						

图 4.105(b)中，当 X10 为 ON 时，4 个字一组向左移位，(D43～D40)→(D13～D10)，(D13～D10)→(D17～D14)，(D17～D14)→(D21～D18)，(D21～D18)→(D25～D22)，(D25～D22)移出。n1、n2 的设置与字右移情况相同。

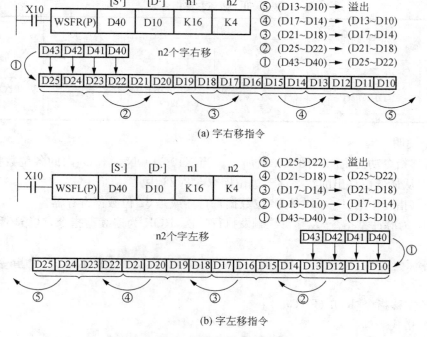

(a) 字右移指令

(b) 字左移指令

图 4.105　字移位指令功能说明

该指令分为连续型和脉冲型两种执行方式。当使用脉冲型指令,X10 为 ON 时,只执行一次。而当用连续型指令时,每个扫描周期均执行一次。

另外,若用位指定的元件进行的字移位指令,是以 8 个数为一组进行,例如 K1X10 代表 X17～X10,K2X10 代表 X27～X20、X17～X10。如图 4.106 所示即为用位元件进行的字右移指令功能说明。

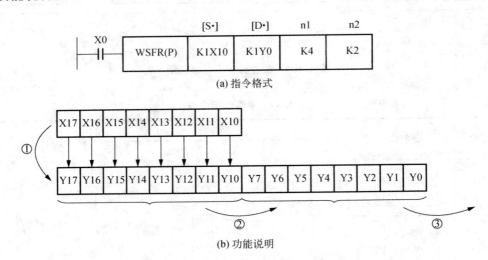

(a) 指令格式

(b) 功能说明

图 4.106 以位元件进行的字右移指令功能说明

⑫ 循环右移指令[ROR(FNC30)]

A. 指令格式

该指令的指令名称、助记符/功能号、操作数及程序步长如表 4.50 所示。

表 4.50 循环右移指令表

指令名称	助记符/功能号	操作数		程序步长	备注
		[D·]	n		
循环右移	FNC30 (D)ROR(P)	KnY、KnM、KnS、T、C、D、V、Z	K、H N≤16(16 位) N≤32(32 位)	16 位—5 步 32 位—9 步	① 16/32 位指令 ② 单次/连续执行 ③ 影响标志:M8022

B. 指令说明

循环右移指令功能说明如图 4.107 所示。当 X10 为 ON 时,[D]内的各位数据向右移 n 位,最后一次从最低位移出的状态存于进位标志 M8022 中。

循环右移指令中的[D]可以是 16 位数据寄存器或是 32 位数据寄存器。

ROR(P)为脉冲型指令,X10 每次触发执行一次,ROR 为连续型指令,其循环移位操作每个周期执行一次。

若在目标元件中指定"位"数,则只能用 K4(16 位指令)和 K8(32 位指令)表示,如图 4.108 所示。

⑬ 循环左移指令[ROL(FNC31)]

A. 指令格式

该指令的指令名称、助记符/功能号、操作数及程序步长如表 4.51 所示。

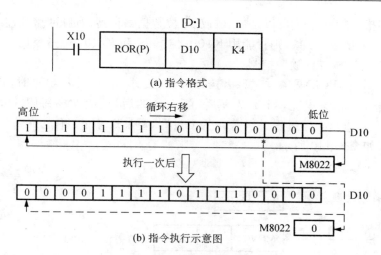

(a) 指令格式

(b) 指令执行示意图

图 4.107 循环右移指令功能说明

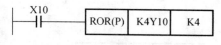

图 4.108 16 位循环移位指令

表 4.51 循环左移指令表

指令名称	助记符/功能号	操作数		程序步长	备注
		[D·]	n		
循环右移	FNC31 (D)ROL(P)	KnY、KnM、KnS、T、C、D、V、Z	K、H N≤16(16 位) N≤32(32 位)	16 位—5 步 32 位—9 步	① 16/32 位指令 ② 单次/连续执行 ③ 影响标志:M8022

B. 指令说明

循环左移指令功能说明如图 4.109 所示。当 X10 为 ON 时,[D]内的各位数据向左移 n 位,最后一次从最高位移出的状态也存于进位标志 M8022 中。

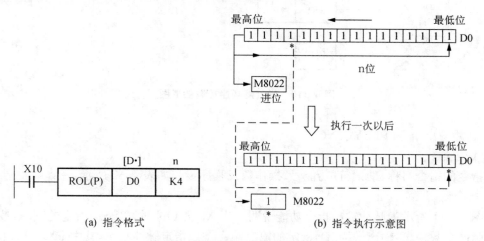

(a) 指令格式　　　　　　　　(b) 指令执行示意图

图 4.109 循环左移指令功能说明

同循环右移指令一样,[D]可以是 16 位或 32 位数据寄存器,有脉冲型和连续型指令。

若目标元件 D 指定"位"数,则只能用 K4(16 位指令)和 K8(32 位指令)。

C. 应用实例——霓虹灯顺序控制

现有 8 盏(PG1～PG8)霓虹灯管接于 K2Y10,要求当 X10 为 ON 时,霓虹灯 PG1～PG8 以正序每隔 1 s 轮流点亮,当 Y17 亮后,停 5 s;然后,反向逆序每隔 1 s 轮流点亮,当 Y10 再亮后,停 5 s,重复上述过程。当 X11 为 ON 时,霓虹灯停止工作。

控制梯形图如图 4.110 所示。

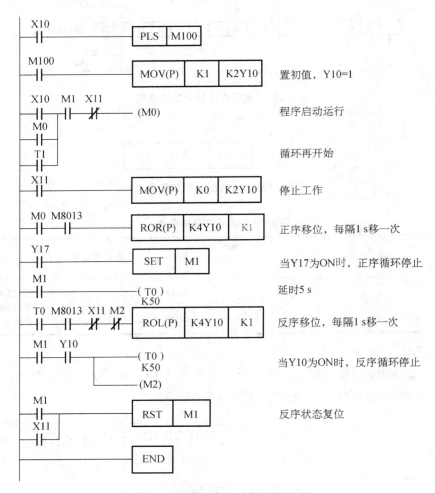

图 4.110　霓虹灯顺序控制梯形图

⑭ 脉冲输出指令[PLSY(FNC57)]

A. 指令格式

该指令的指令名称、助记符/功能号、操作数及程序步长如表 4.52 所示。

B. 指令说明

如图 4.111 所示为脉冲输出指令功能说明。当 X0 为 ON 时,以[S1]指定的频率,按[S2]指定的脉冲个数输出,输出端为[D]指定的输出端。[S1]指定脉冲频率,其中 FX$_{2N}$、FX$_{2NC}$ PLC

表 4.52 脉冲输出指令表

指令名称	助记符/功能号	操作数		程序步长	备注
		[S1・][S2・]	[D・]		
输出脉冲	FNC57 (D)PLSY	K、H、 KnX、KnY、 KnM、KnS、 T、C、D、V、Z	Y0/Y1 (FX$_{3U}$)	16 位—7 步 32 位—13 步	① 16/32 位指令 ② 单次/连续执行

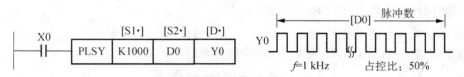

图 4.111 脉冲输出指令功能说明

为 1~20 000 Hz；FX$_{1S}$、FX$_{1N}$PLC 为 1~32 767 Hz(16 位指令)，1~100 000 Hz(32 位指令)；FX$_{3U}$ 为 1~200 000 Hz(32 位)；FX$_{5U}$ 为 1~200 000 Hz(32 位)；[S2]指定脉冲个数，16 位指令为 1~32 767，32 位指令为 1~2 147 483 647。

[D]指定高速脉冲输出口，仅为 Y0 和 Y1，FX$_{5U}$ 具有 4 通道，高速输出口分别为 Y0、Y1、Y2、Y3。PLC 机型要选用晶体管输出型的。

PLSY 指令输出脉冲的占控比为 50%。由于采用中断处理，所以输出控制不受扫描周期的影响。设定的输出脉冲发送完毕后，执行结束标志位 M8029 置 1。若 X0 为 OFF，则 M8029 也复位。

另外，指令 PLSY、PLSR(FNC59)两条指令对应的 Y0 或 Y1 输出的脉冲个数分别保存在(D8141，D8140)和(D8143，D8142)中，Y0 和 Y1 的总数保存在(D8137，D8136)中。

⑮ 脉宽调制指令[PWM(FNC58)]

A. 指令格式

该指令的指令名称、助记符/功能号、操作数及程序步长如表 4.53 所示。

表 4.53 脉宽调制指令表

指令名称	助记符/功能号	操作数			程序步长	备注
		[S1・]	[S2・]	[D・]		
脉宽调制	FNC58 PWM	K、H、 KnX、KnY、 KnM、KnS、 T、C、D、V、Z		Y0/Y1/Y2 (FX$_{3U}$)	16 位—7 步	① 16 位指令 ② 单次/连续执行

B. 指令说明

脉宽调制指令(PWM)产生的脉冲宽度和周期是可以控制的，其功能说明如图 4.112 所示。当 X10 合上时，Y1 有脉冲信号输出，其中[S1]是指定脉宽，[S2]是指定周期，[D]是指定脉冲输出口。要求[S1]≤[S2]。[S1]的范围为 0~32 767 ms，[S2]在 1~32 767 ms 内，[D]只能指定 Y0、Y1 和 Y2，FX$_{5U}$ 系统具有更多高速输出口。

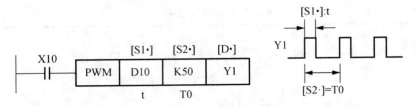

图 4.112　脉宽调制指令功能说明

PWM 指令仅适用于晶体管方式输出的 PLC。

⑯ 可调脉冲输出指令[PLSR(FNC59)]

A. 指令格式

该指令的指令名称、助记符/功能号、操作数及程序步长如表 4.54 所示。

表 4.54　可调脉冲输出指令表

指令名称	助记符/功能号	操作数		程序步长	备注
		[S1·][S2·][S3·]	[D·]		
可调脉冲输出	FNC59 (D)PLSR	K、H、 KnX、KnY、KnM、KnS、 T、C、D、V、Z	Y (Y0、Y1)	16 位—9 步 32—17 步	① 16 位指令 ② 单次/连续执行

B. 指令说明

如图 4.113 所示为可调脉冲输出指令(或称带加减功能的脉冲输出指令)功能说明。当 X10 为 ON 时,从[D]输出频率从 0 加速到达[S1]指定的最高频率,到达最高频率后,再减速到达 0。输出脉冲的总数量由[S2]指定,加速、减速的时间由[S3]指定。

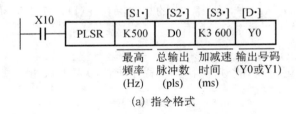

(a) 指令格式

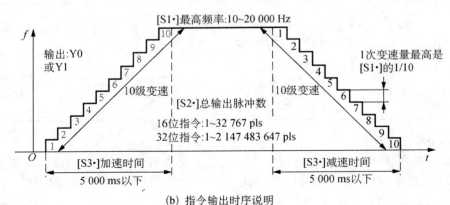

(b) 指令输出时序说明

图 4.113　带加减功能的脉冲输出指令功能说明

对于 FX$_{2N}$ PLC,[S1]的设定范围为 10～20 000 Hz,对于 FX$_{3U}$ PLC,可设 10～200 000 Hz;[S2]的设定范围,若是 16 位操作,[S2]从 1～32 767,若是 32 位操作,[S2]从 1～2 147 483 647。[S3]为加减速度时间,从 50～5 000 ms,其值应大于 PLC 扫描周期最大值(D8012)的 10 倍,且应满足:

$$\frac{9\ 000 \times 5}{[S1]} \leqslant [S3] \leqslant \frac{[S2] \times 818}{[S1]}$$

加减速的变速次数固定为 10 次;[D]用来指定脉冲输出的元件号(Y0 或 Y1)。

当 X10 为 OFF 时,中断输出,X10 再次为 ON 时,从初始值开始动作。在指令执行过程中,改写操作数[S2],指令运行不受影响。变更内容只从下一次指令驱动开始有效。

当[S2]设定的脉冲数输出结束时,执行结束标志继电器 M8029 置 1。

本指令在程序中只能使用一次,且要选择晶体管方式输出的 PLC。此外,Y0、Y1 输出的脉冲数存入以下特殊数据寄存器。

[D8141,D8140]存放 Y0 的脉冲总数;[D8143,D8142]存放 Y1 的脉冲总数;[D8137,D8136]存放 Y0 和 Y1 的脉冲数之和。要清除以上数据寄存器的内容,可通过传送指令做到,即(D)MOV K0 可清除。

⑰ 状态初始化指令[IST(FNC60)]

A. 指令格式

该指令的指令名称、助记符/功能号、操作数及程序步长如表 4.55 所示。

表 4.55　状态初始化指令表

指令名称	助记符/功能号	操作数			程序步长	备注
		[S·]	[D1·]	[D2·]		
状态 初始化	FNC60 IST	X、Y、M	S20～S899 D1<D2		16 位—7 步	① 16 位指令 ② 连续执行

B. 指令说明

如图 4.114 所示为状态初始化指令功能说明。当 M8000 接通时,内部继电器及特殊继电器的状态自动设置了有关定义状态,其中[S]指定输入端运行模式,即 X10～X17 自动定义:

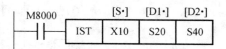

图 4.114　状态初始化指令功能说明

X10:手动操作;　　　　　　　X14:连续运行(自动);

X11:回原点;　　　　　　　　X15:回原点起动;

X12:单步;　　　　　　　　　X16:自动运行起动;

X13:循环运行一次(单周期);　X17:停止。

X10～X17 为选择开关或按钮开关,其中 X10～X14 不能同时接通,可使用选择开关或其他编码开关,X15～X17 为按钮开关;[D1]、[D2]分别指定在自动操作中实际用到的最小、最大状态序号。

IST 指令被驱动后,下列元器件将被自动切换控制。若在这以后,M8000 变为 OFF,这些元器件的状态仍保持不变。

M8040：禁止转移；　　　　　　　　　　S0：手动操作初始状态；

M8041：转移开始；　　　　　　　　　　S1：回原点初始状态；

M8042：起动脉冲；　　　　　　　　　　S2：自动运行初始状态。

M8047：STL(步控指令)监控有效；

本指令在程序中只能使用一次，应放在步进顺控指令之前。若在 M8043 置 1(回原点)之前改变操作方式，则所有输出将变为 OFF。

C. 应用举例——机械手控制程序设计

如图 4.115 所示为一机械手将物体从 A 点搬至 B 点的工作示意图。图 4.115(a)为机械手工作示意图，图 4.115(b)为机械手控制操作面板，图 4.115(c)从①～⑧为其工作流程图。

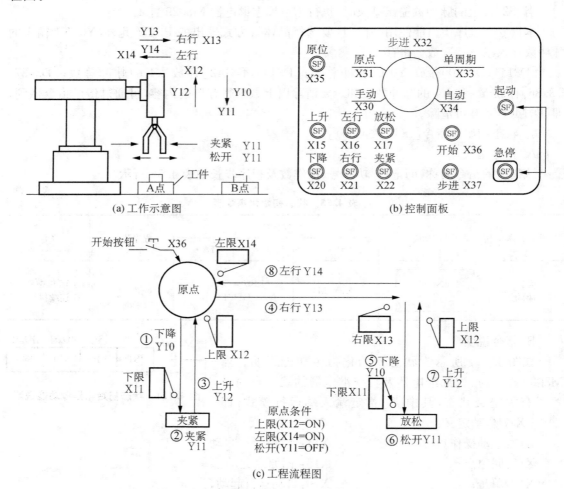

图 4.115　机械手操作示意图及状态图

机械手的工作流程为原点→下降→夹紧→上升→右行→下降→松开→上升→左行→原点。

下降/上升，左行/右行，夹紧，均采用电磁阀。该机械手的程序如图 4.116 所示，读者可在学习完 4.5 节后再阅读该段程序。

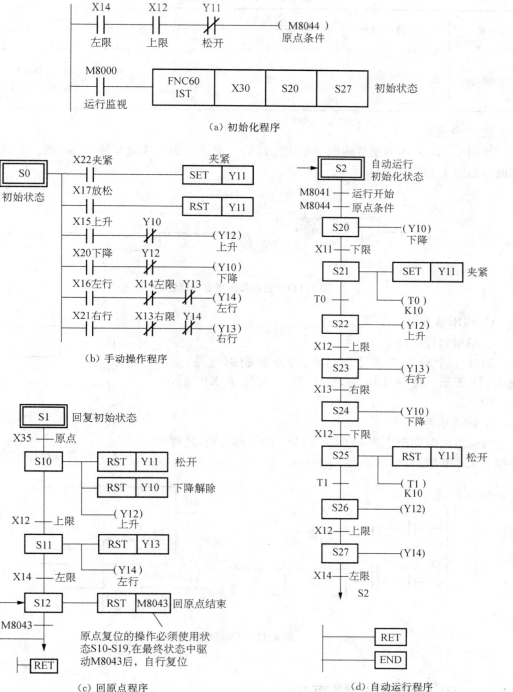

图 4.116 机械手控制梯形图(状态图)

⑱ 交替输出指令[ALT(FNC66)]

A. 指令格式

该指令的指令名称、助记符/功能号、操作数及程序步长如表 4.56 所示。

表 4.56　交替输出指令表

指令名称	助记符/功能号	操作数 [D·]		程序步长	备注
交替输出	FNC66 ALT(P)	X、Y、M		16 位—3 步	① 16 位指令 ② 连续/脉冲执行

B. 指令说明

如图 4.117 所示为交替输出指令功能说明。交替输出指令就是输入 X0 的二分频电路，其波形如图 4.117(b)所示。

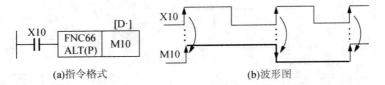

（a)指令格式　　　　　　　　　　（b)波形图

图 4.117　交替输出指令功能说明

C. 应用举例

a. 单键启停电路

通过 1 个输入按钮完成起动、停止控制的电路，如图 4.118 所示。按下 X10 时，Y11 为 1，再按下 X10 时，Y11 为 0。

b. 闪烁电路

闪烁电路即要产生 2 s ON、2 s OFF 的闪烁电路，其程序如图 4.119 所示。

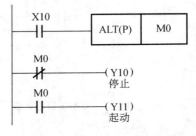

图 4.118　单键起动/停止电路

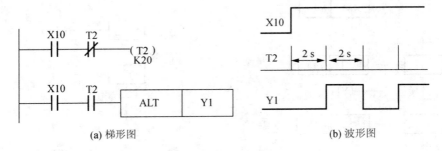

（a) 梯形图　　　　　　　　　　　（b) 波形图

图 4.119　闪烁电路

4.3　PLC 编程注意事项

4.3.1　程序步骤及执行顺序

1）触点的构成和步

（1）即使是执行相同动作的顺控梯形图，触点的构成方法不同，也能简化程序和节约步数,如图 4.120 所示。

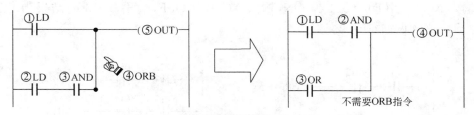

图 4.120　触点的构成和步

（2）并联触点较多的梯形图写在靠左母线比较好,如图 4.121 所示。

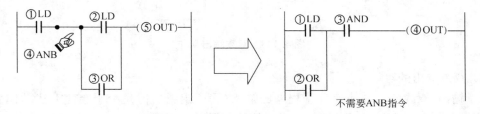

图 4.121　触点并联

2) 程序的执行及编程顺序

顺控程序是按照［从上至下］到［从左到右］的顺序执行的,顺控指令表也按这个顺序编码。如图 4.122 所示程序的执行及编程顺序。

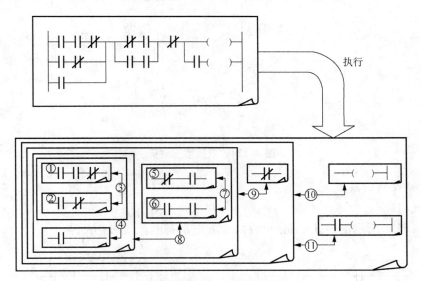

图 4.122　程序的执行及编程顺序

4.3.2　双线圈问题

1) 双线圈对策

（1）双重输出的动作

如果顺控程序中执行线圈的双重输出（双线圈）,则程序不能够正常执行。如图 4.123 所示的双重输出的动作。

当输入 X012 为 ON, X014 为 ON, 输入 X013 为 OFF, 输出 Y013 的结果为 OFF。要 Y013 为 ON, 必须做如右图的变更。

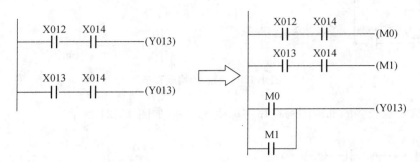

图 4.123　双重输出动作

（2）双重输出的对策

双重输出（双线圈），并非违背了程序的输入（程序出错），但是由于会使上述动作变得复杂，建议学习如图 4.124 所示的双重输出对策的例子后更改程序。

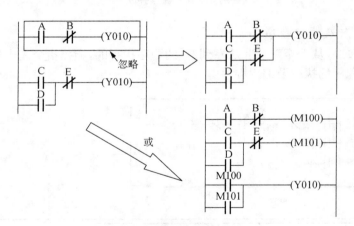

图 4.124　双重输出对策

2）不能编程的回路及对策

（1）桥式电路

按照图 4.125 所示的桥式电路，更改两个方向都有电流流过的回路。

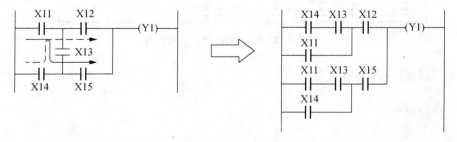

图 4.125　桥式电路

（2）线圈连接的位置

① 线圈右侧勿写触点；

② 建议触点之间的线圈放在前面编程。

如触点 A 和 B 之间的线圈（E）放在程序前面，可以节省步数。如图 4.126 所示线圈连接的位置。

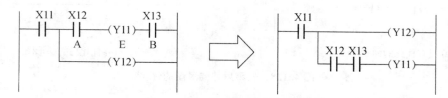

图 4.126　线圈连接的位置

4.3.3　梯形图优化

（1）梯形图的编程，要以左母线为起点，右母线为终点，从左至右，按每行绘出。每一行的开始是起始条件，由常开、常闭触点或其组合组成，最右边的线圈是输出结果，一行写完，自上而下，依次写下一行。

（2）触点应画在水平线上，不能画在垂直分支线上。如图 4.127（a）所示，触点 X13 画在垂直线上，很难正确识别它与其他触点的相互关系，应该重新编写程序，如图 4.127（b）所示。

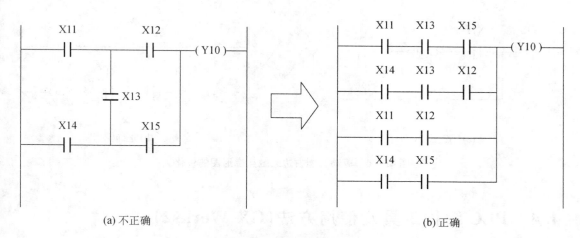

图 4.127　改变电路结构图例

（3）有几个串联电路相并联时，应将触点最多的支路放在梯形图的上面，如图 4.128 所示。而对有几个并联回路相串联时，应将触点最多的放在梯形图的最左边；这样的安排使程序简洁明了，指令语句也较少，如图 4.129 所示。

（4）驱动输出线圈的右边应无触点连接。设计梯形图时，只能把触点安排在线圈的左边，如图 4.130 所示。

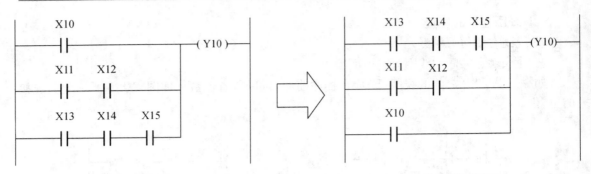

(a) 没有优化的梯形图　　　　　　　　(a) 优化后的梯形图

图 4.128　先串后并梯形图的优化

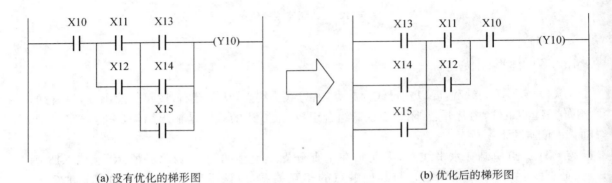

(a) 没有优化的梯形图　　　　　　　　(b) 优化后的梯形图

图 4.129　先并后串梯形图的优化

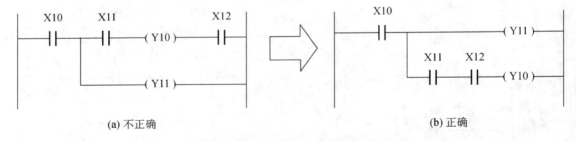

(a) 不正确　　　　　　　　　　　　　(b) 正确

图 4.130　驱动线圈右边无触点梯形图的优化

4.4　PLC 编程工具及使用方法(GX Works2)

4.4.1　编程软件及使用(GX Works2)

本书使用的软件为 GX Works2,适用于三菱电机 FX_{3U} 系列 PLC 的编程应用,FX_{5U} 系列采用 GX Works3 开发软件。下面着重介绍 GX Works2 画面的构成和操作的基础知识。

1) GX Works2 画面的构成(见图 4.131)

(1) 菜单栏:如图 4.132 所示。

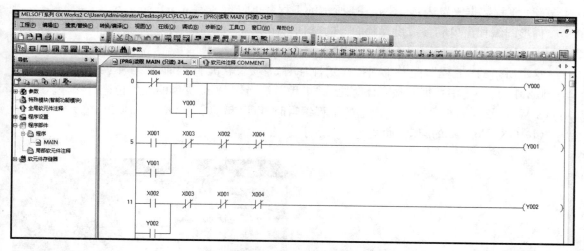

图 4.131 GX Works2 画面的构成

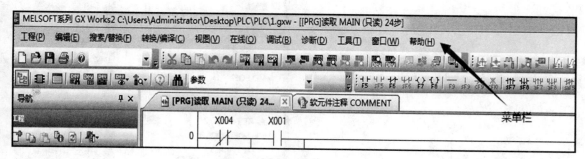

图 4.132 菜单栏

（2）工具栏：如图 4.133 所示。

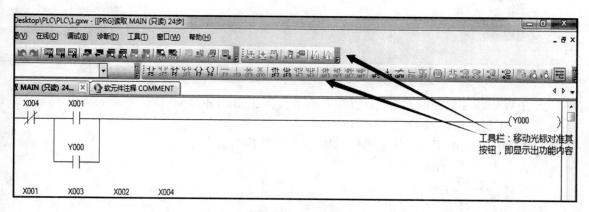

图 4.133 工具栏

工具栏的内容是可以移动和装卸的，所以显示项目和配置因不同环境而异。将使用频度较高的配置为快捷按钮，对比在菜单栏中进行选择，可以直接执行相应功能。

（3）工程数据一览表：如图 4.134 所示的工程数据。

梯形图编程窗口和参数设置画面等的"树形"显示。

2）GX Works2 的起动和新工程的创建

这里所谓的"工程"，是指程序、软元件注释、参数、软元件内存的一种集合体。在 GX Works2 中，把一连串数据的集合体称之为"工程"，被当作 Windows 的文件包进行保存。要使用 GX Works2 进行两个或两个以上的工程编辑时，可以起动多个 GX Works2。

（1）GX Works2 的起动：如图 4.135 所示。

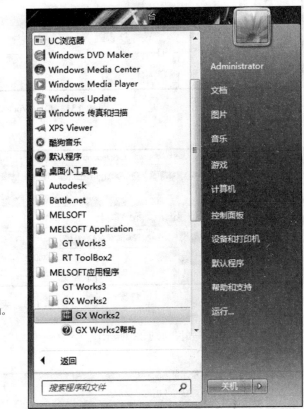

用鼠标点击直接指定显示项目。

图 4.134　工程数据　　　　　　　　　图 4.135　GX Works2 的起动

点击 Windows 的"开始"按钮。在菜单栏中找到 MELSOFT 应用程序——GX Works2。

（2）新工程的创建：如图 4.136 所示。

① 选择工具栏的型或者从菜单栏选择［工程］—［创建新工程］；

② 点击 PLC 系列的下拉按钮；

③ 选择 FXCPU；

④ 点击 PLC 类型的按钮；

⑤ 选择 FX_{3U}（与实际相同）；

⑥ 点击确定；

⑦ 显示出新工程画面，呈现可输入程序状态。

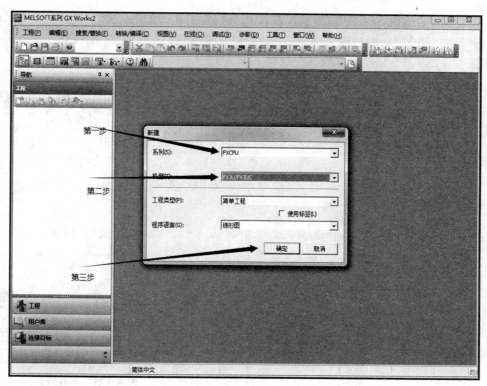

（a）

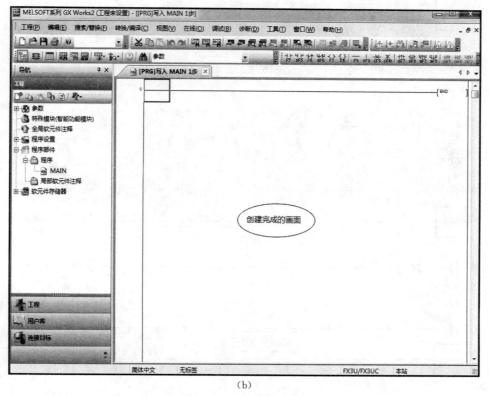

（b）

图 4.136 新工程的创建

（3）梯形图的编辑：使用功能键或工具按钮编辑梯形图，如图 4.137、图 4.138 所示（本书中用 3 位 X000 和 Y000 表达输入继电器（X）和输出继电器（Y）的编号，在 GX Works2 的画面上进行输入时，X0、Y1 和左前方的 0 可省略不输入）。

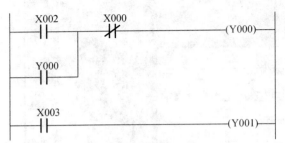

图 4.137　梯形图的编辑

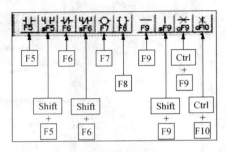

图 4.138　功能键

① 编辑梯形图时，必须先设置在"写入模式"。

从工具栏中选择，从菜单中选择［编辑］—［写入模式］，写入模式如图 4.139 所示。

② 梯形图的输入：输入字符时要全部采用半角字符输入，不能采用全角字符。输入如图 4.140所示。

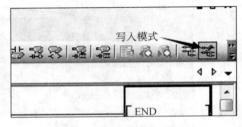

图 4.139　写入模式

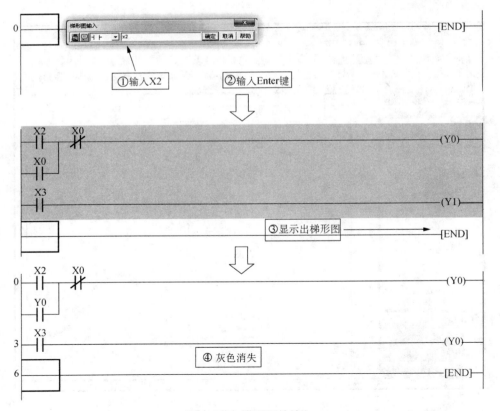

图 4.140　梯形图的输入

A. 点击 F5 $\overset{\dagger}{\underset{F5}{\vdash}}$ 输入 X2,用 ESC 键或者[取消]键取消;

B. 用 ENTER 键或[确定]键确定;

C. 显示出输入的梯形图,梯形图编辑结束;

D. 梯形图转换操作(重要)为了确定尚未确定的梯形图(灰色显示部分),进行转换操作。按 F4(转换)键,或者从菜单中选择转换。

(4) 将程序写入 PLC:将制作成的顺控程序写入到 FX PLC 中。计算机与 PLC 连接,如图 4.141 所示。

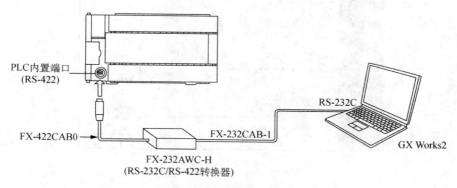

(a) 与 PLC 的连接(计算机侧:RS-232)

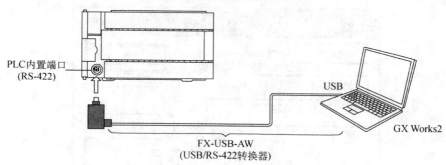

(b) 与 PLC 的连接(计算机侧:USB)

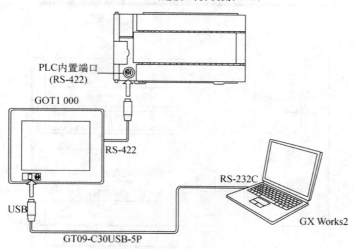

(c) GOT1000 的透明功能(计算机侧:USB)

图 4.141 计算机与 PLC 连接

注意:图 4.141(b)中应该对 FX-USB-AW 的驱动分配给个人计算机的 COM 端口编号进行确认,可通过计算机设备管理器计算机端口确定。

3) GX Works2 的传输设置

(1) 为了 GX Works2 与 PLC 通信而进行的设置(见图 4.142)

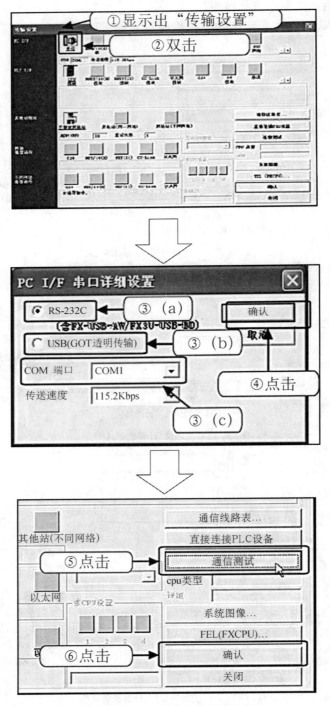

图 4.142　GX Works2 的传输设置

① 进行[在线]—[传输设置]的菜单点击操作。

② 双击串行图标。

③ 设置个人计算机侧的通信端口：①如果个人计算机侧的连接器是 RS-232C 的连接器，或者个人计算机侧的连接器是使用 FX-USB-AW 的连接器，则选择 RS-232C；②如果使用 GOT1000 的透明功能，个人计算机方面的连接器是 USB，则选择 USB(GOT 透明)；③如果个人计算机侧的连接器是 RS-232C 的连接器，通常选择 COM1(因个人计算机而异)，使用FX-USB-AW 则由驱动指定分配端口。

④ 设置后点击[确定]按钮。

⑤ 点击[通信测试]按钮，确认与 PLC 的通信。

⑥ 确认后，点击[确认]按钮，确定设定内容。

(2) 程序的写入(见图 4.143)

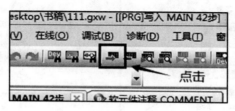

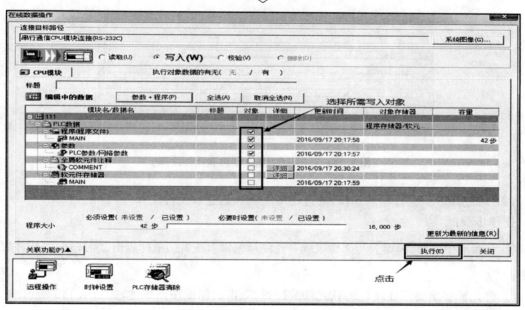

图 4.143　程序的写入

① 在菜单栏中选择[在线]—[PLC 写入]；

② 点击[参数＋程序]；

③ 点击[执行]。

之后显示写入进程的对话框，写入结束后，点击[确定]按钮。

4.4.2　注释和声明

1）创建软元件注释

（1）可通过列表输入或梯形图输入创建软元件注释

如图 4.144 所示，即为通过列表进行输入操作。

操作步骤：

① 在工程列表的软元件注释下双击[MAIN]；

② 在软元件名中输入需要注释的软元件名；

③ 在注释栏中输入注释内容。

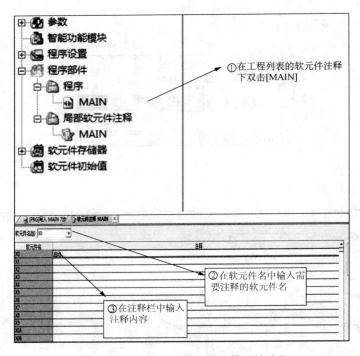

图 4.144　通过列表输入创建软元件注释

（2）通过梯形图进行输入操作，通过梯形图输入创建软元件注释

操作步骤：

① 在菜单中选择[编辑]—[文档生成]—[注释编辑]，或者用鼠标点击 按钮，完成注释的编辑。

② 将光标移至要创建注释的软元件的位置，双击鼠标或按回车键，如图 4.145 所示。

图 4.145　通过梯形图进行输入操作

③ 显示如图 4.146 对话框,输入软元件注释后点击[确定]按钮。

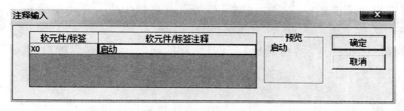

图 4.146 注释输入对话框

④ 若要退出注释编辑模式,可再次选择[编辑]—[文档生成]—[注释编辑]菜单,将菜单选项中所显示的√符号去掉或者再点击(编辑)按钮。

2) 创建声明

关于声明,三菱 PLC 包括外围声明(P 声明及 I 声明)/嵌入式声明(PLC 声明)两种。对于声明而言可以对各个梯形图块添加注释,使得整个程序易于理解。

操作步骤(见图 4.147):

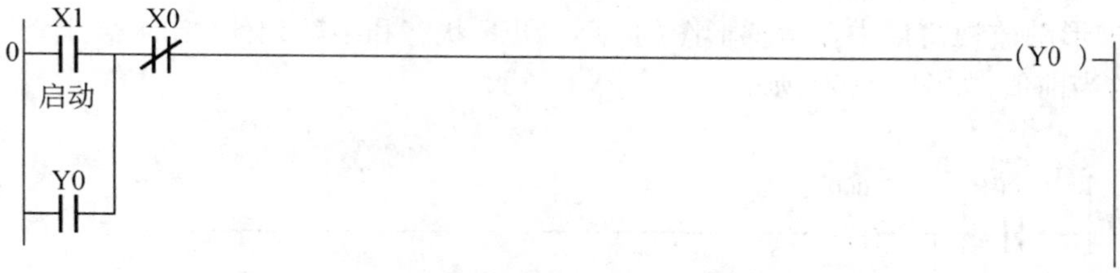

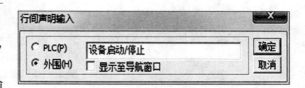

图 4.147 声明的输入操作

(1) 在菜单中选择[编辑]—[文档生成]—[声明编辑]或者鼠标点击(声明编辑)按钮。

(2) 将光标移至要创建声明的行的位置,双击鼠标或按回车键。

(3) 显示以下对话框,选择外围声明,输入声明后点击[确定]按钮;外围声明文字前会出现 * 号,如图 4.148、图 4.149 所示。

图 4.148 对话框

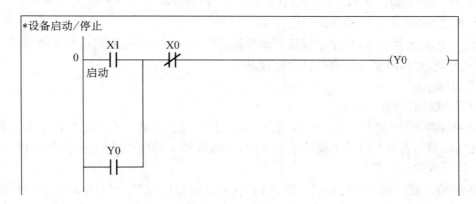

图 4.149 声明创建完成

（4）之后进行变换（F4）。

（5）若要退出声明编辑模式，再次选择［编辑］—［文档生成］—［声明编辑］菜单，将菜单项中显示的√符号去掉或者再次点击（声明编辑）按钮。

（6）删除梯形图中的声明：将光标移至要删除的声明上，按键盘的"Delete"，删除后进行变换。

注意：

① 整合型（嵌入型）声明（PLC）：可对 CPU 模块进行嵌入声明的读写。

② 外围（独立）声明：由于不必将外围声明写入 CPU 模块，因此可以节省 CPU 模块的程序存储器容量。在程序中外围声明的起始处将附加"＊"。

4.4.3 监视、监视写入模式

1）梯形图的监视

在显示梯形图的同时监视触点的导通状态和线圈的驱动状态。

操作步骤：

（1）在菜单栏中选择［在线］—［监视］—［监视模式］。

（2）梯形图监视窗口中显示梯形图的 ON/OFF 状态和字软元件（定时器、计数器、数据存储器等）的当前值，如图 4.150 所示。

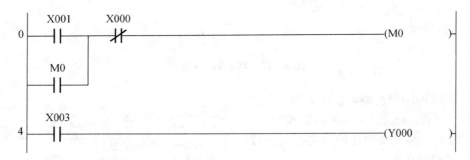

图 4.150　梯形图监视窗口

（3）结束梯形图监视时，可在窗口上右击鼠标，选择［停止监视］。

（4）为了进行程序的修改和写入，在菜单栏中选择［编辑］—［写入模式］。

2）软元件/缓存的批量登录

指定起始软元件编号，批量监视从起始号起的软元件。在安装有特殊功能模块的系统中，按照模块地址，也可以实现缓存的批量监视。

操作步骤：

（1）设置梯形图监视状态。

（2）在菜单栏中选择［在线］—［监视］—［软元件批量］，或者在梯形图窗口上右击鼠标，选择［软元件批量］；在有特殊功能模块的系统中，要监视特殊功能模块的缓存时，选择［在线］—［监视］—［缓存内存批量］。

（3）将要监视的软元件起始编号输入到"软元件批量监视"的窗口中，按［Enter］键，或点击［监视开始］，如图 4.151 所示。

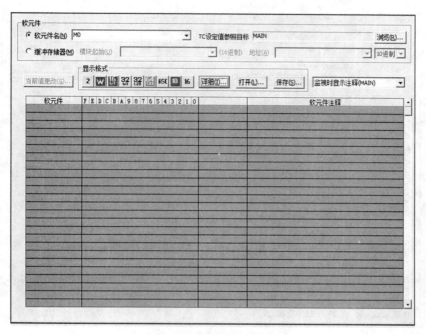

图 4.151　梯形图监视状态

（4）在缓冲存储批量监视中将如图 4.152 所示画面，指定所要监视的特殊功能模块的起始 I/O 号及缓冲内存地址。

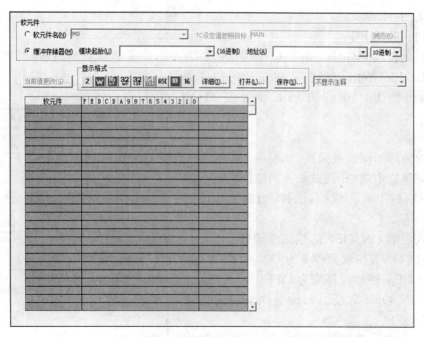

图 4.152　监视特殊功能模块的起始 I/O 号及缓冲内存地址

（5）根据软元件的动作显示软元件值的内容和触点以及线圈的 ON/OFF 状态，如图 4.153 所示。

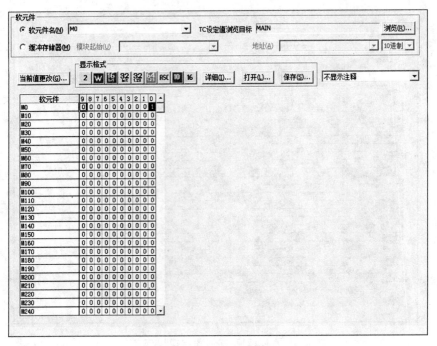

图 4.153　显示软元件值的内容

4.4.4　调试及诊断

1）软元件测试

（1）强制 ON/OFF

使 PLC 的位软元件（M、Y、T、C 等）强制 ON/OFF，PLC 在运行时，仅可以进行一个运算周期的 ON/OFF 动作，以顺控程序驱动的动作优先。进行输出确认时，要先将 PLC 设置在 STOP 状态。

操作步骤：

① 设置为梯形图监视模式。

② 在菜单栏中选择［调试］—［当前值更改］，或者在梯形图窗口上右击鼠标，选择［当前值更改］，如图 4.154 所示。

③ 输入强制 ON/OFF 的软元件编号。

④ ［强制 ON］：使软元件变为 ON。

［强制 OFF］：使软元件变为 OFF。

［强制 ON/OFF 取反］：每按一次交替进行软元件的 ON/OFF。

参考：在按住［Shift］的同时，双击［梯形图监视窗口］上的任意软元件图标，就能够使指定软元件强制 ON/OFF，或者同时按住［Shift］＋［Enter］。

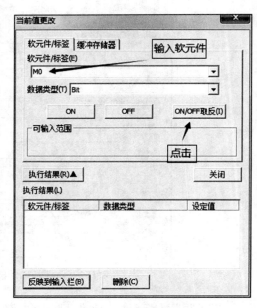

图 4.154　软元件测试（1）

（2）变更字软元件的当前值

使 PLC 的字软元件（T、C、D 等）当前值变更为指定值。

操作步骤：

① 设置为梯形监视状态

② 在菜单栏中选择［调试］—［当前值更改］，或者在梯形图窗口上右击鼠标选择［软元件测试］，如图 4.155 所示。

③ 输入要变更的软元件编号。

④ 输入变更值。

⑤ 点击［设置］按钮，变更值写入 PLC 中。

2）PLC 的诊断

操作步骤：

（1）连接计算机和 PLC。

（2）在菜单栏中选择［诊断］—［PLC 诊断］后，执行 PLC 的诊断，显示出错画面，如图 4.156 所示。

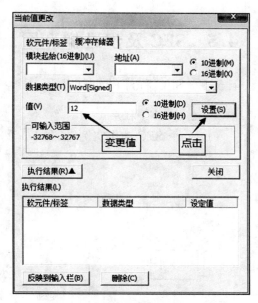

图 4.155　软元件测试（2）

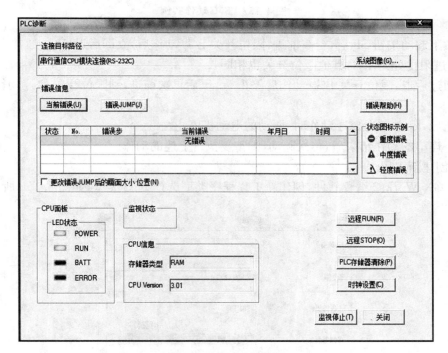

图 4.156　PLC 的诊断

① 显示 FX 系列 PLC 的 LED 状态；

② 显示 FX 系列 PLC 的当前错误，没有错误则显示没错；

③ 打开 GX Works2 帮助功能，可以确认错误代码的详细内容。

（3）根据显示的错误代码，寻找相对应的错误解决办法。错误代码及解决办法在编程软件的帮助和相对应的编程手册中都可查阅。

4.5　SFC 及步进梯形图

4.5.1　SFC 程序的创建步骤

1) 创建 SFC 程序

(1) 一个 SFC 动作实例(见图 4.157)

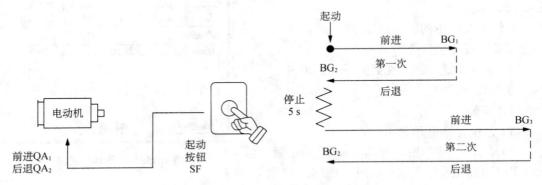

图 4.157　SFC 动作实例

① 按下起动按钮 SF 后,台车前进,限位开关 BG₁ 动作后,立即后退(BG₁ 通常为 OFF,只在到达前进限位处为 ON,其他限位开关也相同)。

② 通过后退,限位开关 BG₂ 动作后停止 5 s 以后再次前进,到限位开关 BG₃ 动作时,立即后退。

③ 此后,限位开关 BG₂ 动作时,驱动的电动机停止。

④ 一连串的动作结束后,再次起动,则重复执行上述的动作。

(2) 创建新工程

通过 GX Works2 编程软件,创建新工程程序类型选择 SFC 类型,如图 4.158 所示。

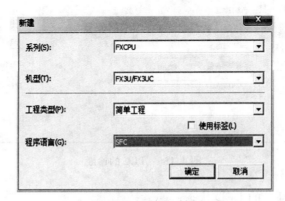

图 4.158　创建新工程

点击确认,即可进入 SFC 编程画面,进行 SFC 程序的创建。

2) 创建工序图

按照下述的步骤,创建 SFC 工序图,如图 4.159 所示。

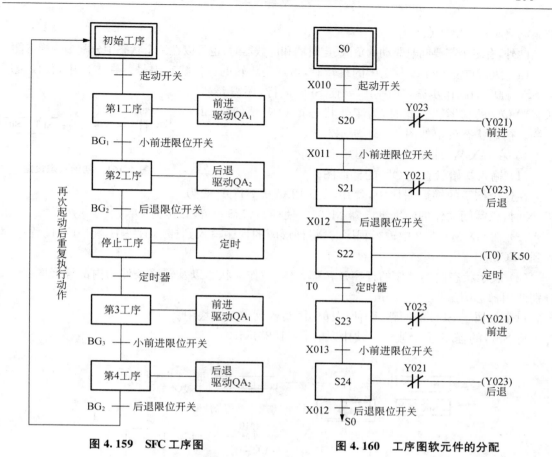

图 4.159　SFC 工序图　　　　图 4.160　工序图软元件的分配

① 将上述事例的动作分成各个工序,按照从上至下的动作顺序用矩形表示。

② 用纵线连接各个工序,写入工序推进的条件,在一连串的动作结束时,用箭头表示返回到初始工序。

③ 在表示工序的矩形的右边写入各个工序中执行的动作。

3) 软元件分配

下面给已经创建好的工序图分配 PLC 的软元件,如图 4.160 所示。

(1) 给出表示各个工序的矩形分配状态 S,此时在初始工序中分配初始状态有 S0～S9 可选。在初始化工序以后,请任意分配除初始状态以外的状态编号 S20～S899 等。状态编号的大小与工序顺序无关。

在状态中,还包括即使停电也能记忆其动作状态的停电保持用状态。

此外,S10～S19 是在使用 IST 指令时作为特殊目的使用的。

(2) 给出转移条件及分配软元件(开关以及限位开关连接的输入端子编号以及定时器编号)。转移条件中可以使用 a 触点(常闭)和 b 触点(常闭)。

此外,有多个条件时,也可以使用 AND 梯形图和 OR 梯形图。

(3) 应对各个工序执行的动作中使用的软元件(外部设备连接的输出端子编号及定时器编号)进行分配。

PLC 中备有多个定时器、计数器、辅助继电器等器件,可以自由使用。

此外使用了定时器 T0,这个定时器是按照 0.1 s 时钟动作,所以当设定值为 K50 时,线圈被驱动 5 s 后输出触点动作。

此外,有多个需要同时驱动的负载、定时器和计数器时,也可以在一个状态中分配多个梯形图。

(4) 执行重复动作以及工序的跳转时,指定要跳转的目标状态编号。在本例中,仅仅说明了 SFC 程序的制作步骤,实际上,要使 SFC 运行,还需要初始状态置 ON 的梯形图。此时,为了使状态置 ON,请使用 SET 指令。初始状态设定如图 4.161 所示。

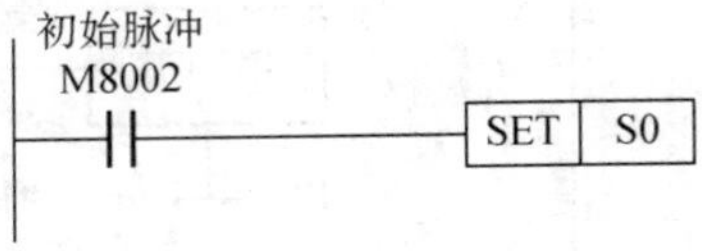

初始脉冲
M8002 ────────[SET │ S0]

图 4.161 初始状态设定

4) 在 GX Works2 中输入及显示程序

(1) 输入初始状态置 ON 的梯形图。

在这个例子的梯形图块中,使用了当 PLC 从 STOP 变为 RUN 时,仅瞬间动作的辅助继电器 M8002,使初始状态 S0 被置位为 ON。

(2) 在 GX Works2 中输入程序时,将梯形图的程序写入到梯形图块中,将 SFC 的程序写入到 SFC 块中。

(3) 表示状态内的动作的程序及转移条件,被作为状态以及转移条件的内部梯形图处理。分别使用梯形图编程。

对于不属于 SFC 的回路,则使用梯形图写入到梯形图块中。

将 SFC 的程序写入到 SFC 块中,如图 4.162 所示。

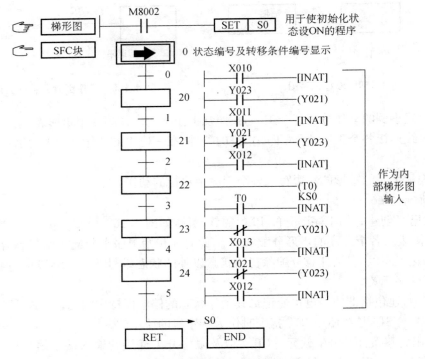

图 4.162 梯形图及 SFC 块程序

4.5.2 SFC 编程注意事项

1) 停电保持(保持用)状态

停电保持用状态 S,是使用电池或对其动作状态进行备份。

在机械动作过程中发生停电后,再次通电时想要从刚才的状态继续运行时,可以使用这些状态。

2) RET 指令的作用

(1) SFC 程序中,在 SFC 程序最后使用 RET 指令。但是通过 GX Works2 输入 SFC 程序时,不需要输入 RET 指令(自动写入)。

(2) 在 PLC 中,从 0 步开始到 END 指令之间可以制作多个 SFC 块。

当梯形图块和 SFC 块混在一起时,分别在各个 SFC 程序的最后编程写 RET 指令。

3) 状态内可以处理的顺控指令(见表 4.57)

表 4.57　可在状态内处理的顺控指令

项　目		指　令		
状态		LD/LDI/LDF/LDP、AND/ANI/ANDP/ANDF、OR/ORI/ORP/ORF、INV、OUT、SET/RST、PLS/PLF	ANB/ORB/MPS/MRD/MPP	MC/MCR
初始状态/一般状态		可以使用	可以使用	不可以使用
分支,会合状态	驱动处理	可以使用	可以使用	不可以使用
	转移处理	可以使用	不可以使用	不可以使用

4) 特殊辅助继电器

为了能够有效地制作 SFC 程序,需要使用几个特殊辅助继电器,见表 4.58。

表 4.58　特殊辅助继电器

软元件	名　称	功能及用途
M8000	RUN 监控	在 PLC 运行过程中一直为 ON 的继电器。可以作为需要一直驱动的程序输入条件以及作为 PLC 运行状态的显示使用
M8002	初始脉冲	仅仅在 PLC 从 STOP 切换成 RUN 的瞬间为 ON 的继电器,用于程序的初始化设定和初始化状态置位
M8040	禁止转移	驱动该继电器后,所有的状态之间都禁止转移。此外,即使是在转移的状态下,由于状态内的程序仍然动作,所以输出线圈等不会自动断开
M8046	STL 动作	即使是一个状态为 ON,M8046 就会自动设置 ON,用于避免与其他流程图同时起动,或者作为工序的动作标志位
M8047	STL 监控有效	驱动该继电器后,将状态 S0～S899,S1000～S4095 中正在动作(ON)的状态的最新编号保存到 D8040 中,将下一个动作(ON)的状态编号保存到 D8041 中及以下到 D8047 为止,依次保存动作状态(最大 8 点) 在 GX Works2 的 SFC 监控中,即使不驱动该继电器,可以实现自动滚动监控

5) 状态的动作和输出的重复使用

如图 4.163 所示,在不同状态之间,可以对相同的输出(Y003)进行编程。此时,当 S21 或是 S22 为 ON 时输出 Y003。但是,在梯形图块的程序中编写了与状态中的输出线圈相同的软元件(Y003),同时在一个状态内编写相同的输出线圈时,会执行与一般双线圈相同的处理,需要注意。

6) 输出的互锁

在状态转移的过程中,只有一瞬间(一个运算周期)两个状态会同时为 ON,因此在不可以同时接通的一堆输出之间,为了避免同时为 ON,需要在 PLC 的外部设置互锁。同时在程序中编入互锁程序,如图 4.164 所示。

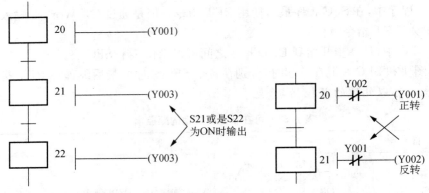

图 4.163　状态的动作和输出的重复使用

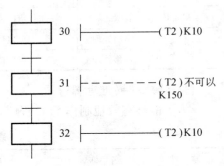

图 4.164　输出的互锁

7) 定时器的重复使用

定时器线圈也与输出线圈相同,可以在不同的状态中对同一个软元件进行编程,但是在相邻的状态中不能编程。如果在相邻的状态中编程,则工序转移时,定时器线圈不断开,当前不会被复位,如图 4.165 所示。

8) 输出的驱动方法

如图 4.166(a)所示,从状态内的母线开始,一旦写入 LD 或是 LDI,就不能再编写不需要触点的指令。需按图 4.166(b)或图 4.166(c)所示意的梯形图进行修改。

图 4.165　定时器的重复使用

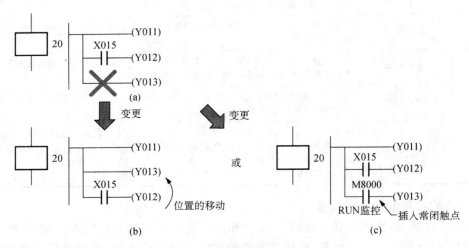

图 4.166　输出的驱动方法

9) 状态的成批复位和禁止输出

(1) 指定状态的范围后复位,成批复位 S0~S50 的 51 点。如图 4.167 所示状态的成批复位和禁止输出。

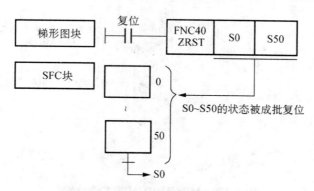

图 4.167   状态的成批复位和禁止输出

（2）禁止动作中状态的任意输出，如图 4.168 所示。

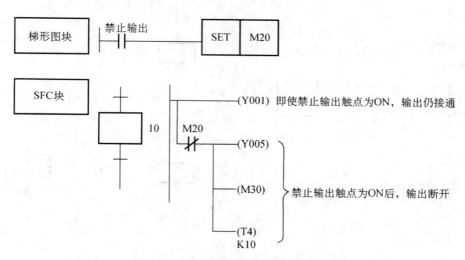

图 4.168   禁止动作中状态的任意输出

（3）断开 PLC 的所有输出继电器（Y）。使特殊辅助继电器 M8034 为 ON 期间，顺控程序的运算继续，但是输出继电器（Y）全部变为 OFF，监控仍然是为 ON，如图 4.169 所示。

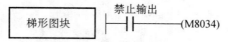

特殊辅助继电器 M8034 为 ON 期间，顺控程序的运算继续，但是输出继电器（Y）全部变为 OFF

图 4.169   断开所有输出继电器（Y）

10）MPS/MRD/MPP 指令的位置

状态指令中，不能从 STL 的母线开始直接使用 MPS/MRD/MPP 指令，应在 LD 或者是 LDI 指令后编程，如图 4.170 所示。

11）复杂转移条件的程序

在转移条件的梯形图中，不能使用 ANB、ORB、MPS、MRD、MPP 指令，应按图 4.171 所示的程序进行编程。

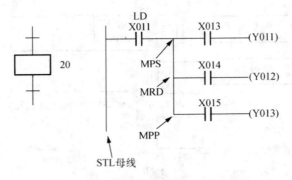

图 4.170　MPS/MRD/MPP 指令位置

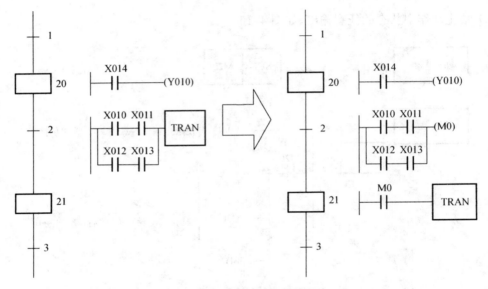

图 4.171　复杂转移条件的程序

12) 转移条件已成立的状态处理

作为转移条件的限位开关 X010 已动作,希望其再次动作(OFF→ON)后进行下一个转移。此时,将条件转移脉冲化,S20 首次动作时,通过 M100 使其不发生转移,如图 4.172 所示。

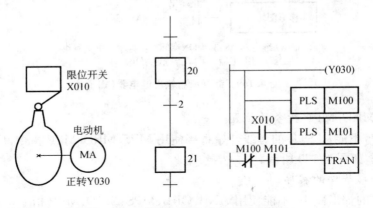

图 4.172　转移条件已成立的状态处理

4.5.3　SFC 流程形式

1) 跳转、重复流程

（1）跳转

直接转移到下方的状态以及转移到流程外的状态，称为跳转，如图 4.173 所示。

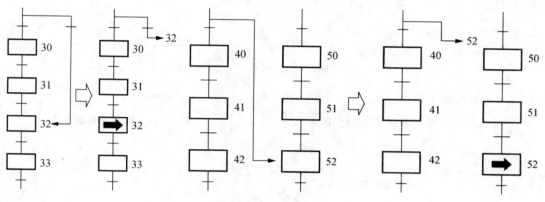

图 4.173　SFC 跳转

（2）重复

转移到上方的状态称为重复，如图 4.174 所示。

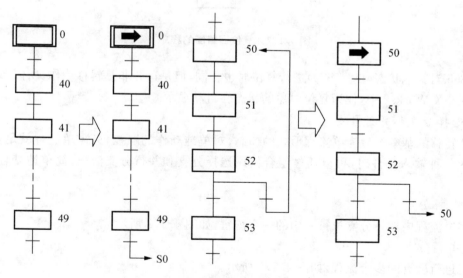

图 4.174　SFC 重复

① 转移源的程序（见图 4.175）

② 转移对象的程序（图 4.176）

在 GX Works2 中，作为转移对象状态会自动显示[→]。

③ 复位回路图的程序（图 4.177）

在示例中，通过 S65 中的 X007 对 S65 进行复位。

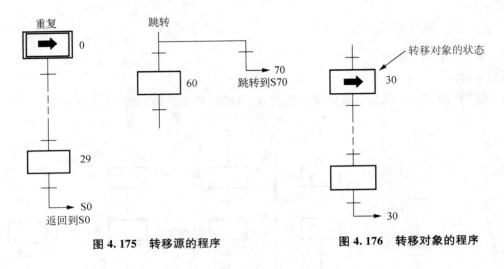

图 4.175　转移源的程序　　　　　　　　　　　　图 4.176　转移对象的程序

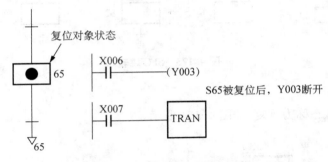

图 4.177　复位回路图的程序

从 S65 对其他状态(例如 S70)进行复位时也相同,但是这并非是转移动作,所以 S65 不被复位。在 GX Works2 中,作为复位对象的状态会自动显示[·]。

2) 选择分支和并行分支

工序转移的基本类型为单流程形式的控制,对单纯动作的顺控,只需单流程就足够了,但是当介入各种输入条件时,可以通过组合使用选择分支和并行分支流程,简单地处理复杂的条件。

(1) 选择分支

从多个流程中选择分支执行其中的一个流程,如图 4.178 所示。

(2) 并行分支

同时进行所有的多个流程,如图 4.179 所示。

3) 分支、合并状态的程序

(1) 选择分支

分支后,编写转移条件,分支转移条件编写如图 4.180 所示。

(2) 选择汇合

编写转移条件后进行汇合,分支汇合条件编写如图 4.181 所示。

(3) 并行分支

编写转移条件后再分支,并行分支编写如图 4.182 所示。

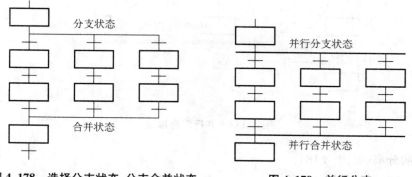

图 4.178　选择分支状态,分支合并状态　　　　　　图 4.179　并行分支

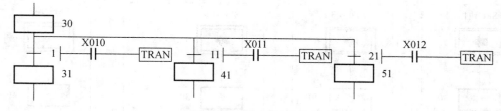

图 4.180　分支转移条件编写

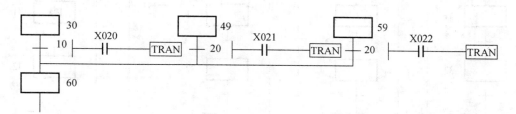

图 4.181　分支汇合条件编写

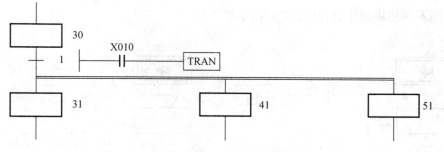

图 4.182　并行分支编写

（4）并行汇合

汇合后再编写转移条件,并行汇合编写如图 4.183 所示。

注意:关于流程的分离。

当为具有多个初始状态的 SFC 程序时,将各个初始状态分成程序块后编程。在分离程序块后制作的 SFC 程序之间也可以转移,即跳转到流程外。此外,在不同的块中制作的程序的状态,可以将其作为状态的内部梯形图和转移条件的触点。

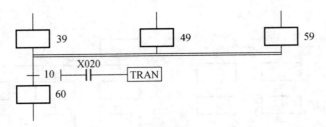

图 4.183　并行汇合编写

① 流程的分离（见图 4.184）

② 跳转到流程外（见图 4.185）

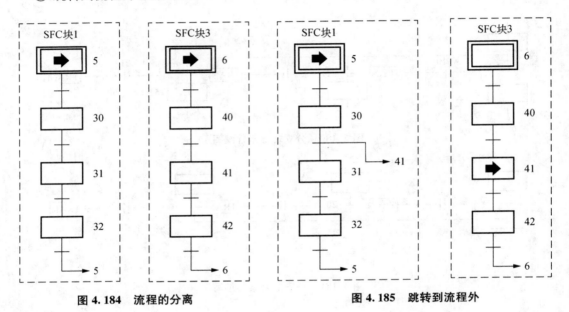

图 4.184　流程的分离　　　　　　　　**图 4.185　跳转到流程外**

③ 使用不同的块制作的程序状态（见图 4.186）

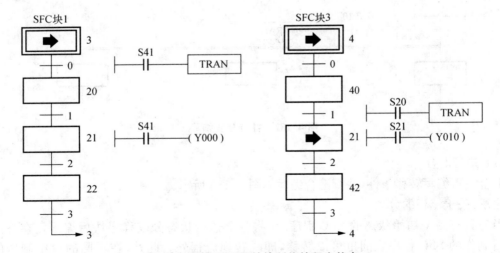

图 4.186　使用不同的块制作的程序状态

4.6 程序编写实例

4.6.1 简单梯形图编写实例

1) 保持电路

如图 4.187 所示,将输出信号加以保持记忆。当 X10 接通一下,辅助继电器 M500 接通并保持,Y10 输出。当 X11 触点接通,其常闭触点断开,才能使 M500 自保持消失,使 Y10 无输出。

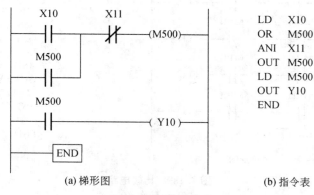

(a) 梯形图　　　　　　(b) 指令表

图 4.187　保持电路

2) 优先电路

若输入信号 A 或者输入信号 B 中先到者取得优先权,而后到者无效,实现这种功能的电路称为优先电路,如图 4.188 所示。若 X10(输入 A)先接通,M100 线圈接通,Y10 有输出,同时由于 M100 的常闭触点断开,X11(输入 B)再接通时,亦无法使 M101 动作,Y11 输出。若 X11(输入 B)先接通,则情况恰好相反。

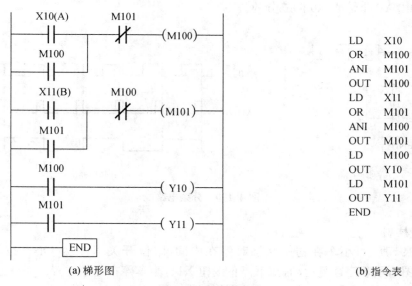

(a) 梯形图　　　　　　(b) 指令表

图 4.188　优先电路

3）比较电路（译码电路）

该电路预先设定好输出要求，然后对输入信号 A 和输入信号 B 作比较，接通某一输出，如图 4.189 所示。当 X10、X11 同时接通，Y10 有输出；当 X10、X11 都不接通，Y11 有输出；X10 不接通，X11 接通，Y12 有输出；X10 接通，X11 不接通，Y13 有输出。

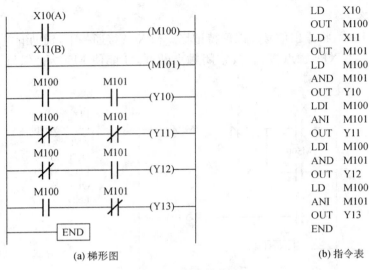

(a) 梯形图　　(b) 指令表

图 4.189　比较电路

4）分频电路

用 PLC 可以实现对输入信号的任意分频，图 4.190 是一个二分频电路。将脉冲信号加入 X0 端，使 M100 的常开触点闭合一个扫描周期，Y0 线圈接通并保持。当第 2 个脉冲到来时，M100 的常开触点闭合一个扫描周期，常闭触点断开一个扫描周期，此时，Y0 常闭触点与 M100 常闭触点断开，Y0 线圈断电。第 3 个脉冲到来时，M100 又产生单脉冲，Y0 线圈再次接通，输出信号又建立。第 4 个脉冲的上升沿到来时，输出再次消失。以后循环往复，不断重复上述过程，输出 Y0 是输入 X0 的二分频。

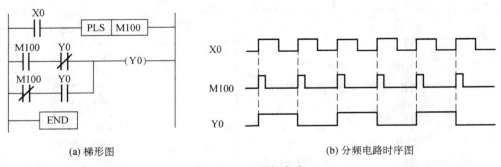

(a) 梯形图　　(b) 分频电路时序图

图 4.190　分频电路

5）顺序控制

如图 4.191 所示，小车在初始状态时停在中间，限位开关 X10 为 ON。按下起动按钮 X13，小车按图所示顺序往复运动，按下停止按钮 X14，小车停在起始位置。需注意的是，所有的限位开关以及按钮以常开触点接入 PLC 接线端。

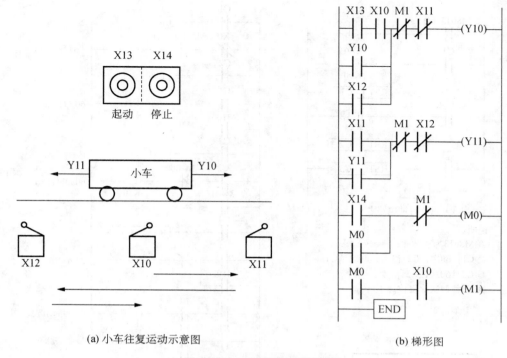

(a) 小车往复运动示意图　　　　　　　(b) 梯形图

图 4.191　小车往复运动控制

用逻辑指令编程实现小车的往复运动控制,其梯形图如图 4.191(b) 所示。

6) 振荡电路

振荡电路是经常用到的,可用其作为信号源。如图 4.192 所示为三种振荡电路的控制梯形图。

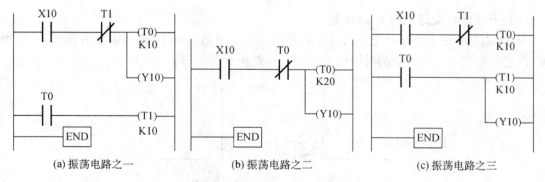

(a) 振荡电路之一　　　　　　(b) 振荡电路之二　　　　　　(c) 振荡电路之三

图 4.192　振荡电路梯形图

7) 时钟电路

PLC 作为定时器控制是非常方便的。时钟电路的程序如图 4.193 所示。

图 4.193(a) 采用 M8013 秒脉冲计数,C1 计 60 次,向 C2 发出一个计数信号,C2 计 60 次,向 C3 发一个计数信号。C1,C2 分别计 60 次,即 00~59,而 C3 计 24 次,即 00~23。

图 4.193(b) 为一电子钟程序,将 C2、C3、C4 计数器输出到显示上,就可看出为电子钟程序。其中 C1 为秒脉冲,C2 为 60 s,C3 为 60 min、C4 为 24 h 分别有进位信号。

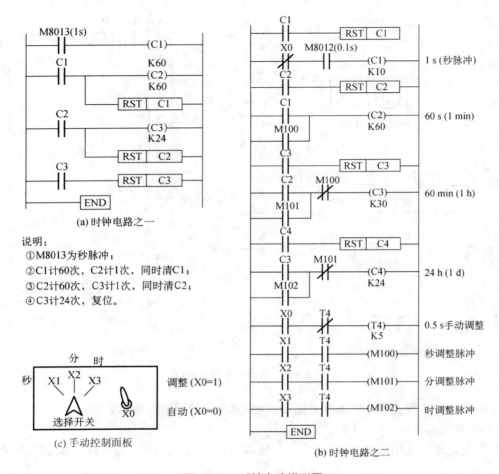

(a) 时钟电路之一

说明：
①M8013为秒脉冲；
②C1计60次，C2计1次，同时清C1；
③C2计60次，C3计1次，同时清C2；
④C3计24次，复位。

(c) 手动控制面板

(b) 时钟电路之二

图 4.193　时钟电路梯形图

8) 十字路口交通信号灯的控制

如图 4.194 是十字路口交通信号灯示意图。在十字路口的东、南、西、北方向装设红、绿、黄灯，它们按照 4.195 所示的时序轮流发亮。控制梯形图如图 4.196 所示。

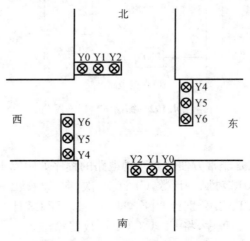

图 4.194　十字路口交通信号灯示意图

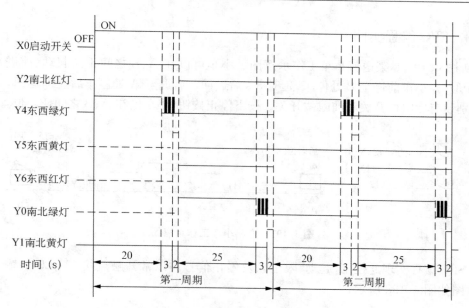

图 4.195 十字路口交通信号灯控制时序图

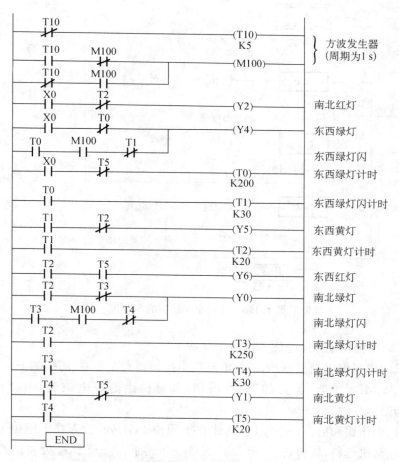

图 4.196 十字路口交通信号灯控制梯形图

4.6.2　SFC 编程实例

（1）图 4.197 是某送料小车工作示意图。小车可以在 A、B 之间正向起动（前进）和反向起动（后退）。小车前进至 B 处停车，延时 5 s 后返回。后退至 A 处停车后立即返回。在 A、B 两处分别装有后限位开关和前限位开关。按下停止按钮，小车停在 A、B 之间任一位置。

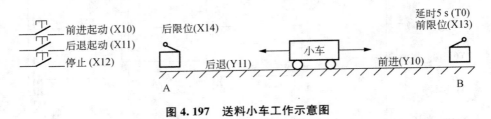

图 4.197　送料小车工作示意图

用 SFC 编程实现此控制，起动、限位以及停止信号均以常开触点接入 PLC 的输入端子。其 SFC 图如图 4.198 所示。

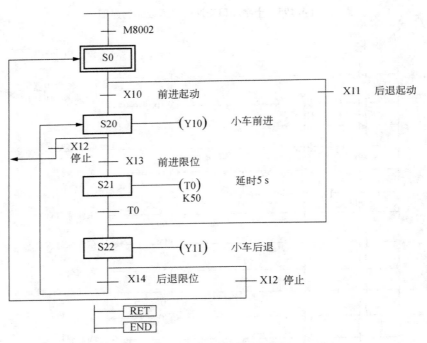

图 4.198　送料小车控制的 SFC 图

（2）某自动剪板机动作示意图如图 4.199 所示。

该剪板机的送料由电动机驱动，送料电动机由接触器 QA 控制；压钳的下行和复位由液压电磁阀 MB1 和 MB3 控制；剪刀的下行（剪切）和复位由液压电磁阀 MB2 和 MB4 控制。BG1～BG5 为限位开关。

控制要求：当压钳和剪刀在原位（即压钳在上限位 BG1 处，剪刀在上限位 BG2 处），按下起动按钮后，电动机送料，板料右行，至 BG3 处停—压钳下行—至 BG4 处将板料压紧、剪刀下行剪板—板料剪断落至 BG5 处，压钳和剪刀上行复位，至 BG1、BG2 处回到原位，等待下次再起动。剪板机执行元件状态如表 4.59 所示,I/O 设备及 I/O 点编号的分配如表 4.60 所示。

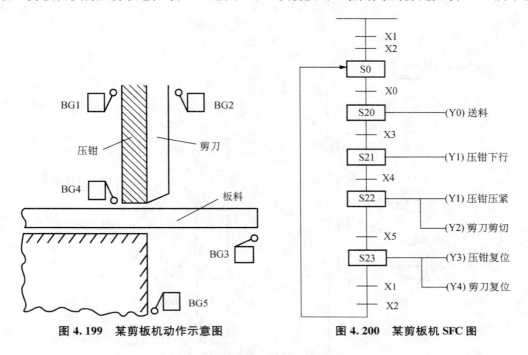

图 4.199　某剪板机动作示意图　　　　　图 4.200　某剪板机 SFC 图

表 4.59　剪板机执行元件状态表

动　作	执行元件				
	QA	MB1	MB2	MB3	MB4
送料	1	0	0	0	0
压钳下行	0	1	0	0	0
压钳压紧,剪刀剪切	0	1	1	0	0
压钳复位,剪刀复位	0	0	0	1	1

表 4.60　剪板机 I/O 设备及 I/O 编号

	输入设备	输入点编号		输入设备	输入点编号
限位开关	BG1	X1	电磁阀	MB1	Y1
	BG2	X2		MB2	Y2
	BG3	X3		MB3	Y3
	BG4	X4		MB4	Y4
	BG5	X5			
	起动按钮	X0		电动机接触器 QA	Y0

　　根据表 4.59 的动作状态及控制要求编制的 SFC 图如图 4.200 所示。

　　(3) 如图 4.201 所示为电动机 $MA_1 \sim MA_4$ 顺序起动和停止的示意图。电动机 MA_1 起动后 2 s 起动 MA_2,MA_2 起动后 3 s 起动 MA_3,MA_3 起动后 4 s 起动 MA_4。停止时相反的顺序,即按下停止按钮,MA_4 停止,MA_4 停止 4 s 后 MA_3 停止,MA_3 停止 3 s 后 MA_2 停止,MA_2 停止 2 s 后 MA_1 停止。其控制过程的状态转换图如图 4.202 所示。

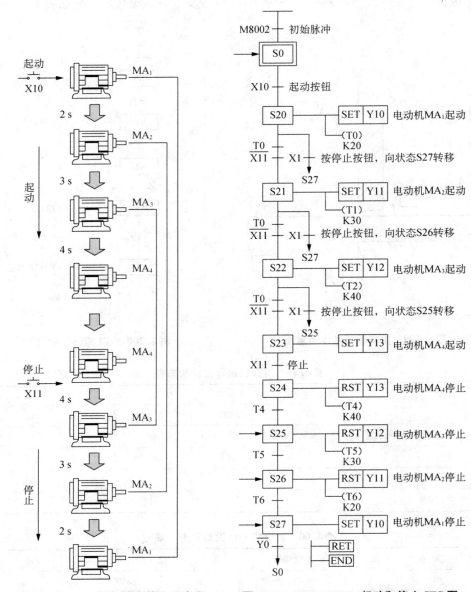

图 4.201　MA₁～MA₄ 起动和停止示意图　　图 4.202　MA₁～MA₄ 起动和停止 SFC 图

习　题　4

4.1　画出下面的指令表程序对应的梯形图。

（1）LD　X0　　　　　AND　X4
　　　OR　X1　　　　　OR　　M113
　　　ANI X2　　　　　ANB
　　　OR　M100　　　ORI　M101
　　　LD　X3　　　　　OUT　Y5
　　　　　　　　　　　　END

（2）
LD	X0		AND	X7
AND	X1		ORB	
LD	X2		ANB	
ANI	X3		LD	M100
ORB			AND	M101
LD	X4		ORB	
AND	X5		AND	M102
LD	X6		OUT	Y4
			END	

4.2 写出习题 4.2 图中梯形图的指令表程序。

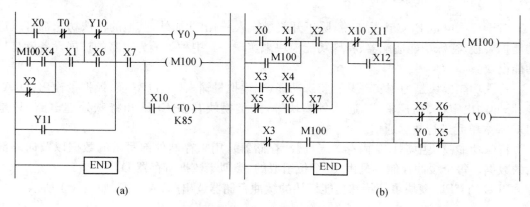

(a)   (b)

图 4.203　习题 4.2 图

4.3 将习题 4.3 图中梯形图改画成用主控指令编程的梯形图。

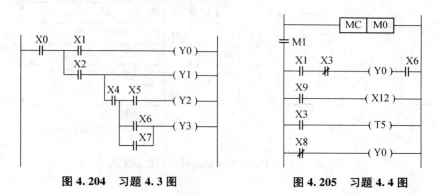

图 4.204　习题 4.3 图　　　　　　**图 4.205　习题 4.4 图**

4.4 指出习题图 4.4 中的错误。

4.5 试设计一个四分频的梯形图程序，并写出对应的指令表程序，画出输入信号及输出信号的状态时序图。

5 FX 系列 PLC 特殊功能模块

5.1 特殊功能模块的工作原理

5.1.1 特殊功能模块概述

对于三菱电机 PLC 产品来说,除了开关量输入/输出功能外,其他的特殊功能都可以通过功能扩展板、特殊功能适配器、特殊功能模块来实现。其中种类最为丰富的扩展设备就是特殊功能模块。

特殊功能模块是为了实现某种特殊功能,如模拟量输入(A/D)转换、模拟量输出(D/A)转换、脉冲输出定位、高速输入、通信等模块等,此类模块自备 CPU 和特殊处理电路,只是和 PLC 基本单元进行数据通信。

特殊功能模块中都具备内存单元(缓冲存储器),用来存储外部写入的数据以及向外部输出的数据。每个缓冲存储器是由 16 个位组成的,类似于数据寄存器 D。

PLC 的 CPU 模块可从特殊功能模块的缓冲存储器读出/写入数据,如图 5.1 所示。

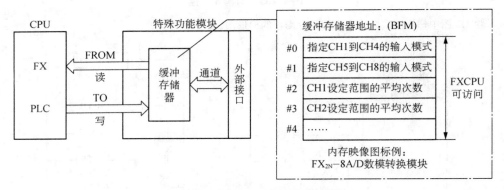

图 5.1　CPU 与特殊功能模块间数据读写

5.1.2 缓冲存储区(BFM)的读出、写入方法

对特殊功能模块缓冲存储区的读出或者写入方法中,有 FROM/TO 指令和缓冲存储区直接指定两种方法。

使用缓冲存储区直接指定时,运用于 FX$_{3U}$、FX$_{3UC}$、FX$_{5U}$ PLC,在用户程序中直接引用。

无论使用哪一种方法,首先要了解特殊功能模块的地址分配,如图 5.2 所示。

1) 缓冲存储区的直接指定(FX$_{3U}$、FX$_{3UC}$ PLC 的情况)

缓冲存储区的直接指定方法是指将设定软元件直接指定为应用指令的源操作数或目标操作数,如图 5.3 所示。

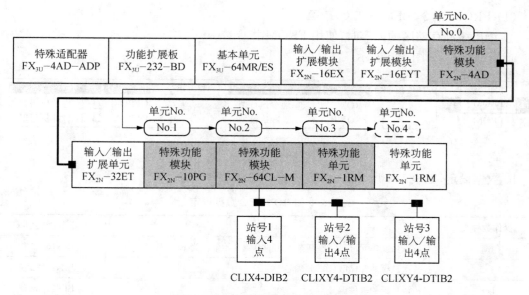

图 5.2　特殊功能模块的地址分配

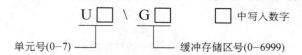

图 5.3　缓冲存储区的直接指定

（1）案例一

下面的程序是将单元号 1 的缓冲存储区（BFM♯10）的内容乘以数据（K10），并将结果读出到数据寄存器（D20、D21）中，如图 5.4 所示。

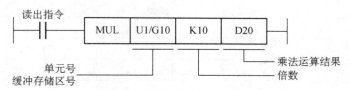

图 5.4　（例一）缓冲存储区的直接指定

（2）案例二

下面的程序是将数据寄存器（D10）加上数据（K10），并将结果写入单元号 1 的缓冲存储区（BFM♯6）中，如图 5.5 所示。

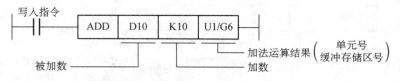

图 5.5　（例二）缓冲存储区的直接指定

2）FROM/TO 指令（FX$_{3G}$、FX$_{3U}$、FX$_{3UC}$ PLC 的情况）

(1) FROM 指令(BFM→PLC,读取)

① 读出缓冲存储区的内容时,使用 FROM 指令。

a. 指令格式,如图 5.6 所示。

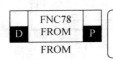

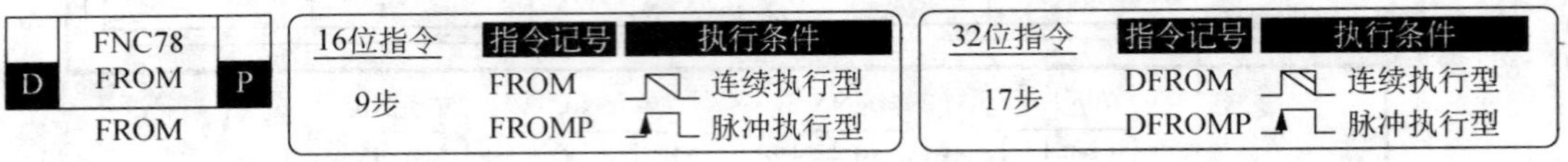

D	FNC78 FROM FROM	P

16位指令	指令记号	执行条件
9步	FROM	连续执行型
	FROMP	脉冲执行型

32位指令	指令记号	执行条件
17步	DFROM	连续执行型
	DFROMP	脉冲执行型

图 5.6　FROM 指令格式

b. 数据设定,如表 5.1 所示。

表 5.1　FROM 指令数据设定

操作数种类	内容	数据类型
m1	特殊功能单元/模块号(基本单元的右侧开始依次为 K0～K7)	BIN16/32 位
m2	传送源缓冲存储区(BFM)编号	BIN16/32 位
D·	传送目标的软件编号	BIN16/32 位
n	传送点数	BIN16/32 位

c. 对象软元件,如表 5.2 所示。

表 5.2　FROM 指令的对象软元件

操作数种类	位软元件							字软元件										其他				
	系统、用户							位数指定				系统、用户				特殊模块	变址			常数		实数	字符串	指针
	X	Y	M	T	C	S	D□.b	KnX	KnY	KnM	KnS	T	C	D	R	U□\G□	V	Z	修饰	K	H	E	*□*	P
m1														○	○					○	○			
m2														○	○					○	○			
D·								○	○	○	○			○	○		○	○	○					
n														○	○					○	○			

d. 16 位运算(FROM/FROMP)

将单元号为 m1 的特殊功能单元/模块中的缓冲存储区(BFM,m2 开始的 n 点 16 位数据)传送到(读出)PLC 内以 D· 开始的 n 点中,如图 5.7 所示。

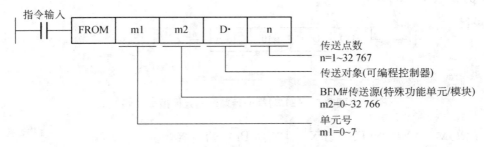

图 5.7　FROM 指令(16 位运算)

e. 32 位运算（DFROM/DFROMP）

将单元号为 m1 的特殊功能单元/模块中的缓冲存储区（BFM，[m2＋1、m2]开始的 n 点 32 位数据）传送到（读出）PLC 内以[D·＋1、D·]开始的 n 点中，如图 5.8 所示。

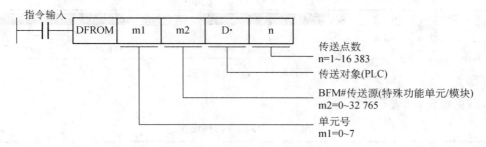

图 5.8　FROM 指令（32 位运算）

② 有关操作数的指定内容

a. 特殊功能单元/模块的单元号[m1]

单元号是用于指定 FROM/TO 指令是针对哪一站的特殊功能单元/模块进行读写的。

设定范围：K0～K7。

对于 PLC 而言，其连接的特殊功能单元/模块的单元号会自动被分配。单元号是从离基本单元最近的模块开始依次为 No.0→No.1→No.2→…，如图 5.2 所示。

b. 缓冲存储区（BFM）编号[m2]

在特殊功能单元/模块中，最多内置了 32 767 个 16 位的 RAM 内存，这些内存称为缓冲存储区。缓冲存储区的编号为 0～32 766，其内容根据设备功能而定。

设定范围：K0～K32 766。

在 32 位指令中处理 BFM 时，指定 BFM 编号的为低 16 位、编号紧接的 BFM 为高位，如图 5.9 所示。

图 5.9　BFM（32 位运算时）

c. 传送点数[n]

设定范围：K1～K32 767。

用 n 指定传送的字点数。

16 位指令中的 n＝2 和 32 位指令中的 n＝1 是相同的意思，如图 5.10 所示。

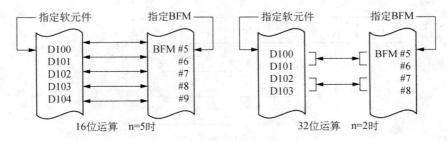

图 5.10　16 位运算与 32 位运算

（2）TO 指令（PLC→BFM，写入）

① 向缓冲存储区写入数据时，使用 TO 指令。

a. 指令格式，如图 5.11 所示。

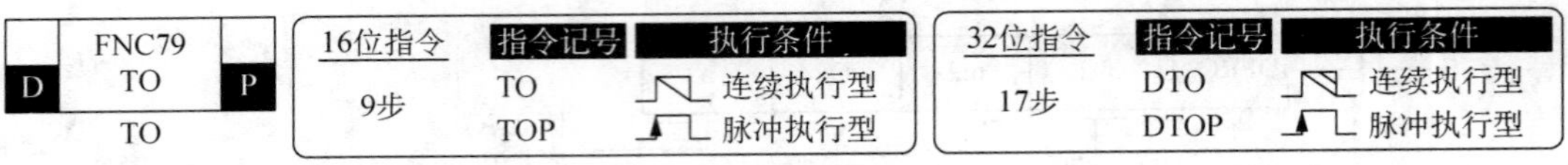

	FNC79			16位指令	指令记号	执行条件		32位指令	指令记号	执行条件
D	TO	P		9步	TO	⌐＼ 连续执行型		17步	DTO	⌐＼ 连续执行型
	TO				TOP	⌐＿ 脉冲执行型			DTOP	⌐＿ 脉冲执行型

图 5.11　TO 指令格式

b. 数据设定，如表 5.3 所示。

表 5.3　TO 指令数据设定

操作数种类	内容	数据类型
m1	特殊功能单元/模块号（基本单元的右侧开始依次为 K0～K7）	BIN16/32 位
m2	传送源缓冲存储区（BFM）编号	BIN16/32 位
S·	传送目标的软件编号	BIN16/32 位
n	传送点数	BIN16/32 位

c. 对象软元件，如表 5.4 所示。

表 5.4　指令的对象软元件

操作数种类	位软元件 系统、用户							字软元件 位数指定				系统、用户				特殊模块	变址			其他 常数		实数	字符串	指针
	X	Y	M	T	C	S	D□.b	KnX	KnY	KnM	KnS	T	C	D	R	U□\G□	V	Z	修饰	K	H	E	*□*	P
m1														○	○					○	○			
m2														○	○					○	○			
S·								○	○	○	○	○	○	○	○		○	○						
n														○	○					○	○			

② 功能动作说明

a. 16 位运算（TO/TOP）

将 PLC 中［S·］起始的 n 点 16 位数据传送到（写入）单元号为 m1 的特殊功能单元/模块中的缓冲存储区（BFM，m2 开始的 n 点）中，如图 5.12 所示。

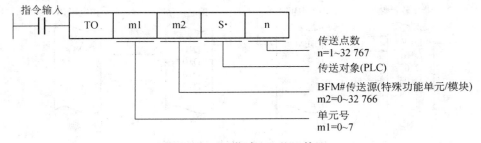

图 5.12　TO 指令（16 位运算）

b. 32 位运算(DTO/DTOP)

将 PLC 中[S•,S•+1]起始的 n 点 16 位数据传送到(写入)单元号为 m1 的特殊功能单元/模块中的缓冲存储区(BFM,[m2+1,m2]开始的 n 点)中,如图 5.13 所示。

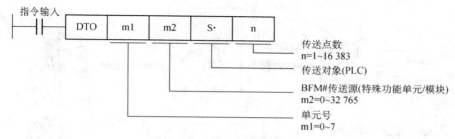

图 5.13　TO 指令(32 位运算)

5.2　模拟量输入/输出模块

5.2.1　模拟量控制功能概述

1) 模拟量的概述

在控制系统中有两个常见的术语,"模拟量和开关量",对一个 PLC 控制系统而言,不论输入还是输出,一个参数要么是模拟量,要么是开关量。

(1) 模拟量:参数是一个在一定范围内变化的连续数值。比如温度,从 0～100℃;压力从 0～10 MPa;液位从 1～5 m;电动阀门的开度从 0～100％等,这些量都是模拟量。模拟量也有输入和输出之分,一般输入的模拟量用作反馈监视或者控制计算;输出模拟量一般用于输出控制,例如水位的给定值、负荷的给定值等,它主要用于控制设备的开度等。

(2) 开关量:该参数只有两种状态,如开关的导通和断开的状态,继电器的闭合和断开,电磁阀的通和断等。开关量分为输入开关量和输出开关量。

2) FX 系列模拟量控制概述

FX 系列的模拟量控制有模拟量输入(电压/电流输入)、模拟量输出(电压/电流输出)、温度传感器输入三大类。

(1) 模拟量输入(电压/电流输入)

从流量计、压力传感器等输入电压、电流信号,用 PLC 监控工件或者设备的状态,如图 5.14 所示。

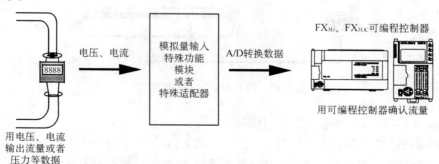

图 5.14　模拟量输入(电压/电流输入)

（2）模拟量输出（电压/电流输出）

从 PLC 特殊功能单元/模块输出电压、电流信号，用于变频器频率控制等指令中，如图 5.15 所示。

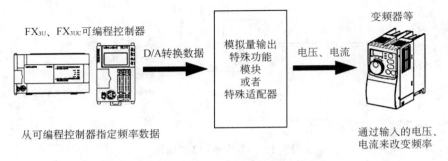

图 5.15　模拟量输出（电压/电流输出）

（3）温度传感器输入控制

为了用热电偶或者铂电阻检测工件或者设备的温度数据，而使用本产品，如图 5.16 所示。

图 5.16　温度传感器输入

3）FX 系列的模拟量单元/模块类型

用 FX 系列 PLC 进行模拟量控制时，需要配置模拟量输入/输出产品。模拟量输入/输出有功能扩展板、特殊功能适配器和特殊功能模块三种。

（1）功能扩展板

模拟量功能扩展板使用特殊软元件与 PLC 进行数据交换，如图 5.17 所示。

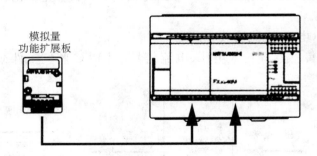

图 5.17　PLC 与功能扩展板连接

① 连接在 FX$_{3G}$ PLC 的选件连接用接口上。

② 模拟量功能扩展板最多可连接 2 台：FX$_{3G}$ PLC（14 点、24 点型）只能连接 1 台；在 FX$_{3G}$ PLC（40 点、60 点型）上连接 2 台模拟量功能扩展板时，不能使用模拟量特殊功能适配器。

（2）特殊功能适配器

模拟量特殊功能适配器使用特殊软元件与PLC进行数据交换。

① FX$_{3U}$ PLC（见图 5.18）

a. 适配器连接在 FX$_{3U}$ PLC 的左侧；

b. 连接特殊适配器时，PLC 左侧需要功能扩展板；

c. 最多可以连接 4 台模拟量特殊适配器；

d. 使用高速输入/输出特殊功能适配器时，请将模拟量特殊功能适配器连接在高速输入/输出特殊适配器的左侧。

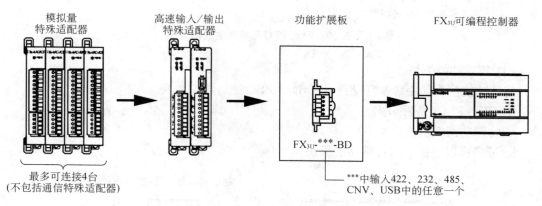

图 5.18　FX$_{3U}$ PLC 与特殊适配器连接

② FX$_{3UC}$ PLC（见图 5.19）

a. 适配器连接在 FX$_{3UC}$ PLC 的左侧；

b. 连接特殊功能适配器时，PLC 左侧需要功能扩展板；

c. 最多可以连接 4 台模拟量特殊功能适配器。

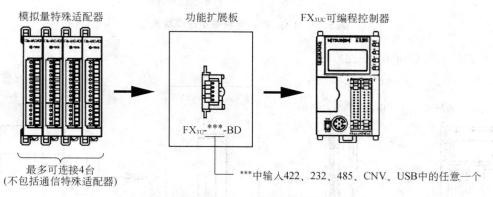

图 5.19　FX$_{3UC}$ PLC 与特殊适配器连接

③ FX$_{3G}$ PLC（见图 5.20）

a. 适配器连接在 FX$_{3G}$ PLC 的左侧；

b. 连接特殊功能适配器时，PLC 左侧需要接头转换适配器；

c. 模拟量特殊功能适配器最多可连接 2 台：FX$_{3G}$ PLC（14 点、24 点型）只能连接 1 台；在 FX$_{3G}$ PLC（40 点、60 点型）上连接 2 台模拟量功能扩展板时，不能使用模拟量特殊适配器。

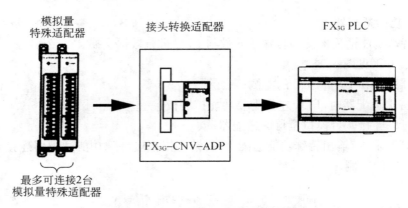

图 5.20　FX₃G PLC 与特殊适配器连接

（3）特殊功能模块

特殊功能模块使用缓冲存储区（BFM）与 PLC 进行数据交换。

① FX₃U PLC（见图 5.21）

a. 特殊功能模块连接于 FX₃U PLC 的右侧；

b. 最多可以连接 8 台特殊功能模块。

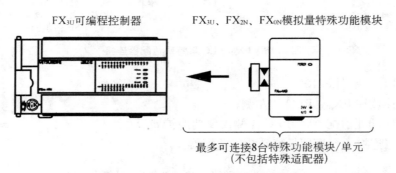

图 5.21　FX₃U PLC 与特殊功能模块连接

② FX₃UC PLC（见图 5.22）

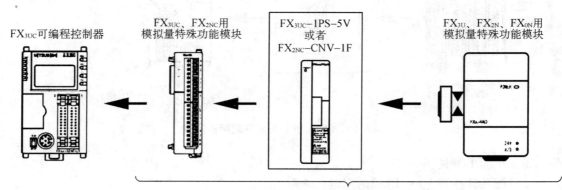

图 5.22　FX₃UC PLC 与特殊功能模块连接

a. 特殊功能模块连接于 FX_{3UC} PLC 的右侧；

b. 连接时，需要 FX_{2NC}-CNV-IF 或者 FX_{3UC}-1PS-5V；

c. 最多可连接 8 台特殊功能模块，连接在 FX_{3UC}-32MT-LT(−2)上时，最多可以连接 7 台。

选择 FX_{3UC}-1PS-5V、FX_{2NC}-CNV-IF 时，需要根据构成的消耗电流来决定。

③ FX_{3G} PLC(见图 5.23)

a. 特殊功能模块连接在 FX_{3G} PLC 的右侧；

b. 最多可以连接 8 台特殊功能模块。

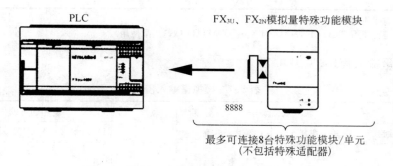

图 5.23　FX_{3G} PLC 与特殊功能模块连接

5.2.2　模拟量输入模块

1) FX 系列模拟量输入单元/模块

(1) 模拟量输入扩展板，见表 5.5。

表 5.5　模拟量输入扩展板

型号（通道数）	输入规格			隔离	适用的可编程控制器						
	项目	输入电压	输入电流		FX_{1S}	FX_{1N}	FX_{2N}	FX_{2NC}	FX_{3G}	FX_{3U}	FX_{3UC}
FX_{1N}-2DA-BD（2 通道）	输入范围	电压：DC0~10 V（输入电阻：300 kΩ）	电流：DC 4~20 mA（输入电阻：250 Ω）	内部-通道间：不隔离　各通道间：不隔离	○	○	×	×	×	×	×
	分辨率	2.5 mV（10 V/4 000）	8 μA[(20~4 mA)/2 000]								
FX_{3G}-2AD-BD（2 通道）	输入范围	电压：DC0~10 V（输入电阻：198.7 kΩ）	电流：DC 4~20 mA（输入电阻：250 Ω）	内部-通道间：不隔离　各通道间：不隔离	×	×	×	×	○	×	×
	分辨率	2.5 mV（10 V/4 000）	8 μA[(20~4 mA)/2 000]								

(2) 模拟量输入适配器，见表 5.6。

表 5.6　模拟量输入适配器

型号 (通道数)	输入规格			隔离	适用的可编程控制器						
	项目	输入电压	输入电流		FX₁S	FX₁N	FX₂N	FX₂NC	FX₃G	FX₃U	FX₃UC
FX₃U- 4AD-ADP (4 通道)	输入 范围	电压: DC0~10 V (输入电阻: 194 kΩ)	电流: DC 4~20 mA (输入电阻: 250 Ω)	内部-通道间: 隔离 各通道间: 不隔离	×	×	×	×	○ ①	○ ②	○ ②
	分辨率	2.5 mV (10 V/4 000)	8 μA [(20~4 mA)/ 1 600]								

注:① 扩展时需要使用 FX₃U-CNV-ADP。
　　② 扩展时需要使用 FX₃U-CNV-ADP(FX₃U-□□MT/D,DSS 无须使用)。

(3) 模拟量输入模块,见表 5.7。

表 5.7　模拟量输入模块

型号 (通道数)	输入规格			隔离	适用的可编程控制器						
	项目	输入电压	输入电流		FX₁S	FX₁N	FX₂N	FX₂NC	FX₃G	FX₃U	FX₃UC
FX-2AD (2 通道)	输入 范围	电压: DC0~10 V、 DC0~5 V (输入电阻: 300 kΩ) 2 通道特性相同	电流: DC 4~20 mA (输入电阻: 250 Ω) 2 通道特性相同	内部-通道间: 隔离 各通道间: 不隔离	×	×	○	○	×	○	○
	分辨率	2.5 mV (10 V/4 000) 1.25 mV (5 V/4 000)	4 μA [(20~4 mA)/ 4 000]								
FX₂N-4AD (4 通道)	输入 范围	电压: DC -10~10 V (输入电阻 200 kΩ)	电流: DC -20~20 mA (输入电阻: 250 Ω)	内部-通道间: 隔离 各通道间: 不隔离	×	×	○	○	×	○	○
	分辨率	5 mV (10 V/2 000)	20 μA (20 mA/1 000)								
FX₂NC-4AD (4 通道)	输入 范围	电压: DC -10~10 V (输入电阻: 200 kΩ)	电流: DC 4~20 mA、 DC -20~20 mA (输入电阻: 250 Ω)	内部-通道间: 隔离 各通道间: 不隔离	×	×	×	○	×	×	○
	分辨率	0.32 mV (20 V/64 000) 2.5 mV (20 V/8 000)	1.25 mA (40 mA/32 000) 5.0 mA (40 mA/8 000)								
FX₃U-4AD (4 通道)	输入 范围	电压: DC -10~10 V (输入电阻: 200 kΩ)	电流: DC 4~20 mA、 DC -20~20 mA (输入电阻: 250 Ω)	内部-通道间: 隔离 各通道间: 不隔离	×	×	×	×	○	○	○
	分辨率	0.32 mV (20 V/64 000)	1.25 μA (40 mA/32 000)								

（续表5.7）

型号（通道数）	输入规格			隔离	适用的可编程控制器						
	项目	输入电压	输入电流		FX₁S	FX₁N	FX₂N	FX₂NC	FX₃G	FX₃U	FX₃UC
FX₃UC-4AD（4 通道）	输入范围	电压：DC −10～10 V（输入电阻：200 kΩ）	电流：DC 4～20 mA、DC −20～20 mA（输入电阻：250 Ω）	内部-通道间：隔离 各通道间：不隔离	×	×	×	×	×	×	○
	分辨率	0.32 mV（20 V/64 000）2.5 mV（20 V/8 000）	1.25 μA（40 mA/32 000）5.0 mA（40 mA/8 000）								
FX₂N-8AD（8 通道）	输入范围	电压：DC −10～10 V（输入电阻：200 kΩ）	电流：DC −20～20 mA、DC 4～20 mA（输入电阻：250 Ω）	内部-通道间：隔离 各通道间：不隔离	×	×	○	○	×	○	○
	分辨率	0.63 mV（20 V/32 000）2.50 mV（20 V/8 000）	2.5 μA（4 mA/16 000）2 μA（16 mA/8 000）5.0 μA（40 mA/8 000）4 μA（16 mA/4 000）								

2）FX 系列模拟量输入单元/模块的性能规格

（1）模拟量扩展板

① FX₁N-2AD-BD 型模拟量输入扩展板，如图 5.24 所示，性能规格见表 5.8。

图 5.24　FX₁N-2AD-BD

表 5.8　FX₁N-2AD-BD 性能规格

规格	电压输入	电流输入
输入点数	2 通道	
模拟量输入范围	DC0～10 V(输入电阻：300 kΩ)	DC 4～20 mA(输入电阻：250 Ω)

（续表5.8）

规格	电压输入	电流输入
最大绝对输入	$-0.5\ V$、$+15\ V$	$-2\ mA$、$+60\ mA$
偏置	不可变更	不可变更
增益		
数字量输出	12位 二进制	
分辨率	2.5 mV(10 V/4 000)	8 μA(16 mA/2 000)
综合准确度	±1%满量程(0～10 V，±0.1 V)	±1%满量程(4～20 mA，±0.16 mA)
转换速度	约30 ms(15 ms×2 通道)(在 END 指令处更新 D8112/D8113)	
隔离方式	PLC 间、各通道间不隔离	
电源	从内部供电	
输入/输出占用点数	0 点(与 PLC 的最大输入/输出点数无关)	
输入特性	① 可以混合使用电压输入和电流输入 ② 不可以调整输入特性	

② FX₃G-2AD-BD 型模拟量输入扩展板，如图 5.25 所示，性能规格见表 5.9。

图 5.25　FX₃G-2AD-BD

表 5.9　FX₃G-2AD-BD 性能规格

规格	电压输入	电流输入
输入点数	2 通道	
模拟量输入范围	DC0～10 V(输入电阻：198.7 kΩ)	DC 4～20 mA(输入电阻：250 Ω)

（续表5.9）

规格	电压输入	电流输入
最大绝对输入	−0.5 V,+15 V	−2 mA,+30 mA
偏置	不可变更	不可变更
增益		
数字量输出	12 位　二进制	11 位　二进制
分辨率	2.5 mV(10 V/4 000)	8 μA(16 mA/2 000)
综合准确度　环境温度 25℃±5℃	针对满量程:10 V ±0.5%(±50 mV)	针对满量程:16 mA ±0.5%(±80 μA)
综合准确度　环境温度 0~55℃	针对满量程:10 V ±1.0%(±100 mV)	针对满量程:16 mA ±1.0%(±160 μA)
转换速度	180 μs(每个运算周期更新资料)	
隔离方式	① 模拟量输入部分和 PLC 之间不隔离 ② 各通道间不隔离	
电源	从 PLC 内部供电	
输入/输出占用点数	0 点(与 PLC 的最大输入/输出点数无关)	
输入特性	① 可以混合使用电压输入和电流输入 ② 不可以调整输入特性 （电压输入特性图：数字量输出 4 080/4 000，模拟量输入 10 V/10.2 V）	（电流输入特性图：数字量输出 2 040/2 000，模拟量输入 4 mA/20 mA，20.32 mA）

（2）模拟输入适配器

FX$_{3U}$-4AD-ADP 型模拟量输入适配器,如图 5.26 所示,性能规格见表 5.10。

图 5.26　FX$_{3U}$-4AD-ADP

表 5-10　FX$_{3U}$-4AD-ADP 性能规格

规格	电压输入	电流输入
输入点数	4 通道	
模拟量 输入范围	DC0～10 V （输入电阻：194 kΩ）	DC 4～20 mA （输入电阻：250 Ω）
最大绝对输入	−0.5 V、+15 V	−2 mA、+30 mA
偏置	不可变更	不可变更
增益		
数字量输出	12 位 二进制	11 位 二进制
分辨率	2.5 mV(10 V/4 000)	10 μA(16 mA/1 600)
综合准确度 环境温度 25℃±5℃	针对满量程：10 V ±0.5%(±50 mV)	针对满量程：16 mA ±0.5%(±80 μA)
环境温度 0～55℃	针对满量程：10 V ±1.0%(±100 mV)	针对满量程：16 mA ±1.0%(±160 μA)
转换速度	① FX$_{3U}$/FX$_{3UC}$ PLC：200 μs(每个运算周期更新数据) ② FX$_{3G}$ PLC：250 μs(每个运算周期更新数据)	
隔离方式	① 模拟量输入部分和 PLC 之间，通过光耦隔离 ② 电源和模拟量输入直接通过 DC/DC 转换器隔离 ③ 各通道间不隔离	
电源	① DC5V，15 mA(PLC 内部供电) ② DC24V，+20%～15%，40 mA/DC24V(通过端子外部供电)	
输入/输出占用点数	0 点(与 PLC 的最大输入/输出点数无关)	
输入特性	① 可以混合使用电压输入和电流输入 ② 不可以调整输入特性 4 080 ─　4 000 ─　数字量输出　0　　10 V 10.2 V　模拟量输入	1 640 ─　1 600 ─　数字量输出　0　　4 mA　20 mA 20.4 mA　模拟量输入

（3）FX$_{3U}$-4AD 型模拟量输入模块，如图 5.27 所示，性能规格见表 5.11。

图 5.27　FX$_{3U}$-4AD

表 5.11 FX$_{3U}$-4AD 性能规格

规格	电压输入	电流输入
输入点数	4 通道	
模拟量 输入范围	DC −10～+10 V （输入电阻：200 kΩ）	DC −20～20 mA，DC 4～20 mA （输入电阻：250 Ω）
最大绝对输入	±15 V	±30 mA
偏置	−10～+9 V①②	−20～17 mA①③
增益	−9～+10 V①②	−17～30 mA①③
数字量输出	带符号 16 位 二进制	带符号 15 位 二进制
分辨率	0.32 mV(20 V/64 000) 2.5 mV(20 V/8 000)	1.25 μA(40 mA/32 000) 5.00 μA(40 mA/8 000)
综合准确度 环境温度 25℃±5℃	针对满量程：20 V ±0.3%(±60 mV)	针对满量程：40 mA ±0.5%(±200 μA) 4～20 mA 输入相同
综合准确度 环境温度 0～55℃	针对满量程：20 V ±0.5%(±100 mV)	针对满量程：40 mA ±1.0%(±400 μA) 4～20 mA 输入相同
转换速度	500 μs×使用通道数	
隔离方式	① 模拟量输入部分和 PLC 之间，通过光耦隔离 ② 电源和模拟量输入直接通过 DC/DC 转换器隔离 ③ 各通道间不隔离	
电源	① DC5V，110 mA(PLC 内部供电) ② DC24V，±10%，90 mA(外部供电)	
输入/输出占用点数	8 点(在可编程控制器的输入、输出点数中的任意一侧计算点数)	
输入特性	可以对各通道分别指定的电压输入或者电流输入	
输入特性		

注：① 即使调整偏置/增益，分辨率也不改变。此外，使用直接显示模式时，不能进行偏置/增益调整。

② 偏置/增益需要满足以下关系：1 V≤(增益−偏置)。

③ 偏置/增益需要满足以下关系：3 mA≤(增益−偏置)≤30 mA。

3) FX₃U-4AD 模拟量输入模块详细说明

(1) 功能概要

FX₃U-4AD 可配合 FX₃G/FX₃U/FX₃UC PLC 使用，是获取 4 通道的电压/电流数据的模拟量特殊功能模块。

① FX₃G/FX₃U/FX₃UC PLC 上最多可以连接 8 台特殊功能模块（包括其他特殊功能模块的连接台数）；

② 可以对各通道指定电压输入、电流输入；

③ A/D 转换值保存在 4AD 的缓冲存储区（BFM）中；

④ 通过数字滤波器的设定，可以读取稳定的 A/D 转换值；

⑤ 各通道中，最多可以存储 1 700 次 A/D 转换值的历史记录。

(2) 系统构成（见图 5.28）

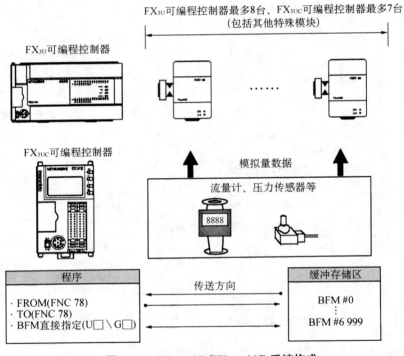

图 5.28　FX₃U-4AD/FX₃UC-4AD 系统构成

(3) 性能规格（见表 5.11）

(4) 接线

① 端子排列

a. FX₃U-4AD 的端子排列如图 5.29 所示。

b. FX₃UC-4AD 的端子排列如图 5.30 所示。

② 模拟量输入模块配线

模拟量输入的每一个 CH（通道）可以用作电压输入或电流输入。

a. FX₃U-4AD 各通道接线如图 5.31 所示。

b. FX₃UC-4AD 的接线如图 5.32 所示。

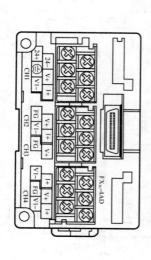

信号名称	用途
24+	DC 24 V 电源
24−	
⏚	接地端子
V+	通道 1 模拟量输入
VI−	
I+	
FG	通道 2 模拟量输入
V+	
VI−	
I+	
FG	通道 3 模拟量输入
V+	
VI−	
I+	
FG	通道 4 模拟量输入
V+	
VI−	
I+	

图 5.29　FX₃ᵤ-4AD 端子排列

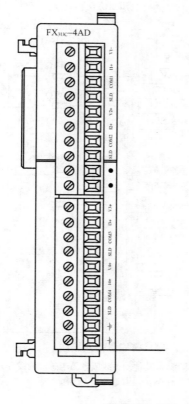

信号名称	用途
V1+	通道 1 模拟量输入
I1+	
COM1	
SLD	
V2+	通道 2 模拟量输入
I2+	
COM2	
SLD	
*	请不要接线
*	
V3+	通道 3 模拟量输入
I3+	
COM3	
SLD	
V4+	通道 4 模拟量输入
I4+	
COM4	
SLD	
⏚	接地端子

图 5.30　FX₃ᵤ𝒄-4AD 端子排列

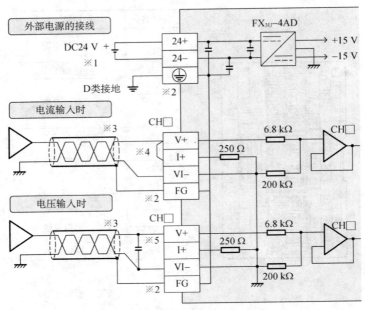

图 5.31　FX₃ᵤ-4AD 模拟量输入接线

注:① FX₃G/FX₃U PLC(AC 电源型)时,可以使用 DC24V 供给电源。
　　② 在内部连接[FG]端子和接地端子。没有通道 1 用的 FG 端子。使用通道 1 时,直接连接到接地端子上。
　　③ 模拟量的输入线使用 2 芯的屏蔽双绞电缆,与其他动力线或者易于感应的线分开布线。
　　④ 电流输入时,务必将[V+]端子和[I+]端子短接。
　　⑤ 输入电压有电压波动,或者外部接线上有噪声时,应连接 0.1~0.47 µF 25 V 的电容。

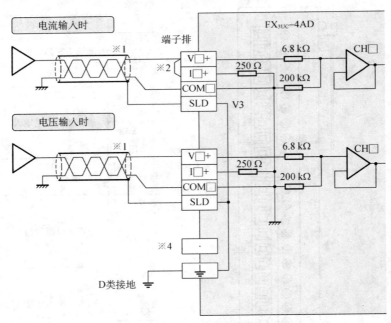

图 5.32　FX₃ᵤc-4AD 模拟量输入接线

注:① 模拟量的输入线使用 2 芯的屏蔽双绞电缆,与其他动力线或者易于感应的线分开布线。
　　② 电流输入时,务必将[V□+]端子和[I□+]端子(□:通道口)短接。
　　③ 在内部连接 SLD 和接地端子。
　　④ 不要对[·]端子接线。

（5）缓冲存储区（BFM）

FX$_{3U}$-4AD/FX$_{3UC}$-4AD 中的缓冲存储区，见表 5.12。

表 5.12 FX$_{3U}$-4AD/FX$_{3UC}$-4AD 缓冲存储区

BFM 编号	内容	设定范围	初始值	数据处理
#0①	指定通道 1～4 的输入模式	②	出厂时 H0000	十六进制
#1	不可使用	—	—	—
#2	通道 1 平均次数［单位：次数］	1～4 095	K1	十进制
#3	通道 2 平均次数［单位：次数］	1～4 095	K1	十进制
#4	通道 3 平均次数［单位：次数］	1～4 095	K1	十进制
#5	通道 4 平均次数［单位：次数］	1～4 095	K1	十进制
#6	通道 1 数字滤波器设定	0～1 600	K0	十进制
#7	通道 2 数字滤波器设定	0～1 600	K0	十进制
#8	通道 3 数字滤波器设定	0～1 600	K0	十进制
#9	通道 4 数字滤波器设定	0～1 600	K0	十进制
#10	通道 1 数据（即时值数据或平均值数据）	—	—	十进制
#11	通道 2 数据（即时值数据或平均值数据）	—	—	十进制
#12	通道 3 数据（即时值数据或平均值数据）	—	—	十进制
#13	通道 4 数据（即时值数据或平均值数据）	—	—	十进制
#14～#18	不可使用	—	—	—
#19①	设定变更禁止 禁止改变下列缓冲存储区的设定 ·输入模式指定＜BFM#0＞ ·功能初始化＜BFM#20＞ ·输入特性写入＜BFM#21＞ ·便利功能＜BFM#22＞ ·偏置数据＜BFM#41～#44＞ ·增益数据＜BFM#51～#54＞ ·自动传送的目标数据寄存器的指定＜BFM#125～#129＞ ·数据历史记录的采样时间指定＜BFM#198＞	变更许可： K2080 变更禁止： K2080 以外	出厂时 K2080	十进制
#20	功能初始化 用 K1 初始化。初始化结束后，自动变为 K0	K0 或者 K1	K0	十进制
#21	输入特性写入 偏置/增益值写入结束后，自动变为 H0000（b0～b3 全部为 OFF 状态）	③	H0000	十六进制
#22①	便利功能 便利功能：自动发送功能、数据加法运算、上下限值检测、突变检测、峰值保持	④	出厂时 H0000	十六进制
#23～#25	不可使用	—	—	—
#26	上下限值错误状态（BFM#22 b1 ON 时有效）	—	H0000	十六进制
#27	突变检测状态（BFM#22 b2 ON 时有效）	—	H0000	十六进制
#28	量程溢出状态	—	H0000	十六进制

（续表5.12）

BFM 编号	内容		设定范围	初始值	数据处理
♯29	错误状态		—	H0000	十六进制
♯30	机型代码 K2080		—	K2080	十进制
♯31～♯40	不可使用				
♯41①	通道 1 偏置数据［单位：mV 或 μA］	通过 BFM♯ 21 写入	• 电压输入： −10 000～＋9 000⑤ • 电流输入： −20 000～＋17 000⑥	出厂时 K0	十进制
♯42①	通道 2 偏置数据［单位：mV 或 μA］			出厂时 K0	十进制
♯43①	通道 3 偏置数据［单位：mV 或 μA］			出厂时 K0	十进制
♯44①	通道 4 偏置数据［单位：mV 或 μA］			出厂时 K0	十进制
♯45～♯50	不可使用		—	—	—
♯51①	通道 1 增益数据［单位：mV 或 μA］	通过 BFM♯ 21 写入	• 电压输入： −9 000～＋10 000⑤ • 电流输入： −17 000～＋30 000⑥	出厂时 K5000	十进制
♯52①	通道 2 增益数据［单位：mV 或 μA］			出厂时 K5000	十进制
♯53①	通道 3 增益数据［单位：mV 或 μA］			出厂时 K5000	十进制
♯54①	通道 4 增益数据［单位：mV 或 μA］			出厂时 K5000	十进制
♯55～♯60	不可使用		—	—	—
♯61	通道 1 加法运算数据（BFM♯22 b0 ON 时有效）		−16 000～＋16 000	K0	十进制
♯62	通道 2 加法运算数据（BFM♯22 b0 ON 时有效）		−16 000～＋16 000	K0	十进制
♯63	通道 3 加法运算数据（BFM♯22 b0 ON 时有效）		−16 000～＋16 000	K0	十进制
♯64	通道 4 加法运算数据（BFM♯22 b0 ON 时有效）		−16 000～＋16 000	K0	十进制
♯65～♯70	不可使用		—	—	—
♯71	通道 1 下限值错误设定（BFM♯22 b1 ON 时有效）		输入范围的最小数字值～上限错误设定值	输入范围的最小值	十进制
♯72	通道 2 下限值错误设定（BFM♯22 b1 ON 时有效）			输入范围的最小值	十进制
♯73	通道 3 下限值错误设定（BFM♯22 b1 ON 时有效）			输入范围的最小值	十进制
♯74	通道 4 下限值错误设定（BFM♯22 b1 ON 时有效）			输入范围的最小值	十进制
♯75～♯80	不可使用		—	—	—
♯81	通道 1 上限值错误设定（BFM♯22 b1 ON 时有效）		下限错误设定值～输入范围的最大数字值	输入范围的最大值	十进制
♯82	通道 2 上限值错误设定（BFM♯22 b1 ON 时有效）			输入范围的最大值	十进制
♯83	通道 3 上限值错误设定（BFM♯22 b1 ON 时有效）			输入范围的最大值	十进制
♯84	通道 4 上限值错误设定（BFM♯22 b1 ON 时有效）			输入范围的最大值	十进制
♯85～♯90	不可使用		—	—	—
♯91	通道 1 突变检测设定值（BFM♯22 b2 ON 时有效）		1～满量程 50%	满量程的 5%	十进制
♯92	通道 2 突变检测设定值（BFM♯22 b2 ON 时有效）		1～满量程 50%	满量程的 5%	十进制

（续表5.12）

BFM 编号	内容	设定范围	初始值	数据处理
♯93	通道 3 突变检测设定值（BFM♯22 b2 ON 时有效）	1～满量程 50%	满量程的 5%	十进制
♯94	通道 4 突变检测设定值（BFM♯22 b2 ON 时有效）	1～满量程 50%	满量程的 5%	十进制
♯95～♯98	不可使用	—	—	—
♯99	上下限值错误/突变检测错误的清除	⑦	H0000	十六进制
♯100	不可使用	—	—	—
♯101	通道 1 峰值（最小）（BFM♯22 b3 ON 时有效）	—	—	十进制
♯102	通道 2 峰值（最小）（BFM♯22 b3 ON 时有效）	—	—	十进制
♯103	通道 3 峰值（最小）（BFM♯22 b3 ON 时有效）	—	—	十进制
♯104	通道 4 峰值（最小）（BFM♯22 b3 ON 时有效）	—	—	十进制
♯105～♯108	不可使用	—	—	—
♯109	峰值（最小值）复位	③	H0000	十六进制
♯110	不可使用	—	—	—
♯111	通道 1 峰值（最大）（BFM♯22 b3 ON 时有效）	—	—	十进制
♯112	通道 2 峰值（最大）（BFM♯22 b3 ON 时有效）	—	—	十进制
♯113	通道 3 峰值（最大）（BFM♯22 b3 ON 时有效）	—	—	十进制
♯114	通道 4 峰值（最大）（BFM♯22 b3 ON 时有效）	—	—	十进制
♯115～♯118	不可使用	—	—	—
♯119	峰值（最大值）复位	③	H0000	十六进制
♯120～♯124	不可使用	—	—	—
♯125①	峰值（最小：BFM♯101～♯104、最大：♯111～♯114） 自动传送的目标起始数据寄存器指定 （BFM♯22 b4 ON 时有效、占用连续 8 个点）	0～7 992	出厂时 K200	十进制
♯126①	上下限错误状态（BFM♯26） 自动传送的目标数据寄存器的指定 （BFM♯22 b5 ON 时有效）	0～7 992	出厂时 K200	十进制
♯127①	突变检测状态（BFM♯27） 自动传送的目标数据寄存器的指定 （BFM♯22 b5 ON 时有效）	0～7 992	出厂时 K200	十进制
♯128①	量程溢出状态（BFM♯28） 自动传送的目标数据寄存器的指定 （BFM♯22 b7 ON 时有效）	0～7 992	出厂时 K200	十进制
♯129①	错误状态（BFM♯29） 自动传送的目标数据寄存器的指定 （BFM♯22 b8 ON 时有效）	0～7 992	出厂时 K200	十进制
♯130～♯196	不可使用	—	—	—
♯197	数据历史记录功能的数据循环更新功能的选择	③	H0000	十六进制
♯198①	数据历史记录的采样时间设定（单位：ms）	0～30 000	K15000	十六进制

（续表5.12）

BFM 编号	内容	设定范围	初始值	数据处理
♯199	数据历史记录复位数据历史记录停止	⑧	H0000	十六进制
♯200	通道 1 数据的历史记录（初次的值）	—	K0	十进制
～	～	～	～	十进制
♯1899	通道 1 数据的历史记录（第 1 700 次的值）	—	K0	十进制
♯1900	通道 2 数据的历史记录（初次的值）	—	K0	十进制
～	～	～	～	十进制
♯3599	通道 2 数据的历史记录（第 1 700 次的值）	—	K0	十进制
♯3600	通道 3 数据的历史记录（初次的值）	—	K0	十进制
～	～	～	～	十进制
♯5299	通道 3 数据的历史记录（第 1 700 次的值）	—	K0	十进制
♯5300	通道 4 数据的历史记录（初次的值）	—	K0	十进制
～	～	～	～	十进制
♯6999	通道 4 数据的历史记录（第 1 700 次的值）	—	K0	十进制
♯7000～♯8063	系统用区域	—	—	—

注：① 通过 EEPROM 进行停电保持
　　② 用十六进制数指定各通道的输入模式,在十六进制的各位数中,用 0～8 以及 F 进行指定。
　　③ 使用 b0～b3。
　　④ 使用 b0～b7。
　　⑤ 偏置/增益必须满足以下关系：增益值—偏置值≥1 000。
　　⑥ 偏置/增益必须满足以下关系：30 000≥增益值—偏置值≥3 000。
　　⑦ 使用 b0～b2。
　　⑧ 使用 b0～b3 以及 b8～b11。

部分常用缓冲存储区介绍如下：

① ［BFM♯0］输入模式的指定

指定通道 1～通道 4 的输入模式。

输入模式的指定采用 4 位数的 HEX 码,每 4 位对应一个通道。通过在各位中设定 0～8 的数值,可以设置输入模式,如图 5.33 所示。

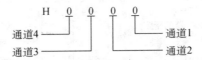

图 5.33　各通道输入模式的指定

输入模式的种类,见表 5.13。

表 5.13　输入模式的种类

设定值[HEX]	输入模式	模拟量输入范围	数字量输出范围
0	电压输入模式	−10～+10 V	−32 000～+32 000
1	电压输入模式	−10～+10 V	−4 000～+4 000

(续表5.13)

设定值[HEX]	输入模式	模拟量输入范围	数字量输出范围
2①	电压输入(模拟量值直接显示模式)	−10～+10 V	−10 000～+10 000
3	电流输入模式	4～20 mA	0～16 000
4	电流输入模式	4～20 mA	0～4 000
5①	电流输入(模拟量值直接显示模式)	4～20 mA	4 000～20 000
6	电流输入模式	−20～+20 mA	−16 000～+16 000
7	电压输入模式	−20～+20 mA	−4 000～+4 000
8①	电流输入(模拟量值直接显示模式)	−20～+20 mA	−20 000～+20 000
9～E	不可设定	—	—
F	通道不可用	—	—

注:①不能改变偏置/增益值。

A. 输入模式设定时的注意事项

a. 进行输入模式设定(变更)后,模拟量输入特性会自动变更。此外,通过改变偏置/增益值,可以用特有的值设定特性(分辨率不变),用于特殊设备。

b. 指定为模拟量直接显示(表 5.13 中的注①)时,不能改变偏置/增益值。

c. 输入模式的指定需要 5 s。改变了输入模式时,需设计经过 5 s 以上的时间后,再执行各设定的写入。

d. 不能设定所有的 CH(通道)都不使用(HFFFF)。

B. EEPROM 写入数据

如果向 BFM#0、#19、#21、#125～#129 以及#198 中写入设定值,则是执行向 4AD 内的 EEPROM 写入数据。

②[BFM#2～#5]平均次数

希望将通道数据(通道 1～4 对应 BFM#10～#13)从即时值变为平均值时,设定平均值次数(通道 1～4 对应 BFM#2～#5)。

关于平均次数的设定值和动作,见表 5.14。

表 5.14 平均次数的设定值和动作

平均次数(BFM#2～#5)	通道数据(BFM#10～#13)的种类	错误内容
0 以下	即时值数据(每次 A/D 转换处理时更新通道数据)	设定值变为 K0,发生平均次数设定不良(BFM#29 b10)的错误
1(初始值)	即时值数据(每次 A/D 转换处理时更新通道数据)	—
2～400	平均值数据(每次 A/D 转换处理时计算平均值,并更新通道数据)	—
401～4 095	平均值数据(每次达到平均值次数,就计算 A/D 转换数据的平均值,并更新通道数据)	
4 096 以上	平均值数据(每次 A/D 转换处理时更新通道数据)	设定值变为 4 096,发生平均次数设定不良(BFM#29 b10)的错误

注:在测定信号中含有类似电源频率那样比较缓慢的波动噪声时,可以通过平均化获得稳定的数据。

平均次数设定时的注意事项：

a. 使用平均次数时，对于使用平均次数的通道，务必将数字滤波器的设定（通道1～4对应 BFM♯6～♯9）为 0。此外，使用数字滤波器功能时，务必将使用通道的平均次数（BFM♯2～♯5）设定为1。设定为1以外的值，而数字滤波器（通道1～4对应 BFM♯6～♯9）设定为0以外的值时，会发生数字滤波器设定不良（BFM♯29 b11）的错误。

b. 如果设定了平均次数，则不能使用数据历史记录功能。

③ ［BFM♯6～♯9］数字滤波器设定

通道数据（CH1～4 对应 BFM♯10～♯13）中使用数字滤波器时，在数字滤波器设定（通道1～4对应 BFM♯6～♯9）中设定数字滤波器值。

如果使用数字滤波器功能，那么模拟量输入值、数字滤波器的设定值以及数字量输出值（通道数据）的关系如下所示。

A. 数字滤波器值（通道1～4对应 BFM♯6～♯9）＞模拟量信号的波动（波动幅度未满10个采样）。与数字滤波器设定值相比，模拟量信号（输入值）的波动比较小时，转换为稳定的数字量输出值，并保存到通道数据（通道1～4对应 BFM♯10～♯13）中。

B. 数字滤波器值（通道1～4对应 BFM♯6～♯9）＜模拟量信号的波动。与数字滤波器设定值相比模拟量信号（输入值）的波动较大时，将跟随模拟量信号变化的数字量输出值保存到相应通道的通道数据（通道1～4对应 BFM♯10～♯13）中，如图5.34所示。

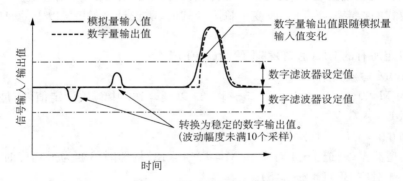

图 5.34　数字滤波器值与信号输入/输出的关系

设定值与动作的关系，见表 5.15。

表 5.15　设定值与动作的关系

设定值	动作
未满 0	数字滤波器功能无效 设定错误（BFM♯29 b11 ON）
0	数字滤波器功能无效
1～1 600	数字滤波器功能有效
1 601 以上	数字滤波器功能无效 设定错误（BFM♯29 b11 ON）

注：测定信号中含有陡峭的尖峰噪音等时，与平均次数相比，使用数字滤波器可以获得稳定的数据。

数据滤波器设定时的注意事项：

a. 务必将使用通道的平均次数（通道1～4对应 BFM♯2～♯4）设定为1。平均次数的设定值为1以外的值，而数字滤波器设定为0以外的值时，会发生数字滤波器设定不良

（BFM♯29 b11）的错误。

　　b. 如果某一个通道中使用了数字滤波器功能，则所有通道的 A/D 转换时间都变成 5 ms。

　　c. 数字滤波器设定在 0～1 600 范围外时，发生数字滤波器设定不良（BFM♯29 b11）的错误。

　　④［BFM♯10～♯13］通道数据

　　保存 A/D 转换后的数字值。

　　根据平均次数（通道 1～4 对应 BFM♯2～♯5）或者数字滤波器的设定（通道 1～4 对应 BFM♯6～♯9），通道数据（通道 1～4 对应 BFM♯10～♯13）以及数据的更新时序，见表 5.16。

表 5.16　通道数据及其更新时序

平均次数 （BFM♯2～♯5）	数字滤波器功能 （BFM♯6～♯9）	通道数据（BFM♯10～♯13）的更新时序	
		通道数据的种类	更新时序
0 以下	0（不使用）	即时值数据 设定值为 0，发生平均次数设定不良（BFM♯29 b11）的错误	每次 A/D 转换处理都更新数据，更新时序的时间如下所示 更新时间＝500 μs①×使用通道数
1	0（不使用）	即时值数据	
	1～1 600（使用）	即时值数据 使用数字滤波器功能	每次 A/D 转换处理都更新数据，更新时序的时间如下所示 更新时间＝5 ms×使用通道数
2～400	0（不使用）	平均值数据	每次 A/D 转换处理都更新数据，更新时序的时间如下所示 更新时间＝500 μs①×使用通道数
401～4 095	0（不使用）	平均值数据	每次按平均次数处理 A/D 转换时更新数据，更新时序的时间如下所示 更新时间＝500 μs①×使用通道数×平均次数
4 096 以上		设定值变为 4 096，发生平均次数设定不良（BFM♯29 b11）的错误	

　　注：①500 μs 为 A/D 转换时间。但是即使 1 个通道使用数字滤波器功能时，所有通道的 A/D 转换时间都变成为 5 ms。

　　有关缓冲存储器的详细信息请见《FX₃G・FX₃U・FX₃UC 系列微型可编程控制器用户手册（模拟量控制篇）》。

　　(6) 程序编程实例

　　① 系统构成

　　FX₃U PLC 右侧第 1 个模块配置为 FX₃U-4AD。

　　② 输入模式

　　设定通道 1、通道 2 为模式 0（电压输入为 −10 V～+10 V→−32 000～+32 000）。

　　设定通道 3、通道 4 为模式 3（电流输入为 4～20 mA→0～16 000）。

　　③ 平均次数

　　设定通道 1、通道 2、通道 3、通道 4 为 10 次。

　　④ 数字滤波器设定

　　设定通道 1、通道 2、通道 3、通道 4 的数字滤波器功能无效（初始值）。

　　⑤ 软元件分配（见表 5.17）

表 5.17　软元件的分配

软元件	内容
D0	通道 1 的 A/D 转换数字值
D1	通道 2 的 A/D 转换数字值
D2	通道 3 的 A/D 转换数字值
D3	通道 4 的 A/D 转换数字值

（7）顺控程序举例

① 适用于 FX₃U、FX₃UC PLC，如图 5.35 所示。

② 适用于 FX₃G、FX₃U、FX₃UC PLC 时，如图 5.36 所示。

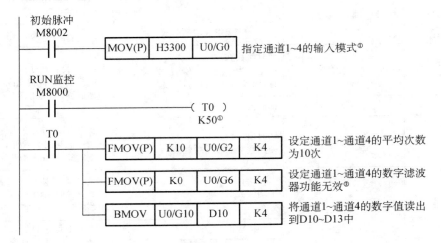

图 5.35　程序举例（FX₃U、FX₃UC PLC）

注：① 设计输入模式设定后，经过 5 s 以上的时间再执行各设定的写入。但是，一旦指定了输入模式，是被停电保持的。此后如果使用相同的输入模式，则可省略输入模式的指定以及 T0 K50 的等待时间。

　② 数据滤波器的设定使用初始值时，不需要通过顺控程序设定。

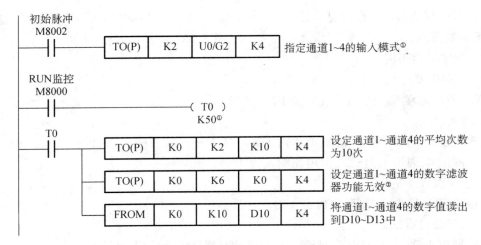

图 5.36　程序举例（FX₃G、FX₃U、FX₃UC PLC）

4）应用案例（混合原料用量的测定）

（1）系统结构图（见图 5.37）

（2）动作要求

① 打开原料阀开关，原料开始混合；

② 压力传感器（量程：0～1 000 g）开始计量质量；

③ 当到达设定的压力值时（800 g），原料阀门关闭；

④ 搅拌器开始工作，30 s 后搅拌结束，排除阀门打开。

（3）I/O 分配（FX$_{3G}$ PLC ＋ FX$_{3G}$-2AD-BD，见表 5.18）

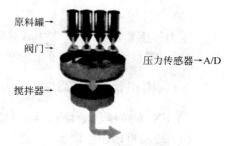

图 5.37　混合原料用量的测定

表 5.18　I/O 分配

输入地址	信号内容	输出地址	信号内容	模拟量输入地址	信号内容
X10	开始按钮	Y10	原料阀门	CH1：	称重压力 D1
X11	停止按钮	Y11	搅拌器		
		Y12	排出阀门		

（4）程序（见图 5.38）

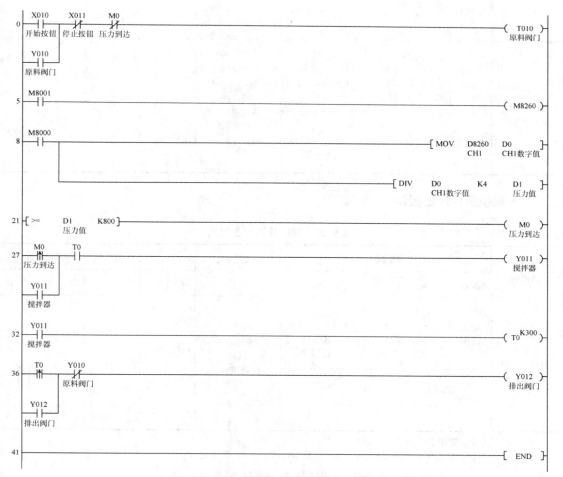

图 5.38　混合原料用量的测定程序

(5) 程序说明

压力传感器量程 0～1 000 g,对应输出电压为 0～10 V,通过 AD 模块化为 0～4 000 的数字值,所以需要除法运算来整定为相应的压力检测值。

5.2.3　模拟量输出模块

1) FX 系列模拟量输出单元/模块

(1) 模拟量输出扩展板(见表 5.19)

表 5.19　模拟量输出扩展板

型号 (通道数)	输出规格			隔离	适用的可编程控制器						
	项目	输出电压	输出电流		FX$_{1S}$	FX$_{1N}$	FX$_{2N}$	FX$_{2NC}$	FX$_{3G}$	FX$_{3U}$	FX$_{3UC}$
FX$_{1N}$- 1DA-BD (1 通道)	输出 范围	电压: DC0～10 V (负载电阻: 2 kΩ～1 MΩ)	电流: DC 4～20 mA (负载电阻: 500 Ω 以下)	内部-通道间: 不隔离 各通道间: (无对象)	○	○	×	×	×	×	×
	分辨率	2.5 mV (10 V/4 000)	8 μA [(20～4 mA)/ 2 000]								
FX$_{3G}$- 1DA-BD (1 通道)	输出 范围	电压: DC0～10 V (负载电阻: 2 kΩ～1 MΩ)	电流: DC 4～20 mA (负载电阻: 500 Ω 以下)	内部-通道间: 不隔离 各通道间: (无对象)	×	×	×	×	○	×	×
	分辨率	2.5 mV (10 V/4 000)	8 μA [(20～4 mA)/ 2 000]								

(2) 模拟量输出适配器(见表 5.20)

表 5.20　模拟量输出适配器

型号 (通道数)	输出规格			隔离	适用的可编程控制器						
	项目	输出电压	输出电流		FX$_{1S}$	FX$_{1N}$	FX$_{2N}$	FX$_{2NC}$	FX$_{3G}$	FX$_{3U}$	FX$_{3UC}$
FX$_{3U}$- 4DA-ADP (4 通道)	输出 范围	电压: DC0～10 V (负载电阻: 5 kΩ～1 MΩ)	电流: DC 4～20 mA (负载电阻: 500 Ω 以下)	内部-通道间: 隔离 各通道间: 不隔离	×	×	×	×	○ ①	○ ②	○ ②
	分辨率	2.5 mV (10 V/4 000)	4 μA [(20～4 mA)/ 4 000]								

注:①扩展时需要使用 FX$_{3G}$-CNV-ADP。

　　② 扩展时需要使用 FX$_{3G}$-CNV-ADP(FX$_{3UC}$-□□MT/D,DSS 无需使用)。

（3）模拟量输出模块（见表5.21）

表5.21 模拟量输出模块

型号 （通道数）	输出规格			隔离	适用的可编程控制器						
	项目	输出电压	输出电流		FX$_{1S}$	FX$_{1N}$	FX$_{2N}$	FX$_{2NC}$	FX$_{3G}$	FX$_{3U}$	FX$_{3UC}$
FX-2DA （2通道）	输出 范围	电压： DC0～10 V、 DC0～5 V （负载电阻： 2 kΩ～1 MΩ）	电流： DC 4～20 mA （负载电阻： 400 Ω以下）	内部-通道间： 隔离 各通道间： 不隔离	×	×	○	○	×	○	○
	分辨率	2.5 mV （10 V/4 000） 1.25 mV （5 V/4 000）	4 μA [（20～4 mA）/ 4 000]								
FX$_{2N}$-4DA （4通道）	输出 范围	电压： DC −10～10 V （负载电阻： 2 kΩ～1 MΩ）	电流： DC0～20 mA （负载电阻： 500 Ω以下）	内部-通道间： 隔离 各通道间： 不隔离	×	×	○	○	×	○	○
	分辨率	5 mV （10 V/2 000）	20 μA （20 mA/1 000）								
FX$_{2NC}$-4DA （4通道）	输出 范围	电压： DC −10～10 V （负载电阻： 2 kΩ～1 MΩ）	电流： DC0～20 mA、 DC 4～20 mA （负载电阻： 500 Ω以下）	内部-通道间： 隔离 各通道间： 不隔离	×	×	×	○	×	×	○
	分辨率	5 mV （10 V/2 000）	20 μA （20 mA/1 000）								
FX$_{3U}$-4DA （4通道）	输出 范围	电压： DC −10～10 V （负载电阻： 2 kΩ～1 MΩ）	电流： DC0～20 mA、 DC 4～20 mA （负载电阻： 500 Ω以下）	内部-通道间： 隔离 各通道间： 不隔离	×	×	×	×	○	○	○
	分辨率	0.32 mV （20 V/64 000）	0.63 μA （20 mA/32 000）								

2）FX系列模拟量输出单元/模块的性能规格

（1）模拟量输出扩展板

① FX$_{1N}$-1DA-BD型模拟量输出扩展板见图5.39，性能规格见表5.22。

图5.39 FX$_{1N}$-1DA-BD型模拟量输出扩展板

表 5.22　FX₁ₙ-1DA-BD 性能规格

规格	电压输出	电流输出
输出点数	1 通道	
模拟量输出范围	DC0~10 V (输入电阻:2 kΩ~1 MΩ)	DC 4~20 mA (输入电阻:500 Ω 以下)
最大绝对输出	−0.5 V、+15 V	−2 mA、+60 mA
偏置	不可变更	不可变更
增益		
数字量输入	12 位 二进制	
分辨率	2.5 mV(10 V/4 000)	8 μA(16 mA/2 000)
综合准确度	针对满量程:10 V ±1%(±100 mV)	针对满量程:16 mA ±1%(±0.16 μA)
转换速度	10 ms(在 END 指令处开始转换。约 10 ms 后输出)	
隔离方式	模拟量输出部分和 PLC 间不隔离	
电源	从内部供电	
输入/输出占用点数	0 点(与 PLC 的最大输入/输出点数无关)	
输入/输出特性	不能调整输出特性	

② FX₃G-1DA-BD 型模拟量输出扩展板见图 5.40,性能规格见表 5.23。

图 5.40　FX₃G-1DA-BD 型模拟量输出扩展板

表 5.23 FX₃ɢ-1DA-BD 性能规格

规格	电压输出	电流输出
输出点数	1 通道	
模拟量输出范围	DC0～10 V (输入电阻:2 kΩ～1 MΩ)	DC4～20 mA (输入电阻:500 Ω 以下)
偏置	不可变更	不可变更
增益		
数字量输入	12 位 二进制	11 位 二进制
分辨率	2.5 mV(10 V/4 000)	8 μA(16 mA/2 000)
综合准确度 环境温度 25℃±5℃	针对满量程:10 V ±0.5%(±50 mV)	针对满量程:16 mA ±0.5%(±80 μA)
综合准确度 环境温度 0～55℃	针对满量程:10 V ±1.0%(±100 mV)	针对满量程:16 mA ±1.0%(±160 μA)
综合准确度 备注	外部负载电阻出厂设置为 2 kΩ。因此,外部电阻大于 2 kΩ 时,输出电压会少许变高;外部负载为 1 MΩ 时,输出电压最大提高 2%	—
转换速度	60 μs(每个运算周期更新资料)	
隔离方式	模拟量输出部分和 PLC 之间不隔离	
电源	从 PLC 内部供电	
输入/输出占用点数	0 点(与 PLC 的最大输入/输出点数无关)	
输入/输出特性	不可以调整输出特性	

(2) 模拟量输出适配器

FX₃ᵤ-4DA-ADP 型模拟量输出适配器如图 5.41,性能规格见表 5.24。

图 5.41 FX₃ᵤ-4DA-ADP 型模拟量输出适配器

表 5.24　FX₃ᵤ-4DA-ADP 性能规格

规格	电压输出		电流输出
输出点数	4 通道		
模拟量 输出范围	DC0～10 V （输入电阻：5 kΩ～1 MΩ）		DC4～20 mA （输入电阻：500 Ω 以下）
偏置	不可变更		不可变更
增益			
数字量输入	12 位 二进制		
分辨率	2.5 mV(10 V/4 000)		4 μA(16 mA/4 000)
综合准确度 — 环境温度 25℃±5℃	针对满量程：10 V ±0.5%(±50 mV)		针对满量程：16 mA ±0.5%(±80 μA)
综合准确度 — 环境温度 0～55℃	针对满量程：10 V ±1.0%(±100 mV)		针对满量程：16 mA ±1.0%(±160 μA)
综合准确度 — 备注	外部负载电阻(R_S)不满 5 kΩ 时，增加下述计算部分（每 1% 增加 100 mV） $$\frac{47\times100}{R_S+47}-0.9(\%)$$		—
转换速度	1) FX₃ᵤ/FX₃ᵤᴄ PLC：200 μs(每个运算周期更新数据) 2) FX₃ᴳ PLC：250 μs(每个运算周期更新数据)		
隔离方式	1) 模拟量输入部分和 PLC 之间，通过光耦隔离 2) 电源和模拟量输出直接通过 DC/DC 转换器隔离 3) 各通道间不隔离		
电源	1) DC5V，15 mA(PLC 内部供电) 2) DC24V，±(20%～15%)，150 mA(外部供电)		
输入/输出占用点数	0 点(与 PLC 的最大输入/输出点数无关)		
输入/输出特性	可以对各通道分别指定电压或者电流输出 电压输出特性图：10.2 V，10 V，4 080，4 000，数字量输入，模拟量输出		电流输出特性图：20.32 mA，20 mA，2 040，2 000，4 mA，数字量输入，模拟量输出

（3）模拟量输出模块

① FX₂ₙ-2DA 型模拟量输出模块见图 5.42，性能规格见表 5.25。

图 5.42　FX₂ₙ-2DA 型模拟量输出模块

表 5.25 FX₂ₙ-2DA 性能规格

规格	电压输出		电流输出
输出点数	2 通道		
模拟量 输出范围	DC0~10 V DC0~5 V (输入电阻:2 kΩ~1 MΩ)		DC4~20 mA (输入电阻:400 Ω 以下)
偏置	数字 0 时 0~1 V①②		数字 0 时 4 mA①②
增益	数字 4 000 时 5~10 V①②		数字 4 000 时 20 mA①②
数字量输入	12 位 二进制		
分辨率	2.5 mV(10 V/4 000)②		4 μA(16 mA/4 000)②
综合准确度	环境温度 25℃±5℃	±0.1 V	±0.16 mA
	环境温度 0~55℃		
	备注	不包括负载变化	—
转换速度	4 ms×使用通道数(与顺控程序同步动作)		
隔离方式	① 模拟量输入部分和 PLC 之间,通过光耦隔离 ② 各通道间不隔离		
电源	① DC5V 30 mA(PLC 内部供电) ② DC24V 85 mA(PLC 内部供电)		
输入/输出占用点数	8 点(在 PLC 的输入、输出点数中的任意一侧计算点数)		
输入/输出特性	可以对各通道分别指定电压输出或者电流输出		

注:① FX₂ₙ-2DA 通过电位器调整。
　② 调整偏置/增益后,分辨率变化。

② FX₂ₙ-4DA 型模拟量输出模块见图 5.43,性能规格见表 5.26。

图 5.43 FX₂ₙ-4DA 型模拟量输出模块

表 5.26　FX₂ₙ-4DA 性能规格

规格	电压输出	电流输出
输出点数	4 通道	
模拟量 输出范围	DC −10～+10 V （输入电阻：2 kΩ～1 MΩ）	DC −20～20 mA, DC 4～20 mA （输入电阻：500 Ω 以下）
偏置	−5～+5 V①②	−20～20 mA①③
增益	−4～+15 V①②	−16～32 mA①③
数字量输出	带符号 12 位 二进制	10 位 二进制
分辨率	5 mV(10 V/2 000)①	20 μA(20 mA/1 000)①
综合准确度 环境温度 25℃±5℃	针对满量程：20 V ±1%(±200 mV)	针对满量程：20 mA ±1.0%(±200 μA) 4～20 mA 输出相同
综合准确度 环境温度 0～55℃		
综合准确度 备注	不包含负载变化	—
转换速度	2.1 ms(与使用的通道数无关)	
隔离方式	① 模拟量输入部分和 PLC 之间，通过光耦隔离 ② 电源和模拟量输入直接通过 DC/DC 转换器隔离 ③ 各通道间不隔离	
电源	① DC5V, 30 mA(PLC 内部供电) ② DC24V, ±10%～15%, 200 mA(外部供电)	
输入/输出占用点数	8 点(在可编程控制器的输入、输出点数中的任意一侧计算点数)	
输入/输出特性	可以对各通道分别指定电压输出或者电流输出 输入模式0时 +10.235 V +10 V −2 000　0　+2 000 +2 047 −2 048 −10 V −10.24 V	输入模式2时 （虚线为模式1时） 20 mA 模拟量输出 4 mA 0　数字量输入　1 000

注：① 即使调整偏置/增益，分辨率也不变。
　　② 偏置/增益需要满足以下关系：1 V≤(增益−偏置)≤15 V。
　　③ 偏置/增益需要满足以下关系：4 mA≤(增益−偏置)≤32 mA。

③ FX₃ᵤ-4DA 型模拟量输出模块见图 5.44，性能规格见表 5.27。

图 5.44　FX₃ᵤ-4DA 型模拟量输出模块

表 5.27 FX₃ᵤ-4DA 性能规格

规格	电压输出	电流输出
输出点数	4 通道	
模拟量输出范围	DC −10～+10 V (输入电阻:2 kΩ～1 MΩ)	DC −20～20 mA,DC 4～20 mA (输入电阻:500 Ω 以下)
偏置	−10～+9 V①②	0～17 mA①③
增益	−9～+10 V①②	3～30 mA①③
数字量输入	带符号 16 位 二进制	15 位 二进制
分辨率	0.32 mV(20 V/64 000)①	0.63 μA(20 mA/32 000)①

综合准确度	环境温度 25℃±5℃	针对满量程:20 V ±0.3%(±60 mV)	针对满量程:20 mA ±0.3%(±60 μA) 4～20 mA 输出相同
	环境温度 0～55℃	针对满量程:20 V ±0.5%(±100 mV)	针对满量程:20 mA ±0.5%(±100 μA) 4～20 mA 输出相同
	备注	包含负载变化的修正功能	—

转换速度	1 ms(与使用的通道数无关)
隔离方式	① 模拟量输入部分和 PLC 之间,通过光耦隔离 ② 电源和模拟量输入直接通过 DC/DC 转换器隔离 ③ 各通道间不隔离
电源	① DC5V,120 mA(PLC 内部供电) ② DC24V,±10%,160 mA(外部供电)
输入/输出占用点数	8 点(在可编程控制器的输入、输出点数中的任意一侧计算点数)
输入/输出特性	可以对各通道分别指定电压输出或者电流输出

注:① 即使调整偏置/增益,分辨率也不变。此外,使用模拟量指定模式时,不能进行偏置、增益调整。

② 偏置/增益需要满足以下条件:1 V≤(增益−偏置)≤10 V。

③ 偏置/增益需要满足以下条件:3 mA≤(增益−偏置)≤30 mA。

④ 即使调整偏置/增益,分辨率也不变。

3) FX₃ᵤ-4DA 模拟量输出模块

(1) 功能概要

FX₃ᵤ-4DA 可配合 FX₃G/FX₃ᵤ/FX₃ᵤC PLC 使用,是将来自 PLC 的 4 个通道的数字值转换

成模拟量值(电压/电流)并输出模拟量的特殊功能模块。

　　① FX$_{3U}$/FX$_{3U}$/FX$_{3UC}$ PLC 最多可以连接 8 台特殊功能模块(包括其他特殊功能模块的连接台数)。

　　② 可以对模块各通道指定电压输出、电流输出。

　　③ FX$_{3U}$-4DA 将其缓冲存储区(BFM)中保存的数字值转换成模拟量值(电压/电流),并输出。

　　④ 可以用数据表格的方式,预先对决定好的输出方式做设定,然后根据数据表格进行模拟量输出。

　　(2) 系统构成(见图 5.45)

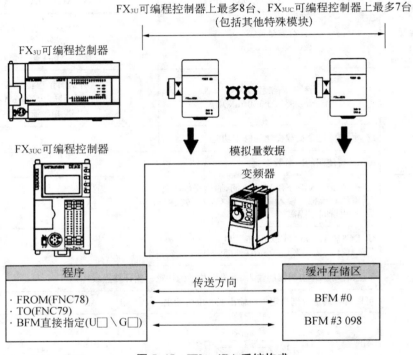

图 5.45　FX$_{3U}$-4DA 系统构成

　　(3) 性能规格(见表 5.27)

　　(4) 接线

　　① FX$_{3U}$-4DA 的端子排列如图 5.46 所示。

　　② 模拟量输出接线

　　模拟量输出模式中,每个 CH(通道)中都可以使用电压输出、电流输出,如图 5.47 所示。

　　a. 连接的基本单元为 FX$_{3G}$/FX$_{3U}$ PLC(AC 电源型)时,可以使用 DC24V 供电电源。

　　b. 不要对[·]端子接线。

　　c. 模拟量输出线使用 2 芯的屏蔽双绞电缆,使用其他动力线或者容易受感应的先分开布线。

　　d. 输出电压有噪音或者波动时,请在信号接收侧附近连接 0.1～0.47μF25 V 的电容。

　　e. 将屏蔽线在信号接收侧进行单侧接地。

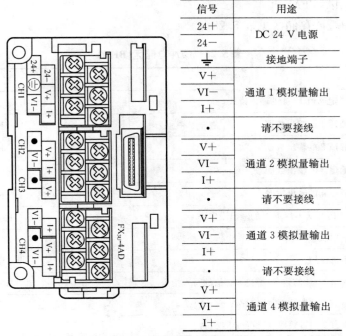

信号	用途
24+	DC 24 V 电源
24−	
⏚	接地端子
V+	
VI−	通道 1 模拟量输出
I+	
•	请不要接线
V+	
VI−	通道 2 模拟量输出
I+	
•	请不要接线
V+	
VI−	通道 3 模拟量输出
I+	
•	请不要接线
V+	
VI−	通道 4 模拟量输出
I+	

图 5.46　FX₃ᵤ-4DA 的端子排列

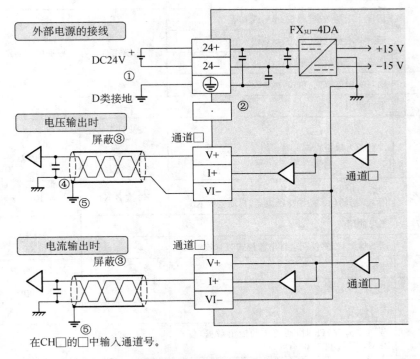

在 CH□ 的 □ 中输入通道号。

图 5.47　FX₃ᵤ-4DA 模拟量输出接线

（5）缓冲存储区（BFM）

FX$_{3U}$-4DA 中缓冲存储区见表 5.28。

表 5.28　缓冲存储区（BFM）

BFM 编号	内容	设定范围	初始值	数据处理
♯0①	指定通道 1～4 的输出模式	②	出厂时 H0000	十六进制
♯1	通道 1 的输出数据		K0	十进制
♯2	通道 2 的输出数据		K0	十进制
♯3	通道 3 的输出数据	根据模式而定	K0	十进制
♯4	通道 4 的输出数据		K0	十进制
♯5①	当 PLC 为 STOP 时的输出设定	③	H0000	十六进制
♯6	输出状态	—	H0000	十六进制
♯7、♯8	不可使用	—	—	—
♯9	通道 1～4 的偏置、增益设定值的写入指令	④	H0000	十六进制
♯10①	通道 1 偏置数据［单位：mV 或 μA］			十进制
♯11①	通道 2 偏置数据［单位：mV 或 μA］	根据模式而定	根据模式而定	十进制
♯12①	通道 3 偏置数据［单位：mV 或 μA］			十进制
♯13①	通道 4 偏置数据［单位：mV 或 μA］			十进制
♯14①	通道 1 增益数据［单位：mV 或 μA］			十进制
♯15①	通道 2 增益数据［单位：mV 或 μA］	根据模式而定	根据模式而定	十进制
♯16①	通道 3 增益数据［单位：mV 或 μA］			十进制
♯17①	通道 4 增益数据［单位：mV 或 μA］			十进制
♯18	不可使用	—	—	—
♯19①	设置变更禁止	变更许可：K3030　变更禁止：K2080 以外	出厂时 K3030	十进制
♯20	功能初始化　用 K1 初始化。初始化结束后，自动变为 K0	K0 或者 K1	K0	十进制
♯21～♯27	不可使用	—	—	—
♯28	断线检测状态（仅在选择电流模式时有效）	—	H0000	十六进制
♯29	错误状态	—	H0000	十六进制
♯30	机型代码 K3030	—	K3030	十进制
♯31	不可使用	—	—	—
♯32①	当 PLC 为 SOTP 时，通道 1 的输出数据（仅在 BFM♯5＝H0002 时有效）	根据模式而定	K0	十进制
♯33①	当 PLC 为 SOTP 时，通道 2 的输出数据（仅在 BFM♯5＝H0020 时有效）	根据模式而定	K0	十进制
♯34①	当 PLC 为 SOTP 时，通道 3 的输出数据（仅在 BFM♯5＝H0200 时有效）	根据模式而定	K0	十进制

（续表5.28）

BFM 编号	内容	设定范围	初始值	数据处理
♯35①	当 PLC 为 SOTP 时，通道 4 的输出数据（仅在 BFM♯5＝H2000 时有效）	根据模式而定	K0	十进制
♯36、♯37	不可使用	—	—	—
♯38	上下限值功能设定	⑤	H0000	十六进制
♯39	上下限值功能状态	—	H0000	十六进制
♯40	上下限值功能状态的清除	⑥	H0000	十六进制
♯41	上下限值功能的通道 1 下限值	根据模式而定	K-32640	十进制
♯42	上下限值功能的通道 2 下限值	根据模式而定	K-32640	十进制
♯43	上下限值功能的通道 3 下限值	根据模式而定	K-32640	十进制
♯44	上下限值功能的通道 4 下限值	根据模式而定	K-32640	十进制
♯45	上下限值功能的通道 1 上限值	根据模式而定	K-32640	十进制
♯46	上下限值功能的通道 2 上限值	根据模式而定	K-32640	十进制
♯47	上下限值功能的通道 3 上限值	根据模式而定	K-32640	十进制
♯48	上下限值功能的通道 4 上限值	根据模式而定	K-32640	十进制
♯49	不可使用	—	—	—
♯50①	根据负载电阻设定修正功能（仅在电压输入时有效）	⑦	H0000	十六进制
♯51①	通道 1 的负载电阻值［单位：Ω］	K1000～30000	K30000	十进制
♯52①	通道 2 的负载电阻值［单位：Ω］	K1000～30000	K30000	十进制
♯53①	通道 3 的负载电阻值［单位：Ω］	K1000～30000	K30000	十进制
♯54①	通道 4 的负载电阻值［单位：Ω］	K1000～30000	K30000	十进制
♯55～♯59	不可使用	—	—	—
♯60①	状态自动传送功能的设定	⑧	K0	十进制
♯61①	指定错误状态（BFM♯29）自动传送的目标数据寄存器（BFM♯60 b0 ON 时有效）	K0～7999（但是 BFM♯61、♯62、♯63 的值应不同）	K200	十进制
♯62①	指定错误状态（BFM♯39）自动传送的目标数据寄存器（BFM♯60 b1 ON 时有效）		K201	十进制
♯63①	指定错误状态（BFM♯28）自动传送的目标数据寄存器（BFM♯60 b2 ON 时有效）		K202	十进制
♯64～♯79	不可使用	—	—	—
♯80	表格输出功能的 START/STOP	⑨	H0000	十六进制
♯81	通道 1 的输出形式	K1～10	K1	十进制
♯82	通道 2 的输出形式	K1～10	K1	十进制
♯83	通道 3 的输出形式	K1～10	K1	十进制
♯84	通道 4 的输出形式	K1～10	K1	十进制
♯85	通道 1 的表格输出执行次数	K0～32767	K0	十进制

（续表5.28）

BFM 编号	内容	设定范围	初始值	数据处理
#86	通道 2 的表格输出执行次数	K0～32767	K0	十进制
#87	通道 3 的表格输出执行次数	K0～32767	K0	十进制
#88	通道 4 的表格输出执行次数	K0～32767	K0	十进制
#89	表格输出功能的输出结束标志位	—	H0000	十六进制
#90	表格输出的错误代码	—	K0	十进制
#91	发生表格输出错误的编号	—	K0	十进制
#92～#97	不可使用	—	—	—
#98	数据表格的起始软元件编号	K0～32767	K1000	十进制
#99	数据表格的传送命令	⑩	K0	十六进制
#100～#398	形式 1 的数据表格	—	K0	十进制
#399	不可使用	—	—	—
#400～#698	形式 2 的数据表格	—	K0	十进制
#699	不可使用	—	—	—
#700～#998	形式 3 的数据表格	—	K0	十进制
#999	不可使用	—	—	—
#1000～#1298	形式 4 的数据表格	—	K0	十进制
#1299	不可使用	—	—	—
#1300～#1598	形式 5 的数据表格	—	K0	十进制
#1599	不可使用	—	—	—
#1600～#1898	形式 6 的数据表格	—	K0	十进制
#1899	不可使用	—	—	—
#1900～#2198	形式 7 的数据表格	—	K0	十进制
#2199	不可使用	—	—	—
#2200～#2498	形式 8 的数据表格	—	K0	十进制
#2499	不可使用	—	—	—
#2500～#2798	形式 9 的数据表格	—	K0	十进制
#2799	不可使用	—	—	—
#2800～#3098	形式 10 的数据表格	—	K0	十进制

注：① 通过 EEPROM 进行停电保持。
② 用十六进制数指定各通道的输出模式，在十六进制的各位数中，用 0～4 以及 F 进行指定。
③ 用十六进制数对各通道在 PLC STOP 时的输出做设定，在十六进制的各位数中，用 0～2 进行指定。
④ 使用 b0～b3。
⑤ 用十六进制数指定各通道的上下线功能设定；在十六进制的各位数中，用 0～2 进行指定。
⑥ 使用 b0、b1。
⑦ 根据各通道的负载电阻，用十六进制数指定其修正功能的设定；在十六进制的各位数中，用 0～2 进行指定。
⑧ 使用 b0～b3
⑨ 用十六进制数指定各通道表格输出功能的 START/STOP；在十六进制的位数中，用 0、1 进行指定。
⑩ 用十六进制数指定数据表格的传送指令以及寄存器的种类；在十六进制的低 2 位中，用 0、1 指定。

部分常用缓冲存储区介绍：

① [BFM#0]输出模式的指定

指定通道 1～通道 4 的输出模式。

输出模式的指定采用 4 位数的十六进制(HEX)码,每 4 位对应 1 通道。通过在各位中设定 0～4、F 的数值,可以改变输出模式,如图 5.48 所示。

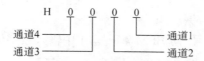

图 5.48 各通道输出模式的指定

输出模式的种类,见表 5.29。

表 5.29 各通道输出模式的种类

设定值[HEX]	输出模式	模拟量输出范围	数字量输出范围
0	电压输出模式	−10～+10 V	−32 000～+32 000
1①	电压输出模拟量值 mV 指定模式	−10～+10 V	−10 000～+10 000
2	电流输出模式	0～20 mA	0～32 000
3	电流输出模式	4～20 mA	0～32 000
4①	电压输出模拟量值 μA 指定模式	0～20 mA	0～20 000
5～E	无效(设定值不变化)	—	—
F	通道不可用		

注:① 不能改变偏置/增益值。

A. 输出模式设定时的注意事项

a. 改变输出模式时,输出停止;输出状态(BFM#6)中自动写入 H0000。输出模式的变更结束后,输出模式(BFM#6)自动变为 H1111,并恢复输出。

b. 输出模式的设定需要约 5 s。改变输出模式时,需设计经过 5 s 以上的时间,再执行各设定的写入。

c. 改变输出模式时,在以下的缓冲存储区中,针对各输出模式以初始值进行初始化设置:

BFM#5(在 PLC STOP 时的输出设定);

BFM#10～#13(偏置数据);

BFM#14～#17(增益数据);

BFM#28(断线检测状态);

BFM#32～#35(PLC STOP 时的输出数据);

BFM#38(上下限功能设定);

BFM#41～#44(上下限功能设定);

BFM#45～#48(上下限功能设定);

BFM#50(根据负载电阻设定输出修正功能)。

d. 不能设定所有通道同时都不能使用(HFFFF 的设定)。

B. EEPROM 写入时的注意事项

如果向 BFM#0、#5、#10～#17、#19、#32～#35、#50～#54 以及#60～#63 中写入设定值,则是执行向 FX_{3U}-4DA 内的 EEPROM 写入数据。

在向这些 BFM 中写入设定值后,不要马上切断电源。

EEPROM 的允许写入次数在 1 万次以下,所以不要编写在每个运算周期或者高频率地向这些 BFM 写入数据这样的程序。

② [BFM#1～#4]输出数据

针对希望输出的模拟量信号,向 BFM#1～#4 中输入数字值,见表 5.30。

表 5.30   输出数据

BFM 编号	内容	BFM 编号	内容
#1	通道 1 的输出数据	#3	通道 3 的输出数据
#2	通道 2 的输出数据	#4	通道 4 的输出数据

③ [BFM#5]在 PLC STOP 时的输出设定

可以设定在 PLC STOP 时,通道 1～通道 4 的输出,如图 5.49 和见表 5.31。

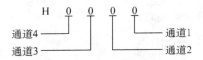

图 5.49   各通道输出模式的指定

进行 PLC STOP 输出设定时的注意事项:

a. 改变设定值时,输出停止;输出状态(BFM#6)中自动写入 H0000;

b. 变更结束后,输出状态(BFM#6)自动变为 H1111,并恢复输出。

表 5.31   输出设定

设定[HEX]	输出内容	设定[HEX]	输出内容
1	保持 RUN 时的最终值	3	输出 BFM#32～#35 中设定的输出数据
2	输出偏置值①	4～F	无效(设定值无变化)

注:① 因为输出模式(BFM#0)不同,输出也各异。

(6) 程序编写实例

条件:记载了根据下面的条件编写的顺控程序举例。

① 系统构成

在 FX_{3U} PLC 右侧第 1 个位置配置 FX_{3U}-4DA(单元号:0)。

② 输出模式设置

设定通道 1、通道 2 为模式 0(电压输出,—10～+10 V)。

设定通道 3 为模式 3(电流输出,4～20 mA)。

设定通道 4 为模式 2(电流输出,0～20 mA)。

a. 适用于 FX_{3U}、FX_{3UC} PLC,如图 5.50 所示。

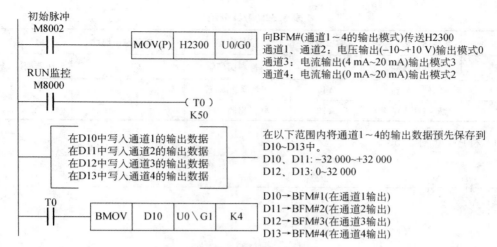

图 5.50　编程示例

注:输出模式设定后,各设定的写入时间在 5 s 以上。但是,一旦指定了输出模式,是被停电保持的。此
　　后如果使用相同的输出模式,则可以省略输出模式的指定以及 T0 K50 的等待时间。

b. 适用于 FX_{3G}、FX_{3U}、FX_{3UC} PLC,如图 5.51 所示。

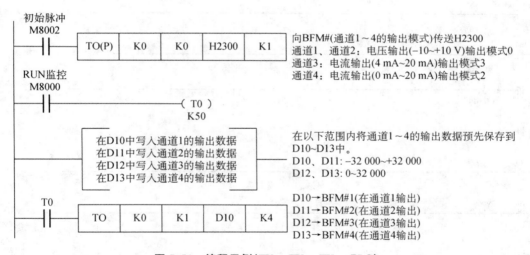

图 5.51　编程示例(FX_{3G}、FX_{3U}、FX_{3UC} PLC)

4) 应用案例

(1) 系统结构图(见图 5.52)

(2) 动作要求

① 打开原料阀门开关,原料开始混合;

② 变频器开始以 10 Hz 频率的速度搅拌;

③ 当原料注入结束后,变频器驱动搅拌机继续搅拌

5 min;

④ 排出阀打开,开始灌装。

(3) I/O 分配(FX_{3G} PLC+FX_{3G}-1DA-BD,见表 5.32)

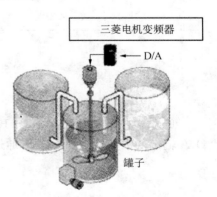

图 5.52　饮料水的变频调速搅拌

表 5.32　I/O 分配

输入地址	信号内容	输出地址	信号内容	模拟量输出地址	信号内容
X10	开始按钮	Y10	原料阀门	CH1：	变频器调速 D8280
X11	停止按钮	Y11	变频器起动/停		
X12	原料注入结束	Y12	排出阀门		

（4）程序（见图 5.53）

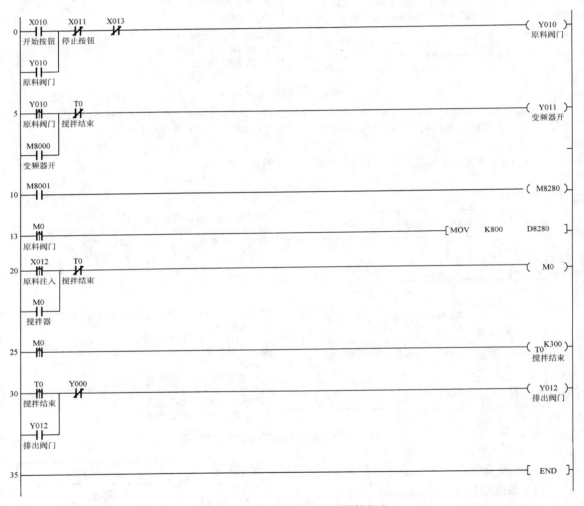

图 5.53　饮料水的变频调速搅拌程序

（5）程序说明

变频器模拟输入端接收 0～10 V 电压，应对输出 0～50 Hz 调节搅拌器电动机的转速。D/A 输出的数字值为 0～4 000 通过换算来对应变频器频率。

5.3　高速脉冲输入功能

5.3.1　FX₂ₙ-1HC 高速计数模块

1）功能描述

（1）可通过单相、双相 50 kHz 硬件计数器高速输入；

（2）带有采用硬件比较回路的高速一致输出功能；

（3）在双相计数中，可以设定 1、2、4 倍增模式；

（4）可以通过 PLC 或者外部输入来许可、复位计数；

（5）可以连接差动输出型的编码器，该模块性能规格见表 5.33。

表 5.33　FX₂ₙ-1HC 高速计数模块

型号	种类	最高响应频率	功能	硬件输出比较功能	双向计数倍增功能	适用的可编程序控制器						
						FX₁S	FX₁N	FX₂N	FX₂NC	FX₃G	FX₃U	FX₃UC
FX₂ₙ-1HC	单相单计数	最高 50 kHz	有通过硬件比较回路判定一致输出、通过软件比较回路判定一致输出（最大 300 μs 的延迟）功能 输出形式：NPN 开集电极输出 2 点	○	—	×	×	○①	○②④	×	○①	○③⑤
	单相双计数	最高 50 kHz										
	双相双计数	1 倍增：最高 50 kHz 2 倍增：最高 25 kHz 4 倍增：最高 12.5 kHz			○							

注：① 最大 8 台。
　　② 最大 4 台。
　　③ 最大 7 台。
　　④ 需要使用 FX₂NC-CNV-IF。
　　⑤ 需要使用 FX₂NC-CNV-IF 或者 FX₃UC-1PS-5V。

2）性能规格

模块外形结构如图 5.54 所示，性能规格见表 5.34。

图 5.54　FX₂ₙ-1HC 高速计数模块

表 5.34　FX$_{2N}$-1HC 性能指标

项目		1 相输入		2 相输入		
		1 个输入	2 个输入	1 边缘计数	2 边缘计数	4 边缘计数
输入信号	信号水平	A 相、B 相 PRESET、DISABLE 由端子的连接进行选择				
	最大频率	50 Hz		25 Hz		12.5 Hz
	脉冲形状	① 上升/下降时间为 3 ms 或更短 ② ON/OFF 脉冲持续时间 10 μs 或更长 ③ 相位 A 和相位 B 的相位差为 3.5 ms 或更长 PRESET(Z 相)输入 100 μs 或更长 DISABLE(计数禁止)输入 100 ms 或更长				
计数特性	格式	自动 UP/DOWN(但是,当为 1-相 1-输入模式时,UP/DOWN 由 PLC 命令或输入端子决定)				
	范围	当使用 32 位时:−2 147 483 648 到＋2 147 483 647 当使用 16 位时:0 到 65 535(上限可由用户指定)				
	比较类型	当计数器的当前值与比较值(由 PLC 传送)相匹配时,每个输出被设置,而且 PLC 的复位命令可将其转向 OFF 状态 YH:由硬件处理的直接输出 YS:软件处理的输出,其最坏的延迟时间为 300 μs (因此,当输入频率为 50 kHz 时,最坏的延迟为 15 个输入脉冲)				
输出信号	输出类型	YH＋:YH 的晶体管输出 YH−:YH 的晶体管输出 YS＋:YS 的晶体管输出 YS−:YS 的晶体管输出				
	输出容量	DC5V 到 24 V,0.5 A				
占用的 I/O		FX$_{2N}$扩展电缆总线的 8 个点被占用(可以是输入或者输出)				
单元供电		5 V,90 mA(由主单元或者有源扩展单元提供的内部电源供电)				

3) 缓冲存储器(见表 5.35)

表 5.35　缓冲存储器

BFM 编号		内容	
写	♯0	计数模式 K0-K11	默认值:K0
	♯1	DOWN/UP 命令(1-相 1-输入模式)	默认值:K0
	♯3、♯2	环长度高低	默认值:K0
	♯4	命令	默认值:K0
	♯11、♯10	预设置数据高/低	默认值:K0
	♯13、♯12	YH 比较值高/低	默认值:K0
	♯15、♯14	YS 比较值高/低	默认值:K0
读/写	♯21、♯20	计数器当前高/低	默认值:K0
	♯23、♯22	最大计数器高/低	默认值:K0
	♯25、♯24	最小计数器高/低	默认值:K0

（续表5.35）

BFM 编号		内　容
读	＃26	比较结果
	＃27	端子状态
	＃29	错误状态
	＃30	模块辨识码 K4010

注：＃5、＃9、＃16、＃19、＃28、＃31 保留

（1）BFM＃0 计数模式（K0 到 K11），BFM＃1 下降/上升命令（见表 5.36）

表 5.36　计数模式

计数模式		32 位	16 位
2-相输入（相位差脉冲）	1 边缘计数	K0	K1
	2 边缘计数	K2	K3
	4 边缘计数	K4	K5
1-相 2-输入（加/减脉冲）		K6	K7
1-相 10 输入	硬件上/下	K8	K9
	软件上/下	K10	K11

计数器模式由 PLC 进行选择。如下所述，K0 到 K11 之间的值由 PLC 写到 BFM＃0 时，BFM＃1 到 BFM＃31 的值重新复位为默认值。当设置这些值时，使用 TOP（脉冲）指令，使用 M8002（初始脉冲）来驱动 TO 指令。不允许有连续指令。

① 32 位计数器模式：当发生溢出时，进行 UP/DOWN 计数的 32 位二进制计数器将由下限改变成上限，或由上限改变成下限。上限和下限都是固定值，上限值为＋2 147 483 647，下限值为－2 147 483 648。

② 16 位计数器模式：16 位二进制计数器只处理 0 到 65 535 的正数值。当发生溢出时，它由上限改变成 0，或由 0 改变成上限。上限值由 BFM＃3 和＃2 决定。

③ 1-相、1-输入计数器（K8 到 K11），如图 5.55 所示。

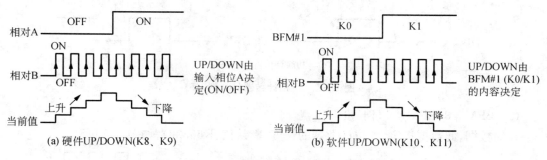

(a) 硬件UP/DOWN(K8、K9)　　　　(b) 软件UP/DOWN(K10、K11)

图 5.55　1-相、1-输入计数器（K8 到 K11）

④ 1-相、2-输入计数器（K6、K7），如图 5.56 所示。

如果同时接收到相位 A 和相位 B 的值，计数器的值不变。

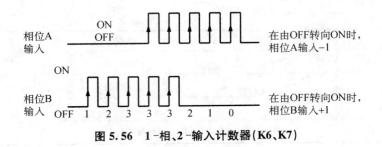

图 5.56　1-相、2-输入计数器(K6、K7)

⑤ 2-相计数器(K0 到 K5),如图 5.57 所示。

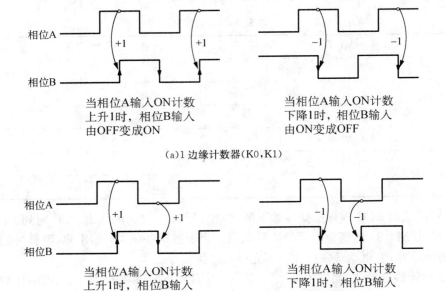

(a)1 边缘计数器(K0,K1)

(b) 2 边缘计数器(K2,K3)

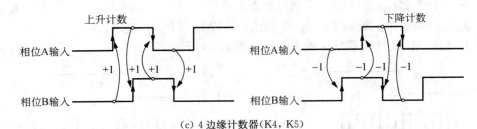

(c) 4 边缘计数器(K4, K5)

图 5.57　2-相计数器(K0 到 K5)

(2) BFM#3、BFM#2 环长度

存储数据,此数据指定 16 位计数器的长度(默认值:K65536),如图 5.58 所示。

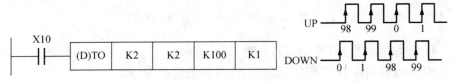

图 5.58　环长度

下面的例子中,K100 作为 32 位二进制值写入特殊功能模块 No.2 的 BFM♯3 和 BFM♯2。(BFM♯3=0,BFM♯2=100)。允许值为 K2～K65536。

当环长度为 K200 时,计数器值的改变如图 5.58 所示。

注意:用(D) TO 指令写计数器数据。

① 在这个特殊功能模块中,计数数据总是以两个 16 位值或对的形式来处理的。存储在 PLC 寄存器中的两个 16 位值的 2 的补码值不能使用。

② 当写一个 K32768 到 K65535 之间的正值时,数据将作为 32 位值处理,即使使用的是 16 位环计数器。

③ 当计数器数据传送到/来自于该特殊功能模块时,总是使用 32 位格式 FROM/TO 指令。

(3) BFM♯4 命令(见表 5.37)

表 5.37　BFM♯4 命令

BFM♯4	"0"(OFF)	"1"(ON)
b0	计数禁止	计数允许
b1	YH 输出禁止	YH 输出允许
b2	YS 输出禁止	YS 输出允许
b3	YH/YS 独立动作	相互复位动作
b4	预先复位禁止	预先复位允许
b5～b7	未定义	
b8	无动作	错误标志复位
b9	无动作	YH 输出复位
b10	无动作	YS 输出复位
b11	无动作	YH 输出复位
b12	无动作	YS 输出复位

注:① 当 b0 设置为 ON,而且 DISABLE 输入端子为 OFF 时,计数器被允许开始计数输入脉冲。

② 如果 b1 不设置为 ON,YH(硬件比较输出)不会变成 ON。

③ 如果 b2 不设置为 ON,YS(软件比较输出)不会变成 ON。

④ 当 b3=ON 时,如果 YH 输出被设置,YS 输出被复位,而如果 YS 输出被设置,则 YH 输出被复位。当 b3=OFF 时,YH 和 YS 输出独立动作,不互相复位。

⑤ 当 b4=OFF 时,PRESET 输入端子的预先设置功能失去作用。

⑥ 当 b8 设置为 ON 时,所有的错误标志被复位。

⑦ 当 b9 设置为 ON 时,YH 输出被复位。

⑧ 当 b10 设置为 ON 时,YS 输出被复位。

⑨ 当 b11 设置为 ON 时,YH 输出设置为 ON。

⑩ 当 b12 设置为 ON 时,YS 输出设置为 ON。

(4) BFM♯11、BFM♯10 预先设置数据

① 当计数器开始计数时,这个预先设置数据作为其初始值。

② 当 BFM♯4 的 b4 位设置为 ON,而且 PRESET 输入端子由 OFF 变成 ON 时,此数据有效。计数器的默认值为 0,通过向 BFM♯11 和 BFM♯10 中写数值,这个值可被改变。

③ 计数器的初始值可通过直接向 BFM♯21 和 BFM♯20(计数器的当前值)中写数据进行设置。

（5）BFM♯13、BFM♯12 YH 输出的比较值，BFM♯15、BFM♯14 YS 输出的比较值

① 计数器的当前值和 BFM♯13、BFM♯12、BFM♯15、BFM♯14 中的值进行比较后，FX$_{2N}$-1HC 的硬件和软件比较器输出比较结果。

② 若使用 PRESET 或 TO 指令设置计数器的值等于比较值，YH、YS 输出将不会变成 ON。只有当输入脉冲计数与比较值相匹配时，该信号才变成 ON。

③ YS 比较操作需要大约 300 μs 的时间，若匹配时，输出为 ON。

④ 当前值与比较值相等时，触发输出，但是只有在 BFM♯4 的 b1 和 b2 为 ON 时才如此。一旦输出，将一直保持下去，直到它由 BFM♯4 的 b9 和 b10 复位时，才发生改变。如果 BFM♯4 的 b3 为 ON，当其他输出被设置时，其中一个输出要被复位，如图 5.59 所示。

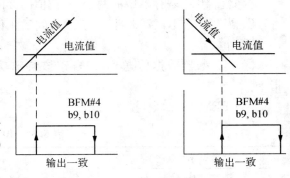

（6）计数器当前值（BFM♯21、BFM♯20）

图 5.59　YH 和 YS 输出的比较

计数器的当前值可通过 PLC 进行读操作。在高速运行计数时，因为存在通信延迟该数并不是准确值。通过 PLC，计数器的当前值可通过将一个 32 位数值写入 BFM 而强行改变。

（7）最大计数值（BFM♯23、BFM♯22）

存储计数器所能到达的最大值和最小值，如果掉电，该缓冲存储器存储的数据就被清除。

（8）比较状态（BFM♯26）（见表 5.38）

表 5.38　比较状态（BFM♯26）

BFM♯26		"0"（OFF）	"1"（ON）	BFM♯26		"0"（OFF）	"1"（ON）
YH	b0	设定值≤当前值	设定值>当前值	YS	b3	设定值≤当前值	设定值>当前值
	b1	设定值≠当前值	设定值=当前值		b4	设定值≠当前值	设定值=当前值
	b2	设定值≥当前值	设定值<当前值		b5	设定值≥当前值	设定值<当前值

BFM♯26 为只读状态缓冲存储器。PLC 的写命令对其不起作用。

（9）端子状态（BFM♯27）（见表 5.39）

表 5.39　端子状态（BFM♯27）

BFM♯27	"0"（OFF）	"1"（ON）	BFM♯27	"0"（OFF）	"1"（ON）
b0	预先复位输入为 OFF	预先复位输入为 ON	b2	YH 输出为 OFF	YH 输出为 ON
b1	失效输入为 OFF	失效输入为 ON	b3	YS 输出为 OFF	YS 输出为 ON
			b4～b5	未定义	

（10）BFM♯29 错误状态

FX$_{2N}$-1HC 中的错误状态可通过将 BFM♯29 b0～b7 的内容读到 PLC 的辅助继电器中来进行检查，见表 5.40。

表 5.40 BFM♯29 错误状态

BFM♯29	错误状态	
b0	当 b1 到 b7 中的任何一个为 ON 时,被设置	
b1	当环的长度值写错时(不是 K2 到 K65535),被设置	
b2	当预先设置值写错时,被设置	在 16 位计数器模式下,当值≥环长度时
b3	当比较值写错时,被设置	
b4	当前值写错时,被设置	
b5	当计数器超出上限时,被设置	当超出 32 位计数器的上限或下限时
b6	当计数器超出下限时,被设置	
b7	当 FROM/TO 指令不准确使用时,被设置	
b8	当计数器模式(BFM♯0)写错时,被设置	当超出 K0 到 K11 时
b9	当 BFM 号写错时,被设置	当超出 K0 到 K31 时
b10～b15	未定义	

错误标志可由 BFM♯4 的 b8 进行复位。

(11) BFM♯30 模型标识代码号

特殊功能模块的标识码可用 FROM 指令进行读取。

FX$_{2N}$-1HC 单元的标识码为 K4010。

通过读该标识码,用户可编写内置检测子程序,以检查 FX$_{2N}$-1HC 的物理位置是否与软件中的位置相匹配。

4) 编程案例

当使用 FX$_{2N}$-1HC 单元时,可以下列例子作为典型案例。可根据需要加入其他指令,如计数器当前值的读取、状态等,如图 5.60 所示。

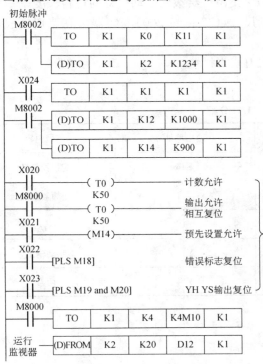

① K11 写入特殊功能模块 No.1 的 BFM♯0。计数器输入为 16 位 1 相。该对此初始化使用脉冲命令。
② K1234 写入 BFM♯3,BFM♯2(特殊功能模块 No.1)。当指定一个 16 位计数器时,其环长度可被设定。
③ 对于由 *1 相 1 输出软元件决定的 UP/DOWN 计数器,UP/DOWN 反应被指定。
④ K1000 写入 BFM♯13,BFM♯12,设置 YH 输出的比较值。
⑤ K900 写入 BFM♯15,BFM♯14。设置 YS 输出的比较值(如果只使用 YH 输出,该操作不是必需的)。
⑥ 只有当计数禁止为 OFF 时,才可能进行计数。而且,如果相关的输出禁止设置在命令寄存器中,输出将完全不能由计数过程进行设置。在开启前,请复位标志和 YH/YS 输出。根据需要,可使用相互复位和预设置初始化命令。
⑦ (M25 到 M10)写入 BFM♯4(b15 到 b0)命令。
⑧ BFM(♯21、♯20)→读取当前值到数据寄存器 D13 和 D12。

图 5.60 编程案例

5.3.2　高速脉冲输入功能应用案例

材料定长切割控制,如图 5.61 所示。

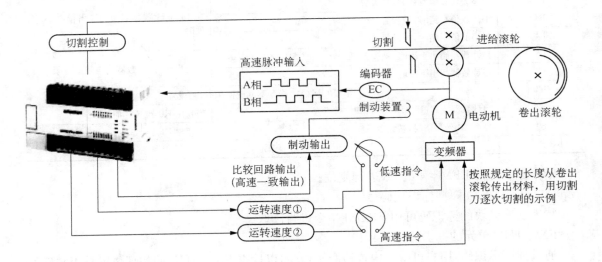

图 5.61　材料定长切割控制

1) 动作要求

(1) 通过编码器(差动输出型旋转编码器)采集由进给滚轮驱动平移的材料长度;

(2) PLC 控制变频器的速度,当接近切割尺寸(C251=1 200)变频器由高速切换成低速运行;

(3) 到达设定的长度时(C251=1 500),切刀切割材料。

2) I/O 分配(FX₃ᵤ-PLC)(见表 5.41)

表 5.41　I/O 分配

输入地址	信号内容	输出地址	信号内容
X0,X1	C251	Y10	变频器低速
X12	设备启/停	Y11	变频器高速
		Y12	变频器启/停
		Y13	制动输出
		Y14	切刀

3) 程序(见图 5.62)

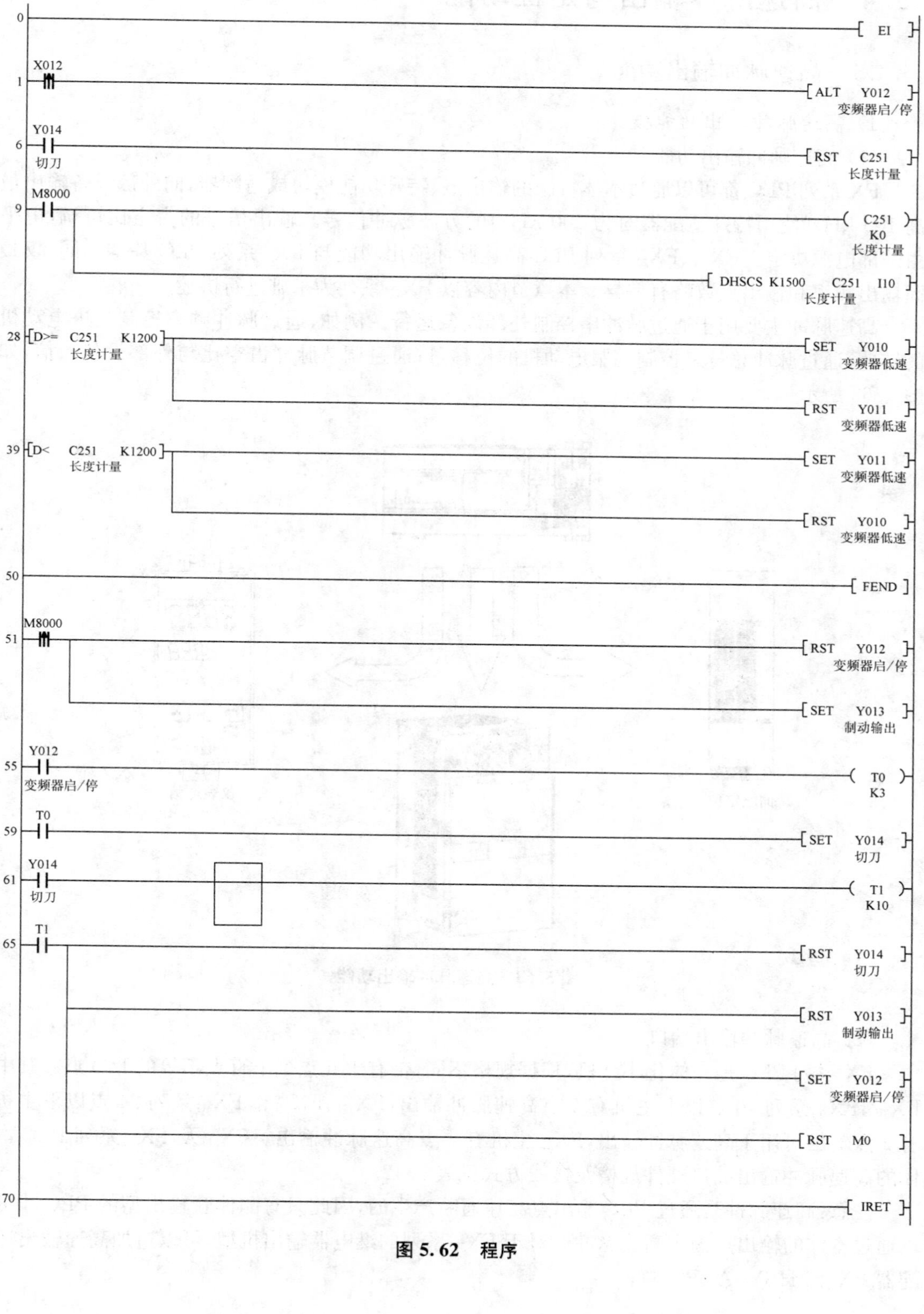

```
0 ─────────────────────────────────────────────────────[ EI ]

   X012
1 ─┤↓├────────────────────────────────────────────────[ ALT   Y012 ]
                                                           变频器启/停

   Y014
6 ─┤ ├────────────────────────────────────────────────[ RST   C251 ]
   切刀                                                    长度计量

   M8000
9 ─┤ ├─┬──────────────────────────────────────────────( C251 )
      │                                                   K0
      │                                                   长度计量
      │
      └──────────────────────────[ DHSCS K1500   C251   I10 ]
                                                          长度计量

28 ─[D>=  C251    K1200 ]─┬────────────────────────────[ SET   Y010 ]
        长度计量          │                                变频器低速
                          │
                          └────────────────────────────[ RST   Y011 ]
                                                           变频器低速

39 ─[D<   C251    K1200 ]─┬────────────────────────────[ SET   Y011 ]
        长度计量          │                                变频器低速
                          │
                          └────────────────────────────[ RST   Y010 ]
                                                           变频器低速

50 ──────────────────────────────────────────────────[ FEND ]

   M8000
51 ─┤↓├─┬──────────────────────────────────────────────[ RST   Y012 ]
       │                                                  变频器启/停
       │
       └──────────────────────────────────────────────[ SET   Y013 ]
                                                          制动输出

   Y012
55 ─┤ ├────────────────────────────────────────────────( T0 )
   变频器启/停                                             K3

   T0
59 ─┤ ├────────────────────────────────────────────────[ SET   Y014 ]
                                                          切刀

   Y014
61 ─┤ ├────────────────────────────────────────────────( T1 )
   切刀                                                   K10

   T1
65 ─┤ ├─┬──────────────────────────────────────────────[ RST   Y014 ]
       │                                                  切刀
       │
       ├──────────────────────────────────────────────[ RST   Y013 ]
       │                                                  制动输出
       │
       ├──────────────────────────────────────────────[ SET   Y012 ]
       │                                                  变频器启/停
       │
       └──────────────────────────────────────────────[ RST   M0 ]

70 ──────────────────────────────────────────────────[ IRET ]
```

图 5.62 程序

5.4　高速脉冲输出与定位功能

5.4.1　高速脉冲输出功能

1）高速脉冲输出功能概论

（1）高速脉冲输出功能

FX 系列 PLC 都可以通过本体特殊的输出点、特殊功能模块或适配器，向外部设备输出最高 100 kHz（使用特殊适配器时为 200 kHz）的方波脉冲信号。输出信号的占空比可调，电平由外部电源决定。FX_{1N}、FX_{2N} 系列 PLC 高速脉冲输出功能与 FX_3 系列 PLC 基本相同，仅最高输出频率和输出点数略有差异。本章节内容以 FX_{3U} 系列为基础进行讲述。

高速脉冲主要用于通过脉冲串控制外部设备运行。例如，通过脉冲频率控制步进电动机的转速；通过脉冲总量来控制伺服电动机的位移量；通过调节脉冲占空比与外部设备通信，如图 5.63 所示。

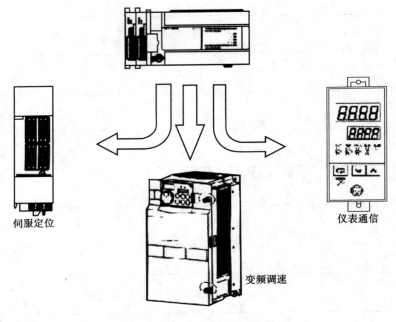

伺服定位　　　　　　　　　　　　仪表通信

变频调速

图 5.63　高速脉冲输出功能

（2）高速脉冲输出端口

FX 系列 PLC 是一体化小型机，根据规格不同，带有十几点到上百点不等的 I/O 点。其中 FX_{3U}、FX_{3G} 系列 40 点以上主机有 3 点高速脉冲输出，FX_{2N}、FX_{1N} 和 FX_{3G} 系列 24 点以下主机有 2 点输出可用于高速脉冲输出，FX_{5U} 主机有 4 点高速脉冲输出。FX_{3U} 及 FX_{3G} 系列 PLC 本体的高速脉冲输出端口硬件规格及接线方式见表 5.42。

注意：高速脉冲是通过 PLC 输出点高速通断产生的，因此只有晶体管输出型的 PLC 才可以通过本体的输出点输出高速脉冲。对于 FX_{3U} 系列的继电器输出机型，可以追加高速输出适配器 FX_{3U}-2HSY-ADP。

表 5.42 FX PLC 本体高速脉冲输出端子规格

项目		规格		
		FX₃U	FX₃G(24 点及以下)	FX₃G(40 点及以上)
高速脉冲输出点数		3	2	3
连接方式		固定式端子排(M3 螺钉)		
输出类型/形式		集电极开路(原型/漏型)		
外部电源		DC 5～30 V		
负载容量	电阻负载	0.5 A/点 公共端合计负载电流如下： 1 输入/公共端时：0.5 A 以下 4 输入/公共端时：0.8 A 以下 8 输入/公共端时：1.6 A 以下		
	电感性负载	12 W/24 V		
开路漏电流		0.1 mA 以下/DC 30 V		
ON 电压		1.5 V 以下		
响应时间		5 μs 以下/10 mA 以上(DC5～24 V)		
回路隔离方式		光耦隔离		
输出动作显示方式		光耦驱动时面板 LED 灯亮		
最大脉冲频率		100 kHz		
脉冲输出方式		脉冲＋方向		
输出接线方式(漏型)				

（3）高速脉冲输出适配器

通过使用高速脉冲输出特殊适配器 FX₃U-2HSY-ADP,同样可以实现高速脉冲输出功能。使用该特殊适配器可以将脉冲输出速度提高到 200 kHz,同时支持差动输出方式。FX₃U 系列 PLC 最多可连接 2 台 FX₃U-2HSY-ADP,每台可提供两路高速脉冲输出。因为接口与其他特殊适配器不同,该高速输出适配器必须紧靠 PLC 本体左侧安装。使用本体脉冲输出和高速脉冲输出适配器时,PLC 程序、指令完全相同。FX₃G 系列 PLC 无法使用 FX₃U-2HSY-ADP。高速脉冲输出适配器硬件规格及接线方式见表 5.43。

表 5.43　　FX₃ᵤ-2HSY ADP 高速脉冲输出适配器端子规格

项目	规格
脉冲输出方式	2
连接方式	欧式端子排
输出类型/形式	差动输出（相当于 AM26C31）
外部电源	DC 24 V/60 mA
负载电流	25 mA 以下
最大接线长度	10 m
回路隔离方式	光耦隔离
输出动作显示	光耦驱动时面板 LED 灯亮
最大脉冲频率	200 kHz
脉冲输出方式	脉冲＋方向、正反转脉冲
接线方式	

☆补充说明：差动输出，也称为"差分输出"，是指驱动端发送两个等值、反相的信号（如 V＋和 V－），接收端通过这两个电压的差值来判断逻辑状态是"0"还是"1"。使用差动输出发送脉冲信号时，由于通过两条导线上的电压差来反映脉冲信号的高低电平，因此其抗干扰能力强。与集电极开路输出方式相比，差动输出可以在较长的距离上（最长 10 m 左右）传送高频率脉冲（最高可达 1 MHz）。但输出差动信号需要多占用一个脉冲输出点，因此 FX 系列 PLC 本体上没有采用差动输出方式。

2）编程软元件

使用高速脉冲输出功能时，输出频率、输出总脉冲数等相关信息将存储在 D8000 和 M8000 以后的特殊寄存器、继电器中。编程时，可以直接使用这些数据，确定执行状态，并对相应的功能进行控制。FX₃ᵤ、FX₃ɢ 系列 PLC 相关软元件详细说明见表 5.44。

表 5.44 相关特殊继电器和寄存器

软元件编号				内容	适用指令	属性	适用机型	
Y0	Y1	Y2	Y3①				FX_{3U}	FX_{3G}
M8029				执行结束标志位	所有	只读	○	○
M8329				执行异常结束标志位	所有	只读	○	○
M8338				加减速动作	PLSY	读写	○	
M8336				中断输入有效	DVIT	读写	○	
M8340	M8350	M8360	M8370	脉冲输出中监控（BUSY/READY）	所有	只读	○	○
M8349	M8359	M8369	M8379	输出停止	所有	读写	○	○
M8132		—②	—	HSZ、PLSY 指令速度模型模式	PLSY	读写	○	—
D8131		—	—	HSZ、PLSY 指令速度模式表格计数	PLSY	只读	○	
D8132		—	—	HSZ、PLSY 指令速度模式频率	PLSY	读写	○	
D8133								
D8134		—	—	HSZ、PLSY 指令速度模式脉冲数	PLSY	读写	○	
D8135								
D8136		—	—	Y0、Y1 输出脉冲合计	PLSY PLSR	读写	○	○
D8137								
D8140		—	—	Y0 输出累计脉冲数	PLSY PLSR	读写	○	○
D8141								
D8142		—	—	Y1 输出累计脉冲数	PLSY PLSR	读写	○	○
D8143								

注：① 当使用两台 FX_{3U}-2HSY-ADP 时，才可以使用 Y3 输出高速脉冲。FX_{3G} 无 Y3 相关寄存器。
　② 使用 PLSY、PLSR 指令时，只能使用 Y0、Y1 输出脉冲。所以没有与 Y3、Y4 相关的寄存器。

3）高速脉冲输出指令

FX_{3U} 系列 PLC 支持以下高速脉冲输出指令。

（1）PLSY 指令

PLSY 是用于发出指定频率、指定脉冲总量的高速脉冲串的指令，前述章节已描述，这里再次重点介绍。

① 指令格式（见图 5.64）

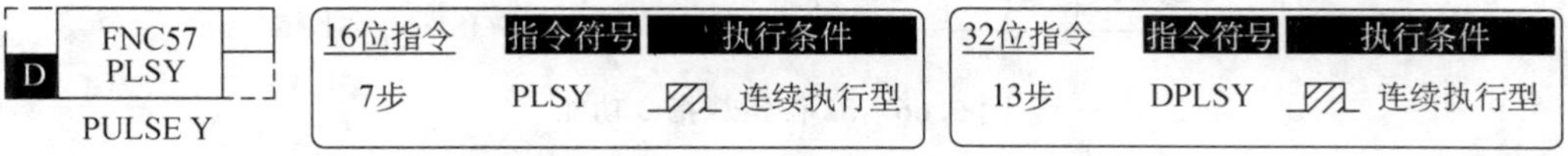

		16位指令	指令符号	执行条件	32位指令	指令符号	执行条件
D	FNC57 PLSY PULSE Y	7步	PLSY	连续执行型	13步	DPLSY	连续执行型

图 5.64 PLSY 指令格式

② 指令设定的数据类型(见表 5.45)

表 5.45　PLSY 指令设定数据

操作数种类	内　容	数据类型
S1·	数据频率(Hz)或是保存数据的字软元件编号	BIN 16/32 位
S2·	脉冲量数据或是保存数据的字软元件编号	BIN 16/32 位
D·	输出脉冲的位软元件(Y)编号	位

③ 支持的操作数软元件(见表 5.46)

表 5.46　PLSY 指令支持的操作数软元件

操作数种类	位软元件							字软元件																
								位数指定				系统、用户				特殊模块	变址			常数		实数	字符串	指针
	X	Y	M	T	C	S	D□.b	KnX	KnY	KnM	KnS	T	C	D	R	U□\G□	V	Z	修饰	K	H	E	"□"	P
S1·								●	●	●	●	●	●	●	●	●	●	●	●	●	●			
S2·								●	●	●	●	●	●	●	●	●	●	●	●	●	●			
D·		▲																	●					

注:▲指定晶体管输出型主机或高速输出适配器的 Y0、Y1。

④ 功能及动作说明

16 位运算时,指令功能如图 5.65 所示。

从输出 Y[D·]中输出[S2·]个频率为[S1·]的脉冲串。

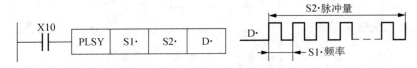

图 5.65　16 位运算指令功能

在[S1·]中指定频率,允许设定范围:1~32 767 Hz。

在[S2·]中指定脉冲个数,允许设定范围:1~32 767 PLS。

在[D·]中指定脉冲输出口的 Y 编号,允许设定范围:仅 Y0、Y1。

32 位运算时,指令功能如图 5.66 所示。

从输出 Y[D·]中输出[S2·+1,S2·]个频率为[S1·+1,S1·]的脉冲串。

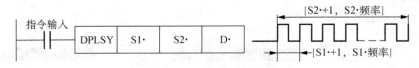

图 5.66　32 位运算指令功能

在[S1·+1,S1·]中指定频率,允许设定范围:1~200 000 Hz。

在[S2·+1,S2·]中指定脉冲个数,允许设定范围:1~2 147 483 647 PLS。

在[D·]中指定脉冲输出口的 Y 编号,允许设定范围:仅 Y0、Y1。

注意:使用 CPU 本体的脉冲输出时,脉冲输出频率请勿超出 100 kHz。使用高速输出适配器时,可设定最高 200 kHz。

⑤ 脉冲输出的停止

当任意指令输入(X10)OFF 后,脉冲输出就会立即停止。如想再次输出脉冲,请将指令输入(X10)OFF→ON。

⑥ 指令执行结束标志位

使用特殊继电器 M8029 判断 PLSY 指令是否执行完成。务必在紧邻需要监视的指令后使用 M8029。正确的使用方式如图 5.67 所示。

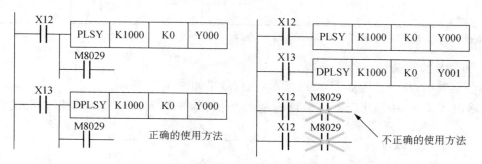

图 5.67 M8029 指令结束标志位的使用方法

⑦ 运行中数据修改

指令执行中,若是[S1·]中的设定值发生变更,则脉冲输出频率随之发生变更。[S2·]中设定值变更后,则需重新起动指令,才能生效。

⑧ 当需要输出无数量限制的脉冲串时

将[S2·]中的发送脉冲个数设为 0 时,可无限制数量发出脉冲串。

(2) PLSR 指令

PLSR 是带有加减速的脉冲输出指令,前述章节已描述,这里再次重点介绍。

① PLSR 指令格式(见图 5.68)

图 5.68 PLSR 指令格式

② 指令设定的数据类型(见表 5.47)

表 5.47 PLSR 指令设定数据

操作数种类	内 容	数据类型
S1·	保存最高频率(Hz)数据,或是数据的字软元件编号	BIN16/32 位
S2·	保存总的脉冲数(PLS)数据,或是数据的字软元件编号	BIN16/32 位
S3·	保存加减速时间(ms)数据,或是数据的字软元件编号	BIN16/32 位
D·	输出脉冲的软元件(Y)编号	位

③ 支持的操作数软元件(见表 5.48)

表 5.48　PLSR 指令支持的操作数软元件

操作数种类	位软元件							字软元件												其他			
	系统、用户							位数指定				系统、用户				特殊模块	变址			常数		实数	字符串	指针
	X	Y	M	T	C	S	D□.b	KnX	KnY	KnM	KnS	T	C	D	R	U□\G□	V	Z	修饰	K	H	E	"□"	P
S1·								●	●	●	●	●	●	●	●	●	●	●	●	●	●			
S2·								●	●	●	●	●	●	●	●	●	●	●	●	●	●			
S3·								●	●	●	●	●	●	●	●	●	●	●	●	●	●			
D·		▲																	●					

注:▲指定晶体管输出型主机或高速输出适配器的 Y0、Y1。

④ 功能及动作说明

16 位运算时,指令功能如图 5.69 所示,执行效果如图 5.70 所示。

从输出 Y[D·]中输出[S2·]个频率为[S1·]的脉冲串,脉冲串的加减速时间为[S3·]。

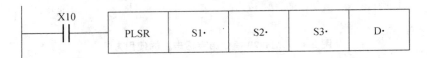

图 5.69　16 位指令运算功能

在[S1·]中指定频率,允许设定范围:1~32 767 Hz。

在[S2·]中指定脉冲个数,允许设定范围:1~32 767 PLS。

在[S3·]中指定脉冲加减速时间,允许设定范围:50~500 ms。

在[D·]中指定脉冲输出口的 Y 编号,允许设定范围:仅 Y0、Y1。

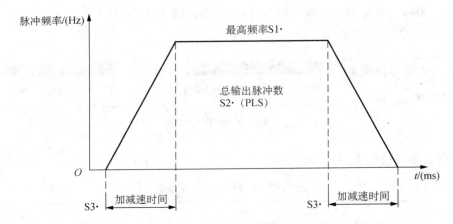

图 5.70　加减速时间的指定

32 位运算时,指令功能如图 5.71 所示。

从输出 Y[D·]中输出[S2·+1,S2·]个频率为[S1·+1,S1·]的脉冲串,脉冲串的加减速时间为[S3·]。

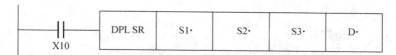

图 5.71　32 位指令运算功能

在[S1·+1,S1·]中指定频率,允许设定范围:1~200 000 Hz。

在[S2·+1,S2·]中指定脉冲个数,允许设定范围:1~2 147 483 647 PLS。

在[S3·]中指定脉冲加减速时间,允许设定范围:50~500 ms。

在[D·]中指定脉冲输出口的 Y 编号,允许设定范围:仅 Y0、Y1 和 Y2。

⑤ 脉冲输出的停止

同 PLSY 指令。执行结束标志位一致。

⑥ 指令执行结束标志位

同 PLSY 指令。

⑦ 运行中数据更改

指令执行过程中即使更改了指令操作数,在运行中也不反映。在下一次驱动指令执行时,更改内容有效。

（3）PWM 指令

指定了脉冲周期和 ON 时间的脉冲输出指令,前述章节已描述,这里再次重点介绍。

① 指令格式（见图 5.72）

图 5.72　PWM 指令格式

② 指令设定的数据类型（见表 5.49）

表 5.49　PWM 指令设定数据

操作数种类	内　容	数据类型
S1·	脉宽(ms)数据或是保存数据的字软元件编号	BIN16 位
S2·	周期(ms)数据或是保存数据的字软元件编号	BIN16 位
D·	输出脉冲的软元件(Y)编号	位

③ 支持的操作数软元件（见表 5.50）

表 5.50　PWM 指令支持的操作数软元件

操作数种类	位软元件 系统、用户							字软元件 位数指定				系统、用户				特殊模块	变址			常数		其他 实数	字符串	指针
	X	Y	M	T	C	S	D□.b	KnX	KnY	KnM	KnS	T	C	D	R	U□\G□	V	Z	修饰	K	H	E	"□"	P
S1·								●	●	●	●	●	●	●	●	●	●	●	●	●	●			
S2·								●	●	●	●	●	●	●	●	●	●	●	●	●	●			
D·		▲																	修饰 ●					

注:▲指定晶体管输出型主机的 Y0、Y1 或高速输出适配器的 Y0~Y3。

④ 功能及动作说明

该指令仅支持 16 位运算。

从输出 Y［D·］中输出周期为［S2·］，ON 脉冲宽度为［S1·］的脉冲串，如图 5.73 所示。

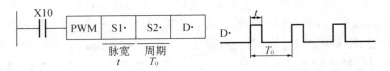

图 5.73　PWM 指令运算功能

在［S1·］中指定脉冲 ON 的宽度，允许设定范围：0～32 767 ms。

在［S2·］中指定脉冲周期，允许设定范围：1～32 767 ms。

在［D·］中指定脉冲输出口的 Y 编号，允许设定范围：Y0～Y2。

⑤ 脉冲输出的停止

当指令输入（X10）OFF 后，脉冲输出立即停止。

⑥ 设定脉宽及周期时间

务必设定为［S1·］≤［S2·］。

4）脉冲输出指令案例

脉冲输出指令可以用于伺服控制，控制变频器运行以及简单调节 LED 亮度等功能。本例为使用 PWM 指令调节 LED 照明灯的应用实例。系统构成如图 5.74 所示。

使用 PWM 指令，可以以 1 ms 为单位控制输出的脉冲宽度，配合外部平滑回路，可以

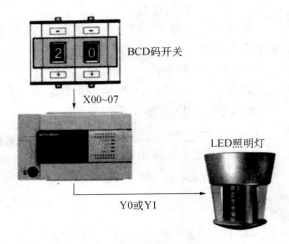

图 5.74　控制 LED 照明灯亮度

实现在不使用模拟量模块的情况下实现输出电压大小的调节，最终实现 LED 照明灯亮度的调节，如图 5.75 所示。

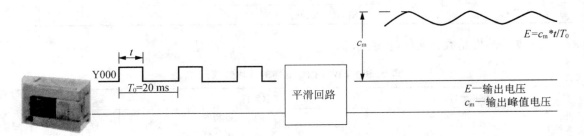

图 5.75　使用 PWM 指令控制输出电压

按照 20 级控制 LED 照明灯亮度为例，梯形图程序如图 5.76 所示。亮度采用 BCD 码开关输入进行调节，占用 X00～07、LED 照明灯经平滑连接至回路 Y0 输出端子。

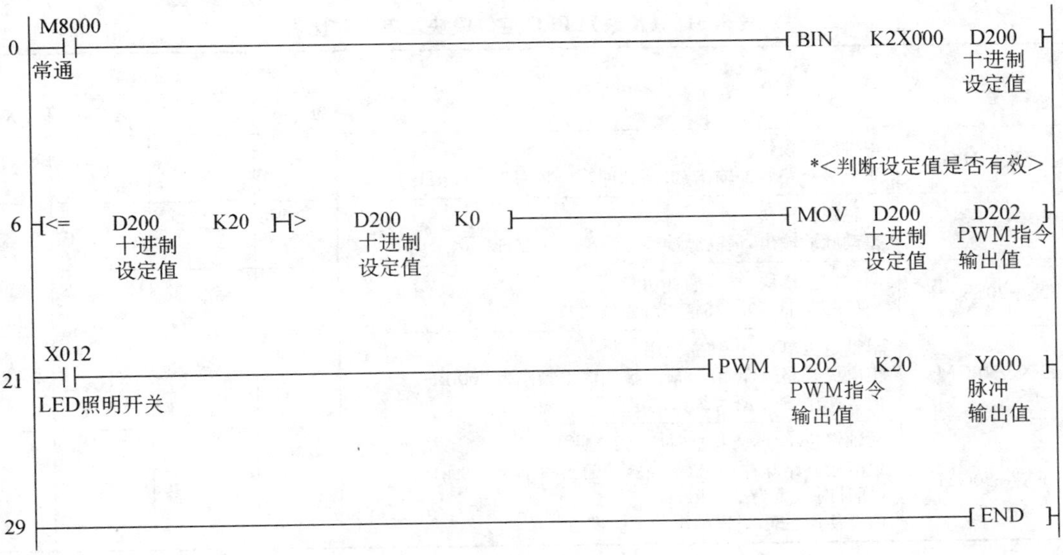

```
 0 ┤├ M8000                                              ─[ BIN   K2X000   D200 ]─
     常通                                                           十进制
                                                                   设定值

                                                        *＜判断设定值是否有效＞

 6 ┤[＜= D200    K20 ]├[＞ D200    K0 ]─────────────────[ MOV   D200    D202 ]─
        十进制              十进制                              十进制   PWM 指令
        设定值              设定值                              设定值   输出值

     X012
21 ┤├─────────────────────────────────────────────────[ PWM   D202   K20   Y000 ]─
     LED 照明开关                                             PWM 指令        脉冲
                                                             输出值          输出值


29 ┤                                                              ─────────[ END ]─
```

图 5.76　使用 PWM 指令控制 LED 照明

5.4.2　定位模块

1) 定位模块及单元概述

PLC 除内置定位功能外,还可以通过特殊功能模块或单元来实现定位控制功能,这些功能单元或模块主要包括 FX$_{2N}$-1PG、FX$_{2N}$-10PG、FX$_{3U}$-20SSC-H 定位模块和 FX$_{2N}$-10/20GM 定位单元等。定位模块和定位单元的区别主要在于:定位模块必须配合 FX 系列 PLC 使用,模块内部无逻辑程序,只存储定位数据,使用方便、功能简单;定位单元可以作为一个模块安装在 PLC 中,也可以单独使用,单元内都有专用的存储区,可存储定位用逻辑程序,使用较为复杂,但功能较强大。图 5.77 为常见的 FX 系列 PLC 定位模块和定位单元。各定位模块、单元的特点及支持的 PLC 类型详见表 5.51。

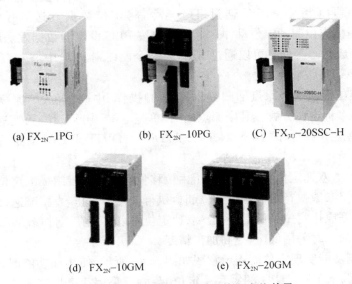

(a) FX$_{2N}$-1PG　　　　(b) FX$_{2N}$-10PG　　　　(C) FX$_{3U}$-20SSC-H

(d) FX$_{2N}$-10GM　　　　(e) FX$_{2N}$-20GM

图 5.77　FX 系列 PLC 定位模块和定位单元

表 5.51　FX 系列 PLC 定位模块及单元对比表

型号	主要功能特点	支持机型			
		FX_{1N}	FX_{2N}	FX_{3U}	FX_{3G}
FX_{2N}-1PG	单轴定位模块 集电极开路脉冲输出,最高脉冲输出频率为 100 kHz	×	○	○	×
FX_{2N}-10PG	单轴定位模块 差动脉冲输出,最高脉冲输出频率为 1 MHz	×	○	○	×
FX_{2N}-20SSC-H	两轴定位模块,支持插补功能 SSCNET Ⅲ 50M 高速光纤总线接口	×	×	○	×
FX_{2N}-10GM	单轴定位单元,可独立使用 集电极开路脉冲输出,最高脉冲输出频率为 200 kHz 内置使用 SFC 语言编辑的定位模块	×	○	○	×
FX_{2N}-20GM	两轴定位单元,支持插补,可独立使用 集电极开路脉冲输出,最高脉冲输出频率为 200 kHz (插补时最大为 200 kHz) 内置使用 SFC 语言编辑的定位模块	×	○	○	×

　　补充说明插补功能:当同时控制两轴或两轴以上的执行机构进行位置控制时,被控对象并不能严格地按照平滑的移动曲线进行运动,只能根据一定的数学函数,用折线轨迹逼近所要得到的平滑移动曲线。这种根据给定函数,在理想的移动曲线上的已知点之间,确定一些中间点的方法称为插补。对于 FX 系列 PLC 的定位模块,根据计算中间点时依据的函数不同,插补又分为直线插补和圆弧插补,图 5.78 所示为圆弧插补的原理。

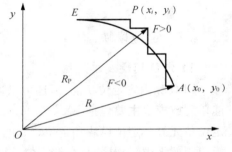

图 5.78　圆弧插补原理

　　2) FX_{2N}-1PG 定位模块

　　FX_{2N}-1PG 模块可以通过发送脉冲的方式(最高频率为 100 kHz)完成一个独立轴的简单定位功能。FX_{2N}-1PG 必须作为 FX 系列 PLC 的扩展模块使用,不可独立运行。一台 PLC 主机最多可控制 8 台 1PG 定位模块。PLC 定位模块间的通信采用 FROM/TO 指令。PLC 通过 TO 指令,将定位数据发送到模块的缓冲存储器(BFM)中,并使用标志位起动定位动作。定位模块按 PLC 设定的数据发送脉冲,进行定位控制。当前位置、完成状态等信息可以通过 FROM 指令反馈到 PLC 中。

　　(1) FX_{2N}-1PG 功能

　　FX_{2N}-1PG 定位模块支持原点回归、JOG(点动)操作、中断定位、单速/双速定位、外部控制、可变速输出等多种定位方式。其中原点回归、单速定位、中断定位、可变速脉冲输出功能与 FX 系列 PLC 内置定位指令中的 DSZR、DRVA/DRVI、DVIT、PLSV 指令功能类似。双速定位流程如图 5.79 所示。

　　如图 5.79 所示,双速定位功能包含两组由位移量和脉冲速度组成的定位参数。当起动定位时,首先按第一组参数执行定位;定位完成时,执行机构不停止,直接减速(或加速)至第二组参数指定的速度,完成指定位移量后停止。双速定位可以实现在工件移动时采取高速,减少搬送时间,在处理或加工时采用低速,提高加工精度。

　　使用外部控制功能实现定位流程示意图如图 5.80 所示,使用该功能时,首先设定两个脉冲速度,通过程序写入 FX_{2N}-1PG 的缓存。定位起动后,采用速度控制方式,定位位置由外部

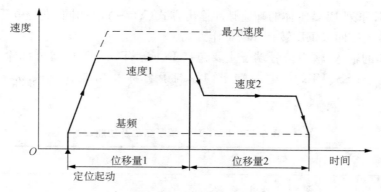

图 5.79 双速定位流程

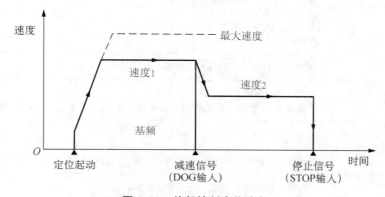

图 5.80 外部控制定位流程

开关信号决定。减速信号触发(DOG 输入)时,从速度 1 减速(或加速)至速度 2。停止信号触发(STOP 输入)时,不经过减速,脉冲输出直接停止。外部控制方式主要应用于位置精度要求不高,定位位置经常变动的手动控制场合。

(2) 外观及接线方式

FX_{2N}-1PG 定位模块外观如图 5.81 所示。安装方式与其他特殊功能模块相同,采用软排线连接方式。输入/输出采用端子连接方式。脉冲输出方式为集电极开路,最高输出频率为

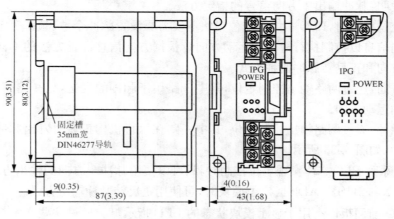

图 5.81 FX_{2N}-1PG 模块外观

100 kHz,与 FX 系列 PLC 本体的高速脉冲输出方式(Y0~Y2)相同,支持电压范围为 DC5~24 V,支持脉冲+方向或正反转脉冲的工作方式。

FX$_{2N}$-1PG 的输入/输出信号端子主要包括 DOG、STOP、PCO 等外部输入信号;FP、RP 等脉冲输出端子;SS、VIN 等电源端子。各端子名称及功能详见表 5.52,接线方式如图 5.82 所示。

表 5.52　FX$_{2N}$-1PG 端子名称及功能

端子名称	端子功能
STOP	减速停止使用
DOG	根据不同定位模式,对应不同功能: 原点回归:近点信号输入 中断定位:中断信号输入 外部控制:减速停止输入
SS	DC24V 电源端子,用于 DOG 和 STOP 外部输入回路
PG0+	零点信号电源端子 连接放大器(使用伺服电源)或外部电源正极(使用外部电源),DC5~24 V
PG0-	零点信号端子,连接伺服,输入脉冲宽度不小于 4 ns
VIN	脉冲输出回路用电源端子,连接外部电源正极,DC5~24 V
FP	正向脉冲输出端子,最高输出频率为 100 kHz
RP	反向脉冲或方向信号输出端子,最高输出频率为 100 kHz
COM0	脉冲输出端子的公共端
CLR	用于清除伺服放大器滞留脉冲的输出端子
COM1	CLR 输出的公共端
·	空端子,不要使用

☆补充说明:脉冲输出中方向信号的指定方法。

在进行定位控制时,PLC 本体或定位模块不仅需要设置脉冲个数、频率等定位信息,而且需要给出方向信息以控制执行机构的运动方向。根据方向信息设置方法的不同,脉冲输出可分为脉冲+方向和正反转脉冲两种方式。

脉冲+方向:通过两路输出控制定位,其中一路用于脉冲的发送,另一路高低电平状态决定执行机构的运动方向。

正反转脉冲:通过两路输出控制定位,其中一路在执行机构正转时发出脉冲,另一路在反转时发出脉冲,如图 5.83 所示。

运用 FX 系列 PLC 本体实现定位控制时,只可以使用脉冲+方向的输出方式。使用高速输出适配器 FX$_{3U}$-2HSY-ADP 或定位模块时,可使用正反转脉冲输出方式。

FX$_{2N}$-1PG 前面板设有用于显示模块状态的 LED 指示灯。通过这些指示灯,可以简单地判断模块的工作状态。各指示灯的说明详见表 5.53。

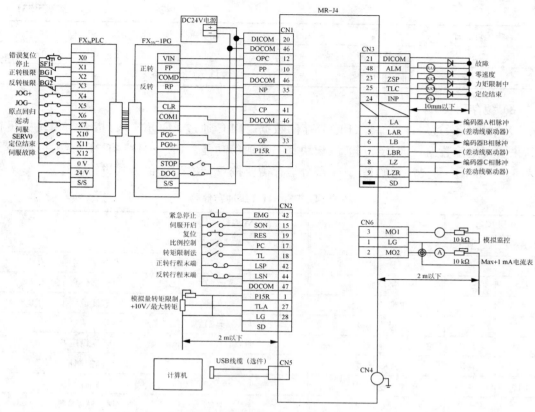

图 5.82 FX₂ₙ–1PG 接线方式

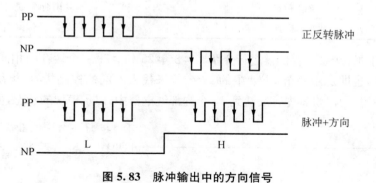

图 5.83 脉冲输出中的方向信号

表 5.53 FX₂ₙ–1PG 面板指示灯详细说明

指示灯名称	详细说明
POWER	电源指示灯。当来自 PLC 主机的 DC5V 正常时,该灯点亮
STOP	停止输入信号有效或接收到来自 PLC 的停止指令(BFM25b1)时,点亮
DOG	DOG 输入信号有效时,点亮
PG0	PG0 输入信号有效时,点亮
FP	当输出正脉冲信号时,闪烁
RP	当输出反转脉冲或方向信号时,闪烁

(续表5.53)

指示灯名称	详细说明
CLR	当输出清零信号时,点亮
ERR	当模块发生错误时,点亮。此时,来自 PLC 的起动指令无效

(3) 缓存列表

FX$_{2N}$-1PG 通过缓冲存储器(BFM)存储数据。PLC 通过 FROM/TO 指令与模块中缓存通信来实现定位数据写入、定位起动、模块状态读取等功能。FX$_{2N}$-1PG 有 31 个缓冲存储器,见表 5.54 所示。需要注意的是,其中部分缓存需要按双字(32 位)的方式进行读写。

表 5.54　FX$_{2N}$-1PG 缓冲存储器

BFM 编号		缓存内容	BFM 编号		缓存内容
高 16 位	低 16 位		高 16 位	低 16 位	
	♯0	脉冲速度		♯16	保留,不可使用
♯2	♯1	进给速率	♯18	♯17	位置信息 I
	♯3	模块设定数据	♯20	♯19	速度设定 I
♯5	♯4	最大速度	♯22	♯21	位置信息 II
	♯6	基频速度	♯24	♯23	速度设定 II
♯8	♯7	JOG 速度		♯25	模块控制信息
♯10	♯9	原点返回速度	♯27	♯26	当前位置
	♯11	爬行速度		♯28	模块状态信息
	♯12	原点返回时 PG0 信号个数		♯29	模块错误代码
♯14	♯13	原点位置		♯30	模块识别码,固定为十进制数"5110"
	♯15	加减速时间		♯31	保留,不可使用

下面对常用的几个缓冲存储器进行介绍。♯3、♯25 和♯28 三个缓存的相同点在于,都是采用标志位的方式,也即是用一个 BFM 中的 16 个位来代表不同的控制指令、模块状态或设定数据。使用标志位时,可以将其内容反映到 16 个内部继电器中,以示模块的状态,如图 5.84 所示。

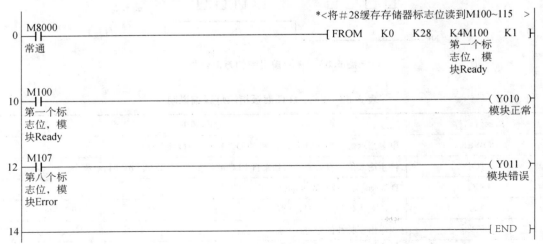

图 5.84　标志位的使用方法

① BFM#3

该缓存为定位模块需要设定的数据,主要包括各输入信号极性,脉冲输出格式等。在定位之前,需要先使用 TO 指令写入设定值,将这些标志位设定好。各个标志位详细说明见表 5.55。

表 5.55　BFM#3 详细说明

标志位	详细内容	标志位	详细内容
b0	系统单位。通过 b0 和 b1 组合选择模块设置定位数据时使用的单位	b8	脉冲输出格式。正反转脉冲或脉冲加方向
b1		b9	旋转方向
b2	不可设置	b10	原点回归方向
b3	不可设置	b11	不可设置
b4	定位数据倍率。通过 b4 和 b5 组合,设定定位数据倍率为 1～1 000 倍	b12	DOG 信号输入极性
b5		b13	原点回归时 PG0 信号的计数方式
b6	不可设置	b14	STOP 信号输入极性
b7	不可设置	b15	定位停止模式

② BFM#25

PLC 主机通过对该缓存内的各个标志位操作,控制定位模块执行点动、单速、中断等各种定位操作。实际应用中,主要通过 PLC 程序 TO 指令来操作 BFM#25 的各个位。各个标志位与定位动作的对应关系详见表 5.56。

表 5.56　BFM#25 各标志位详细说明

标志位	定位动作	标志位	定位动作
b0	错位复位	b8	单轴定位起动
b1	定位停止	b9	中断单速定位起动
b2	正向脉冲停止	b10	双速定位起动
b3	反向脉冲停止	b11	外部控制方式起动
b4	正向点动运行	b12	可变速输出起动
b5	反向点动运行	b13	
b6	回原点起动	b14	不可设置
b7	相对/绝对定位方式	b15	

③ BFM#28

BFM#28 用于存储 1PG 定位模块的状态信息。在实际使用过程时,可以通过 FROM 指令将该缓存中的数据读取到 PLC 中,再加以比较判断,执行相应的操作。BFM#28 各标志位的详细说明见表 5.57。

④ BFM#29

BFM#29 用于存储 1PG 定位模块的错误状态信息。在使用过程时,若 1PG 定位模块发生故障(BFM#28 b7 置位),可以通过 FROM 指令,读出该缓存内的错误代码。错误代码格式如下:

表 5.57　BFM♯28 详细说明

标志位	详细内容	标志位	详细内容
b0	模块 READY	b8	定位正常完成
b1	正向/反向输出中	b9	
b2	原点返回正常结束	b10	
b3	STOP 输入 ON	b11	
b4	DOG 输入 ON	b12	不可设置
b5	PG0 输入 ON	b13	
b6	当前值溢出	b14	
b7	模块错误	b15	

×1：出现数据数值大小逻辑错误，例如原点回归速度＜爬行速度。

×2：设定数据无效，例如执行双速定位时，位置信息Ⅱ或定位速度Ⅱ为 0。

×3：设定数据范围错误，例如最高速度设定为 10～10 000 Hz 以外的数据。

其中，"×"代表出现错误的缓存编号，如"043"表明 BFM♯4、♯5 中最高速度设置范围错误。

3）定位模块应用案例

使用 FX_{2N}-1PG 定位模块控制运动小车沿 X 轴运动，驱动中设置三菱电动机的 MR-J4-A 系列伺服放大器和伺服电动机，通过电子齿轮将每转脉冲数置为 8 192 pls，滚珠丝杠导程为 10 mm(10 000 μm)，运行曲线如图 5.85 所示。

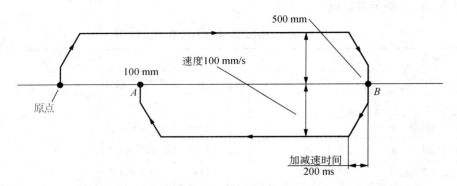

图 5.85　机械手 X 轴运行曲线图

因为 FX_{2N}-1PG 内部设有脉冲率和进给量两个参数，因此可以直接在 PLC 程序中使用定位地址，而不必计算每单位移动量对应的脉冲数。根据脉冲率和进给量，将地址信息自动换算为脉冲量，计算方式如下：

$$位置信息(\mu m) \times \frac{脉冲率}{进给量} = 实际发出的脉冲数(pls)$$

由于脉冲量存储缓存区为单字，因此当脉冲率大于 65 535 时，还需进行约分。该实例中，脉冲率为 8 192 pls/r，无须约分。此外，使用脉冲率和进给量时，还需注意最高速度不要超过定位模块长度输出脉冲频率 100 kHz 的脉冲上限。在实例中：

$$最大脉冲速度 = 最大移动速度(100 \text{ mm/s}) \times \frac{脉冲率}{进给量} \approx 81 \text{ kHz} < 100 \text{ kHz}$$

实例梯形图程序如图 5.86 所示，其中 FX$_{2N}$-1PG 模块在 PLC 主机左侧安装，为 1 号模块。

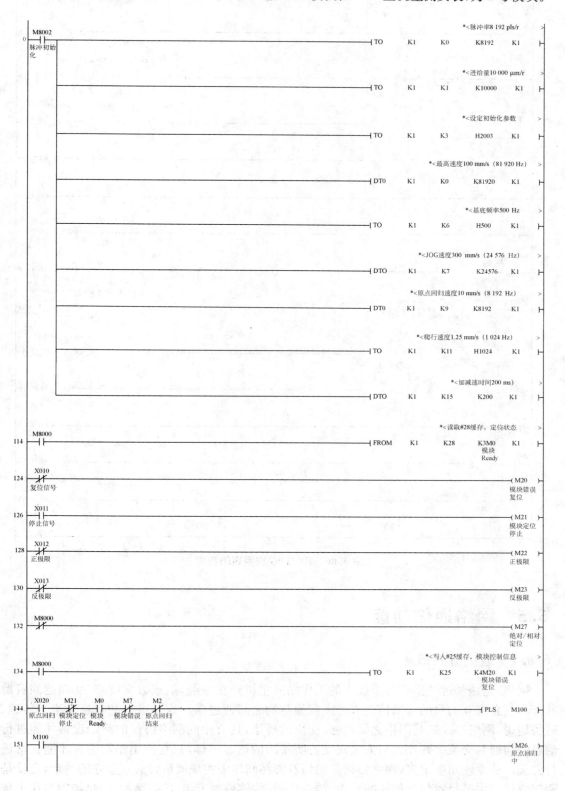

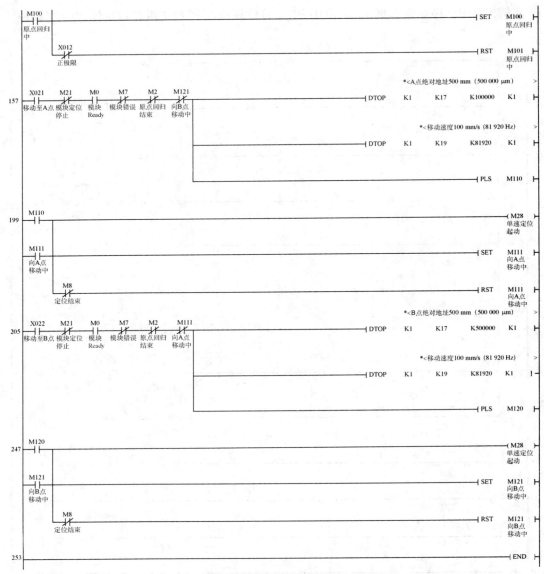

图 5.86　FX-1PG 应用案例程序

5.5　网络通信功能

5.5.1　通信方式概述

　　网络,是用物理链路将各个孤立的工作站或主机连在一起,组成数据链路,从而达到资源共享和信息交互的目的。通信是人与人或物与物之间通过某种媒体进行的信息交流与传递。通俗地说,网络协议就是网络之间沟通、交流的桥梁,具有相同网络协议的终端设备才能进行信息的沟通与交流。好比人与人之间交流所使用的语言一样,只有使用相同语言才能正常进行交流。从专业角度定义,网络协议是通信双方在网络中实现通信时必须遵守的约定,也就是通信协议。主要是对信息传输的速率、传输代码、传输控制步骤、代码结构、出错控制等作出规定并制定出标准。

三菱电机 FX PLC 具有丰富强大的通信功能,不仅 PLC 与 PLC 之间能够进行数据链接,而且也能够实现与上位机、外围设备数据通信。通信功能包括 CC-Link 网络功能、N:N 网络功能、并联链接功能、计算机链接功能、变频器通信功能、无协议通信功能、编程通信功能和远程维护功能。

1) 串行通信

FX PLC、计算机或外部设备通过端口 RS-232、RS-422/RS-485 进行的通信。

(1) N:N 网络功能

N:N 网络功能,通过 RS-485 通信连接,最多 8 台 FX PLC 之间实现进行软元件相互链接的功能。该功能可以实现小规模系统的数据链接以及机械之间的信息交换。

① 根据要链接的点数,有三种模式可以选择。三种模式所支持 PLC 类型及通信软元件见表 5.58,主要区别在于所进行通信的位信息、字信息通信量不同。

表 5.58　三种通信模式

可编程控制器	模式 0	模式 1	模式 2
FX3UC系列	○	○	○
FX3U系列	○	○	○
FX3G系列	○	○	○
FX2NC系列	○	○	○
FX2N系列	○	○	○
FX1NC系列	○	○	○
FX1N系列	○	○	○
FX1S系列	○	×	×
FX0N系列	○	×	×

站号		模式 0		模式 1		模式 2	
		位软元件 (M)	字软元件 (D)	位软元件 (M)	字软元件 (D)	位软元件 (M)	字软元件 (D)
		0 点	各站 4 点	各站 32 点	各站 4 点	各站 64 点	各站 8 点
主站	站号 0	—	D0～D3	M1000～M1031	D0～D3	M1000～M1063	D0～D7
从站	站号 1	—	D10～D13	M1064～M1095	D10～D13	M1064～M1127	D10～D17
	站号 2	—	D20～D23	M1128～M1159	D20～D23	M1128～M1191	D20～D27
	站号 3	—	D30～D33	M1192～M1223	D30～D33	M1192～M1255	D30～D37
	站号 4	—	D40～D43	M1256～M1287	D40～D43	M1256～M1319	D40～D47
	站号 5	—	D50～D53	M1320～M1351	D50～D53	M1320～M1383	D50～D57
	站号 6	—	D60～D63	M1384～M1415	D60～D63	M1384～M1447	D60～D67
	站号 7	—	D70～D73	M1448～M1479	D70～D73	M1448～M1511	D70～D77

② 数据的链接是在 FX PLC 之间自动更新,PLC 最多 8 台。

③ 总延长距离最大可达 500 m(仅限于全部由 485ADP 构成的情况)。

功能:可以在 FX PLC 之间进行简单的数据链接。

用途:生产线的分散控制和集中管理等。

N:N 生产线网络通信如图 5.87 所示。

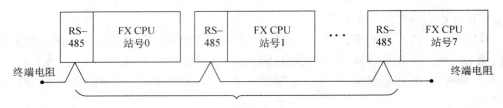

图 5.87　N:N 网络通信

下面以 FX₃ᵤ PLC(模式 2)为例说明 8 台 PLC 之间发送、接收软元件数据的原理,系统结构图如图 5.88 所示。例如,0♯站位元件 M1000~M1063,字元件 D0~D7 发送的数据,被其他站同样编号的软元件接收,同样,7♯站位元件 M1448~M1511,字元件 D70~D77 发送的数据,被其他站同样编号的软元件接收。

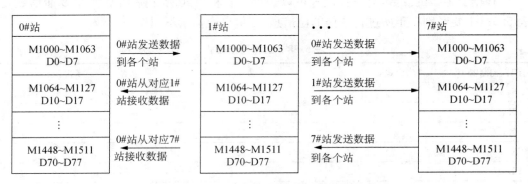

图 5.88　8 台 PLC 发送、接收软元件数据的关系

(2) 并联链接功能概述

并联链接功能是指两台同一系列的 FX PLC 连接,且其软元件相互链接的功能。

① 根据要链接的点数,可以选择普通模式和高速模式。

② 在两台 FX PLC 之间自动更新数据链接。通过位软元件(M)100 点和数据寄存器(D)10 点进行数据自动交换。

③ 总延长距离最大可达 500 m(仅限于全部由 485ADP 构成的情况)。

并联连接可以执行两台同系列 FX PLC 之间的信息交换。结构如图 5.89 所示。若为不同系列的 FX PLC,建议使用 N:N 网络,且其规模可以扩展到 8 台。

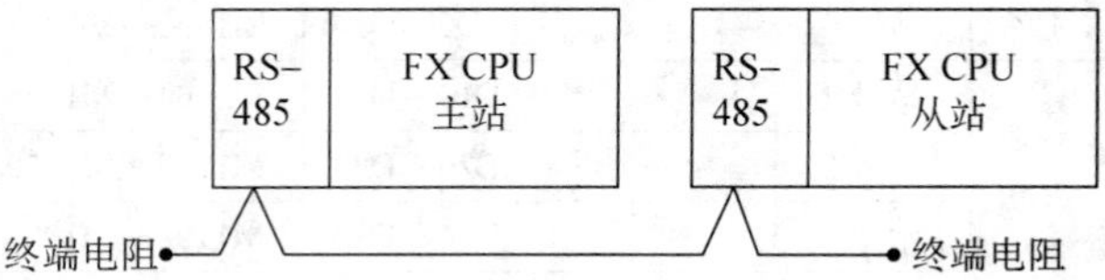

并联链接有两种链接模式,根据链接模式的不同,链接软元件的类型和点数不同,见表 5.59。

图 5.89　并联链接

表 5.59　并联链接有两种链接模式

模式	普通并联模式		高速并联模式	
	位软元件(100 点)	字软元件(10 点)	位软元件(0 点)	字软元件(2 点)
主站	M800~M899	D490~D499	—	D490~D491
从站	M900~M999	D500~D509	—	D500~D501

以 FX$_{3U}$ PLC(普通并联模式)为例说明
并联通信模式中 PLC 发送、接收软元件数据
的原理，如图 5.90 所示。主站位元件
M800～M899、字元件 D490～D499 发送的
数据，被从站同样编号的软元件接收，反之从
站位元件 M900～M999、字元件 D500～
D509 发送的数据，被主站同样编号的软元件
接收。

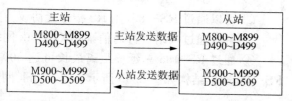

图 5.90 并联通信 PLC 发送、接收软元件数据关系

（3）计算机链接功能概述

计算机链接功能是指以计算机作为主站，最多连接 16 台 FX 系列 PLC 进行数据链接的功能。

① FX PLC-计算机链接最多可以实现 16 台（Q/A PLC-计算机链接最多可以实现 32 台）。

② 支持 MC（MELSEC 通信协议）专用协议。

功能：将计算机作为主站，FX PLC 作为从站
进行链接。计算机侧的通信协议按照指定格式
（计算机链接协议格式 1、格式 4）。

用途：数据的采集和集中管理等。

1:1 链接网络和 1:N 链接网络结构如下：

① 1:1 链接（RS-232C）（见图 5.91）。

② 1:N 链接（RS-485）（见图 5.92）。

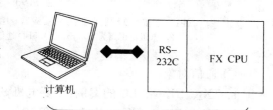

图 5.91 1:1 链接网络

注:1. FX 系列 PLC 连接台数为 1 台。
　　2. 总延长距离最长为 15 m。

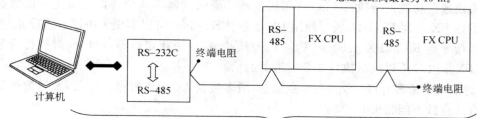

图 5.92 1:N 链接网络

注:1. FX 系列 PLC 的连接台数最多为 16 台。
　　2. 总延长距离最长为 500 m(485BD 混合存在时为 50 m)。

（4）变频器通信功能概述

变频器通信功能是指以 RS-485 通信方式连接 FX PLC 与变频器，在 PLC 用户程序中用
专用指令对变频器进行运行控制、监控，以及参数的读出/写入的功能。

① 通过专用指令，便可实现变频器控制，对应的 PLC 见表 5.60（FX$_{2N}$ V3.0 以上选择
FX$_{2N}$-ROM-E1 存储器，但与 FX$_{3U}$ 专用指令不同）（只适用于三菱电机变频器）。

表 5.60 对应的 PLC

PLC	FX$_2$(FX)、FX$_{2C}$	FX ON	FX$_{1S}$,FX$_{1N}$ FX$_{1NC}$	FX$_{2N}$	FX$_{2NC}$	FX$_{3G}$	FX$_{3U}$、FX$_{3UC}$
可否对应通信	×	×	×	○ (Ver. 3.00～)	○ (Ver. 3.00～)	○ (Ver. 1.10～)	○

注:○—可以使用。基本单元的对应版本有限定时，×—不可使用。

② 可以通过 RS-485,用 RS 指令无协议方式进行控制。

③ 可以通过网络进行通信,如 CC-Link 网络通信。

④ 通过 RS-485 总延长距离最长可达 500 m(仅限于由 485ADP 构成的情况)。变频器 RS-485 通信结构如图 5.93 所示。CC-Link 网络通信结构如图 5.103 所示。

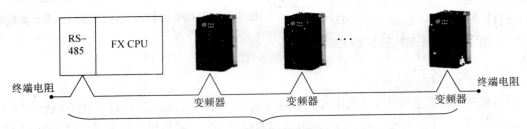

图 5.93　变频器通信网络

注:1. 连接的变频器台数:使用变频器专用指令最多为 8 台,使用无协议通信最多为 32 台。

　　2. 总延长距离为 500 m(加 485BD 通信板时为 50 m)。

⑤ 通信对象:

a. FX$_{2N}$、FX$_{2NC}$ PLC 的案例:三菱电机 S500、E500、A500 变频器。

b. FX$_{3U}$、FX$_{3UC}$、FX$_{3G}$ PLC 的案例:三菱电机 S500、E500、A500、F500、V500、D700、E700、A700、F700 变频器。

(5) 无协议通信功能概述

无协议通信功能是指执行 PLC 打印机或条形码阅读器等其他外部设备无协议数据通信的功能。在 FX 系列 PLC 中,通过使用 RS 指令、RS2 指令,可以实现无协议通信功能。

RS2 指令是 FX$_{3G}$、FX$_{3U}$、FX$_{3UC}$ PLC 的专用指令,通过指定通道,可以同时执行两个通道的通信(FX$_{3G}$ PLC 可以同时执行 3 个通道的通信)。

① 通信数据最多允许发送 4 096 点数据,最多接收 4 096 点数据。但是,发送数据和接收数据的合计点数不能超出 8 000 点。

② 无协议通信方式,支持串行通信的设备即可实现数据的交换通信。

③ RS-232C 通信的案例总延长距离最长可达 15 m;RS-485 通信的案例最长可达 500 m(采用 485BD 连接时,最长为 50 m)。

RS 指令适用于 FX$_2$、FX$_{2C}$、FX$_{0N}$、FX$_{1S}$、FX$_{1N}$、FX$_{2N}$、FX$_{3G}$、FX$_{3U}$、FX$_{1NC}$、FX$_{2NC}$、FX$_{3UC}$ 系列 PLC。

功能:可以与具备 RS-232C 或者 RS-485 接口的各种设备,以无协议的方式进行数据交换。

用途:与计算机、条形码阅读器、打印机、各种测量仪表之间的数据交换。无协议通信结构如图 5.94 所示。

(6) 编程通信功能概述

① 顺控编程通信功能是指 PLC 连接编程工具后,执行程序传送以及监控的功能。

a. 可以使用一根电缆直接与计算机的 RS-232C 连接,执行顺控程序的传送、监控;

b. 可以通过计算机的 USB 口,执行顺控程序的传送、监控;

c. 一边执行软元件监控的同时,还可以一边更改程序;

d. 可以同时连接两台显示器,或是同时连接显示器与编程工具。

功能:FX 系列 PLC 除了标准配备的 RS-422 端口以外,还可以增加 RS-232C 和 RS-422 端口。

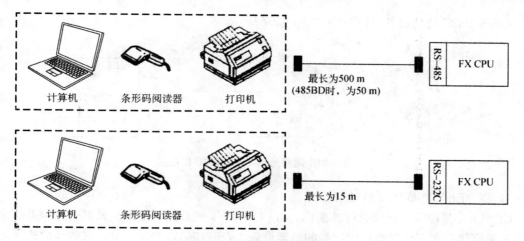

图 5.94 无协议通信

② 用途：同时连接两台人机界面或者编程工具等。

③ 编程通信结构：

a. USB 通信设备（计算机），只适合 USB 口内置的 FX_{3U}、FX_{3G} PLC，其他 FX 系列 PLC 没有 USB 口，如图 5.95 所示。

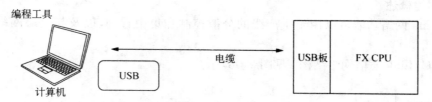

图 5.95 编程通信与 USB 设备

b. RS-422 通信设备（计算机或编程工具），如图 5.96 所示的编程通信与 RS-422 设备。

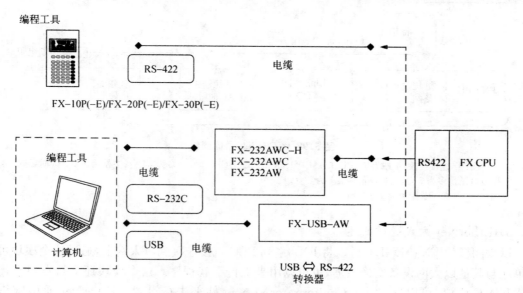

图 5.96 编程通信与 RS-422 设备

c. RS-232C 通信设备(计算机),如图 5.97 所示。

图 5.97　编程通信与 RS-232C 设备

2) CC-Link 总线通信概述

CC-Link 是控制与通信总线的简称,通过 CC-Link 总线将三菱电机及其合作制造厂家生产的各种模块分布安装到类似生产线的机器设备上,实现高效、高速的分布式的开放式现场总线网络。

(1) 功能概述

CC-Link 网络功能可以用于连接具备 CC-Link 网络通信功能的变频器、AC 伺服、传感器、电磁阀等,执行数据链接。FX 系列 PLC 产品中有主站模块和远程设备站模块,其功能分别可以将 FX PLC 作为 CC-Link 主站和远程设备站使用。

(2) 用途概述

CC-Link 网络功能可以用于生产线的分散控制和集中管理,以及与上层网络的数据交换等。

(3) CC-Link 通信网络结构(见图 5.98)。

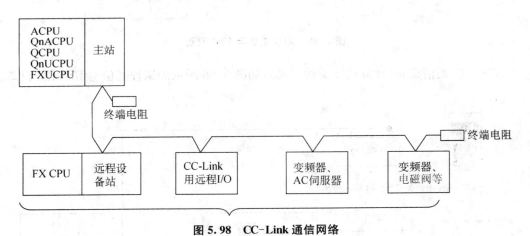

图 5.98　CC-Link 通信网络

注:① 连接台数:主站为 ACPU、QnACPU、QCPU、QnUCPU 时,最多为 64 台;主站为 FXCPU 时,远程 I/O 站最多为 7 台,远程设备站最多为 8 台。

② 总延长距离为 1 200 m。

3) EtherNet 方式通信概述

以太网模块 FX$_{3U}$-ENET 可以将 FX$_{3U}$ 系列 PLC 直接连接到以太网上,通过这个模块可以简单地与其他以太网设备交换数据,也可以用来上传下载程序。这个模块还支持点对点连接方式和 MC 协议,可以通过 FX Configurator-EN 软件来进行设置。EtherNet 通信网络如

图 5.99 所示。

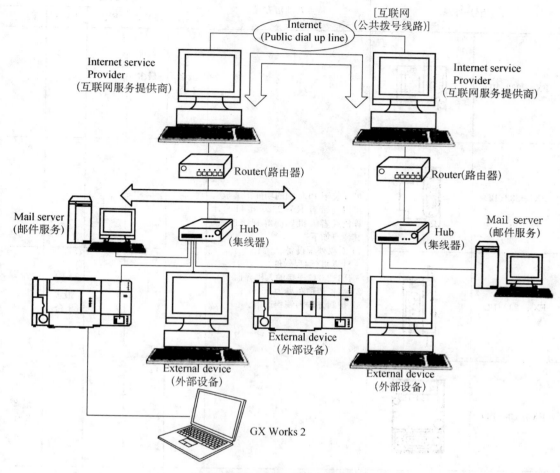

图 5.99 EtherNet 通信网络

5.5.2 通信选件详情

在 FX 系列中,使用功能扩展板较经济方便地追加各种通信功能,通过追加功能扩展板,便于实现数据链接以及与外部串行接口设备的通信。

功能扩展板特点:

① 可以在 PLC 中内置通信功能扩展板;

② 可以经济地增加通信功能,性价比高。

1) RS-232C 通信端口

RS-232C 通信端口选件见表 5.61 所示。

由于 FX$_{3U}$ PLC 可以扩展到两个通道,因此在使用一个通道的情况下,需要选择通道号。以下为使用不同通道时所选设备(选件)的组合,可以根据自己的实际情况选择适合设备配置。在选择设备(选件)时,可以从扩展设备的接口种类和通信距离综合考虑,选择合适的设备(选件)组合。

表 5.61　RS-232C 通信选件

型号-外观	特点及通信方式	可连接的 PLC				
		FX$_{1S}$	FX$_{1N}$	FX$_{2N}$	FX$_{3U}$	FX$_{3G}$
FX$_{1N}$-232-BD		最多 1台	最多 1台			
FX$_{2N}$-232-BD	可安装于 PLC 中的功能扩展板可以与带有 RS-232C 接口的计算机或者人机界面等直接连接,其特点如下: 1) 对象外围设备 · 计算机(编程软件) · RS-232C 连接的人机界面 2) 最长传输距离为 15 m 3) 控制方法为编程通信			最多 1台		
FX$_{3U}$-232-BD					最多 1台	
FX$_{3G}$-232-BD						最多 2台
FX$_{2NC}$-232ADP	连接在 PLC 左侧的特殊适配器可以与带有 RS-232C 接口的计算机或者带有 RS-232 口的人机界面等直接连接,其特点如下: 1) 对象外围设备 · 计算机(编程软件) · RS-232C 连接的人机界面 2) 最长传输距离为 15 m 3) 控制方法为编程通信			最多 1台		
FX$_{3U}$-232ADP					最多 2台	最多 2台

使用 RS-232C 接口时,支持的通信距离见表 5.62。

表 5.62　使用 RS-232C 接口支持的通信距离

FX 系列	通信设备(选件)	总延长距离
	使用通道 1(CH1)时	
	通道1 FX₃U−232−BD (D−SUB 9针(公头)) (232 通信扩展板)	15 m
	FX₃U−CNV−BD　　　+　　　通道1 FX₃U−232ADP (D−SUB 9针(公头)) (转换板)　　　　　　(232 通信适配器)	15 m
FX₃U	使用通道 2(CH2)时	
	通道1　　　+　　　通道2 FX₃U−□−BD □中为以下之一, (232,422,485,USB) (通信扩展板)　　　FX₃U−232ADP (D−SUB 9针(公头)) (232 通信适配器)	15 m
	通道1　　　　通道2 FX₃U−CNV−BD　+　FX₃U−□ADP　+　FX₃U−485ADP □中为以下之一, (232,485,)　　　(D−SUB 9针(公头)) (转换板)　　(通信适配器)　　(485 通信适配器)	15 m

2) RS-422 通信端口

通过安装 RS-422 通信选件设备,可以扩展与外围设备的连接端口。扩展的端口可以用于连接计算机人机界面(GOT)等设备。RS-422 通信选件见表 5.63。

表 5.63　RS-422 通信选件

型号-外观	特点及通信方式	可连接的 PLC				
		FX_{1S}	FX_{1N}	FX_{2N}	FX_{3U}	FX_{3G}
FX_{1N}-422-BD	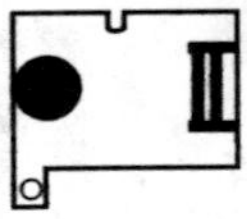 可安装于 PLC 中的功能扩展板,与 PLC 标配的 RS-422 端口执行相同的通信	最多1台	最多1台			
FX_{2N}-422-BD				 最多1台		
FX_{3U}-422-BD					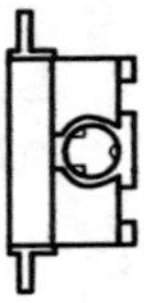 最多1台	
FX_{3G}-422-BD						 最多1台

3) RS-485 通信端口

RS-485 通信选件见表 5.64。

表 5.64　RS-485 通信选件

型号-外观	特点及通信方式	可连接的 PLC				
		FX_{1S}	FX_{1N}	FX_{2N}	FX_{3U}	FX_{3G}
FX_{1N}-485-BD	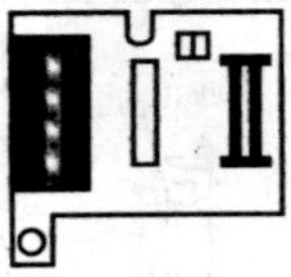 (1) 通信方法:半双工双向 (2) 最长传输距离:50 m (3) 控制方法:无协议 RS 指令	最多1台	最多1台			
FX_{2N}-485-BD	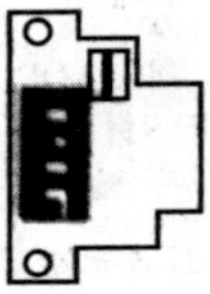 (1) 通信方法:全双工双向 (2) 最长传输距离:50 m (3) 控制方法:无协议 RS 指令			最多1台		

（续表5.64）

型号-外观		特点及通信方式	可连接的 PLC				
			FX₁S	FX₁N	FX₂N	FX₃U	FX₃G
FX₃U-485-BD	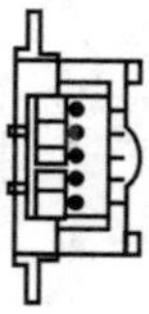	(1) 通信方法:半双工双向 (2) 最长传输距离:50 m (3) 控制方法:无协议 RS/RS2 指令				最多 1 台	
FX₃G-485-BD		(1) 通信方法:半双工双向 (2) 最长传输距离:50 m (3) 控制方法:无协议 RS 指令					最多 2 台
FX₂NC-485ADP		(1) 通信方法:半双工双向 (2) 最长传输距离:500 m (3) 控制方法:无协议 RS 指令				最多 1 台	
FX₃U-485ADP-MB						最多 2 台	最多 2 台

同样因为 FX₃U PLC 可以扩展到两个通道,因此在使用一个通道的情况下,需要选择通道号。使用 RS-485 通信选件时,支持的通信距离见表 5.65。

表 5.65　使用 RS-485 接口支持的通信距离

FX 系列	通信设备(选件)	总延长距离
	使用通道 1(CH1)时	
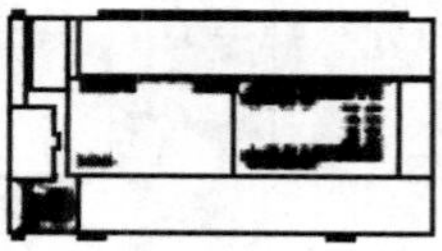 FX₃U	通道1 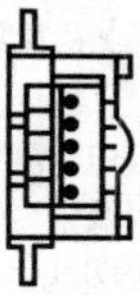 FX₃U-485-BD (欧式端子排) (485 通信扩展板)	50 m
	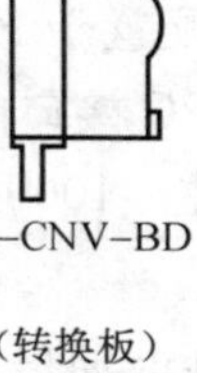 FX₃U-CNV-BD (转换板)　＋　通道1  FX₃U-485ADP (欧式端子排) (485 通信适配器)	500 m

（续表5.65）

FX 系列	通信设备（选件）	总延长距离

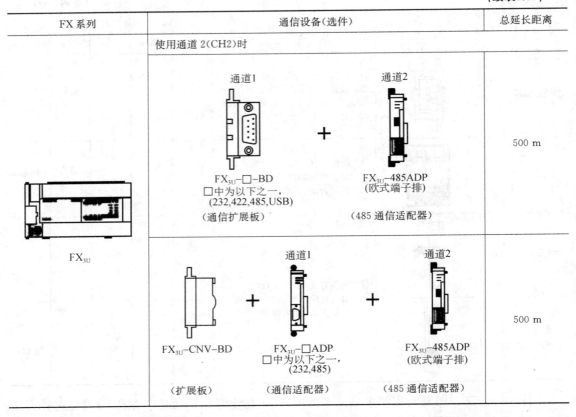

使用 RS-485 通信选件时，PLC 与计算机之间需要增加 RS-232/485 转换器。

4）USB 通信端口

USB 通信选件见表 5.66。

表 5.66 USB 通信选件

型号-外观	特点及通信方式	可连接的 PLC				
		FX$_{1S}$	FX$_{1N}$	FX$_{2N}$	FX$_{3U}$	FX$_{3G}$
FX$_{3U}$-USB-BD	与带有 USB 接口的计算机连接，执行编程及监控： (1) 通道数：1 (2) 隔离：有 (3) 最大传输距离：5 m (4) 控制方法：编程通信				最多 1 台	

5）网络通信模块

（1）FX$_{2N}$-232IF 串行数据通信模块

FX$_{2N}$-232IF 特殊功能模块（下称 232IF）是配置于 FX$_{2N}$、FX$_{3U}$、FX$_{2NC}$、FX$_{3UC}$ PLC，用于与计算机、条形码阅读器、打印机等配置有 RS-232C 接口的设备之间进行全双工方式的串行数据通信选件。有关硬件方面的内容，其外形如图 5.100 所示。

（2）FX$_{2N}$-16CCL-M 网络系统主站模块

① FX 系列 PLC 配置该模块后作为 CC-Link 通信网络的主站。

② 在主站上最多可以连接 7 个远程 I/O 站和 8 个远程设备站。

③ 使用 FX$_{2N}$-32CCL 型从站模块,可以将 FX PLC 作为 CC-Link 远程设备站来连接。此外,通过连接合作厂商的各种设备,可适用于各种用途的系统。最适用于生产线等设备的控制。

④ FX$_{2N}$-16CCL-M 外形如图 5.101 所示。

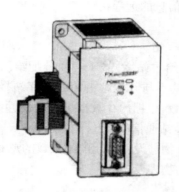

图 5.100　FX$_{2N}$-232IF 外形

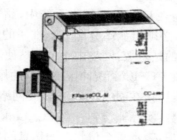

图 5.101　FX$_{2N}$-16CCL-M 外形

（3）FX$_{2N}$-32CCL 网络系统从站模块

① FX PLC 配置该模块后作为 CC-Link 的通信网络的远程设备站连接。

② 使用 FX$_{2N}$-16CCL-M 作为系统主站模块,配置 FX$_{2N}$-32CCL 模块的 FX PLC 就可以构建 CC-Link 系统。

FX$_{2N}$-32CCL 外形如图 5.102 所示。

（4）FX$_{3U}$-64CCL Interface Block

FX$_{3U}$-64CCL 是 CC-Link 系统的接口模块,可以使用 CC-Link 的版本 2 的功能,例如扩大循环传输,方便多进程数据处理。

5.5.3　CC-Link 通信

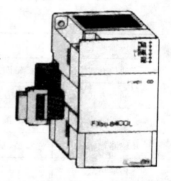

图 5.102　FX$_{2N}$-32CCL 外形

1）CC-Link 总线通信概述

（1）CC-Link 总线系统概要

CC-Link 是 Control&Communication Link(控制与通信链路系统)的简称。作为开放式现场总线,该总线系统具有性能卓越、应用广泛、使用简单、节省成本等突出优点。

CC-Link 是一种可以同时高速处理和控制信息数据的现场网络系统,10 Mbit/s 的通信速率下传输距离达到 100 m。

CC-Link 是唯一起源于亚洲地区的现场总线,相对其他总线,CC-Link 有通信速度更快,使用更加简单,数据容量更大,通信稳定性更高,使用范围更加广泛的特点,同时它具有备用主站功能、从站脱离功能、自动上线恢复功能,还具有方便调试的预约站功能等。

（2）CC-Link 总线相关知识

① 站:通过 CC-Link 总线连接的各类模块统称为站,站号范围为 0～64(FX 最大 15 个站)。

② 主站:持有控制信息(参数)并控制整个网络数据链接系统的站。每个 CC-Link 网络

中必须有一个主站,站号固定为 0。

③ 从站:除主站外的通用站名。

④ 备用主站:主站不起作用时,代替主站进行数据链接的站,FX 小型机不支持该功能。

⑤ 本地站:可以同主站或其他本地站进行 N:N 循环传输和瞬时传输的站。

⑥ 智能设备站:能与主站进行 N:1 循环传输和瞬时传输的站。

⑦ 远程设备站:可以同时处理包括位信息和字信息的远程站。

⑧ 远程 I/O 站:仅处理位信息数据的远程站。

⑨ 远程站:远程设备站和远程 I/O 站统称为远程站。

⑩ 站号:在 CC-Link 网络系统中,站号 0 分配给主站,站号 1～64 分配给从站。根据占用站的站数,必须给从站分配一个唯一的站号,使其不与其他站占用的内存站号发生重叠。

⑪ 占用的站点数:网络中单个从站使用的站点数,根据内存数据量可以设置为 1～4(1 个内存站表示在 CC-Link 缓冲区中划分的用于与其他站通信的最小单位)。

⑫ 站数:连接在同一个 CC-Link 网络中的所有物理设备占用的站点数的总和。

⑬ 模块数:实际连接到一个 CC-Link 网络上的物理设备数。

⑭ 位数据:表示 1 个位状态的信息的数据信息。

⑮ 字数据:由 16 位组成。

(3) CC-Link 通信规格(见表 5.67)

表 5.67　CC-Link 通信规格

传输速率	10 Mb/s、5 Mb/s、2.5 Mb/s、625 Kb/s、156 Kb/s
通信方式	广播轮询方式
同步方式	帧同步方式
编码方式	NARI(倒转不归零)
传输路径格式	总线型(基于 EIA 485)
传输格式	基于 HDLC
差错控制系统	$CRC(X^{16}+X^{12}+X^5+1)$
最大连接容量	RX、RY:2 048 位 RWw:256 字(主站至从站) RWr:256 字(从站至主站)
每站连接容量	RX、RY:32 位 RWw:256 字(主站至从站) RWr:256 字(从站至主站)
最大占用内存站数	4 站
瞬时传输 (每次连接扫描)	最大 960B/站 150B(主站到智能设备站/本地站);34B(智能设备站/本地站到主站)
连接模块数	$(1\times a)+(2\times b)+(3\times c)+(4\times d)\leqslant 64$ a:占用 1 个内存站的模块数;　b:占用 2 个内存站的模块数; c:占用 3 个内存站的模块数;　d:占用 4 个内存站的模块数; A:远程 I/O 站的模块数,最大 64 B:远程设备站的模块数,最大 42 C:本地站、智能设备站的模块数,最大 26

（续表5.67）

从站站号	1～64
RAS 功能	自动恢复功能、从站切断功能、数据链接状态诊断功能 离线测试（硬件测试、总量测试） 备用主站
连接电缆	CC-Link 专用电缆（三芯屏蔽绞线）
终端电阻	110 Ω,1/2W×2 在干线两端均要连接中断电阻,每个电阻跨接在 DA 和 DB 之间

（4）FX 系列 PLC 作为 CC-Link 主站时的案例说明

① FX CC-Link 网络配置（见图 5.103）

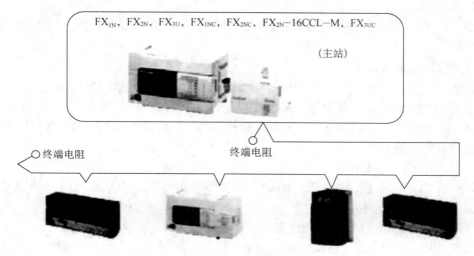

图 5.103　FX CC-Link 网络配置

② 结构说明

FX 系列 PLC 作为 CC-Link 主站时,最多可以连接 7 个远程 I/O 站,8 个远程设备站(不包括主站)。连接时必须满足以下条件:

a. 远程 I/O 站(最多可以连接 7 个远程 I/O 站),见表 5.68。

表 5.68　远程 I/O 站的连接

PLC 的 I/O 点数(含主单元和扩展 I/O 点数)		X 点
FX$_{2N}$-16CCL-M 占用的点数		8 点
其他特殊功能模块占用的点数		Y 点
32X 远程 I/O 站的数量(无论远程 I/O 站的点数)		Z 点
总计点数	对于 FX$_{3U}$、FX$_{3G}$系列 PLC	X＋Y＋Z＋8 X＋Y＋Z＋8≤384(FX$_{3U}$系列 PLC) X＋Y＋Z＋8≤256(FX$_{2N}$系列 PLC) X＋Y＋Z＋8≤128(FX$_{1N}$系列 PLC)

b. 远程设备站(最多可连接 8 个远程设备站)见表 5.69。

表 5.69　远程设备站的连接

远程设备占用 1 个站的情况	1 个站 X 模块数	A 站数
远程设备占用 2 个站的情况	2 个站 X 模块数	B 站数
远程设备占用 3 个站的情况	3 个站 X 模块数	C 站数
远程设备占用 4 个站的情况	4 个站 X 模块数	D 站数
总计占用站数		A+2×B+3×C+4×D≤8

（5）CC-Link 网络通信方式

① 循环传输：在同一个 CC-Link 网络内周期性地执行通信。

② 扩展循环传输：在 CC-Link 版本 2 中，可以设置扩展循环传输，循环容量可以设置为 2 倍、4 倍或 8 倍。

根据 CC-Link 的协议版本和站点类型的不同，CC-Link 总线系统所具有的功能也不尽相同。

2）CC-Link 主站设置

Q 系列 PLC、FX 系列 PLC、R 系列 PLC、计算机等均可以作为 CC-Link 主站，在配置主站时，FX 系列主站模块需要使用编程来实现 CC-Link 的参数设置，较为复杂；而 Q 及 R 系列则不需要用顺控程序指定刷新软元件和数据链接，只需要通过设置网络参数，就可以指定自动刷新软元件和起动数据链接。

（1）FX$_{2N}$-16CCL-M 主站

FX$_{2N}$-16CCL-M 是 FX 系列 PLC 的 CC-Link 系统主站模块，FX 系列 PLC 通过配置该模块可作为 CC-Link 系统中的主站。

① 可以连接远程 I/O 站和远程设备站；

② 通过使用 CC-Link 从站模块 FX$_{2N}$-32CCL，两个或两个以上的 FX 系列 PLC 可以作为远程设备站进行连接，形成一个简单的分布式控制系统。

（2）FX 系列 CC-Link 主要功能

① 与远程 I/O 站的通信（见图 5.104）

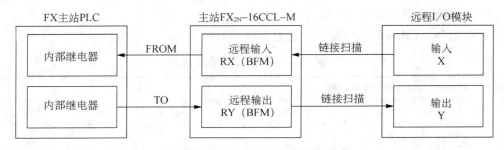

图 5.104　与远程 I/O 站的通信

② 与远程设备站的通信（见图 5.105）

③ 预防系统故障（从站断开功能）

系统采用总线连接，可以避免因某个远程站点故障（非断线故障）而造成其他站点通信不畅。

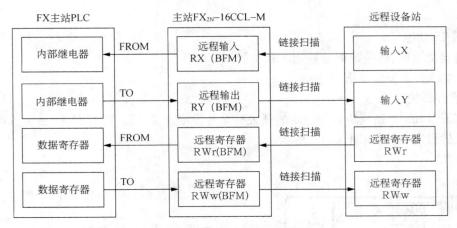

图 5.105　与远程设备站的通信

④ 保留站功能

通过设置一个实际上没有连接或将来需要连接的站号为保留站,该站不会作为出故障的站来处理。

⑤ 出错站功能

由于电源断开等原因造成一个站不能执行数据链接时,在主站中可以通过将其作为"数据链接出错站"来处理,将该站排除在外。

⑥ 参数记录到 EEPROM 中

通过将参数预先记录到 EEPROM 中,使得每次起动(断电→上电)主站时,不需要每次都进行参数设定,如图 5.106 所示。

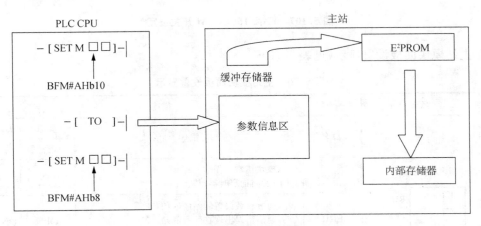

图 5.106　参数记录到 EEPROM 中

⑦ 主站 PLC CPU 出现故障时的数据链接状态的设定

可以设定在主站 PLC CPU 出现故障时,数据链接是"停止"还是"继续"。

⑧ 一个数据链接出错站的输入数据的状态设定

可以设定一个数据链接出错站的输入数据是清除还是保持(在错误出现之前的正常状态)。

⑨ 通过 PLC 程序复位模块

当改变开关设定或是模块出错时,可以不需要重新设定 PLC,而仅仅通过一段程序来复位模块。

⑩ RAS 功能

具有自动返回、链接数据检查和诊断功能。

（3）主站开关设置及指示灯

① 硬件开关设置

FX CC-Link 主站模块需要设定的开关有站号设定开关、模式设定开关、传输速度设定开关以及条件设定开关，如图 5.107 所示。

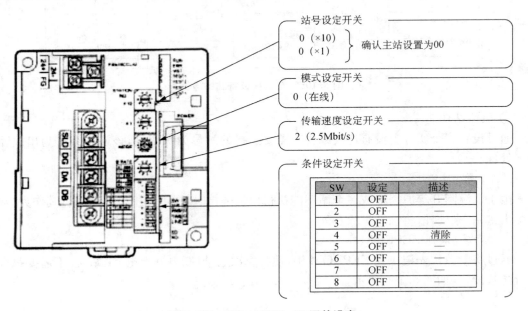

图 5.107 FX₂N-16CCL-M 开关设定

② 主站模块面板设置显示（见表 5.70）

表 5.70 主站模块面板设置显示

序号	名称	描述				
		LED 名称	描述		LED 状态	
					正常	出错
1	LED 指示灯 1 RUN ERR MST TEST 1 TEST 2 L RUN L ERR	RUN	ON：模块正常工作 OFF：看门狗定时器出错		ON	OFF
		ERR	表示通过参数设置的站的通信状态 ON：通信错误出现在所有的站 OFF：通信错误出现在某些站		OFF	ON 或闪烁
		MST	ON：设置为主站		ON	OFF
		TEST 1	测试结果指示		OFF 除了测试过程中	
		TEST 2	测试结果指示			
		L RUN	ON：数据链接开始执行（主站）		ON	OFF
		L ERR	ON：出现通信错误（主站） 闪烁：开关(4)到(7)的设置在电源为 ON 的时候被更改		OFF	ON 或闪烁

（续表5.70）

序号	名称	描述				
2	电源指示	POWER	ON:外界24V供电		ON	OFF
3	LED指示灯2 SW M/S PRM TIME LINE SD RD ERROR	ERROR	SW	ON:开关设定出错	OFF	ON
			M/S	ON:主站在同一网络上已经出现	OFF	ON
			PRM	ON:参数设定出错	OFF	ON
			TIME	ON:数据链接看门狗定时器起动(所有站出错)	OFF	ON
			LINE	ON:电缆被损坏或者传输电路受到噪声干扰等	OFF	ON
		SD	ON:数据已经被发送		ON	OFF
		RD	ON:数据已经被接收		ON	OFF
4	站号设定开关 站号 ×10 ×1	设置模块的站号(出厂默认设置为00) 设定范围: 00(因为FX$_{2N}$-16CCL-M为主站专用) 设置为其他值时,"SW""L ERR"LED灯就会变ON				

设置模块运行状态(出厂默认设定为0)

序号	名称	描述
0	在线	建立连接到数据链接
1	不可用	
2	离线	设置数据链接断开
3	线测试1	
4	线测试2	
5	参数确认测试	
6	硬件测试	
7	不可用	设定出错(SW LED指示灯变为ON)
8~A	不可用	不可设置,内部已经使用
B~F	不可用	设定出错(SW LED指示灯变为ON)

序号5 模式开关设定 MODE

根据传输线缆距离和需要设置传输速度

序号	设定内容
0	156 Kbit/s
1	625 Kbit/s
2	2.5 Mbit/s
3	5 Mbit/s
4	10 Mbit/s
5~9	设定出错(SW和L ERR、LED指示灯变为ON)

序号6 传输速度设定 B RATE

0	156K
1	625K
2	2.5M
3	5M
4	10M

（4）主站模块缓冲存储器的分配（见表 5.71）

表 5.71　主站模块缓冲存储器的分配

BFM 编号		内容	描述	读/写可能性
Hex.	Dec.			
♯0H～♯9H	♯0～♯9	参数信息区域	存储信息(参数)，进行数据链接	可读/写
♯AH～♯BH	♯10～♯11	I/O信号区域	控制主站模块的I/O信号	可读/写
♯CH～♯1BH	12♯～♯27	参数信息区域	存储信息(参数)，进行数据链接	可读/写
♯1CH～♯1EH	♯28～♯30	主站模块控制信号区域	主站模块控制信号区域	可读/写
♯20H～♯2FH	♯32～♯47	参数信息区域	存储信息(参数)，进行数据链接	可读/写
♯E0H～♯FDH	♯224～♯253	远程输入(RX)	存储来自一个远程站的输入状态	只读
♯160H～♯17DH	♯352～♯381	远程输出(RY)	将输出状态存储到一个远程站中	可写
♯1E0H～♯21BH	♯480～♯538	远程寄存器(RWw)(主站:用于写入)	将传送的数据存储到一个远程站	只写
♯2E0H～♯31BH	♯736～♯795	远程寄存器(RWr)(主站:用于接收)	存储从一个远程站接收到的数据	只读
♯5E0H～♯5FFH	♯1504～♯1535	链接特殊继电器(SB)	存储数据链接状态	可读/写根据情况决定
♯600H～♯7FFH	♯1536～♯2047	链接特殊寄存器(SW)	存储数据链接状态	

（5）主站参数的设置

① 参数信息缓冲存储器（BFM）区域，见表（见表 5.72）

表 5.72　参数信息区域

BFM 编号		内容	描述	默认值
Hex.	Dec.			
♯01H	♯1	链接模块的数量	设置所连接的远程站模块的数量(包括预留站)	8
♯02H	♯2	重试次数	设置对于一个故障站点重试次数	3
♯03H	♯3	自动返回的模块数量	设置在一次连接扫描中可以返回到系统中的远程站模块的数量	1
♯06H	♯6	CPU 停止时的操作	当主站 PLC 出现错误时规定的数据链接状态	0(停止)
♯10H	♯16	预留站规格	设定预留的站	0(无规格)
♯14H	♯20	错误无效站的规格	规格出故障的站	0(无规格)
♯1CH	♯28	FROM/TO 指令存取出错时的判定时间	设置 FROM/TO 指令存取出错时的判定时间(单位:10 ms)	200 ms
♯1DH	♯29	允许外部存取的范围	当对一个不可连接的站或地址进行存取的时候就输入"1"	0
♯1EH	♯30	模块代码	FX$_{2N}$-16CCL-M 模块的代码	K7510
♯20H～2EH	♯32～♯46	站类型信息	设定所连接站的类型	站类型:远程 I/O 站占用站数:1站号:1～15

② I/O 信号一览表

a. FX$_{2N}$-16CCL-M 主站→PLC CPU 读取的位信息，见表 5.73。

表 5.73　FX$_{2N}$-16CCL-M 主站→到 PLC CPU 位信息

BFM 编号	读取位	读取（当使用 FROM 指令时）
BFM#AH（#10）	b0	模块错误
	b1	上位站的数据链接状态
	b2	参数设置状态
	b3	其他站的数据链接状态
	b4	接收模块复位完成
	b5	（禁止使用）
	b6	通过缓冲存储器的参数起动数据链接正常完成
	b7	通过缓冲存储器的参数起动数据链接异常完成
	b8	通过 EEPROM 的参数起动数据链接正常完成
	b9	通过 EEPROM 的参数起动数据链接异常完成
	b10	将参数记录到 EEPROM 中去的正常完成
	b11	将参数记录到 EEPROM 中去的异常完成
	b12～b14	（禁止使用）
	b15	模块准备就绪

b. PLC CPU→FX$_{2N}$-16CCL-M 主站发送的位信息，见表 5.74。

表 5.74　PLC CPU→FX$_{2N}$-16CCL-M 主站位信息

BFM 编号	读取位	写入（当使用 TO 指令时）
BFM#AH（#10）	b0	刷新指令
	b1	（禁止使用）
	b2	
	b3	
	b4	要求模块复位
	b5	（禁止使用）
	b6	要求通过缓冲存储器的参数来起动数据链接
	b7	（禁止使用）
	b8	要求通过 EEPROM 的参数来起动数据链接
	b9	（禁止使用）
	b10	要求将参数记录到 EEPROM 去
	b11～b15	（禁止使用）

③ 缓冲存储器、EEPROM 以及内部存储器之间的关系（见图 5.108）

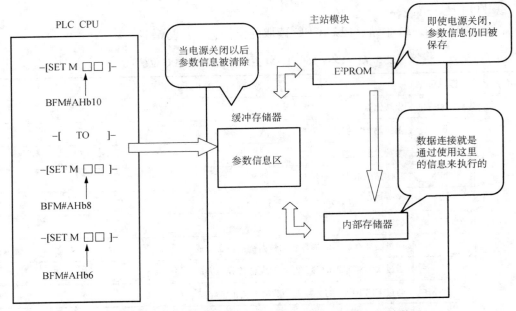

图 5.108 缓冲存储器、EEPROM 以及内部存储器之间的关系

④ 参数设定项目(见表 5.75)

表 5.75 参数设定项目

设置项目	描述	BFM# HEX
已链接的模块数目	设置连接到主站单元的远程模块数目(包括预留单元) 默认值:8(个) 设置范围:1~25(个)	1H
重试次数	设置通信出错时进行重新连接的次数 默认值:3(次) 设置范围:1~7(次)	2H
自动恢复的模块数	设置在一次连接扫描中能够被恢复的远程单元数目	3H
CPU 出错时的指定操作	指定主站 CPU 出错时的数据链接状态 默认值:0(停止) 设置范围:0(停止),1(保持)	6H
预留站点的指定	指定预留站点 默认值:0(未设置) 设置值:设定对应站点号为 ON	10H
无效站点的指定	指定无效站点	14H
站点信息	设置已连接站点的类型 默认值:20H(远程 I/O 站,占用 1 个站,站号 1)~2EH(远程 I/O 站,占用 1 个站,站号 15) 设置范围: b15~b12　　b11~b8　　b7~b0 站类型　占用的内存站数　站号 0:远程 I/O 站　1:占用 1 个站　1~15 1:远程设备站　2:占用 1 个站　(01H~0EH) 　　　　　　　3:占用 1 个站 　　　　　　　4:占用 1 个站	20H(第 1 个站点) 到 2EH(第 15 个站点)

⑤ 主站与远程 I/O 站、远程设备站的通信关系

以 FX$_{3U}$ PLC 为主站,配置 2 个远程站,其中一个为远程 I/O 站,另一个为远程设备站(占用 2 个站)。

a. 远程输入 RX:保存来自远程 I/O 站和远程设备站的输入 RX 的状态,如图 5.109 所示。

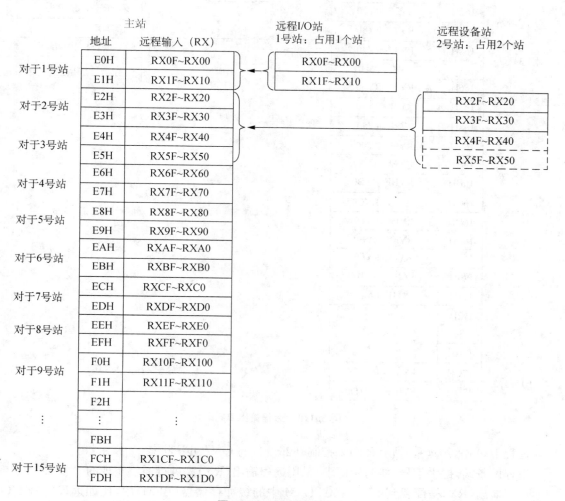

图 5.109　远程输入 RX

远程 I/O 站,用远程输入(RX)来读取外部开关 ON/OFF 的状态。

远程设备站,握手信号(如出错标志)采用远程输入(RX)进行通信实现的。

远程输出(RY)被分配到 FX$_{2N}$-16CCL-M 中的缓冲存储器(BFM)中,例如远程 1 号 I/O 站的输入信号 RX00～RX1F,32 点信号通过 CC-Link 链接扫描,被配置到缓冲存储器地址 E0、E1 中,CPU 通过 FROM 指令读取缓冲存储器 E0、E1 的数据,即 1 号站的信息。

远程 2 号站的输入信号 RX20～RX5F,64 点信号通过 CC-Link 链接扫描,被配置到缓冲存储器 E2～E5 中,CPU 通过 FROM 指令读取缓冲存储器 E2～E5 的数据,即 2 号站的信息。以此类推,可读取 1～15 号站的信息。

b. 远程输出 RY：输送到远程 I/O 和远程设备站的输出 RY 的状态，如图 5.110 所示。

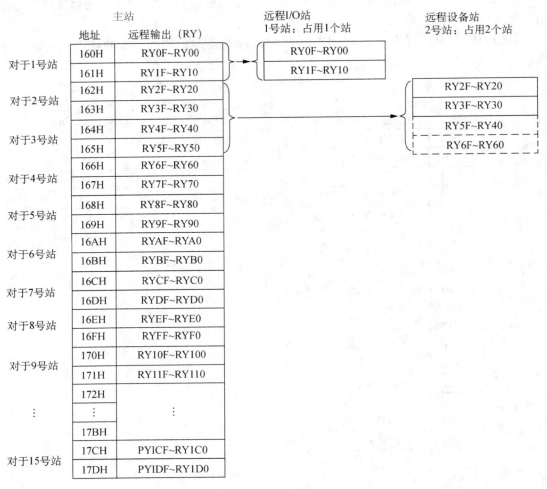

图 5.110　远程输出 RY

远程 I/O 站，用远程输出（RY）来控制外部设备的 ON/OFF 状态（如指示灯）。

远程设备站，握手信号（如初始请求）采用远程输出（RY）来进行通信实现的。

远程输出（RY）被配置到 FX$_{2N}$-16CCL-M 中的缓冲存储器（BFM）中，比如远程 1 号 I/O 站的输出信号通过 TO 写到缓冲存储器 H160、H161 中，通过 CC-Link 链接扫描控制 1 号站 RY0～RY1F 32 点信号，即 1 号站的信息。

远程 2 号设备站的输出信号通过 TO 指令写到缓冲存储器地址为 H162～H165 中，通过 CC-Link 链接扫描控制 2 号站 RY20～RY5F 64 点信号，即 2 号站的信息。

以此类推，可以控制 1～15 号站的输出状态。

c. 远程寄存器 RWw（写数据）：主站→远程设备站，如图 5.111 所示。

PLC CPU 对远程设备站的数据设定通过远程寄存器 RWw（写数据）实现。远程寄存器 RWw 被配置到 FX$_{2N}$-16CCL-M 中的缓冲存储器（BFM）中，远程 2 号设备站的写数据通过 TO 指令写到缓冲存储器 1E4H～1EBH 中，通过 CC-Link 链接扫描，控制 2 号站 RWw4～RWwB 2×4 字信息，即 2 号站的字信息数据。

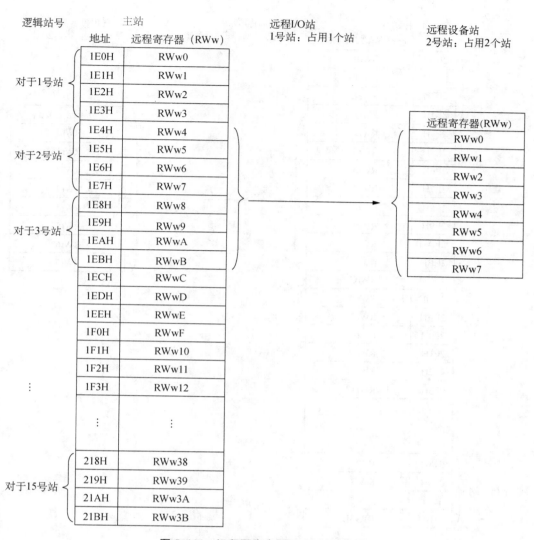

图 5.111 远程写寄存器 RWw(写数据)

特别说明：1 号站为远程 I/O 站，无 RWw/RWr 信息，但是缓冲存储器地址 H1E0～E1E3 就被预留，不能被 2 号站占用。

d. 远程寄存器 RWr(读数据)：远程设备站→主站，如图 5.112 所示。

PLC CPU 对远程设备站的数据读取通过远程寄存器 RWr(读数据)实现。

远程寄存器 RWr 被配置到 FX_{2N}-16CCL-M 中的缓冲存储器(BFM)中，远程 2 号设备站的读数据通过 FROM 指令读取到缓冲存储器 2E4H～2EBH 中，通过 CC-Link 链接扫描，读取 2 号站 RWr4～RWrB 2×4 字信息，即 2 号站的字信息数据。

注意：1 号站为远程 I/O 站，无 RWw/RWr 信息，但是缓冲存储器地址 2E0H～2E3H 就被预留，不能被 2 号站占用。

3）CC-Link 远程站点的设置

（1）远程设备站的设置

远程设备站需要设置站号、占用站数、通信速率，需要通过模块上的旋钮开关来设置，如

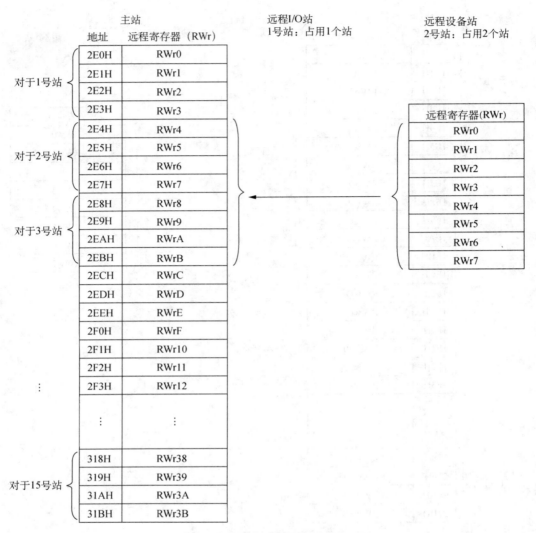

图 5.112　远程读寄存器 RWr(读数据)

图 5.113 所示。

(2) 远程 I/O 站的设置

远程 I/O 站需要设置站号、通信速率,同样需要通过模块上的拨码开关,按照十六进制规则,将拨码开关需要置 ON 的位向上拨,如图 5.114 所示。

例如:3 号站,波特率为 2.5 Mbps,将 STATION NO.栏的 1、2 对应的开关拨到 ON 位置,将 B 中 RATE 栏中的 2 对应的开关拨到 ON。

4) CC-Link 应用实例

(1) FX PLC 与远程 I/O 站的通信

FX PLC 与远程 I/O 站的通信配置如图 5.115 所示。

① 功能要求

FX_{3U} 为 CC-Link 主站,通过 CC-Link 连接 1 号站(远程输入站)和 2 号站(远程输出站)。通过程序使 CC-Link 远程 I/O 站动作:

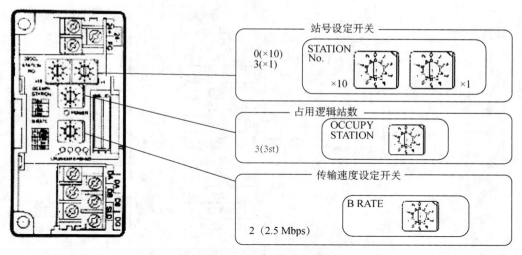

图 5.113 远程设备站的设置

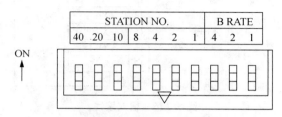

图 5.114 远程 I/O 站的设置

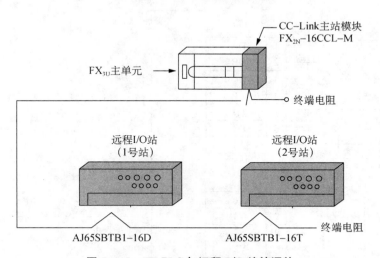

图 5.115 FX PLC 与远程 I/O 站的通信

a. 将 1 号站(远程输入站)的输入状态读出,将低 8 位软元件传送给 Y10~Y17 指示,这样当远程输入 RX0~RX7 有输入时,Y10~Y17 有输出。

b. PLC CPU 控制 2 号站对应的远程输出 RY0~RY7,实现远程输出的功能。

② 输入/输出接线

a. 远程输入模块接线(见图 5.116)。

b. 远程输出模块接线(见图 5.117)。

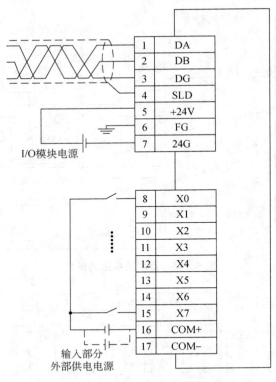

图 5.116　输入接线

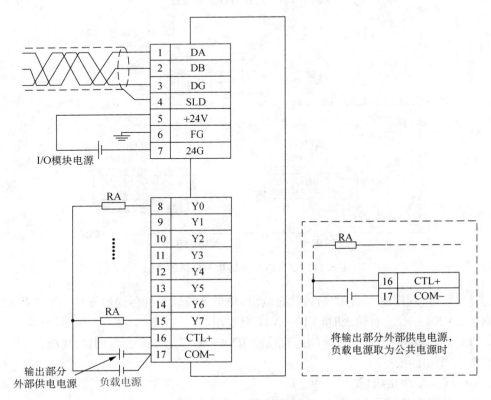

图 5.117　输出接线

③ 控制程序及说明

工程名:远程 I/O 通信。

程序数据名:MAIN

A. 编写调试程序(见图 5.118)

调试用

```
                                                              *<M45~M30 T0 BFM#AH    >
       M8000
  0    ─┤├─────────────────────────────────[FROM  K0    H0A    K4M30    K1 ]─
                                                              模块出错
```

参数设置

```
       M30    M45
 10    ─┤├────┤/├──────────────────────────────────────────────[PLS    M0 ]─
       模块出错 模块就绪
```

```
       M0
 14    ─┤├──────────────────────────────────────────────────────[SET    M1 ]─
```

```
                                                              *<已连接的模块数目     >
       M1
 16    ─┤├──┬───────────────────────────────────────────────[MOV   K2    D0 ]─
           │
           │                                                  *<重试次数7次         >
           ├───────────────────────────────────────────────[MOV   K7    D1 ]─
           │
           │                                                  *<自动恢复模块个数2个   >
           ├───────────────────────────────────────────────[MOV   K2    D2 ]─
           │
           │                                                  *<写入参数            >
           ├───────────────────────────────────────[TO    K2    H1    D0    K3 ]─
           │
           │                                                  *<CPU错误时指定操作:停止 >
           ├───────────────────────────────────────────────[MOV   K0    D3 ]─
           │                                                  *<写入CPU错误时的操作模式 >
           └───────────────────────────────────────[TO    K0    K6    D3    K1 ]─
```

```
                                                              *<站点信息:I/O站,占1站,1号站 >
       M1
 55    ─┤├──┬───────────────────────────────────────────────[MOV   H101   D13 ]─
           │
           │                                                  *<站点信息:I/O站,占1站,2号站 >
           └───────────────────────────────────────────────[MOV   H102   D14 ]─
```

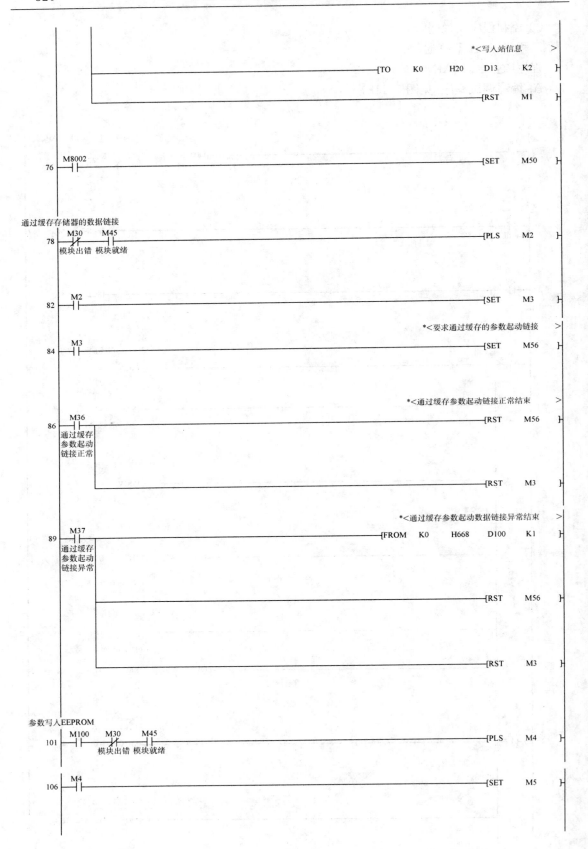

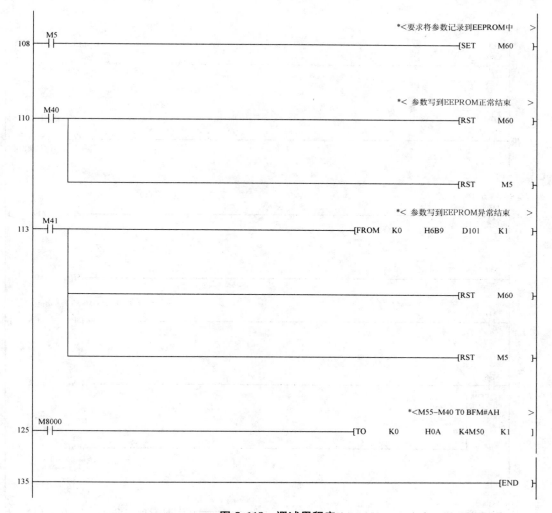

图 5.118 调试用程序

编写调试用程序,将主站的参数设置写入到 EEPROM 中,以便运行时从 EEPROM 起动 CC-Link 的数据链接。

a. 将主站的状态读到 M30～M45 的 PLC 位软元件中。

b. 模块正常且准备就绪,设置链接模块数量为 2,CC-Link 链接重试次数为 7,自动恢复的模块个数为 2(全部自动恢复),规定 PLC CPU 出错时 CC-Link 停止链接。

c. 注册站点信息,1 号站、2 号站均为远程 I/O 站,各占用 1 个站。

d. 通过缓冲存储器起动 CC-Link 数据链接,等待数据链接正常结束。

e. 通过 M100 起动将参数写入到 EEPROM 中(将 M60 置 ON,即将缓存♯0 A 的 b10 置 ON)。

f. 如果将参数写入到 EEPROM 正常结束,则复位 M60;如果将参数写入到 EEPROM 异常结束,将其错误代码(BFM♯6 B 9H)读出到 D101 中,以供错误检查使用,同时也复位 M60。

B. 编写操作用程序(见图 5.119)

操作用

```
                                                                *<M45~M30 T0 BFM#AH  >
     M8000
 0  ─┤├────────────────────────────────────[FROM   K0    H0A    K4M30    K1 ]─
                                                                模块出错


                                                                *<刷新指令  >
     M8002
10  ─┤├──────────────────────────────────────────────────[SET    M50 ]─
                                                                模块出错
```

通过EEPROM参数的数据链接

```
     M30   M45
12  ─┤／├──┤├────────────────────────────────────────────[PLS    M0 ]─
    模块出错 模块就绪

     M0
16  ─┤├────────────────────────────────────────────────[SET    M1 ]─


                                                *<要求通过EEPROM的参数起动链接  >
     M1
18  ─┤├────────────────────────────────────────────────[SET    M58 ]─

     M38
20  ─┤├────────────────────────────────────────────────[RST    M58 ]─
    通过EEPR
    OM参数起
    动链接正
    常
      │
      └───────────────────────────────────────────────[RST    M1 ]─

     M39
23  ─┤├────────────────────────────────────[FROM   K0    H668   D100     K1 ]─
    通过EEPR
    OM参数起
    动链接异
    常
      │
      ├───────────────────────────────────────────────[RST    M58 ]─
      │
      │
      └───────────────────────────────────────────────[RST    M1 ]─


                                                                *<M65~M50 TO BFM#AH  >
     M8000
35  ─┤├────────────────────────────────────[TO     K0    H0A    K4M50    K1 ]─
                                                                模块出错
```

读取远程I/O的数据链接状态

```
     M30   M45   M31
45  ─┤├──┤├──┤├──────────────────────────[FROM   K0    H680   K4M501   K1 ]─
    模块出错 模块就绪 主站数据                                    1号站链接
               链接状态                                          出错
```

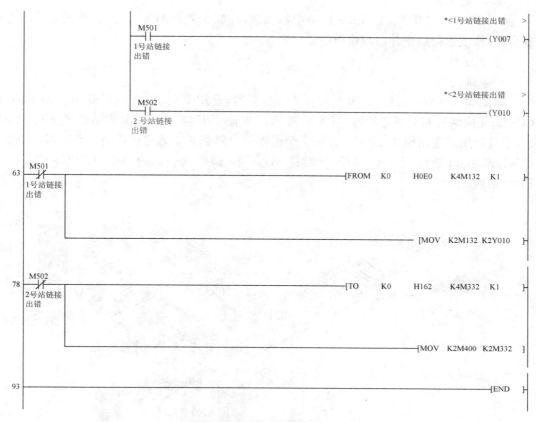

图 5.119 操作运行程序

上一步将 CC-Link 的参数设置写入到 FX$_{2N}$-16CCL-M 的 EEPROM 中，这一步是通过注册到 EEPROM 中的参数来起动数据链接。

a. 将主站的状态读出到 M30～M45 的 PLC 位软元件中。

b. 模块正常，就发出通过 EEPROM 起动 CC-Link 数据链接的命令（对 BFM♯0AH 的 b8 置位），对 M58 进行置 ON。

c. 若通过 CC-Link 起动数据链接正常，则复位 M58；如果通过 CC-Link 起动数据链接异常，则将错误代码（BFM♯668H）读出到 D100 中，供错误检查用，同时也复位 M58。

d. 将远程 I/O 站的链接状态（BFM♯680H）读出，并在主站上指示出来：如果 1 号站出错（BFM♯680H 的 b1 为 ON），则输出 Y7；如果 2 号站出错，（BFM♯680H 的 b2 为 ON），则输出 Y10。

e. 将 1 号站（远程输入站）的输入状态（BFM♯0E0H）读出，放到 M132～M147 的位软元件中，再将 M132～M139 的 8 个位软元件传送给 Y10～Y17，这样当远程输入 RX0～RX7 有输入时，对应的 Y10～Y17 就有输出。

f. 将位软元件 M332～M347 作为 2 站（远程输出站）的输出状态（BFM♯0162H），再将位软元件 M400～M407 传送给 M332～M339，这样当 M400～M407 有输出时，对应的远程输出 RY0～RY7 就有输出，从而实现远程输出的目的。

（2）FX PLC 通过 CC-Link 与远程设备站通信实例（控制 A700 变频器）

① 功能要求

FX 系列 PLC 作为 CC-Link 网络主站功能,控制变频器的运行,并监视其状态。远程控制启停,修改运行频率并监视输出电流。

② 系统结构

a. 系统构成

如图 5.120 所示,该传送带上共有 3 台变频器,使用 FX₃U 系列 PLC 作为网络主站,通过 CC-Link 网络控制变频器运行。FX 系列 PLC 侧需要安装 CC-Link 主站模块 FX₂N-16CCL-M,通过使用该主站模块,最多可连接 7 个远程 I/O 站和 8 个远程设备站。变频器侧需要安装 CC-Link 接口通信板 FA-A7NC(对应 A700 和 F700 系列)或 FR-A7NC-EKIT(对应 E700 系列)。

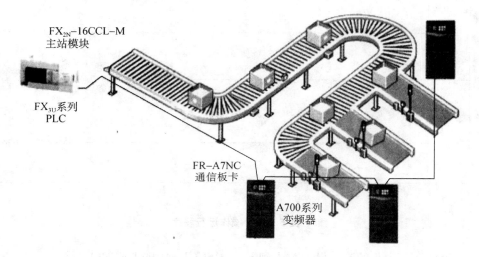

图 5.120　CC-Link 网络控制变频器

b. I/O 信号分配(见表 5.76)

表 5.76　I/O 分配

地址	输入信号	输出信号	信号作用
X000	●		变频器正转
X001	●		变频器反转
X002	●		变频器停止
X003	●		速度设定
D101			变频器速度设定
D102			变频器输出电流

c. 变频器参数设定

使用 CC-Link 网络控制变频器时,首先要将变频器设置为网络控制模式,同时还需要设定站号、通信波特率、通信模式、占用站数、控制信号权限等相关参数。见表 5.77。

表 5.77 变频器相关参数表

参数号	说明	本实例中设定值
Pr. 79	运行模式选择,与 Pr. 340 配合使用	0
Pr. 340	通信起动模式选择,与 Pr. 79 配合使用	1
Pr. 338	运行指令权,决定启停指令控制权	0(网络控制启停)
Pr. 339	速率设定权,决定运行速率的设定权限	0(网络控制速度)
Pr. 542	CC-Link 站号,根据实际情况设置	1
Pr. 543	CC-Link 通信波特率,与主站一致	0(156 Kbits)
Pr. 544	CC-Link 扩展设定,设定远程寄存器功能	0(A5NC 兼容模式)

d. 变频器 CC-Link I/O、寄存器定义(见表 5.78、表 5.79)

表 5.78 变频器 CC-Link I/O 定义

设备编号	信号	设备编号	信号
RYn0	正转指令	RXn0	正转中
RYn1	反转指令	RXn1	反转中
RYn2	高速运行指令(端子 RH 功能)	RXn2	运行中(端子 RUN 功能)
RYn3	中速运行指令(端子 RM 功能)	RXn3	频率到达(端子 SU 功能)
RYn4	低速运行指令(端子 RL 功能)	RXn4	过负荷报警(端子 OL 功能)
RYn5	点动运行指令(端子 JOG 功能)	RXn5	瞬时停电(端子 PIF 功能)
RYn6	第 2 功能选择(端子 RT 功能)	RXn6	频率检测(端子 FU 功能)
RYn7	电流输入选择(端子 AU 功能)	RXn7	异常(端子 ABC1 功能)
RYn8	瞬间停止再起动选择(端子 CS 功能)	RXn8	—(端子 ABC2 功能)
RYn9	输出停止	RXn9	Pr. 313 分配功能(D00)
RYnA	起动自动保持选择(端子 STOP 功能)	RXnA	Pr. 314 分配功能(D01)
RYnB	复位(端子 RES 功能)	RXnB	Pr. 315 分配功能(D02)
RYnC	监视器指令	RXnC	监视
RYnD	频率设定指令(RAM)	RXnD	频率设定完成(RAM)
RYnE	频率设定指令(RAM、EEPROM)	RXnE	频率设定完成(RAM、EEPROM)
RYnF	命令代码执行请求	RXnF	命令代码执行完成
RY(n+1)0~ RY(n+1)7	保留	RX(n+1)0~ RX(n+1)7	保留
RY(n+1)8	未使用(初始数据处理完成标志)	RX(n+1)8	未使用(初始数据处理完成标志)
RY(n+1)9	未使用(初始数据处理完成标志)	RX(n+1)9	未使用(初始数据处理完成标志)
RY(n+1)A	异常复位请求标志	RX(n+1)A	异常复位请求标志
RY(n+1)B~ RY(n+1)F	保留	RX(n+1)B~ RX(n+1)F	保留

表 5.79　变频器 CC-Link 远程寄存器定义

地址	高 8 位	低 8 位	地址	说明
RWwn	监视器代码 2	监视器代码 1	RWrn	第一监视器值
RWwn+1	设定频率(以 0.01 Hz 位单位)/转矩指令		RWrn+1	第二监视器值
RWwn+2	H00(任意)	命令代码	RWrn+2	应答代码
RWwn+3	写入数据		RWrn+3	读取数据

补充说明:关于监视器和监视代码。由于受远程寄存器个数所限,CC-Link 控制 A700 系列变频器时,无法同时监视所有的运行状态。在实际使用中采用监视器及监视代码的方式选择需要监视的状态量。在 RWwn 中设定好监视器代码,如电流为 02H、电压为 03H,置位监视器指令标志位(RYnC),即可在监视寄存器(RWrn、RWrn+1)中显示监视对象的值。监视器共两个,可根据实际需要监视不同的对象。当对象大于 3 个时,也可使用梯形图程序时序进行控制。

③ 控制程序及说明(见图 5.121)

工程名:远程设备站通信

程序数据名:MAIN

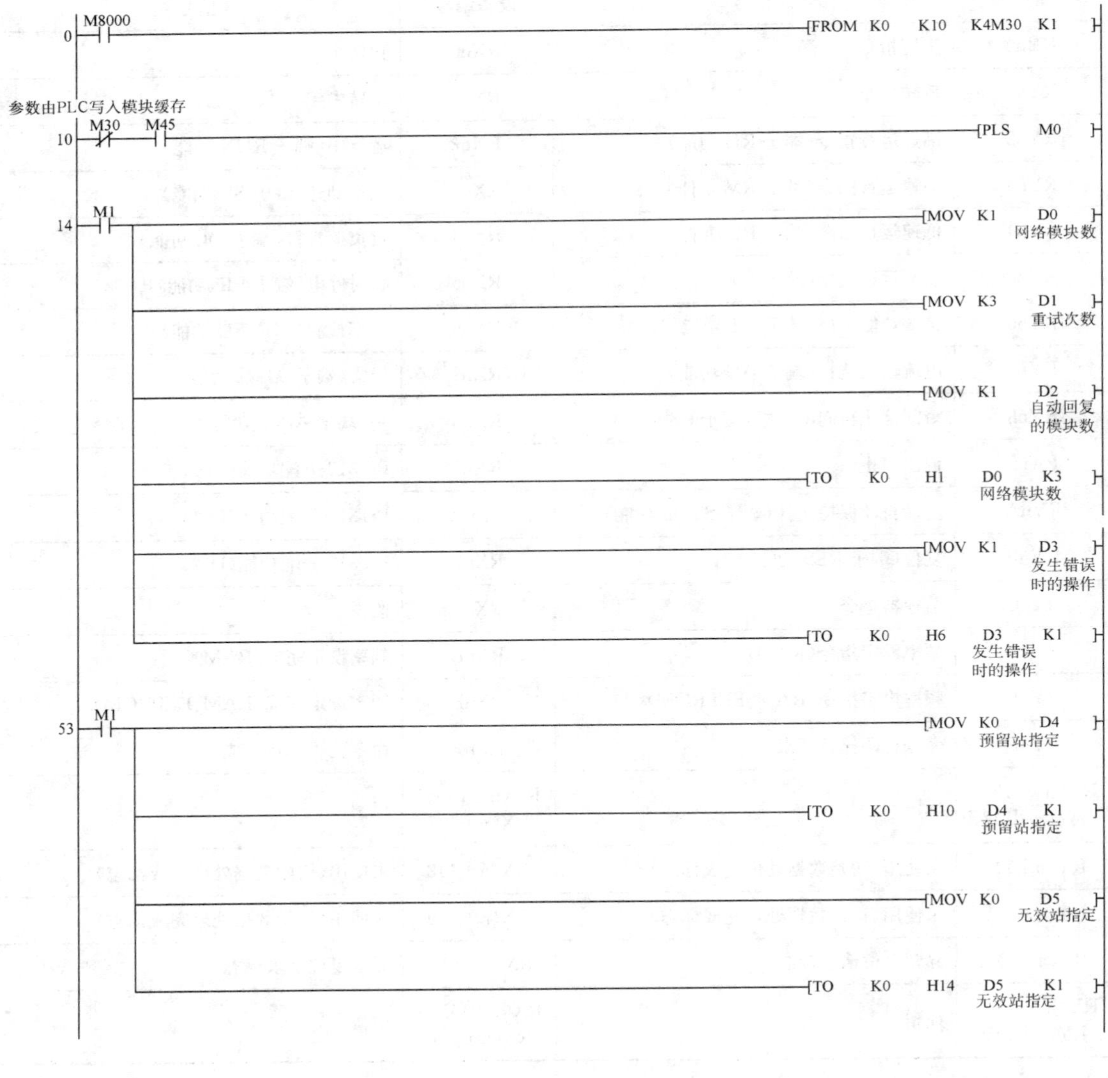

*<1号站，远程设备，占用1站 >

82 —| M1 |———[MOV K1101 D13]
第1个模块信息

—————————————————————————————[TO K0 H20 D13 K1]
第1个模块信息

———[RST M1]

由缓存参数起动链接通信

98 —| M8002 |——[SET M50]

100 —|/M30|——| M45 |—————————————————————————————————[PLS M2]

104 —| M2 |——[SET M3]

106 —| M3 |——[SET M56]

108 —| M36 |———[RST M56]

———[RST M3]

111 —| M37 |————————————————————————————————[FROM K0 H668 D100 K1]
参数错误代码

———[RST M56]

———[RST M3]

123 —| M8000 |————————————————————————————[TO K0 H0A K4M50 K1]

通信程序

*<各从站状态，0：正常 1：出错 >

133 —| M8000 |—|/M30|——| M45 |——| M31 |————[FROM K0 H660 K4M400 K1]
1号站通信异常

—| M400 |———(Y001)
1号站通信   1号站异常
异常

—|/M400|—————————————————————————————————————[MC N0 M500]
1号站通信
正常

*<读1号站远程输入RX >

154 —| M8000 |——| M400 |———————————————————[FROM K0 H0E0 K4M100 K1]
1号站通信   正转中
正常

*<写1号站远程输出RY >

—————————————————————————————[TO K0 H160 K4M200 K1]
正转开始

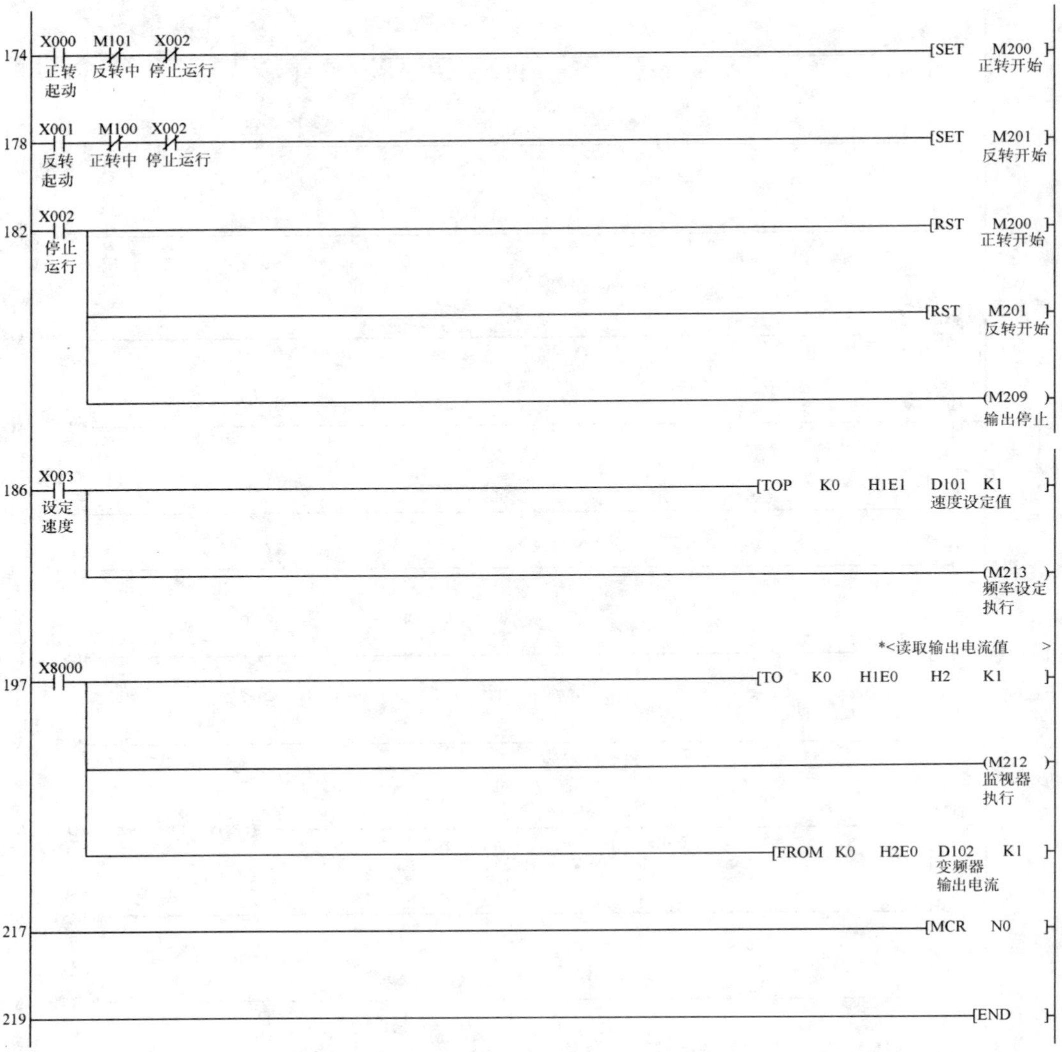

图 5.121　CC-Link 控制变频器程序

　　速度设定通过 RWw1 写到缓存存储器 1E1，D101 可以通过外部设定也可以通过人机界面设定，变频器输出电流监视代码 H2，通过 RWw0 的低字节第一监视代码，写到缓存存储器 1E0，通过监视第一值 RWr0，通过缓存存储器 2E0 读到 D102 中。

习　题　5

5.1　FX 系列 PLC 特殊功能模块有哪些？举例写出 5 种特殊功能模块。

5.2　要求 3 点模拟输入采样，并求其平均，并将该值作为模拟量输出值予以输出。此外，将 0 号通道输入值与平均值之差，用绝对值表示，然后再将差值加倍，作为另一模拟量输出。试选用 PLC 特殊功能模块，并编写程序。

5.3　高速计数模块在什么情况下使用？

5.4　定位控制单元有哪些？

5.5　在特殊功能模块中经常要用到 PLC 的功能指令 FROM 和 TO，解释这两条指令的含义。

6.1 GX Works2 编程软件使用与指令练习

1）实验目的

了解可编程控制器的组成和基本单元，了解 GX Works2 编程软件编程和程序调试方法。

2）实验器材（见图 6.1）

（1）LD-ZH14 三菱可编程控制器主机实验箱	1 台
（2）LD-ZH14 PLC 功能模块（二）实验箱	1 台
（3）连接导线	1 套
（4）计算机	1 台

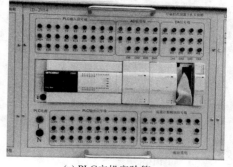
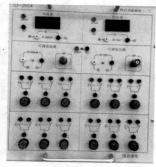

(a) PLC主机实验箱　　　　　(b) PLC功能模块(二)实验箱

图 6.1　PLC 基本指令编程应用实验设备

3）实验内容

（1）熟悉编程环境 GX Works2

用鼠标双击屏幕 GX Works2 图标打开图选"工程"菜单条→选"新建"（建立一个新的文件），在弹出的对话框中选择 CPU 类型、工程类型、程序语言。

生成一个 PLC 新的程序文件过程如下：（采用简单工程——梯形图程序）

① 双击指令树中的命令，再选某一具体指令；

② 在编辑窗口方框键入图形与软元件（或指令），按回车键；

③ 存盘；

④ 下载（先选择"转换/编译"菜单条→选"转换"，再选择"在线"菜单条→选"PLC 写入"）；

⑤ 运行。

（2）将图 6.2 所示程序装入 PLC 的程序。

（3）运行已装入 PLC 的程序。将图 6.1(a)、(b)用导线连接，其中 X0 接入起动按钮 SF_1，X1 接入停止按钮 SF_2，Y0 外接驱动接触器线圈 KF，KF 接触器控制电动机启停，则上述 PLC 程序所实现的为电动机启停，自保控制电路。

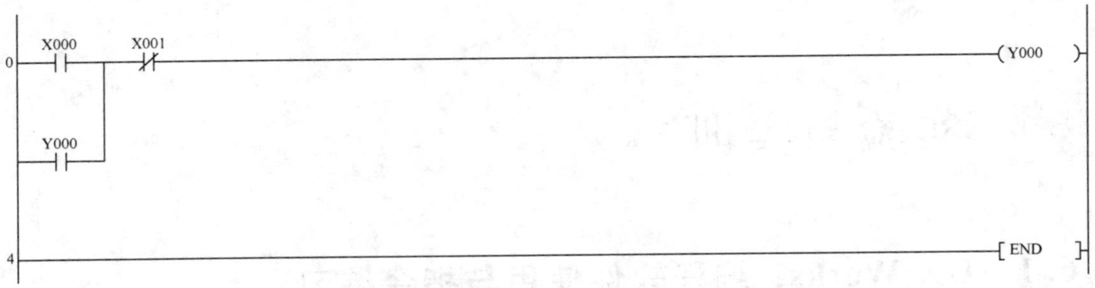

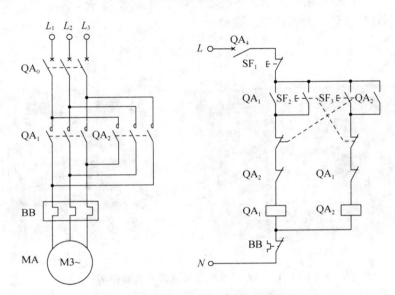

图 6.2　电动机启停控制

（4）自编小程序熟悉编程环境及指令。

（5）电动机正反转实验

编程实现图 6.3 所示三相异步电动机的正反转控制。

图 6.3　三相异步电动机的正反转控制电路

① 输入、输出信号

X0：正转按钮（SF$_1$），X1：反转按钮（SF$_2$），

X2：停机按钮（SF$_3$），X3：热继电器保护触点（用 SF$_4$ 代替）；

Y0：正转接触器线圈（QA$_1$ 用发光二极管代替），Y1：反转接触器线圈（QA$_2$ 用发光二极管代替）。

② 实验接线图，如图 6.4 所示。

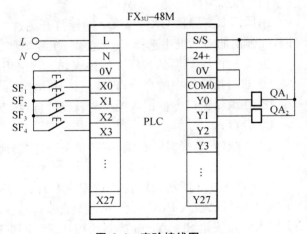

图 6.4　实验接线图

③ 梯形图

三相异步电动机的正反转控制梯形图,如图 6.5 所示。

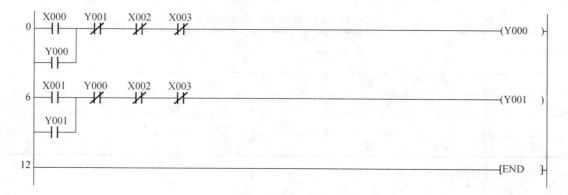

图 6.5　三相异步电动机的正反转控制梯形图

6.2　程序设计实例

6.2.1　八段码显示

1) 实验目的

用 PLC 构成模拟抢答器系统并编制控制程序。

2) 实验设备(见图 6.6)

(1) LD-ZH14 三菱可编程控制器主机实验箱　　　　1台

(2) LD-ZH14 PLC 功能模块(一)实验箱　　　　1台

(3) LD-ZH14 PLC 功能模块(二)实验箱　　　　1台

(4) 连接导线　　　　1套

(5) 计算机　　　　1台

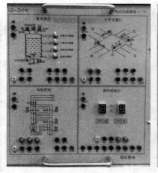
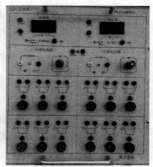

(a) PLC功能模块(一)实验箱　　(b) PLC主机实验箱　　(c) PLC功能模块(二)实验箱

图 6.6　PLC 程序设计与应用实验设备(一)

3) 实验内容

(1) 控制要求

一个四组抢答器,任一组抢先按下后,显示器能及时显示该组的编号,同时锁住抢答器,使其他组按下无效。抢答器有复位开关,复位后可重新抢答。

(2) I/O 分配(见表 6.1)

表 6.1　输入/输出 I/O 地址分配表

	输入		输出			
	SF$_1$	X0				
	SF$_2$	X1	A1	Y0	A2	Y4
	SF$_3$	X2	B1	Y1	B2	Y5
	SF$_4$	X3	C1	Y2	C2	Y6
复位开关	SF$_5$	X4	D1	Y3	D2	Y7

(3) 实验接线图(见图 6.7)

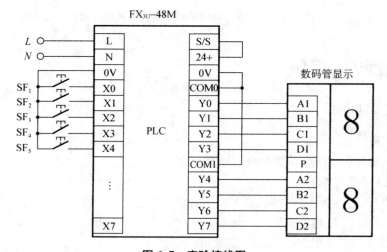

图 6.7　实验接线图

(4) 输入实验程序(见图 6.8)

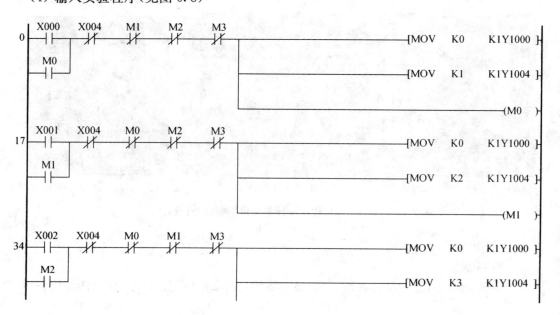

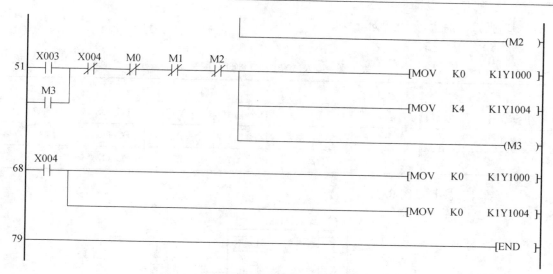

图 6.8 八段码显示实验程序

（5）调试并运行程序

6.2.2 天塔之光

1）实验目的

用 PLC 构成模拟天塔之光控制系统。

2）实验设备（见图 6.9）

（1）LD-ZH14 三菱可编程控制器主机实验箱　　　　1 台
（2）LD-ZH14 PLC 功能模块（三）实验箱　　　　　　1 台
（3）LD-ZH14 PLC 功能模块（二）实验箱　　　　　　1 台
（4）连接导线　　　　　　　　　　　　　　　　　　1 套
（5）计算机　　　　　　　　　　　　　　　　　　　1 台

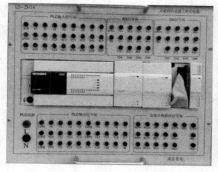

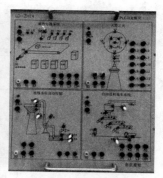

(a) PLC主机实验箱　　　　(b) PLC功能模块(二)实验箱　　　　(c) PLC功能模块(三)实验箱

图 6.9 PLC 程序设计与应用实验设备（二）

3）实验内容

（1）控制要求

隔灯闪烁：L_1、L_3、L_5、L_7、L_9 亮，1 s 后灭，接着 L_2、L_4、L_6、L_8 亮，1 s 后灭，再接着 L_1、L_3、

L_5、L_7、L_9 亮,1 s 后灭,如此循环下去。

(2) I/O 分配(见表 6.2)

表 6.2　输入/输出 I/O 地址分配表

输入		输出					
起动(SF_1)	X0	$PG_1(L_1)$	Y0	$PG_4(L_4)$	Y3	$PG_7(L_7)$	Y6
停止(SF_2)	X1	$PG_2(L_2)$	Y1	$PG_5(L_5)$	Y4	$PG_8(L_8)$	Y7
		$PG_3(L_3)$	Y2	$PG_6(L_6)$	Y5	$PG_9(L_9)$	Y10

(3) 实验接线图(见图 6.10)

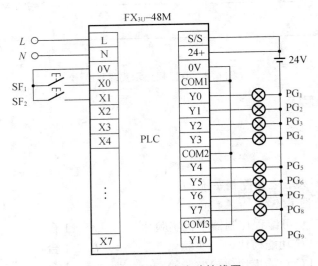

图 6.10　天塔之光实验接线图

(4) 实验输入程序(见图 6.11)

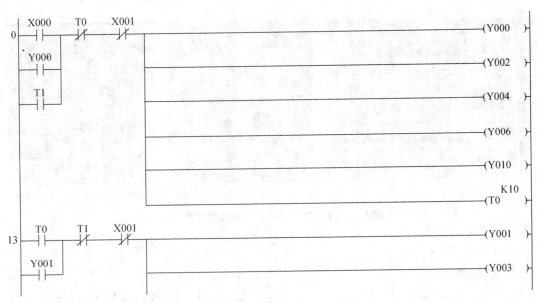

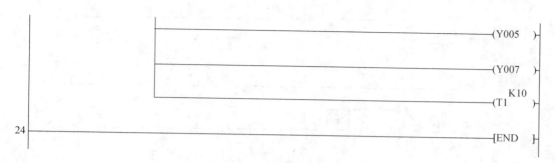

$$(Y005)$$
$$(Y007)$$
$$\overset{K10}{(T1)}$$

24 ————————————————————[END]

图 6.11 天塔之光实验程序

（5）调试并运行程序

6.2.3 交通信号灯控制

1）实验目的

用 PLC 构成交通信号灯模拟控制系统。

2）实验设备（见图 6.12）

（1）LD-ZH14 三菱可编程控制器主机实验箱　　　　　　　1 台
（2）LD-ZH14 PLC 功能模块（一）实验箱　　　　　　　　1 台
（3）LD-ZH14 PLC 功能模块（二）实验箱　　　　　　　　1 台
（4）连接导线　　　　　　　　　　　　　　　　　　　　1 套
（5）计算机　　　　　　　　　　　　　　　　　　　　　1 台

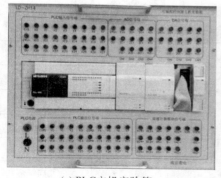　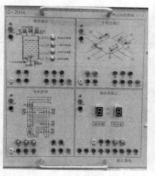　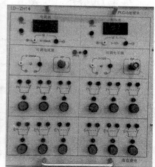

(a) PLC主机实验箱　　　　(b) PLC功能模块（一）实验箱　　　(c) PLC功能模块（二）实验箱

图 6.12 PLC 程序设计与应用实验设备（三）

3）实验内容

（1）控制要求的时序如图 6.13 所示。

从上图可看出，东西方向与南北方向绿、黄和红灯相互亮灯的时间是相等的。若单位时间 $t=2$ s 时，则整个一次循环时间需要 40 s。

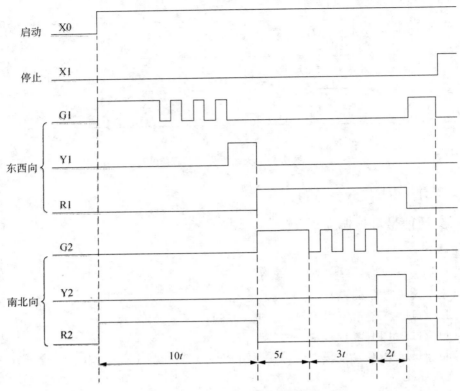

图 6.13　交通灯时序工作波形图

(2) I/O 分配(见表 6.3)

表 6.3　I/O 分配

输入			输出		
器件	器件号	功能说明	器件	器件号	功能说明
SF₁	X0	起动按钮	PG₁(G1)	Y0	东西向绿灯
			PG₂(Y1)	Y1	东西向黄灯
			PG₃(R1)	Y2	东西向红灯
SF₂	X1	停止按钮	PG₄(G2)	Y3	南北向绿灯
			PG₅(Y2)	Y4	南北向黄灯
			PG₆(R2)	Y5	南北向红灯

实现交通灯自动控制可用步进顺控指令实现,也可用移位寄存器实现。本实验中用 PLC 移位寄存器功能来实现。移位寄存器及输出状态真值表如表 6.4 所示。由表可看出,移位寄存器共 10 位,以循环左移方式向左移位,每次脉冲到来时,只有 1 位翻转,即从 0 000 000 001—0 000 000 011—0 000 000 111—0 000 001 111—…。这种循环移位寄存器工作是可靠的。按真值表的特点,根据相互间的逻辑关系,其输出状态 G1、Y1、R1 和 G2、Y2、R2 与输入 $M9 \sim M0$ 的逻辑关系如下(其中 CP 为脉冲信号):

$$东西方向 \begin{cases} G1 = \overline{M9} \cdot \overline{M4} + (\overline{M7} \cdot M4 \cdot \overline{CP}) \\ Y1 = \overline{M9} \cdot M7 \\ R1 = M9 \end{cases}$$

$$南北方向 \begin{cases} G2 = M9 \cdot M4 + M7 \cdot \overline{M4} \cdot \overline{CP} \\ Y2 = M9 \cdot \overline{M7} \\ R2 = \overline{M9} \end{cases}$$

表 6.4　交通灯时序关系真值表

CP	输入										输出					
	M9	M8	M7	M6	M5	M4	M3	M2	M1	M0	G1	Y1	R1	G2	Y2	R2
0	0	0	0	0	0	0	0	0	0	0	1	0	0	0	0	1
1	0	0	0	0	0	0	0	0	0	1	1	0	0	0	0	1
2	0	0	0	0	0	0	0	0	1	1	1	0	0	0	0	1
3	0	0	0	0	0	0	0	1	1	1	1	0	0	0	0	1
4	0	0	0	0	0	0	1	1	1	1	1	0	0	0	0	1
5	0	0	0	0	0	1	1	1	1	1	⊓	0	0	0	0	1
6	0	0	0	0	1	1	1	1	1	1	⊓	0	0	0	0	1
7	0	0	0	1	1	1	1	1	1	1	⊓	0	0	0	0	1
8	0	0	1	1	1	1	1	1	1	1	0	1	0	0	0	1
9	0	1	1	1	1	1	1	1	1	1	0	1	0	0	0	1
10	1	1	1	1	1	1	1	1	1	1	0	0	1	1	0	0
11	1	1	1	1	1	1	1	1	1	0	0	0	1	1	0	0
12	1	1	1	1	1	1	1	1	0	0	0	0	1	1	0	0
13	1	1	1	1	1	1	1	0	0	0	0	0	1	1	0	0
14	1	1	1	1	1	1	0	0	0	0	0	0	1	1	0	0
15	1	1	1	1	1	0	0	0	0	0	0	0	1	⊓	0	0
16	1	1	1	1	0	0	0	0	0	0	0	0	1	⊓	0	0
17	1	1	1	0	0	0	0	0	0	0	0	0	1	⊓	0	0
18	1	1	0	0	0	0	0	0	0	0	0	0	1	0	1	0
19	1	0	0	0	0	0	0	0	0	0	0	0	1	0	1	0

（3）实验接线图（见图 6.14）

（4）实验输入程序（见图 6.15）

（5）调试并运行程序

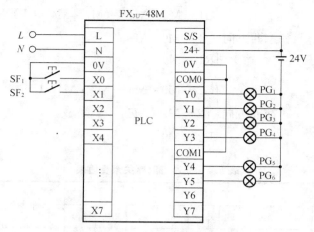

图 6.14　交通信号灯实验接线图

```
     X000
0  ──┤├──────────────────────────────────────────[SET    M500 ]

     X001
2  ──┤├──────────────────────────────────────────[RST    M500 ]

     M500   T1                                              K10
4  ──┤├────┤/├──────────────────────────────────────────(T0   )

     T0                                                     K10
9  ──┤├───┬──────────────────────────────────────────────(T1   )
          │
          └──────────────────────────────────────────────(S20  )

     S20
15 ──┤├──────────────────────────────────────────[PLS    M100 ]

     M9
18 ──┤/├─────────────────────────────────────────────────(S0   )

     M100
21 ──┤├──────────────────────────────[SFTL  S0   M0   K10   K1 ]

     M7    M4    S20   M500
31 ──┤/├───┤├───┤/├──┬─┤├─────────────────────────────────(Y000 )
     M9    M4        │
    ──┤/├───┤/├──────┘

     M9    M7    M500
39 ──┤/├───┤├───┤├────────────────────────────────────────(Y001 )

     M9    M500
43 ──┤├───┤├──────────────────────────────────────────────(Y002 )

     M7    M4    S20   M500
46 ──┤├───┤/├───┤/├──┬─┤├─────────────────────────────────(Y003 )
     M9    M4        │
    ──┤├───┤├────────┘
```

```
     M9    M7    M500
54 ──┤├────┤├────┤├─────────────────────────────────────────(Y004 )
     M9    M500
58 ──┤/├────┤├──────────────────────────────────────────────(Y005 )

61 ──────────────────────────────────────────────────────────[END ]
```

图 6.15   交通信号灯控制程序

6.2.4   水塔水位自动控制

1）实验目的

用 PLC 构成模拟水塔水位自动控制系统。

2）实验设备（见图 6.16）

（1）LD-ZH14 三菱可编程控制器主机实验箱　　　　　　1 台

（2）LD-ZH14 PLC 功能模块（二）实验箱　　　　　　　1 台

（3）LD-ZH14 PLC 功能模块（三）实验箱　　　　　　　1 台

（4）连接导线　　　　　　　　　　　　　　　　　　　1 套

（5）计算机　　　　　　　　　　　　　　　　　　　　1 台

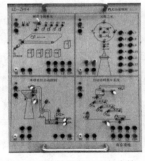 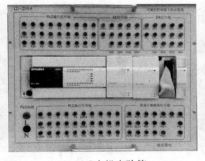 

(a) PLC功能模块（三）实验箱　　　　(b) PLC主机实验箱　　　　(c) PLC功能模块（二）实验箱

图 6.16   PLC 程序设计与应用实验设备（四）

3）实验内容

（1）控制要求

当按下起动按钮 SF1 时系统起动，按下 SF2 时系统停止。当下水箱水位低于上限位时，Y 导通，否则 Y 关闭；当上水箱水位低于上限位且下水箱水位不低于下限位时，MA 导通，否则 MA 关闭。

（2）I/O 分配（见表 6.5）

表 6.5   水溶水位控制输入/输出 I/O 地址分配表

输入		输出	
起动（SF1）	X0	PG1（Y）	Y0
停止（SF2）	X1	PG2（M）	Y1
上水箱上限位（SF3）	X2		
上水箱下限位（SF4）	X3		
下水箱上限位（SF5）	X4		
下水箱下限位（SF6）	X5		

（3）实验接线图（见图 6.17）

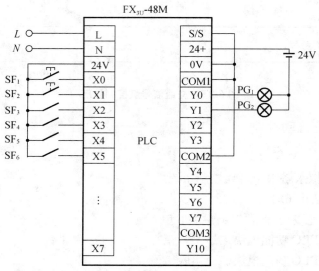

图 6.17　水塔水位控制实验接线图

（4）输入实验程序（见图 6.18）

```
     M0    X004  X001
0   ─┤├──┤/├──┤/├─────────────────────────(Y001  )

     M0    X002  X005  X001
4   ─┤├──┤├──┤/├──┤/├───────────────────(Y000  )

     X000
9   ─┤├──────────────────────────────────[SET    M0

     X001
11  ─┤├──────────────────────────────────[RST    M0

13  ──────────────────────────────────────[END
```

图 6.18　水塔水位控制程序

（5）调试并运行程序

6.2.5　自动送料装车系统

1）实验目的

用 PLC 构成模拟自动送料装车系统。

2）实验设备（见图 6.19）

（1）LD-ZH14 三菱可编程控制器主机实验箱	1台
（2）LD-ZH14 PLC 功能模块（二）实验箱	1台
（3）LD-ZH14 PLC 功能模块（三）实验箱	1台
（4）连接导线	1套
（5）计算机	1台

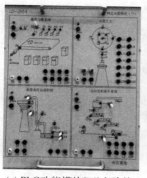
(a) PLC功能模块(三)实验箱

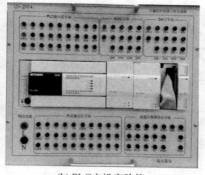
(b) PLC主机实验箱

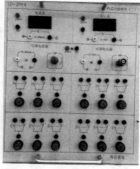
(c) PLC功能模块(二)实验箱

图 6.19　PLC 程序设计与应用实验设备(五)

3) 实验内容

(1) 控制要求

按下 SF_1 按钮系统起动,按下 SF_2 按钮系统关闭。当储料箱未满时($S1$ 未闭合),$K1$ 送料管送料;储料箱满时 $K2$ 打开,$M1{\sim}M3$ 顺序起动;当小车装满料后,$S2$ 闭合 $L2$ 灯亮,否则 $L1$ 灯亮。

(2) I/O 分配(见表 6.6)

表 6.6　自动送料装车系统输入/输出 I/O 地址分配表

输入		输出			
起动 SF_1	X0	$PG_1(K_1)$	Y0	$PG_5(M_3)$	Y4
停止 SF_2	X1	$PG_2(K_2)$	Y1	$PG_6(L_1)$	Y5
储料箱传感器 SF_3	X2	$PG_3(M_1)$	Y2	$PG_7(L_2)$	Y6
小车质量传感器 SF_4	X3	$PG_4(M_2)$	Y3		

(3) 实验接线图(见图 6.20)

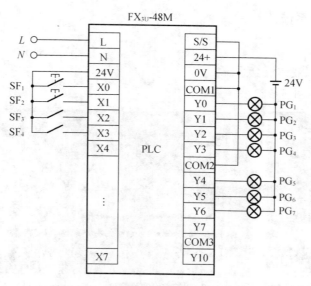

图 6.20　自动送料装车系统实验接线图

（4）输入实验程序（见图 6.21）

```
       X000
0 ──┤├──────────────────────────────────────[SET   M0 ]

       X001
2 ──┤├──────────────────────────────────────[RST   M0 ]

       M0    X002
4 ──┤├───┤├─────────────────────────────────[SER   M1 ]

       M0    M1
7 ──┤├───┤/├──────────────────────────────────( Y000 )

       M1
10 ─┤├───┬───────────────────────────────────( Y001 )
         │
         │  Y001                              K30
         ├──┤├──────────────────────────────(T0    )
         │
         ├────────────────────────────────────( Y002 )
         │
         ├─[>    T0     K10 ]──────────────────( Y003 )
         │
         └─[>    T0     K20 ]──────────────────( Y004 )

       X003   M0
32 ─┤├───┤├──┬───────────────────────────────[RST   M1 ]
            │
            └────────────────────────────────( Y006 )

       X003   M0
36 ─┤/├───┤├──────────────────────────────────( Y005 )

39 ──────────────────────────────────────────[ END ]
```

图 6.21　自动送料装车系统程序

（5）调试并运行程序

6.2.6　液体混合系统

1）实验目的

用 PLC 构成模拟液体混合系统。

2）实验设备（见图 6.22）

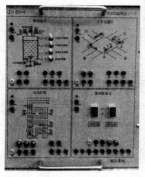

(a) PLC功能模块(一)实验箱　　　(b) PLC主机实验箱　　　(c) PLC功能模块(二)实验箱

图 6.22　PLC 程序设计与应用实验设备(六)

（1）LD-ZH14 三菱可编程控制器主机实验箱　　　　　　　　1 台

（2）LD-ZH14 PLC 功能模块(一)实验箱　　　　　　　　　　1 台

（3）LD-ZH14 PLC 功能模块(二)实验箱　　　　　　　　　　1 台

（4）连接导线　　　　　　　　　　　　　　　　　　　　　　1 套

（5）计算机　　　　　　　　　　　　　　　　　　　　　　　1 台

3）实验内容

（1）控制要求

按下 SF_1 按钮系统起动,按下 SF_2 按钮系统关闭。系统起动 Q_1、Q_2、Q_3 电磁阀打开,搅拌电动机 Q_5 起动;当液位不低于低液位传感器且温度未到达设定温度时加热棒 Q_4 加热,液位不低于低液位传感器且温度到达设定温度时电磁阀 Q_6 打开。

（2）I/O 分配(见表 6.7)

表 6.7　液体混合系统输入/输出 I/O 地址分配表

输入		输出	
起动 SF_1	X0	$PG_1(Q_1)$	Y0
停止 SF_2	X1	$PG_1(Q_2)$	Y1
高液位传感器 $SF_3(L_1)$	X2	$PG_1(Q_3)$	Y2
中液位传感器 $SF_4(L_2)$	X3	$PG_1(Q_4)$	Y3
低液位传感器 $SF_5(L_3)$	X4	$PG_1(Q_5)$	Y4
温度传感器 $SF_6(T)$	X5	$PG_1(Q_6)$	Y5

（3）实验接线图(见图 6.23)

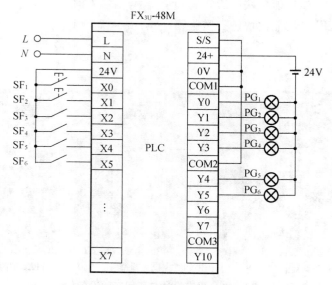

图 6.23　液体混合系统实验接线图

（4）输入实验程序(见图 6.24)

（5）调试并运行程序

```
        X000
0 ──┤ ├─────────────────────────────────────────[ SET  M0 ]

        X001
2 ──┤ ├─────────────────────────────────────────[ RST  M0 ]

        M0
4 ──┤ ├─────────────────────────────────────────────( Y000 )

   ├────────────────────────────────────────────────( Y001 )

   ├────────────────────────────────────────────────( Y002 )

   ├────────────────────────────────────────────────( Y004 )

        X004  X005
   ├──┤ ├──┤ ├────────────────────────────────────( Y003 )
        X005
   ├──┤ ├──────────────────────────────────────────( Y005 )

16 ─────────────────────────────────────────────────[ END ]
```

图 6.24　液体混合实验程序

6.2.7　邮件分拣系统

1）实验目的

用 PLC 构成模拟邮件分拣控制系统。

2）实验设备（见图 6.25）

（1）LD-ZH14 三菱可编程控制器主机实验箱　　　　　1 台

（2）LD-ZH14 PLC 功能模块（二）实验箱　　　　　　1 台

（3）LD-ZH14 PLC 功能模块（三）实验箱　　　　　　1 台

（4）连接导线　　　　　　　　　　　　　　　　　　1 套

（5）计算机　　　　　　　　　　　　　　　　　　　1 台

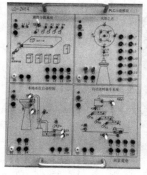

(a) PLC功能模块(三)实验箱

(b) PLC主机实验箱

(c) PLC功能模块(二)实验箱

图 6.25　PLC 程序设计与应用实验设备（七）

3）实验内容

（1）控制要求

LD-ZH14 邮件分拣系统实验板的输入端子为一特殊设计的端子，它的功能是：当输出端

M_5 为 ON(向上)时,S_1 自动产生脉冲信号,模拟测量电动机转速的光码盘信号。

起动后绿灯 L_2 亮表示可以进邮件,S_2 为 ON(向上)表示检测到了邮件,从程序中读取邮编,并取出最低位,正常值为 1、2、3、4、5,若非此五个数,则红灯 L_1 亮,表示出错,电动机 M_5 停止,复位重新起动后,能重新运行。若是此 5 个数中的任一个,则绿灯 L_2 亮,电动机 M_5 运行,将邮件分拣至箱内,复位重新起动后 L_1 灭,L_2 亮,表示可继续分拣邮件。

(2) I/O 分配(见表 6.8)

表 6.8　邮件分拣系统输入/输出 I/O 地址分配表

输入		输出			
起动 SF_1	X0	$PG_1(M_1)$	Y0	$PG_5(M_5)$	Y4
停止 SF_2	X1	$PG_2(M_2)$	Y1	$PG_6(L_1)$	Y5
脉冲发生器 S_1	X2	$PG_3(M_3)$	Y2	$PG_7(L_2)$	Y6
$SF_3(S_2)$	X3	$PG_4(M_4)$	Y3		
复位 SF_4	X4				

(3) 实验接线图(见图 6.26)

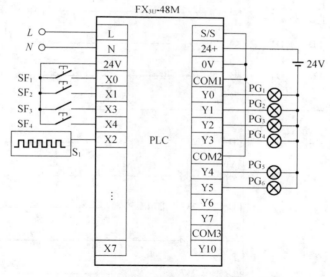

图 6.26　邮件分拣系统实验接线图

(4) 输入实验程序(见图 6.27)

```
         M0
 8 ┤├─────────────────────────────────────────────────[ DMOV   D0     D2 ]

            X003
            ↑├──[ D<   D2   K2110011 ]─[ D<   D2   K211005 ]──────────────[ SET   Y005 ]

                                                                          [ RST   Y004 ]

                  [ D>=  D2   K211001 ]─[ D<=  D2   K211005 ]─[ DSUB  D2   K211000  D4 ]

                                                                          [ RST   Y005 ]

                                                                          [ SET   Y004 ]

                  [ D=   D4     K1 ]────────────────────────────[ MOV   K10000  D6 ]

                  [ D=   D4     K2 ]────────────────────────────[ MOV   K20000  D14 ]

                  [ D=   D4     K3 ]────────────────────────────[ MOV   K30000  D8 ]

                  [ D=   D4     K4 ]────────────────────────────[ MOV   K40000  D10 ]

                  [ D=   D4     K5 ]────────────────────────────[ MOV   K50000  D12 ]

                                                                          [ RST   C237 ]

         M0    X003  X004  X005
165 ┤├───┤/├──┤/├──┤/├──[ D=   C237   D6 ]─────────────────────────( Y000 )
                          Y000   T0                                      K10
                          ┤├────┤/├──────────────────────────────( T0 )

                         [ D=   C237   D14 ]────────────────────────( Y001 )
                          Y001   T1                                      K10
                          ┤├────┤/├──────────────────────────────( T1 )

                         [ D=   C237   D8 ]─────────────────────────( Y002 )
                          Y002   T2                                      K10
                          ┤├────┤/├──────────────────────────────( T2 )

                         [ D=   C237   D10 ]────────────────────────( Y003 )
                          Y003   T3                                      K10
                          ┤├────┤/├──────────────────────────────( T3 )

         T0
241 ┤├────────────────────────────────────────────[ ZRST   D6     D15 ]

         T1
     ┤├
```

```
       T2
      ─┤├─
       T3
      ─┤├─
       M8000                                                    K100000
250   ─┤├──────────────────────────────────────────────────────(C237 )─
       M0    X004
256   ─┤├───┤├──────────────────────────────────────────[ RST    Y005 ]─
259   ─────────────────────────────────────────────────────────[ END ]─
```

图 6.27　邮件分拣实验程序

（5）调试并运行程序

① 下载程序到 PLC 中，按键盘 F3 将 GX Works2 切换到监视模式。

② 选中程序中的［DMOV D0 D2］，再点击菜单栏"调试"→"当前值更改"，如图 6.28 所示。

图 6.28　软元件调试界面

6.2.8　A/D、D/A 及 HMI 实验

1）实验目的

用 PLC 及 A/D 模块、D/A 模块、HMI 构成模拟量的采集和数字量转换模拟量系统。

2）实验设备（见图 6.29）

（1）LD-ZH14 三菱可编程控制器主机实验箱　　　　　　1 台

（2）LD-ZH14 PLC 功能模块（二）实验箱　　　　　　　1 台

（3）LD-ZH14 触摸屏实验箱　　　　　　　　　　　　　1 台

（4）连接导线　　　　　　　　　　　　　　　　　　　1 套

（5）计算机　　　　　　　　　　　　　　　　　　　　1 台

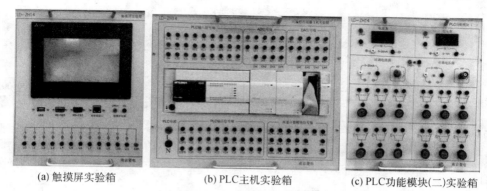

(a) 触摸屏实验箱　　　　　　(b) PLC主机实验箱　　　　　(c) PLC功能模块(二)实验箱

图 6.29　PLC 与触摸屏应用实验设备

3）实验内容

（1）控制要求

要求人机界面（HMI）显示可调电流源和可调电压源的电流及电压；也可在人机中设置输出的电流及电压，用电流表及电压表测量。

（2）I/O 分配（见表 6.9）

表 6.9　A/D、D/A 及触摸屏 I/O 分配表

输入		输出	
电流源正极	1I+	电流输出	1I+
电流源负极	1VI−	电流输出	1VI−
电压源正极	2V+	电压输出	2V+
电压源负极	2VI−	电压输出	2VI−

（3）实验接线图（见图 6.30）

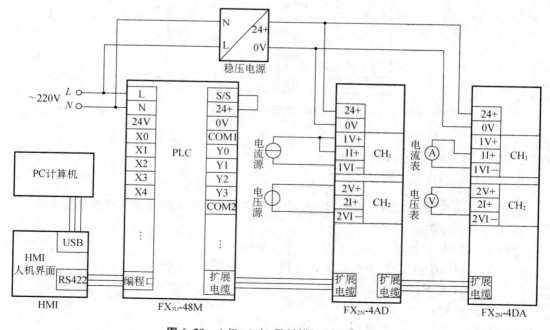

图 6.30　A/D、D/A 及触摸屏实验接线图

（4）输入实验程序（见图 6.31）

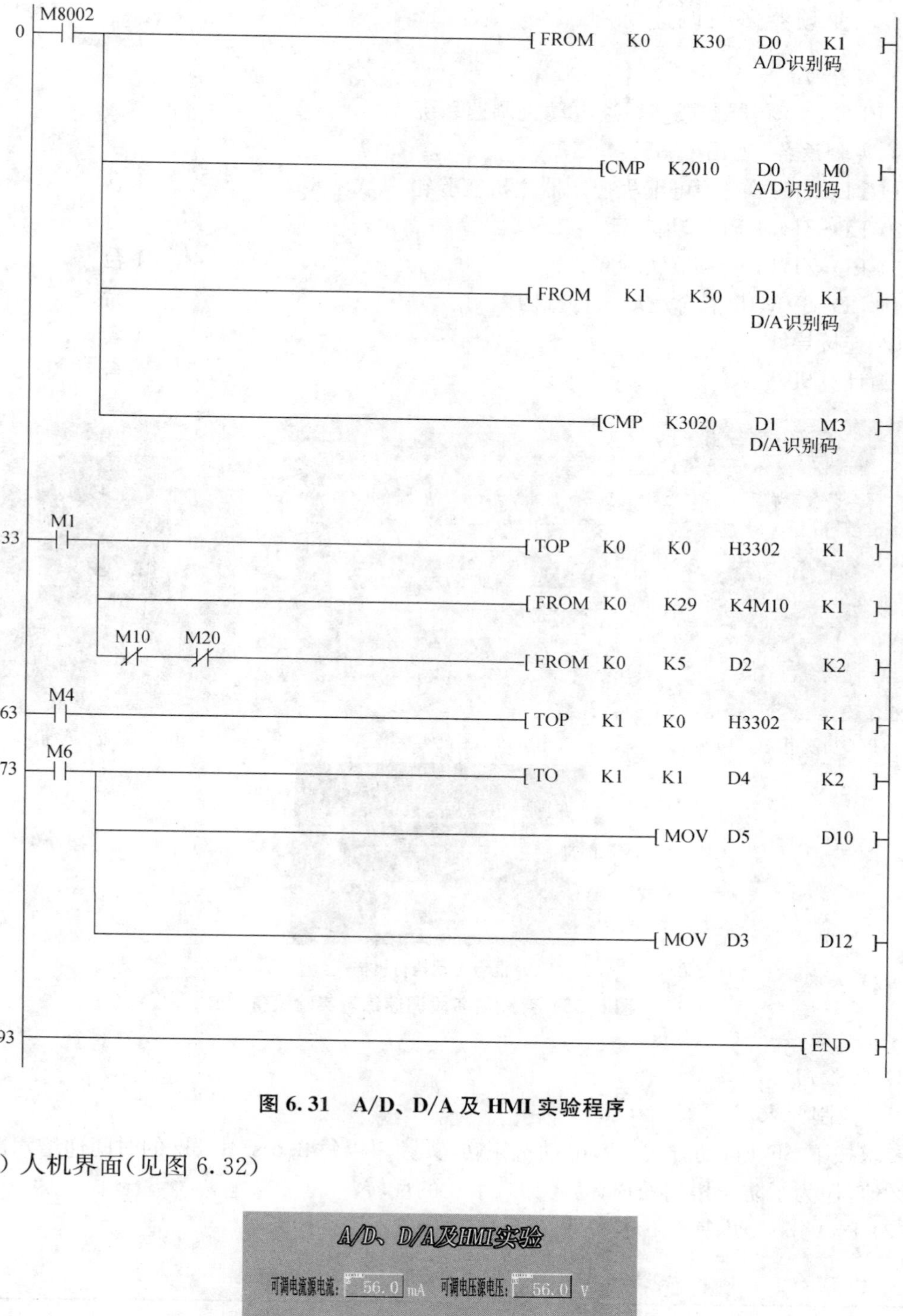
M8002
0
FROM K0 K30 D0 K1
A/D识别码
CMP K2010 D0 M0
A/D识别码
FROM K1 K30 D1 K1
D/A识别码
CMP K3020 D1 M3
D/A识别码
M1
33
TOP K0 K0 H3302 K1
FROM K0 K29 K4M10 K1
M10 M20
FROM K0 K5 D2 K2
M4
63
TOP K1 K0 H3302 K1
M6
73
TO K1 K1 D4 K2
MOV D5 D10
MOV D3 D12
93
END

图 6.31　A/D、D/A 及 HMI 实验程序

（5）人机界面（见图 6.32）

A/D、D/A及HMI实验
可调电流源电流: 56.0 mA
可调电压源电压: 56.0 V
D/A电流输出值: 56.0 mA
D/A电压输出值: 56.0 V
确认

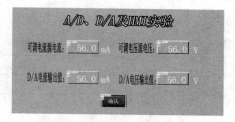

图 6.32　人机界面

（6）调试并运行程序

6.2.9　变频器多段调速练习

1）实验目的

用 PLC 及变频器构成多段速电动机调速系统。

2）实验设备（见图 6.33）

（1）LD-ZH14 三菱可编程控制器主机实验箱	1 台
（2）LD-ZH14 PLC 功能模块（二）实验箱	1 台
（3）LD-ZH14 变频器实验箱	1 台
（4）LD-SVM15 混合运动执行机构	1 台
（5）连接导线	1 套
（6）计算机	1 台

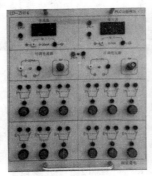
(a) PLC功能模块(二)实验箱

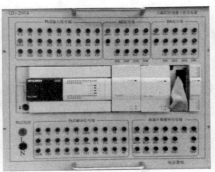
(b) PLC主机实验箱

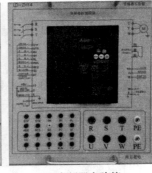
(c) 变频器实验箱

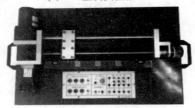
(d) 混合运动执行机构

图 6.33　变频器多段调速练习实验设备

3）实验内容

（1）控制要求

要求按下 SF_1（自动方式）后，电动机正转，其频率以每 2.5 s/10 Hz 的时间递增六次，完成七段调速，但为了防止机构的损坏，要加入手动的反转。

（2）I/O 分配（见表 6.10）

表 6.10　变频器调速实验 I/O 地址分配表

输入		输出			
自动起动	X1	RL	Y0	STF	Y3
手动反转	X0	RM	Y1	STR	Y4
手动停止	X2	RH	Y2		

（3）实验接线图（见图 6.34）

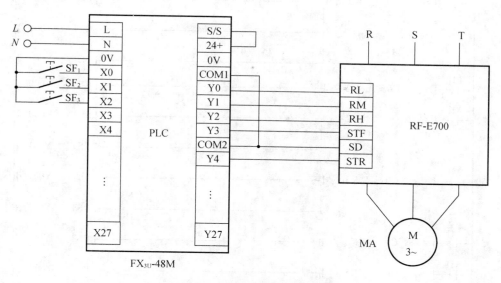

图 6.34 变频器调速实验接线图

（3）输入实验程序（见图 6.35）

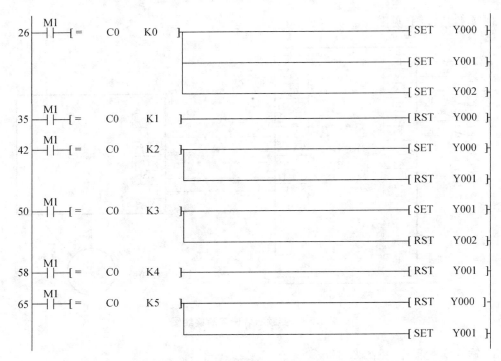

图 6.35　变频器多段调速实验程序

（5）调试并运行程序（见表 6.11、图 6.36～图 6.38）

表 6.11　实验所需设置变频器参数

Pr.1	100	Pr.24	40
Pr.4	70	Pr.25	30
Pr.5	60	Pr.26	20
Pr.6	50	Pr.27	10

6.2.10　变频器模拟量调速训练

1）实验目的

用 PLC 及变频器构成电动机调速系统。

2）实验设备（见图 6.39）

（1）LD-ZH14 三菱可编程控制器主机实验箱　　　　　　　　　　1 台

（2）LD-ZH14 PLC 功能模块（二）实验箱　　　　　　　　　　　1 台

（3）LD-ZH14 变频器实验箱　　　　　　　　　　　　　　　　　1 台

（4）LD-SVM15 混合运动执行机构　　　　　　　　　　　　　　1 台

（5）连接导线　　　　　　　　　　　　　　　　　　　　　　　1 套

（6）计算机　　　　　　　　　　　　　　　　　　　　　　　　1 台

操作面板不能从变频器上拆下。

运行模式显示
PU:PU运行模式时亮灯。
EXT:外部运行模式时亮灯。
（初始设定状态下,在电源
ON时点亮。）
NET:网络运行模式时亮灯。
PU、EXT:在外部/PU组合运行
模式1、2时点亮
操作面板无指令权时,全部
熄灭

单位显示
• Hz: 显示频率时亮灯。
（显示设定频率监视时
闪烁。）
• A: 显示电流时亮灯。
（显示上述以外的内容时,
"Hz"、"A"一齐熄灭）

监视器（4位LED）
显示频率、参数编号等。

M旋钮
(M旋钮:三菱变频器的旋钮。)
用于变更频率设定、参数的设
定值。
按该旋钮可显示以下内容。
• 监视模式时的设定频率
• 校正时的当前设定值
• 报警历史模式时的顺序

模式切换
用于切换各设定模式。
和(PU/EXT)同时按下也可以用来切
换运行模式。（参照第50页）
长按此键（2 s）可以锁定操
作（参照第249页）

各设定的确定
运行中按此键则监视器出现以
下显示。

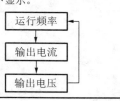

```
运行频率 ──┐
   │        │
   ↓        │
输出电流    │
   │        │
   ↓        │
输出电压 ──┘
```

运行状态显示
变频器动作中亮灯/闪烁。*
* 亮灯: 正转运行中

缓慢闪烁（1.4 s循环）:
反转运行中

快速闪烁（0.2 s循环）:
• 按"RUN"键或输入启动指令
都无法运行时
• 有启动指令、频率指令在
启动频率以下时
• 输入了MRS信号时

参数设定模式显示
参数设定模式时亮灯

监视器显示
监视模式时亮灯

停止运行
停止运转指令。
保护功能（严重故障）生效时,
也可以进行报警复位。

运行模式切换
用于切换PU/外部运行模式。
使用外部运行模式（通过另接
的频率设定电位器和启动信
号启动的运行）时请按此键,
使表示运行模式的EXT处于亮
灯状态。（切换至组合模式时,
可同时按(MODE)（0.5 s）
（参照第50页）,或者变更参
数Pr.79。
PU:PU运行模式
EXT:外部运行模式
也可以解除PU停止

启动指令
通过Pr.40的设定,可以选择
旋转方向

图 6.36 变频器操作界面

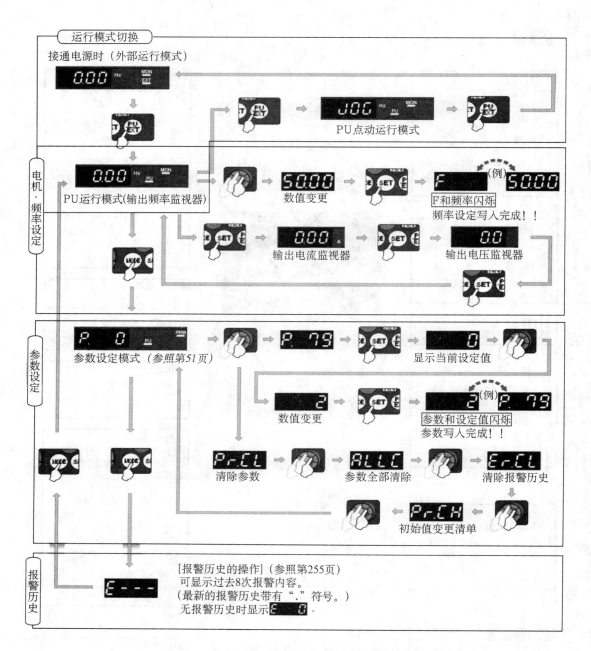

图 6.37　变频器基本操作(出厂时设定值)

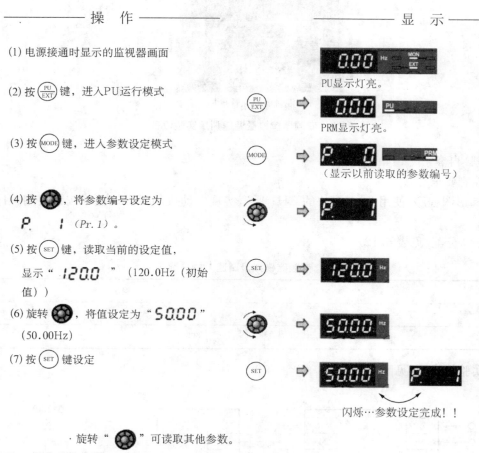

——— 操　作 ———　　　　　　　　　——— 显　示 ———

(1) 电源接通时显示的监视器画面

PU显示灯亮。

(2) 按 [PU/EXT] 键，进入PU运行模式

PRM显示灯亮。

(3) 按 [MODE] 键，进入参数设定模式

（显示以前读取的参数编号）

(4) 按 ⊙，将参数编号设定为
　　 P.　1（*Pr.1*）。

(5) 按 [SET] 键，读取当前的设定值，
　　 显示" *120.0* "（120.0Hz（初始
　　 值））

(6) 旋转 ⊙，将值设定为" *50.00*"
　　 （50.00Hz）

(7) 按 [SET] 键设定

闪烁…参数设定完成！！

· 旋转" ⊙ "可读取其他参数。

· 按" [SET] "键可再次显示设定值。

· 按两次" [SET] "键可显示下一个参数。

· 按两次" [MODE] "键可返回频率监视画面。

图 6.38　变频器变更参数的设定值

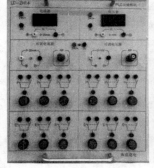

(a) PLC功能模块(二)实验箱

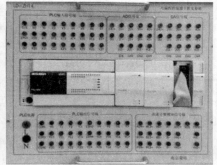

(b) PLC主机实验箱

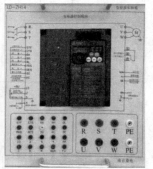

(c) 变频器实验箱

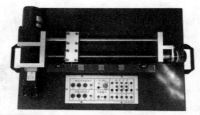

(d) 混合运动执行机构

图 6.39　变频器模拟量调速训练实验设备

3) 实验内容

(1) 控制要求

编写梯形图程序,使用 D/A 模块的 CH1 通道实现电动机的无级调速。按钮使用程序中的软元件。

(2) I/O 分配(见表 6.12)

表 6.12　变频器模拟量调速 I/O 分配表

输入	输出	
	STF	Y1
	STR	Y2

(3) 实验接线图(见图 6.40)

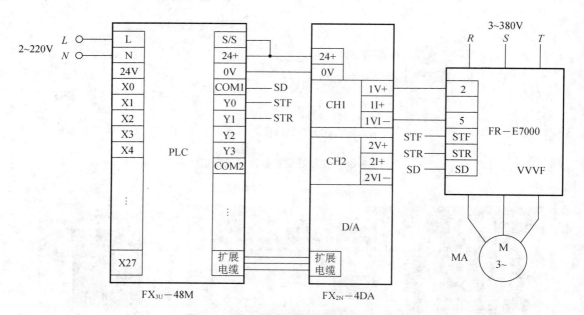

图 6.40　变频器模拟量调速实验接线图

(4) 输入实验程序(见图 6.41)

(5) 调试并运行程序(见表 6.13、表 6.14、图 6.42)

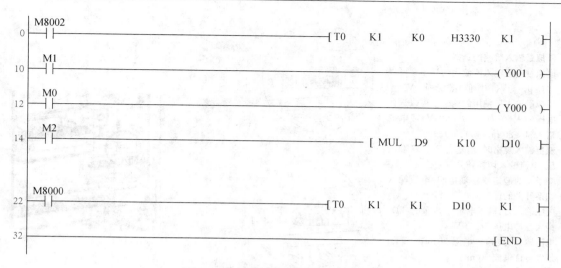

图 6.41　变频器模拟量调速实验程序

表 6.13　端子功能选择

参数编号	名　称	初始值	设定范围	内　容	
73	模拟量输入选择	1	0	端子 2 输入 0～10 V	无可逆运行
			1	端子 2 输入 0～5 V	
			10	端子 2 输入 0～10 V	有可逆运行
			11	端子 2 输入 0～5 V	
267	端子 4 输入选择	0		电压/电流输入切换开关	内　容
			0	I 〔切换开关〕 V	端子 4 输入 4～20 mA
			1	I 〔切换开关〕 V	端子 4 输入 0～5 V
			2		端子 4 输入 0～10 V

表 6.14　本次实验所需设置变频器的参数

Pr. 1	100
Pr. 73	10
Pr. 267	2
Pr. 125	60

　　由于 D/A 的 CH1 通道输出 0～10 V 的电压，将变频器对应的频率范围设置在 0～60 Hz 时，要改变变频器的 Pr. 125。

　　可以选择根据模拟量输入端子的规格、输入信号来切换正转、反转的功能。

模拟量输入规格的选择

模拟量电压输入所使用的端子2可以选择0～5 V(初始值)或0～10 V。

模拟量输入所使用的端子4可以选择电压输入(0～5 V、0～10 V)或电流输入(4～20 mA初始值)。

变更输入规格时,请变更Pr. 267和电压/电流输入切换开关。

端子4的额定规格随电阻/电流输入切换开关的设定而变更。

电压输入时:输入电阻10 kΩ±1 kΩ、最大容许电压DC20 V

电流输入时:输入电阻233 Ω±5 Ω、最大容许电流30 mA

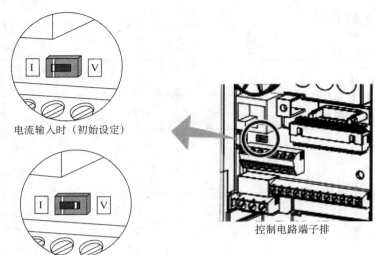

电流输入时(初始设定)

电压输入时

控制电路端子排

图6.42　变频器模拟量输入规格选择

6.2.11　伺服位置控制系统训练一

1) 实验目的

应用三菱电动机PLC基本单元及伺服驱动系统构成的伺服位置控制系统。

2) 实验设备(见图6.43)

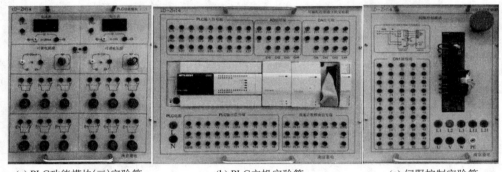

(a) PLC功能模块(二)实验箱　　(b) PLC主机实验箱　　(c) 伺服控制实验箱

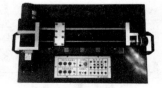

(d) 混合运动执行机构

图6.43　伺服位置控制系统训练设备(一)

(1) LD-ZH14 三菱可编程控制器主机实验箱　　　　　　　　　　　1台

(2) LD-ZH14 PLC功能模块(二)实验箱　　　　　　　　　　　　　1台

(3) LD-ZH14 伺服控制实验箱　　　　　　　　　　　　　　　　　1台

（4）LD-SVM15 混合运动执行机构　　　　　　　　　　　　　1 台
（5）连接导线　　　　　　　　　　　　　　　　　　　　　　1 套
（6）计算机　　　　　　　　　　　　　　　　　　　　　　　1 台
3）实验内容
（1）控制要求

编写梯形图程序,要求有伺服电动机的手动正反转、单速定位(增量方式)及回原点功能。

（2）实验接线图

PLC 及伺服驱动系统接线图如图 6.44 所示。

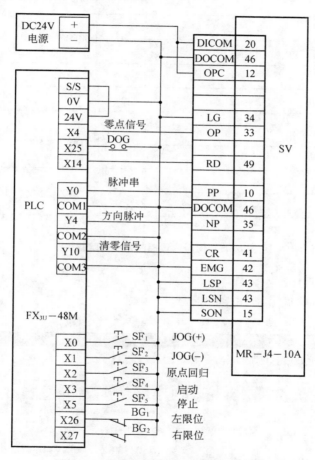

图 6.44　伺服位置控制系统实验接线图

（3）输入实验程序（见图 6.45）。

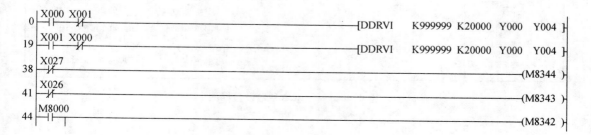

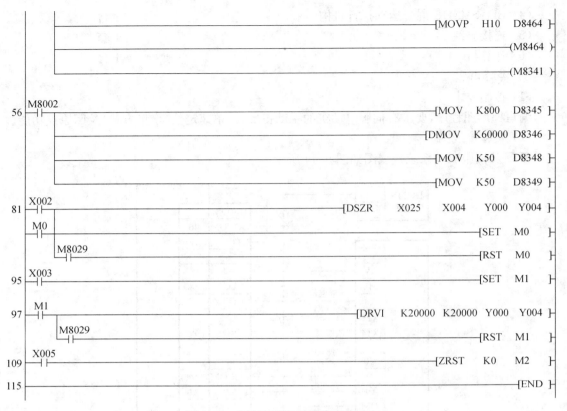

图 6.45　伺服位置控制系统实验程序

（4）调试并运行程序。

（5）伺服设置界面（见图 6.46、图 6.47）。

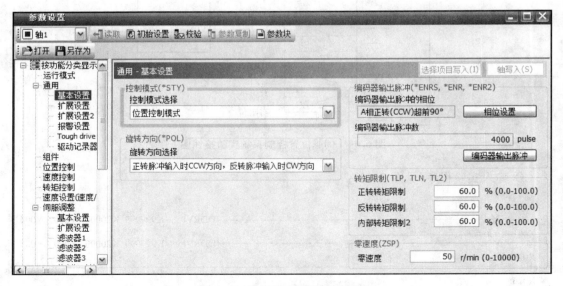

图 6.46　伺服基本参数设置界面

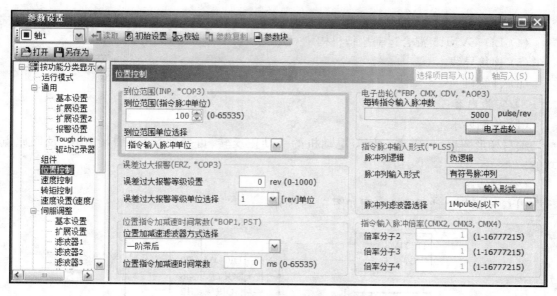

图 6.47　伺服位置控制参数设置界面

6.2.12　伺服位置控制系统训练二

1）实验目的

应用三菱电动机 PLC 基本单元及伺服驱动系统构成的伺服位置控制系统。

2）实验设备（见图 6.48）

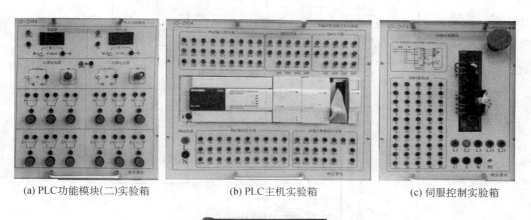

(a) PLC功能模块(二)实验箱　　　(b) PLC主机实验箱　　　(c) 伺服控制实验箱

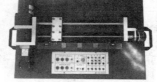

(d) 混合运动执行机构

图 6.48　伺服位置控制系统训练设备(二)

（1）LD-ZH14 三菱可编程控制器主机实验箱　　　　　　　　1台

（2）LD-ZH14 PLC 功能模块（二）实验箱　　　　　　　　　　1台

（3）LD-ZH14 伺服控制实验箱　　　　　　　　　　　　　1 台

（4）LD-SVM15 混合运动执行机构　　　　　　　　　　　1 台

（5）连接导线　　　　　　　　　　　　　　　　　　　1 套

（6）计算机　　　　　　　　　　　　　　　　　　　　1 台

3）实验内容

（1）控制要求

编写梯形图程序，要求有伺服电动机的手动正反转、可变速运行（增量方式）及回原点功能。

（2）接线图

PLC 及伺服驱动系统接线图如图 6.49 所示。

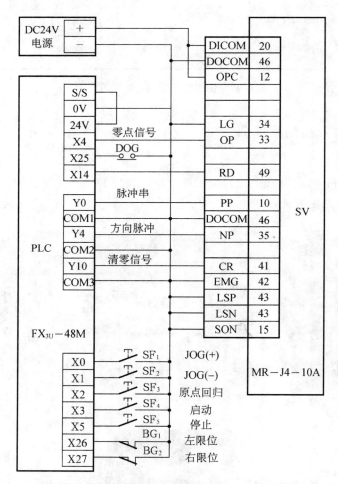

图 6.49　伺服位置控制系统训练二——实验接线图

（3）输入实验程序，如图 6.50 所示。

（4）调试并运行程序。

（5）伺服参数设置界面（见图 6.51、图 6.52）。

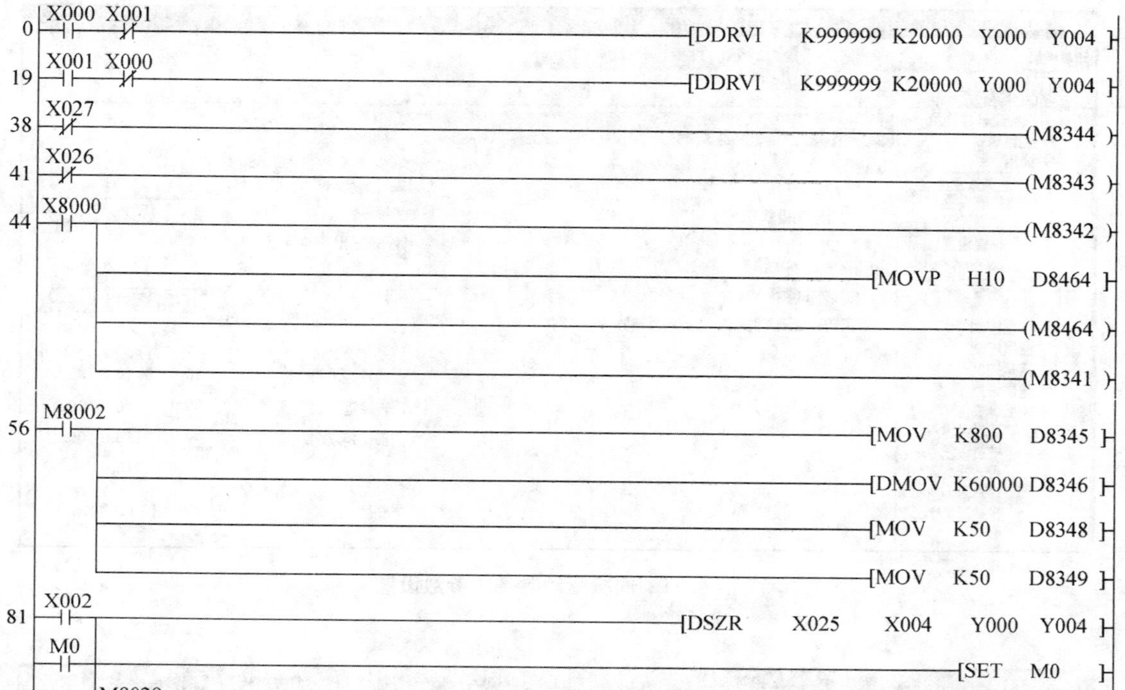

```
0   X000 X001                                        [DDRVI    K999999 K20000  Y000  Y004]
    ├─┤ ├─┤/├────────────────────────────────────────

19  X001 X000                                        [DDRVI    K999999 K20000  Y000  Y004]
    ├─┤ ├─┤/├────────────────────────────────────────

38  X027                                                                        (M8344 )
    ├─┤ ├────────────────────────────────────────────

41  X026                                                                        (M8343 )
    ├─┤ ├────────────────────────────────────────────

44  X8000                                                                       (M8342 )
    ├─┤ ├──┬─────────────────────────────────────────
           ├────────────────────────[MOVP     H10     D8464]
           ├────────────────────────────────────────(M8464 )
           ├────────────────────────────────────────(M8341 )

56  M8002                                              [MOV     K800    D8345]
    ├─┤ ├──┬─────────────────────────────────────────
           ├────────────────────────[DMOV  K60000  D8346]
           ├────────────────────────[MOV     K50     D8348]
           └────────────────────────[MOV     K50     D8349]

81  X002                                      [DSZR    X025    X004   Y000  Y004]
    ├─┤ ├────────────────────────────────────
    M0                                                                    [SET   M0 ]
    ├─┤ ├────────────────────────────────────
        M8029                                                             [RST   M0 ]
        ├─┤ ├────────────────────────────────

95  X003                                                                  [SET   M1 ]
    ├─┤ ├──┬─────────────────────────────────
           └───────────────────────[MOV    K10000   D10 ]

102 M1                                               [PLSV    D10    Y000  Y004]
    ├─┤ ├──┬─────────────────────────────────────────
           [<  D10   K20000 ]                                           K20
           ├───────────────────────────────────────────────────────(T0 )
           T0
           ├─┤ ├─────────────────────[MOV    K20000   D10 ]
           [<  D10   K30000 ]─[=  D10   K20000 ]                       K20
           ├───────────────────────────────────────────────────────(T1 )
           T1
           ├─┤ ├─────────────────────[MOV    K30000   D10 ]
           [=  D10   K30000 ]                                          K20
           ├───────────────────────────────────────────────────────(T2 )
           T2
           └─┤ ├──────────────────────────────────────────────[RST   M1 ]

159 X005                                                       [ZRST   M0    M2 ]
    ├─┤ ├──────────────────────────────────────────
```

图 6.50 伺服位置控制系统训练二——实验程序

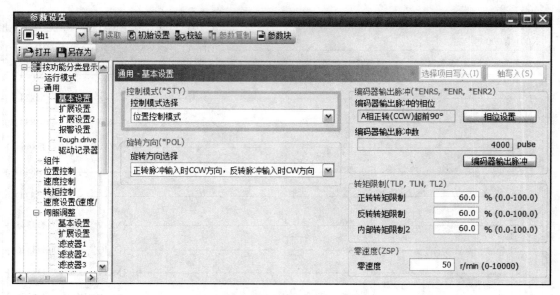

图 6.51　伺服驱动器基本参数设置

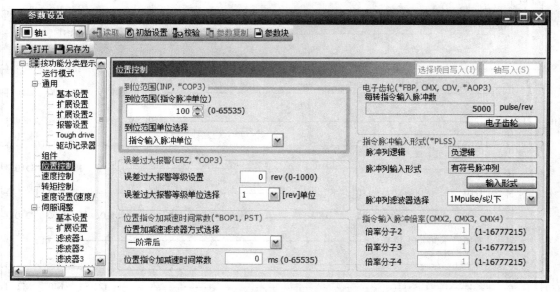

图 6.52　伺服驱动器位置控制参数设置

附录 指令一览表

一、基本指令

FX 系列 PLC 所有基本指令均相同,但是对象软元件有所不同。

对应的可编程控制器	FX$_{3U}$	FX$_{3UC}$	FX$_{1S}$	FX$_{1N}$	FX$_{2N}$	FX$_{1NC}$	FX$_{2NC}$
所有基本指令	○	○	○	○	○	○	○
有/无对象软元件(D□.b, R)	○	○	×	×	×	×	×

记号	称呼	符号	功能	对象软元件
触点指令				
LD	取	对象软元件	a 触点的逻辑运算开始	X,Y,M,S,D□.b,T,C
LDI	取反	对象软元件	a 触点的逻辑运算开始	X,Y,M,S,D□.b,T,C
LDP	取脉冲上升沿	对象软元件	检测上升沿的运算开始	X,Y,M,S,D□.b,T,C
LDF	取脉冲下降沿	对象软元件	检测下降沿的运算开始	X,Y,M,S,D□.b,T,C
AND	与	对象软元件	串联 a 触点	X,Y,M,S,D□.b,T,C
ANI	与反转	对象软元件	串联 b 触点	X,Y,M,S,D□.b,T,C
ANDP	与脉冲上升沿	对象软元件	检测上升沿的串联连接	X,Y,M,S,D□.b,T,C
ANDF	与脉冲下降沿	对象软元件	检测下降沿的串联连接	X,Y,M,S,D□.b,T,C
OR	或	对象软元件	并联 a 触点	X,Y,M,S,D□.b,T,C
ORI	或反转	对象软元件	并联 b 触点	X,Y,M,S,D□.b,T,C
ORP	或脉冲上升沿	对象软元件	检测上升沿的并联连接	X,Y,M,S,D□.b,T,C

（续表）

记号	称呼	符号	功能	对象软元件
ORF	或脉冲下降沿	对象软元件	检测下降沿的并联连接	X,Y,M,S,D□.b,T,C
指令				
ANB	回路块与		回路块的串联连接	—
ORB	回路块或		回路块的并联连接	—
MPS	存储器进栈	MPS	运算存储	—
MRD	存储器读栈	MRD	存储读出	—
MPP	存储器出栈	MPP	存储读出与复位	—
INV	取反	IN V	运算结果的反转	—
MEP	M·E·P		上升沿时导通	—
MEF	M·E·F		下降沿时导通	—
输出指令				
OUT	输出	对象软元件	线圈驱动指令	Y,M,S,D□.b,T,C
SET	置位	SET 对象软元件	保持线圈运作	Y,M,S,D□.b
RST	复位	RST 对象软元件	解除保持的动作，当前值及寄存器的清除	Y,M,S,D□.b,T,C D,R,V,Z
PLS	脉冲	PLS 对象软元件	上升沿检测输出	Y,M
PLF	下降沿脉冲	PLF 对象软元件	下降沿检测输出	Y,M
主控指令				
MC	主控	MC N 对象软元件	连接到公共触点的指令	—
MCR	主控复位	MCR N	解除连接到公共触点的指令	—
其他指令				
NOP	空操作		无操作	—
结束指令				
END	结束	END	程序结束	—

二、步进梯形图指令

记号	称呼	符号	功能	对象软元件
STL	步进梯形图	STL 对象软元件	步进梯形图的开始	S
RET	返回	RET	步进梯形图的结束	—

三、功能指令

FNC No	指令记号	符号	功能	对应的可编程控制器						
				FX$_{3U}$	FX$_{3UC}$	FX$_{1S}$	FX$_{1N}$	FX$_{2N}$	FX$_{1NC}$	FX$_{2NC}$
程序流程										
00	CJ	CJ Pn	条件跳转	○	○	○	○	○	○	○
01	CALL	CALL Pn	子程序调用	○	○	○	○	○	○	○
02	SRET	SRET	子程序返回	○	○	○	○	○	○	○
03	IRET	IRET	中断返回	○	○	○	○	○	○	○
04	EI	EI	允许中断	○	○	○	○	○	○	○
05	DI	DI	禁止中断	○	○	○	○	○	○	○
06	FEND	FEND	主程序结束	○	○	○	○	○	○	○
07	WDT	WDT	监控定时器	○	○	○	○	○	○	○
08	FOR	FOR S	循环范围的开始	○	○	○	○	○	○	○
09	NEXT	NEXT	循环范围的结束	○	○	○	○	○	○	○
传送・比较										
10	CMP	CMP S1 S2 D	比较	○	○	○	○	○	○	○
11	ZCP	ZCP S1 S2 S D	区间比较	○	○	○	○	○	○	○
12	MOV	MOV S D	传送	○	○	○	○	○	○	○
13	SMOV	SMOV S m1 m2 D n	移位传送	○	○			○		○
14	CML	CML S D	反向传送	○	○			○		○
15	BMOV	BMOV S D n	成批传送	○	○	○	○	○	○	○

（续表）

FNC No	指令记号	符号	功能	对应的可编程控制器						
				FX₃ᵤ	FX₃ᵤc	FX₁s	FX₁ɴ	FX₂ɴ	FX₁ɴc	FX₂ɴc
16	FMOV	—[FMOV S D n]—	多点传送	○	○	—	—	○	—	○
17	XCH	—[XCH D1 D2]—	交换	○	○	—	—	○	—	○
18	BCD	—[BCD S D]—	BCD 转换	○	○	○	○	○	○	○
19	BIN	—[BIN S D]—	BIN 转换	○	○	○	○	○	○	○
四则·逻辑运算										
20	ADD	—[ADD S1 S2 D]—	BIN 加法	○	○	○	○	○	○	○
21	SUB	—[SUB S1 S2 D]—	BIN 减法	○	○	○	○	○	○	○
22	MUL	—[MUL S1 S2 D]—	BIN 乘法	○	○	○	○	○	○	○
23	DIV	—[DIV S1 S2 D]—	BIN 除法	○	○	○	○	○	○	○
24	INC	—[INC D]—	BIN 加 1	○	○	○	○	○	○	○
25	DEC	—[DEC D]—	BIN 减 1	○	○	○	○	○	○	○
26	WAND	—[WAND S1 S2 D]—	逻辑字与	○	○	○	○	○	○	○
27	WOR	—[WOR S1 S2 D]—	逻辑字或	○	○	○	○	○	○	○
28	WXOR	—[WXOR S1 S2 D]—	逻辑字异或	○	○	○	○	○	○	○
29	NEG	—[NEG D]—	求补码	○	○	—	—	○	—	○
循环·移位										
30	ROR	—[ROR D n]—	循环右转	○	○	—	—	○	—	○
31	ROL	—[ROL D n]—	循环左转	○	○	—	—	○	—	○
32	RCR	—[RCR D n]—	带进位循环右移	○	○	—	—	○	—	○
33	RCL	—[RCL D n]—	带进位循环左移	○	○	—	—	○	—	○
34	SFTR	—[SFTR S D n1 n2]—	位右移	○	○	○	○	○	○	○
35	SFTL	—[SFTL S D n1 n2]—	位左移	○	○	○	○	○	○	○
36	WSFR	—[WSFR S D n1 n2]—	字右移	○	○	—	—	○	—	○
37	WSFL	—[WSFL S D n1 n2]—	字左移	○	○	—	—	○	—	○

（续表）

FNC No	指令记号	符号	功能	对应的可编程控制器						
				FX_{3U}	FX_{3UC}	FX_{1S}	FX_{1N}	FX_{2N}	FX_{1NC}	FX_{2NC}
38	SFWR	SFWR S D n	移位写入[先入先出/后入先出的控制用]	○	○	○	○	○	○	○
39	SFRD	SFRD S D n	移位读出[先入先出控制用]	○	○	○	○	○	○	○
数据处理										
40	ZRST	ZRST D1 D2	批次复位	○	○	○	○	○	○	○
41	DECO	DECO S D n	译码	○	○	○	○	○	○	○
42	ENCO	ENCO S D n	编码	○	○	○	○	○	○	○
43	SUM	SUM S D	ON 位数	○	○	—	—	○	—	○
44	BON	BON S D n	ON 位的判定	○	○	—	—	○	—	○
45	MEAN	MEAN S D n	平均值	○	○	—	—	○	—	○
46	ANS	ANS S m D	信号报警置位	○	○	—	—	○	—	○
47	ANR	ANR	信号报警复位	○	○	—	—	○	—	○
48	SQR	SQR S D	BIN 开平方	○	○	—	—	○	—	○
49	FLT	FLT S D	BIN 整数→二进制浮点数转换	○	○	—	—	○	—	○
高速处理										
50	REF	REF D n	输入/输出刷新	○	○	○	○	○	○	○
51	REFF	REFF n	输入刷新（带滤波器设定）	○	○	—	—	○	—	○
52	MTR	MTR S D1 D2 n	矩阵输入	○	○	○	○	○	○	○
53	HSCS	HSCS S1 S2 D	比较置位（高速计数器用）	○	○	○	○	○	○	○
54	HSCR	HSCR S1 S2 D	比较复位（高速计数器用）	○	○	○	○	○	○	○
55	HSZ	HSZ S1 S2 S D	区间比较（高速计数器用）	○	○	—	—	○	—	○
56	SPD	SPD S1 S2 D	脉冲密度	○	○	○	○	○	○	○
57	PLSY	PLSY S1 S2 D	脉冲输出	○	○	○	○	○	○	○
58	PWM	PWM S1 S2 D	脉宽调制	○	○	○	○	○	○	○

(续表)

FNC No	指令记号	符号	功能	对应的可编程控制器						
				FX$_{3U}$	FX$_{3UC}$	FX$_{1S}$	FX$_{1N}$	FX$_{2N}$	FX$_{1NC}$	FX$_{2NC}$
59	PLSR	PLSR S1 S2 S3 D	带加减速的脉冲输出	○	○	○	○	○	○	○
便捷指令										
60	IST	IST S D1 D2	初始化状态	○	○	○	○	○	○	○
61	SER	SER S1 S2 D n	数据检索	○	○	—	—	○	—	○
62	ABSD	ABSD S1 S2 D n	凸轮控制(绝对方式)	○	○	—	—	○	—	○
63	INCD	INCD S1 S2 D n	凸轮控制(相对方式)	○	○	—	—	○	—	○
64	TTMR	TTMR D n	示教定时器	○	○	—	—	○	—	○
65	STMR	STMR S m D	特殊定时器	○	○	—	—	○	—	○
66	ALT	ALT D	交替输出	○	○	○	○	○	○	○
67	RAMP	RAMP S1 S2 D n	斜坡信号	○	○	○	○	○	○	○
68	ROTC	ROTC S m1 m2 D	旋转工作台控制	○	○	—	—	○	—	○
69	SORT	SORT S m1 m2 D n	数据排列	○	○	—	—	○	—	○
外围设备 I/O										
70	TKY	TKY S D1 D2	数字键输入	○	○	—	—	○	—	○
71	HKY	HKY S D1 D2 D3	16 键输入	○	○	—	—	○	—	○
72	DSW	DSW S D1 D2 n	数字式开关	○	○	○	○	○	○	○
73	SEGD	SEGD S D	7 段译码	○	○	—	—	○	—	○
74	SEGL	SEGL S D n	7 段码时间分割显示	○	○	○	○	○	○	○
75	ARWS	ARWS S D1 D2 n	箭头开头	○	○	—	—	○	—	○
76	ASC	ASC S D	ASCII 数码输入	○	○	—	—	○	—	○
77	PR	PR S D	ASCII 码打印	○	○	—	—	○	—	○
78	FROM	FROM m1 m2 D n	BFM 读出	○	○	—	○	○	○	○
79	TO	TO m1 m2 S n	BFM 写入	○	○	—	○	○	○	○
外部设备(选件设备)										
80	RS	RS S m D n	串行数据传送	○	○	○	○	○	○	○

（续表）

FNC No	指令记号	符号	功能	对应的可编程控制器						
				FX₃U	FX₃UC	FX₁S	FX₁N	FX₂N	FX₁NC	FX₂NC
81	PRUN	PRUN S D	八进制位传送	○	○	○	○	○	○	○
82	ASCI	ASCI S D n	HEX→ASCII 的转换	○	○	○	○	○	○	○
83	HEX	HEX S D n	ASCII→HEX 的转换	○	○	○	○	○	○	○
84	CCD	CCD S D n	校验码	○	○	○	○	○	○	○
85	VRRD	VRRD S D	电位器读出	—	—	○	○	○	○	○
86	VRSC	VRSC S D	电位器刻度	—	—	○	○	○	○	○
87	RS2	RS2 S m D n n1	串行数据传送 2	○	○	—	—	—	—	—
88	PID	PID S1 S2 S3 D	PID 运算	○	○	○	○	○	○	○
88~99	—									

数据传送 2

FNC No	指令记号	符号	功能	FX₃U	FX₃UC	FX₁S	FX₁N	FX₂N	FX₁NC	FX₂NC
100 101	—									
102	ZPUSH	ZPUSH D	变址寄存器的批次躲避	○	※5	—	—	—	—	—
103	ZPOP	ZPOP D	变址寄存器的恢复	○	※5	—	—	—	—	—
104~109	—									

浮点数

FNC No	指令记号	符号	功能	FX₃U	FX₃UC	FX₁S	FX₁N	FX₂N	FX₁NC	FX₂NC
110	ECMP	ECMP S1 S2 D	二进制浮点数比较	○	○	—	—	○	—	○
111	EZCP	EZCP S1 S2 S D	二进制浮点数区间比较	○	○	—	—	○	—	○
112	EMOV	EMOV S D	二进制浮点数数据传送	○	○	—	—	—	—	—
113~115	—									
116	ESTR	ESTR S1 S2 D	二进制浮点数→字符串的转换	○	○	—	—	—	—	—
117	EVAL	EVAL S D	字符串→二进制浮点数的转换	○	○	—	—	—	—	—
118	EBCD	EBCD S D	二进制浮点数→十进制浮点数的转换	○	○	—	—	○	—	○
119	EBIN	EBIN S D	十进制浮点数→二进制浮点数的转换	○	○	—	—	○	—	○
120	EADD	EADD S1 S2 D	二进制浮点数加法运算	○	○	—	—	○	—	○

（续表）

FNC No	指令记号	符号	功能	对应的可编程控制器						
				FX3U	FX3UC	FX1S	FX1N	FX2N	FX1NC	FX2NC
121	ESUB	⊣⊢——[ESUB S1 S2 D]⊢	二进制浮点数减法运算	○	○	—	—	○	—	○
122	EMUL	⊣⊢——[EMUL S1 S2 D]⊢	二进制浮点数乘法运算	○	○	—	—	○	—	○
123	EDIV	⊣⊢——[EDIV S1 S2 D]⊢	二进制浮点数除法运算	○	○	—	—	○	—	○
124	EXP	⊣⊢——[EXP S D]⊢	二进制浮点数指数运算	○	○	—	—	—	—	—
125	LOGE	⊣⊢——[LOGE S D]⊢	二进制浮点数自然对数运算	○	○	—	—	—	—	—
126	LOG10	⊣⊢——[LOG10 S D]⊢	二进制浮点数常用对数运算	○	○	—	—	—	—	—
127	ESQR	⊣⊢——[ESQR S D]⊢	二进制浮点数开平方运算	○	○	—	—	○	—	○
128	ENEG	⊣⊢——[ENEG D]⊢	二进制浮点数符号翻转	○	○	—	—	—	—	—
129	INT	⊣⊢——[INT S D]⊢	二进制浮点数→BIN 整数的转换	○	○	—	—	○	—	○
130	SIN	⊣⊢——[SIN S D]⊢	二进制浮点数 SIN 运算	○	○	—	—	○	—	○
131	COS	⊣⊢——[COS S D]⊢	二进制浮点数 COS 运算	○	○	—	—	○	—	○
132	TAN	⊣⊢——[TAN S D]⊢	二进制浮点数 TAN 运算	○	○	—	—	○	—	○
133	ASIN	⊣⊢——[ASIN S D]⊢	二进制浮点数 SIN-1 运算	○	○	—	—	—	—	—
134	ACOS	⊣⊢——[ACOS S D]⊢	二进制浮点数 COS-1 运算	○	○	—	—	—	—	—
135	ATAN	⊣⊢——[ATAN S D]⊢	二进制浮点数 TAN-1 运算	○	○	—	—	—	—	—
136	RAD	⊣⊢——[RAD S D]⊢	二进制浮点数角度→弧度的转换	○	○	—	—	—	—	—
137	DEG	⊣⊢——[DEG S D]⊢	二进制浮点数弧度→角度的转换	○	○	—	—	—	—	—
138,139	—									
140	WSUM	⊣⊢——[WSUM S D n]⊢	算出数据合计值	○	※5	—	—	—	—	—
141	WTOB	⊣⊢——[WTOB S D n]⊢	字节单位的数据分离	○	※5	—	—	—	—	—
142	BTOW	⊣⊢——[BTOW S D n]⊢	字节单位的数据结合	○	※5	—	—	—	—	—
143	UNI	⊣⊢——[UNI S D n]⊢	16 位数据的 4 位结合	○	※5	—	—	—	—	—

（续表）

FNC No	指令记号	符号	功能	对应的可编程控制器 FX₃U	FX₃UC	FX₁S	FX₁N	FX₂N	FX₁NC	FX₂NC
144	DIS	DIS S D n	16 位数据的 4 位分离	○	※5	—	—	—	—	—
145,146	—									
147	SWAP	SWAP S	上下字节转换	○	○	—	—	○	—	○
148										
149	SORT2	SORT2 S m1 m2 D n	数据排列 2	○						
定位										
150	DSZR	DSZR S1 S2 D1 D2	带 DOG 搜索的原点回归	○	※4	—	—	—	—	—
151	DVIT	DVIT S1 S2 D1 D2	中断定位	○	※2,4	—	—	—	—	—
152	TBL	TBL D n	表格设定定位	○	※5	—	—	—	—	—
153,154	—									
155	ABS	ABS S D1 D2	读出 ABS 当前值	○	○	○	○	※1	○	※1
156	ZRN	ZRN S1 S2 S3 D	原点返回	○	※4	○	○	—	○	—
157	PLSV	PLSV S D1 D2	可变速脉冲输出	○	○	○	○	—	○	—
158	DRVI	DRVI S1 S2 D1 D2	相对定位	○	○	○	○	—	○	—
159	DRVA	DRVA S1 S2 D1 D2	绝对定位	○	○	○	○	—	○	—
时针运算										
160	TCMP	TCMP S1 S2 S3 S D	时钟数据比较	○	○	○	○	○	○	○
161	TZCP	TZCP S1 S2 S D	时钟数据区间比较	○	○	○	○	○	○	○
162	TADD	TADD S1 S2 D	时钟数据加法运算	○	○	○	○	○	○	○
163	TSUB	TSUB S1 S2 D	时钟数据减法运算	○	○	○	○	○	○	○
164	HTOS	HTOS S D	小时,分,秒数据的秒转换	○	○	—	—	—	—	—
165	STOH	STOH S D	秒数据的[小时,分,秒]转换	○	○	○	○	○	○	○
166	TRD	TRD D	时钟数据读出	○	○	○	○	○	○	○
167	TWR	TWR S	时钟数据写入	○	○	○	○	○	○	○

（续表）

FNC No	指令记号	符号	功能	FX₃U	FX₃UC	FX₁S	FX₁N	FX₂N	FX₁NC	FX₂NC
				\multicolumn{7}{对应的可编程控制器}						
168	—									
169	HOUR	⊢⊣—[HOUR S D1 D2]	计时	○	○	○	○	※1	○	※1
外部设备										
170	GRY	⊢⊣—[GRY S D]	格雷码的转换	○	○	—	—	○	—	○
171	GBIN	⊢⊣—[GBIN S D]	格雷码的逆转换	○	○	—	—	○	—	○
172～175	—									
176	RD3A	⊢⊣—[RD3A m1 m2 D]	模拟量模块的读出	○	○	—	—	※1	○	※1
177	WR3A	⊢⊣—[WR3A m1 m2 S]	模拟量模块的写入	○	○	—	—	※1	—	※1
178,179										
扩展功能										
180	EXTR	⊢⊣—[EXTR S SD1 SD2 SD3]	扩展 ROM 功能（FX₂N/FX₂NC）	—	—	—	—	※1	—	※
其他指令										
181	—									
182	COMRD	⊢⊣—[COMRD S D]	读出软元件的注释数据	○	※5			—	—	—
183										
184	RND	⊢⊣—[RND D]	产生随机数	○	○	—	—	—	—	—
185	—									
186	DUTY	⊢⊣—[DUTY n1 n2 D]	出现定时脉冲	○	※5	—	—	—	—	—
187										
188	CRC	⊢⊣—[CRC S D n]	CRC 运算	○	○	—	—	—	—	—
189	HCMOV	⊢⊣—[HCMOV S D n]	高速计数器传送	○	※4	—	—	—	—	—
数据块的处理										
190,191	—									
192	BK＋	⊢⊣—[BK＋ S1 S2 D n]	数据块加法运算	○	※5	—	—	—	—	—
193	BK－	⊢⊣—[BK– S1 S2 D n]	数据块减法运算	○	※5	—	—	—	—	—
194	BKCMP=	⊢⊣—[BKCMP= S1 S2 D n]	数据块的比较 S1＝S2	○	※5	—	—	—	—	—

（续表）

FNC No	指令记号	符号	功能	对应的可编程控制器						
				FX$_{3U}$	FX$_{3UC}$	FX$_{1S}$	FX$_{1N}$	FX$_{2N}$	FX$_{1NC}$	FX$_{2NC}$
195	BKCMP＞	├┤├─ BKCMP＞ S1 S2 D n ─	数据块的比较 S1＞S2	○	※5	—	—	—	—	—
196	BKCMP＜	├┤├─ BKCMP＜ S1 S2 D n ─	数据块的比较 S1＜S2	○	※5	—	—	—	—	—
197	BKCMP＜＞	├┤├─ BKCMP＜＞ S1 S2 D n ─	数据块的比较 S1≠S2	○	※5	—	—	—	—	—
198	BKCMP＜＝	├┤├─ BKCMP＜＝ S1 S2 D n ─	数据块的比较 S1≤S2	○	※5	—	—	—	—	—
199	BKCMP＞＝	├┤├─ BKCMP＞＝ S1 S2 D n ─	数据块的比较 S1≥S2	○	※5	—	—	—	—	—

字符串的控制

FNC No	指令记号	符号	功能	FX$_{3U}$	FX$_{3UC}$	FX$_{1S}$	FX$_{1N}$	FX$_{2N}$	FX$_{1NC}$	FX$_{2NC}$
200	STR	├┤├─ STR S1 S2 D ─	BIN→字符串的转换	○	※5	—	—	—	—	—
201	VAL	├┤├─ VAL S D1 D2 ─	字符串→BIN 的转换	○	※5	—	—	—	—	—
202	$＋	├┤├─ $＋ S1 S2 D ─	字符串的合并	○	○	—	—	—	—	—
203	LEN	├┤├─ LEN S D ─	检测出字符串的长度	○	○	—	—	—	—	—
204	RIGHT	├┤├─ RIGHT S D n ─	从字符串的右侧开始取出	○	○	—	—	—	—	—
205	LEFT	├┤├─ LEFT S D n ─	从字符串的左侧开始取出	○	○	—	—	—	—	—
206	MIDR	├┤├─ MIDR S1 D S2 ─	从字符串中任意取出	○	○	—	—	—	—	—
207	MIDW	├┤├─ MIDW S1 D S2 ─	字符串中的任意替换	○	○	—	—	—	—	—
208	INSTR	├┤├─ INSTR S1 S2 D n ─	字符串的检索	○	※5	—	—	—	—	—
209	$ MOV	├┤├─ $MOV S D ─	字符串的传送	○	○	—	—	—	—	—

数据处理 3

FNC No	指令记号	符号	功能	FX$_{3U}$	FX$_{3UC}$	FX$_{1S}$	FX$_{1N}$	FX$_{2N}$	FX$_{1NC}$	FX$_{2NC}$
210	FDEL	├┤├─ FDEL S D n ─	数据表的数据删除	○	※5	—	—	—	—	—
211	FINS	├┤├─ FINS S D n ─	数据表的数据插入	○	※5	—	—	—	—	—
212	POP	├┤├─ POP S D n ─	后入的数据读取[后入先出控制用]	○	○	—	—	—	—	—
213	SFR	├┤├─ SFR D n ─	16 位数据 n 位右移（带进位）	○	○	—	—	—	—	—
214	SFL	├┤├─ SFL D n ─	16 位数据 n 位左移（带进位）	○	○	—	—	—	—	—

（续表）

FNC No	指令记号	符号	功能	对应的可编程控制器						
				FX₃U	FX₃UC	FX₁S	FX₁N	FX₂N	FX₁NC	FX₂NC
215～219	—									
触点比较										
220～223	—			○	○	○	○	○	○	○
224	LD=	LD= S1 S2	触点比较 LD $(S1)=(S2)$	○	○	○	○	○	○	○
225	LD>	LD> S1 S2	触点比较 LD $(S1)>(S2)$	○	○	○	○	○	○	○
226	LD<	LD< S1 S2	触点比较 LD $(S1)<(S2)$	○	○	○	○	○	○	○
227	—									
228	LD<>	LD<> S1 S2	触点比较 LD $(S1)\neq(S2)$	○	○	○	○	○	○	○
229	LD<=	LD<= S1 S2	触点比较 LD $(S1)\leqslant(S2)$	○	○	○	○	○	○	○
230	LD>=	LD>= S1 S2	触点比较 LD $(S1)\geqslant(S2)$	○	○	○	○	○	○	○
230	—									
232	AND=	AND= S1 S2	触点比较 AND $(S1)=(S2)$	○	○	○	○	○	○	○
233	AND>	AND> S1 S2	触点比较 AND $(S1)>(S2)$	○	○	○	○	○	○	○
234	AND<	AND< S1 S2	触点比较 AND $(S1)<(S2)$	○	○	○	○	○	○	○
235	—									
236	AND<>	AND<> S1 S2	触点比较 AND $(S1)\neq(S2)$	○	○	○	○	○	○	○
237	AND<=	AND<= S1 S2	触点比较 AND $(S1)\leqslant(S2)$	○	○	○	○	○	○	○
238	AND>=	AND>= S1 S2	触点比较 AND $(S1)\geqslant(S2)$	○	○	○	○	○	○	○
239	—									
触点比较										
240	OR=	OR= S1 S2	触点比较 OR $(S1)=(S2)$	○	○	○	○	○	○	○
241	OR>	OR> S1 S2	触点比较 OR $(S1)>(S2)$	○	○	○	○	○	○	○
242	OR<	OR< S1 S2	触点比较 OR $(S1)<(S2)$	○	○	○	○	○	○	○

（续表）

FNC No	指令记号	符号	功能	FX$_{3U}$	FX$_{3UC}$	FX$_{1S}$	FX$_{1N}$	FX$_{2N}$	FX$_{1NC}$	FX$_{2NC}$
			对应的可编程控制器							
243	—									
244	OR<>	OR<> S1 S2	触点比较 OR [S1] ≠ [S2]	○	○	○	○	○	○	○
245	OR<=	OR<= S1 S2	触点比较 OR [S1] ≤ [S2]	○	○	○	○	○	○	○
246	OR>=	OR>= S1 S2	触点比较 OR [S1] ≥ [S2]	○	○	○	○	○	○	○
247～249	—									
数据表的处理										
250～255	—									
256	LIMIT	LIMIT S1 S2 S3 D	上下限限位控制	○	○	—	—	—	—	—
257	BAND	BAND S1 S2 S3 D	死区控制	○	○	—	—	—	—	—
258	ZONE	ZONE S1 S2 S3 D	区域控制	○	○	—	—	—	—	—
259	SCL	SCL S1 S2 D	定标(不同点坐标数据)	○	○	—	—	—	—	—
260	DABIN	DABIN S D	十进制 ASCII→BIN 的转换	○	※5	—	—	—	—	—
261	BINDA	BINDA S D	BIN→十进制 ASCII 的转换	○	※5	—	—	—	—	—
262～268	—									
269	SCL2	SCL2 S1 S2 D	定标 2(X/Y 坐标数据)	○	※3	—	—	—	—	—
外部设备通信(变频器通信)										
270	IVCK	IVCK S1 S2 D n	变频器的运行监控	○	○	—	—	—	—	—
271	IVDR	IVDR S1 S2 S3 n	变频器的运行控制	○	○	—	—	—	—	—
272	IVRD	IVRD S1 S2 D n	变频器的参数读取	○	○	—	—	—	—	—
273	IVWR	IVWR S1 S2 S3 n	变频器的参数写入	○	○	—	—	—	—	—
274	IVBWR	IVBWR S1 S2 S3 n	变频器的参数成批写入	○	○	—	—	—	—	—
275～277	—									
数据传送 3										
278	RBFM	RBFM m1 m2 D n1 n2	BFM 分割读出	○	※5	—	—	—	—	—

（续表）

FNC No	指令记号	符号	功能	对应的可编程控制器						
				FX$_{3U}$	FX$_{3UC}$	FX$_{1S}$	FX$_{1N}$	FX$_{2N}$	FX$_{1NC}$	FX$_{2NC}$
279	WBFM	⊢├─[WBFM│m1│m2│D│n1│n2]─┤	BFM 分割写入	○	※5	—	—	—	—	—
高速处理 2										
280	HSCT	⊢├─[HSCT│S1│m│S2│D│n]─┤	高速计数器表比较	○	○	—	—	—	—	—
281～289	—									
扩展文件寄存器的控制										
290	LOADR	⊢├─[LOADR│S│n]─┤	读出扩展文件寄存器	○	○	—	—	—	—	—
291	SAVER	⊢├─[SAVER│S│m│D]─┤	扩展文件寄存器的一并写入	○	○	—	—	—	—	—
292	INITR	⊢├─[INITR│S│m]─┤	扩展寄存器的初始化	○	○	—	—	—	—	—
293	LOGR	⊢├─[LOGR│S│m│D1│n│D2]─┤	记入扩展寄存器	○	○	—	—	—	—	—
294	RWER	⊢├─[RWER│S│n]─┤	扩展文件寄存器的删除·写入	○	※3	—	—	—	—	—
295	INITER	⊢├─[INITER│S│n]─┤	扩展文件寄存器的初始化	○	※3	—	—	—	—	—
296～299	—									

参 考 文 献

［1］ 郁汉琪,张玲,李询.机床电气控制技术[M].北京:高等教育出版社,2010.

［2］ 王永华.现代电气控制及 PLC 应用技术[M].3 版.北京:北京航空航天大学出版社,2014.

［3］ 李金城,付明忠.三菱 FX 系列 PLC 定位控制应用技术[M].北京:电子工业出版社,2014.

［4］ 崔龙成.三菱电机小型可编程序控制器应用指南[M].北京:机械工业出版社,2012.

［5］ 范永胜,王岷.电气控制与 PLC 应用[M].3 版.北京:中国电力出版社,2014.

［6］ 全国电气信息结构文件编制和图形符号标准化技术委员会,中国标准出版社第四编辑室.电气简图用图形符号国家标准汇编[M].北京:中国标准出版社,2009.

［7］ 钱厚亮,田会峰.电气控制与 PLC 原理、应用实践[M].北京:机械工业出版社,2018.